本书（刊）由上海交通大学·文科发展基金
津辉人文基金 赞助

上 海 交 通 大 学 人 文 学 院
上海交通大学美学与文化理论研究所 主办

名誉主编　　　　刘纲纪
主　　编　　　　王　杰
副 主 编　　　　夏锦乾
编辑部主任　　　施立峻
编辑部副主任　　张蕴艳
编　　辑　　　　尹庆红
　　　　　　　　邵瑜莲
　　　　　　　　于　琦
　　　　　　　　贾　洁
　　　　　　　　张永禄
英文编辑　　　　索宇环

马克思主义美学研究

Research on Marxist Aesthetics

第16卷　第1期

中央编译出版社
CCTP
Central Compilation & Translation Press

编 委

（按姓氏英文字母顺序）

托尼·本尼特	澳大利亚西悉尼大学
阿里夫·德里克	美国芝加哥大学
特里·伊格尔顿	英国兰卡斯特大学
阿列西·艾尔雅维奇	斯洛文尼亚科学与艺术研究院哲学研究所
巴拉迪·圣·吉洪	法国巴黎第十大学
冯宪光	中国四川大学
高宣扬	中国上海交通大学
弗雷德里克·詹姆逊	美国杜克大学
朱丽娅·克里斯蒂娃	法国巴黎第七大学
林宝全	中国广西师范大学
刘纲纪	中国武汉大学
刘 康	美国杜克大学
陆贵山	中国人民大学
贾斯汀·奥康诺	澳大利亚昆士兰科技大学
汝 信	中国社会科学院
迈克·桑德斯	英国曼彻斯特大学
王 杰	中国上海交通大学
沃尔夫冈·韦尔施	德国耶拿席勒大学
吴元迈	中国社会科学院
颜海平	中国上海交通大学
赵宪章	中国南京大学
郑成良	中国上海交通大学
朱立元	中国复旦大学
斯拉沃热·齐泽克	斯洛文尼亚卢布尔雅那大学

目　录

卷首语　　　　　　　　　　　　　　　　　　　　　　　　　　　　1

第三届中英马克思主义美学双边论坛专辑
马克思主义的美学与文艺学

王　杰　谢卓婷：
　中国悲剧观念：理论传统及其当代意义　　　　　　　　　　　1

王元骧：
　对我国马克思主义文艺理论研究的哲学反思　　　　　　　　14

祁志祥：
　实践美学元范畴的反思　　　　　　　　　　　　　　　　　22

胡俊飞：
　马克思视域下艺术的终结—转型诸论批判　　　　　　　　　33

傅其林：
　论东欧新马克思主义对反映论美学模式的批判　　　　　　　44

吴时红：
　实践论美学的发展与人生论美学的构建　　　　　　　　　　56

陆　扬：
　大众文化的另一种解读　　　　　　　　　　　　　　　　　70

杨建生　吕　在：

　　论精神消费的现实性　　　　　　　　　　　　　　　　79

中国马克思主义美学史研究

王宏超：

　　社会主义思潮译入中国的思想基础和早期历程　　　　　84

杜吉刚　周平远：

　　抗战时期中国化语境中的马克思主义文论译介　　　　　101

刘中望：

　　思想资源与政治语境的对接——瞿秋白与列宁文艺理论关系研究　　113

董　宏　孙利波：

　　自然的理由与自然美的困顿——蔡仪自然美说初探　　124

刘　洁：

　　李长之与中国文艺美学的"现代"建构　　　　　　　133

胡　俊：

　　马克思主义文艺理论与中国民族文化的融合　　　　　151

域外来稿

〔英〕托尼·帕克尼：

　　威廉·莫里斯、弗里德里克·杰姆逊和乌托邦问题　　　162

〔英〕迈克尔·桑德斯：

　　将宪章派诗歌星座化：杰拉德·麦西、瓦尔特·本雅明与弥赛亚主义的用途　170

〔英〕齐泽克：

　　欢迎来到真实的荒漠（于琦译）　　　　　　　　　191

〔奥地利〕维尔纳·沃尔夫：

　　小说的音乐化：作为音乐－文学媒介间性的特殊例子——《小说的

　　音乐化：媒介间性理论和历史研究》绪论（李雪梅译　杨燕迪审校）　196

学术访谈

贾　洁：

　　身为公共知识分子——刘康教授访谈　　　　　　　204

朱莉亚·克里斯蒂娃：

　　朱莉亚·克里斯蒂娃谈米哈伊尔·巴赫金（周启超译）　　214

现代西方美学理论研究

杨向荣：

齐美尔"距离"观念的多维向度   225

沙家强：

对同一性的否定和抗拒——阿多诺批判理论中的生存论解读   235

马克思主义与当代审美批评

陈建华：

1920 年代上海/海上的反/乌托邦小说

  ——文学城市空间的"情感结构"及辩证诠释   246

范永康：

舌尖上的罪恶——《酒国》的生态批评   263

王　斌：

血缘观念与悲剧——电影《赵氏孤儿》的悲剧性研究   269

潘卫国：

"拥抱"全人类的交响曲——浅析贝多芬第三、五、九交响曲   277

"津辉讲坛"及其他

杨荔斌：

肩起马克思主义美学理论的时代使命

  ——第三届中英马克思主义美学双边论坛会议综述   282

张玉梅：

"中西知识论与诠释学：理论与实践"国际学术研讨会综述   295

第四届中英马克思主义美学双边论坛通告（第 1 号）   300

英文目录   301

英文摘要   305

《马克思主义美学研究》投稿须知   319

《马克思主义美学研究》投稿格式   321

卷首语

　　经过一年的筹备，第三届中英马克思主义美学双边论坛于 4 月 6 日至 8 日在上海交通大学思源湖畔如期举行。一百多名来自世界各国和全国各地的美学研究者怀揣着一年来新的研究成果参与了这次美学盛会。论坛以"马克思主义与未来"为主题，聚焦于马克思主义与中西方美学的历史传统与现实境遇，面向未来，思考马克思主义在当今和未来面临的种种问题、挑战和任务，显示了马克思主义研究者们强烈的理论使命感和责任感。学者们普遍感到，本届论坛无论是从组织、规模、影响，还是从提交的八十多篇论文的质量看，都在前两届的基础上有长足的提升和发展。

　　由于论坛内容丰富，我们将分两期在特设的"第三届中英马克思主义美学研究专辑"中刊出其中的精彩论文。本期率先刊出的八篇，以"马克思主义的美学与文艺学"结题，从不同角度审视和反思马克思主义美学和文艺学在当下的实际问题。王杰、谢卓婷在《中国悲剧观念：马克思主义美学与未来》一文中提出了"马克思主义美学如何重返公共话语空间"的重大问题。在他们看来，根本的路径是马克思主义美学"必须在中国文化传统和现实审美经验之间找到内在的精神契合点"。由此他们敏锐地抓住"中国悲剧观念"这一中国式审美现代性的核心概念，以此为契合点，把"中国文化的悲剧观念"、马克思主义美学关于"日常生活悲剧"理论和当代艺术中的"尘世的崇高"的美学特征相互沟通，使马克思主义美学走出一条当代化和中国化的独特之路。王元骧的《对我国马克思主义文艺理论研究的哲学反思》，则从哲学的高度深刻反思我国马克思主义文艺理论研究中所存在的直观论、纯认识论和教条主义倾向，认为这是把"思维与存在的关系"混同于"精神与物质的关系"，并简单地以唯心和唯物来划分马克思主义与非马克思主义之故。文章进一步认为，马克思主义的文艺观把文艺首先看作是一种解放的力量，以抵制人的异化，促进人的全面发展而以求人类的自由解放为目的。相信文章的这一深度批判和反思，将会对未来马克思主义文艺理论的建设起到惊醒和推动的作用。祁志祥的《实践美学元范畴的反思》，则是对实践美学的"元范畴""实践"、"劳动"和"人"等展开重新检讨，作者说是寻求其逻辑的自洽，而实质是对实践美学理论本身的一次新的有意义的反思。在这一栏目之下的其他各篇，也都很有创新思维，有较强的问题意识，在某种角度上，都反映了本届双边论坛的理论收获。

中国马克思主义美学和美学史的研究，是马克思主义美学研究的一个重要组成部分，近百年来中国的马克思主义美学的探索历程和经验是对马克思主义美学理论的丰富和鲜活的展开。刘纲纪先生因此对本刊"中国马克思主义美学史研究"栏目给予了很高的期许。本期这一栏目推出六篇文章。王宏超和杜吉刚、周平远两文，都是对马克思主义译入中国的历史的追索。前者把眼光前移到清代末年的"前马克思主义阶段"，其时"各种社会主义思潮充斥着中国思想界"，这恰恰成为了后来接受马克思主义的一个重要的"思想基础"；后者则是对抗战时期马克思主义文论的译介状况的系统梳理，作者慧眼独具地指出，此时的译介，在性质上发生了"根本性、导向性的变化"，即更多地从中国的实际需求出发，不再受国际左翼文艺界的影响，它标志着中国化的马克思主义文论走向成熟。在这一栏目中，还有刘洁的《李长之与中国文艺美学的"现代"建构》也值得向大家推荐。李长之在20世纪30年代至50年代曾经是一位相当活跃的著名文艺批评家，此后因被错划为右派而"消失"了三十年，以至于今天人们对他的理论建树尚未充分认识。刘洁一文便是将李长之较少为人注意到的对于中国文艺美学建设的思想和理论作了较全面的论述，认为他在这个领域作了很多开拓性的工作，他的贡献不应被忽视。

在本期"域外来稿"中，托尼·帕克尼讨论了乌托邦的问题。从19世纪起，乌托邦就成了人类社会的一种未来的政治可能性，它存在于人类自身的社会空间中，但还没有实现，这自然会引起许多人的梦想。托尼·帕克尼以综合与比较的方法，展现发生在莫里斯和杰姆逊之间关于乌托邦理论的碰撞，并借助作品的形象提供了作者自己的思考。迈克·桑德斯一文仍然是对他熟悉的英国宪章派诗歌的研究，他通过麦西和本雅明之间的比较研究，敏锐地指出了他们作品背后共同的一点：都坚持集体性人类力量的必要性，他们作品的弥赛亚主义都萦绕着千禧年主义的幽灵。

"马克思主义与当代审美批评"是本期新开的一个栏目，我们期待着通过它把理论研究与批评实践沟通起来，毕竟两者都是马克思主义美学不可缺少的部分。陈建华一文，运用雷蒙·威廉斯"情感结构"的理论，解读城市与乌托邦不同空间交互作用的文学表现，以此揭示政治现实、社会机制与意识形态如何透过文学语言、风格及美学程式显示特定时代、集体与个人经验的印记。文章充满了细读中的发现，不仅视角独特，观点新颖，而且也给人以方法的启示。范永康和王斌两文也都是细读作品后的一得。因为细读，对作品就有了新的发现，这是一般没有细读的人所不易做到的。范永康细读的是莫言的《酒国》，他认为这部作品不仅仅是一部反腐小说，还蕴含着鲜明的生态意识和生态关怀。莫言从"饮食文化"这个特殊的角度，批判了人类对动物的侵凌和对自然的破坏，反思了人类纵欲主义、享乐主义、利己主义、物质主义的生活和消费方式的危害性，具有独特的生态警示意义；王斌则是重新挖掘了电影《赵氏孤儿》的悲剧性内涵。他认为《赵氏孤儿》是一部有关血缘的悲剧。影片的主人公程婴牺牲了自己的儿子（天然血缘关系）来维护赵氏孤儿（象征性血缘关系），从而颠倒了中国传统的血缘观念中以天然血缘关系为先的次序，这种颠倒造就了影片的悲剧性，也表征了一个中国式悲剧的典型范式。我们希望有更多的建立在细读和审美感悟之上的好文章在本栏目推出，以繁荣马克思主义的审美批评。

今年是卡尔·马克思逝世130周年。130年前的3月14日，马克思在英国伦敦逝世，为他送葬的只有恩格斯及为数不多的学生和朋友。一百多年来，马克思的思想深刻地影响了人类社会的发展，这种影响的深刻性和广泛性是130年前任何人没有想到的。记得去年去英国出席论坛的第二届年会，返途经过伦敦时去瞻仰了马克思墓。我们了解到原来马克思的墓在公墓比较中间的位置，因为后来前来瞻仰的人太多，在上世纪50年代政府把它移到了现在的位置，在公墓主道路的拐弯处。这里因为道路拐弯自然形成了一个小广场。公墓管理者还把马克思的著名雕像制成不同的明信片供游人购买。马克思用思想的力量改变了世界，也改变了人们对他的评价。今天马克思的思想，包括他关于美学和文学艺术的思想，仍然活在人文社会科学问题的讨论中，仍然影响着许多人的生活和实践，我们的刊物就是一个证明。

《马克思主义美学研究》编辑部

2013年6月1日

中国悲剧观念：理论传统及其当代意义

■ 王杰，谢卓婷[*]

（上海交通大学人文学院）

【内容摘要】马克思主义美学要想重返公共话语空间，最重要的是在历史悲剧的理论框架下对现代性悲剧存在作出批判与反思。马克思主义悲剧美学虽然是一种外来的理论模式，却与中国文化传统和现实审美经验存在着内在的精神契合点，中国文化的悲剧观念与马克思主义现代悲剧美学中的"革命悲剧"、"日常生活悲剧"以及"尘世的崇高"等悲剧观念息息相通。作为中国文化传统与中国现代化过程中各种悲剧性现象相结合的结果，中国悲剧观念已成为中国式审美现代性的核心概念之一。在审美现代性、悲剧观念、世俗性崇高等成为全球性现象和全球性问题的条件下，马克思主义美学有可能对此种陷于深刻伦理危机和价值危机的现象作出理论的阐释，并将获得自身理论的进一步发展。

【关键词】马克思主义美学；历史悲剧；中国悲剧观念；审美现代性；公共话语

---

* 王杰，1957 年生，男，江苏无锡人，文学博士，上海交通大学人文学院特聘教授，博士生导师，主要从事马克思主义学研究和文学人类学研究；谢卓婷，1974 年生，女，湖南益阳人，上海交通大学文艺媒介管理专业 2011 级博士研究生，长沙理工大学文法学院讲师。

在中国美学百余年来的发展地形图中，马克思主义美学是其中最引人注目，也是最复杂多元的一条主脉。自 20 世纪二三十年代以来，由瞿秋白、鲁迅、冯雪峰等人对苏联现实主义文论的引入，再经 1942 年毛泽东《在延安文艺座谈会上的讲话》对新民主主义革命中"文化领导权"问题的确立，从而标志着具有中国特殊风格的中国马克思主义美学的正式形成，中国马克思主义美学一路经过了新民主主义革命、新中国成立、文化大革命、改革开放等四个重要的历史阶段，并形成了颇具影响力的实践美学、审美意识形态理论、人民美学等重要的美学流派。进入 90 年代后，马克思主义美学又进一步拓展到中国社会文化生活的更多领域，形成后实践美学、审美文化研究、生态美学、审美人类学、文学人类学等诸多分支。此外，更重要的是，作为一种审美意识形态话语理论，在近一个世纪以来，马克思主义美学在中国整个现代化进程中都扮演着重要的角色，它不仅直接参与了社会革命和中国社会主义进程，更是在时代转型和思想震荡变革之际，为改革的深入与主流意识形态的价值重构提供了丰富的思想文化资源，一度成为现代"启蒙"和历史批判的公共话语。

但是，进入 20 世纪 90 年代以来，马克思主义美学以及整个中国美学，事实上也是所有人文学科领域的这种社会参与和现实介入的公共话语热情都仿佛一去不复返了。在充满"主义"之争的喧嚣和表面繁荣之下，美学话语更多地成为了消隐于书斋的学者们的喃喃自语。马克思主义美学研究，则要么自囿于理论科学主义的教条故步自封，要么纷纷远离传统意义上的马克思主义，成为"没有马克思的马克思主义美学"以及以各种文化理论形式出现的美学。与此同时，我们也看到，正是自上个世纪末以来，伴随着全球技术时代到来的日常生活审美化的潮流，不仅带来了艺术和审美方式的深刻变化，也在某种程度上加深、加剧了社会整体的后现代和全球资本化的历史进程。已有学者指出，一个"审美资本主义"①的时代正在悄悄来临。因此，在物质丰盈与精神虚无的后现代生存图景中，传统的人性和文化正经历着怎样丰富而深刻的痛苦？艺术该如何表征现代性的悲剧现实及其复杂矛盾？"美"作为一种文化内驱力，是否依然具有形而上超越的意义？以上种种现象和问题都表明，事实上，我们身处的这个时代比以往任何一个时代都更急切地需要真正意义上的美学，特别是作为一种历史文化批判的马克思主义美学对现实作出理论的阐释与回应。

一、马克思主义美学与中国文化传统

马克思主义美学要走出纯学术的象牙塔，重返文化批判与现实反思的公共话语空间，在现有的历史条件下，该怎样既忠实于马克思主义的思想原则，同

---

① ［法］奥利维耶·阿苏利：《审美资本主义》，黄琰译，上海：华东师范大学出版社，2013 年。

时又能真正切入到中国当下复杂的悲剧性现实之中？作为一种"舶来"的理论，马克思美学在中国的发展足以表明其自身强劲的理论生命力，以至于一部中国当代美学史，几乎就是一部中国化的马克思主义美学史。马克思主义美学与中国美学原本是建立在两种不同文明之上的美学传统，但凡一种外来理论，如若找不到与中国文化传统和现实审美经验之间内在的精神契合点和哲学表达的学理依据，那么就很容易成为东西方美学术语与概念的简单比附或拼合，或者，仅仅会是如很多人比较褊狭地认为的那样，将马克思主义美学的中国化视为只是主流意识形态简单表达的结果。

事实上，如果回溯到中国马克思主义美学产生的具体的历史语境，会发现，马克思主义美学的中国化并不是马克思美学理论的中国化，而是自 1942 年毛泽东在《讲话》中就已经确立了的模式：马克思主义基本原理与中国的民间文化模式和中国人具体的审美经验的结合。① 这种审美经验和艺术实践不是来自于远离工人运动实践的书斋案头，而是来自活生生的具体革命实践；不是个体的自由情感的表达，而是社会和大众的共同经验和普遍情感的表征；不是偶然的个体性的撕裂与对抗，而是一般性的"历史的必然要求"的传达。所以，正是在这个意义上，有人将马克思主义美学称为是一种"人民美学"，但和那种民粹主义的身份立场认同和对抗模式不一样，《讲话》所确立的美学模式不是以边缘对抗主流，而是以对底层审美经验的认同来服务于主流意识形态的改造，服务于社会变迁和社会变革的需求。正是这种既不同于苏联本质主义反映论、认识论美学模式，又不同于以文化、意识形态、政治批判为中心的西方马克思主义美学模式的马克思主义美学中国化，为我们提供了一个思考马克思主义美学与现实之间关系的新途径，那就是，中国的文化传统和审美经验与马克思主义思想之间的本质关联。

现在回过头来看马克思主义美学中国化的路程。不难看出，实际上无论是早期马克思主义者救亡图存的理论引入，还是"左联"时期的美学"革命"，毛泽东的意识形态改造，甚至到解放初期"美学大讨论"以及 80 年代"美学热"中学院派知识分子对"实践美学"和重读《手稿》的热情，尽管时代各异，具体的情形也十分不同，但对于革命、政治与文学艺术之间的现实关联的热情，其实都是与中国人"经世致用"的文化传统分不开的。马克思主义，以及马克思主义美学的中国化实际上就是经典马克思主义理论中的"实践"原则与中国文化中的现实精神以及"载道"、"通变"的知识传统内在契合的结果。循此思路，我们可以接下去思考的是：在一个"后革命"、"后启蒙"的时代，在历史行进到现代化进程已高速发展的 21 世纪，中国有没有既表征着"历史意识"，又属于我们自己文化传统的"地方性知识"或"共同文化"可以成为马克思主

---

① 王杰：《中国马克思主义美学的基本问题与理论模式》，《文艺研究》，2008 年第 1 期。

义美学的现实根基呢？特别是，有没有可以与马克思主义自身的理论基础和阐释机制产生内在联系的文化传统？

按照刘纲纪先生的理解，马克思主义美学的理论基础有两个直接相关联的特点："第一，它是以马克思主义哲学所讲的实践（首先是物质生产实践）为理论基础的……第二，马克思主义美学是和马克思主义的科学社会主义共产主义理论及其实现不能分离的。"① 这正是马克思主义及马克思主义美学理论最大的魅力所在，即，它是在实践的过程中，对现有文明不断作出批判性的"扬弃"，并指向新文明类型之可能的面向未来的理论体系。这种建立在批判基础之上的未来，本身也包含着对既存现实关系的破坏与颠覆。因此，从政治经济学与历史唯物主义出发，马克思把资本主义理解为是一种流动的现代性，并指出资本主义总是处于革命和动荡之中，并最终走向灭亡的宿命。历史的阶段性或过程性的悲剧无可避免，而且总会在不断自我"异化"的过程中螺旋向前。这种历史的悲剧意识也决定了人们与现实之间的局限性关系，但最终却指向一种超越现实的努力。

马克思主义思想中这种历史悲剧的内在超越理念对于中国文化的"情感结构"来说是有说服力和亲和力的。中国是一个没有宗教传统的国度，但却不乏内在超越（宗教的超越是外在超越，即在自身和现世之外悬设一个神主）的信念。在传统的文化心理结构中，一方面是中庸、乐生、忧患的现实精神，一方面则是"生生之谓易"的发展理念和"天人合一"的时空宇宙模式。如果说，马克思主义最初被引入国门时是伴随着"十月革命"的背景，因而自然地突出了其摧毁旧世界的革命"爆力"，而在被主流意识形态化的过程中又不断地被强调了其政治功利性的"权力"，以及一种天真的革命浪漫主义式的未来承诺的话，那么，在一个"后革命"、"后启蒙"的时代，如果能够吸收并重新激活那些在中国现代化进程中日益消失了的传统形而上理念，或者结合中国文化传统中的某些因素来进行文化批判与建设，马克思主义美学话语的公共空间将会开阔很多，对现实的接应能力也会强大很多。譬如说，除却那种既肯定"此岸世界"、又强调以"修身养性"和"自强不息"来提升自我并兼济天下的儒家精英理念，在中国民间文化传统中更具有草根性，同时在当下也更具现实活力的佛教文化思想也不容忽视。佛教哲学的两极正是处于否定与肯定之间，以"苦谛"为基础的现世观似乎是一种彻底的悲观主义，但另一方面，在"缘起"、"业报"、"轮回"等理念中又将宇宙万物置于现实世界错综复杂的各种相关条件之中，生、住、异、灭，形成一个不断变异、流转、运动、发展的过程。故此，有学者把佛学之美归结为是一种"生成的动力学"（dynamics of becoming）② 。至于大乘佛教借鉴"般若无知"的知识论，讲求

---

① 刘纲纪：《马克思主义美学在当代》，《马克思主义美学研究》，2007 年第 1 期。

② 彭彤：《佛教与中国美学之特征》，《宗教学研究》，2003 年第 12 期。

"不畏生死"、"不求解脱"，积极入世的人生观，以及万物皆有佛性、"众生平等"的共同理想，则更是直接予人以一种道德形而上的力量。中国民间佛教理念的这种现实的悲剧感与超越性无疑和马克思主义富于内在超越性的历史悲剧意识是存在着某种内在的精神契合的。

近些年来，学术界其实已有不少呼声，认为中国化的马克思主义不仅要"切中中国的现实"，而且要结合中国的传统思想，特别是中国传统思想中"以儒道禅为主体的智慧"①。确实，马克思主义美学思想要想真正成为与中国当代社会的文化心理、情感结构内外兼容的思想和文化资源，就要更多地与中国民间性、大众性的情感形式，与日常的共同文化和审美经验相结合。这种"化合"的过程，对于马克思主义美学自身理论建设而言也将是一种丰富和发展。

二、关于中国悲剧观念

以马克思主义美学的历史悲剧理论切入中国文化艺术的现实，其中一个必然会遭遇的问题就是关于中国的悲剧观念的问题。无须讳言的是，这里似乎有一个公认的前提，那就是，中国不仅文艺中少有悲剧这种艺术形式，中国文化和中国人的精神结构里也缺乏悲剧性和悲剧感，因此，关于中国的悲剧观念问题似乎最终只会是一个"伪命题"。关于中国没有悲剧的提法，早在王国维、朱光潜、鲁迅等学者那里就已有过充分的论述。西方学者雅斯贝尔斯更是在他的《悲剧的超越》中认为中国人只具有一种"悲剧前知识"，因为在中国文化里，"所有的痛苦、不幸和罪恶都只是暂时的、毫无必要出现的扰乱。世界的运行没有恐怖、拒绝或辩护——没有控诉，只有哀叹。人们不会因绝望而精神分裂：他安详宁静地忍受折磨，甚至对死亡也毫无惊惧；没有无望的郁结，没有阴郁的受挫感，一切都基本上是明朗、美好和真实的。"② 苏珊·朗格在其《情感与形式》中也有类似的说法："悲剧是一种成熟的艺术形式，这种形式不是世界各地都有的。悲剧概念要求一种个性感（A sense of individuality），这是某些宗教和某些文化——甚至是高度文化——所未曾孕育的。"③ 确实，作为艺术之"冠冕"的悲剧，不仅是西方艺术的最高艺术形式，也往往是人们掌握世界、思考人生的重要方式和范畴。因此，在西方，无论是作为艺术形式的悲剧创作，还是有关悲剧的哲学与美学论述都特别发达。虽然，从古希腊的神人一体，到亚里士多德对伟人或高尚之人的行动的摹仿，再至自文艺复兴以后越来越多地面

---

① 彭富春：《论中国化的马克思主义哲学和美学》，《湖北大学学报》（哲学社会科学版），2010 年第 7 期。

② ［德］卡尔·雅斯贝尔斯：《悲剧的超越》，亦春译，北京：工人出版社，1988 年，第 13 页。

③ ［美］苏珊·朗格：《情感与形式》，刘大基、傅志强译，北京：中国社会科学出版社，1986 年，第 386—387 页。

向大众和普通人的悲剧，直至 19 世纪、20 世纪以来，以对整个人类的生命、存在、意义等内在冲突发问的现代悲剧的产生，悲剧在西方的演进和发展也经历了诸多的变化，但是，受形而上学哲学传统的影响，尽管悲剧的形式以及关于悲剧的思考都发生了重大的改变，悲剧对精神的高贵性和人的神性方面的强调却从未改变。相比之下，中国虽也有"苦戏"、"怨戏"、"悲情戏"的传统，而且，中国文化中也具有浓郁的悲剧意识和悲哀的底色，但常常被认为这只是建立在现实匮乏或对生活不满的客观基础之上的悲剧意识，尚未上升到对人类存在的整体追问和自我主体性价值的严肃思考，所谓"有悲剧意识，但少悲剧精神"①，故此，还算不上是真正的悲剧观念。

然而，事实是否果真如此呢？究竟何谓悲剧？使悲剧成其为悲剧的到底是什么？我们这个时代是否还有悲剧观念？和中国无悲剧论相关的另一个命题是西方的"悲剧衰亡论"，它也许可以从反面为我们提供理解中国悲剧的新路径。"悲剧衰亡论"最早是尼采 1872 年在《悲剧的诞生》中提出来的，他认为欧里庇得斯将酒神从悲剧中赶走从而导致了古希腊悲剧的衰亡，因为支撑着整个悲剧大厦的神秘主义非理性基础被理性主义所代替。事实上，这种衰亡在黑格尔的"终结论"中就已经开始了。围绕着黑格尔和尼采的这种"悲剧衰亡论"，西方整个 20 世纪长期以来展开了热烈的讨论。其中最著名的两次分别是 20 世纪 60 年代在斯坦纳的《悲剧之死》（1961）和威廉斯的《现代悲剧》（1966）之间，以及 90 年代以后，围绕着《悲剧之死》第三次出版（1996）与伊格尔顿的《甜蜜的暴力》（2003）之间的争论。

威廉斯最大的贡献在于提出"革命悲剧"的理念，从而将那种被视为是真理系统和永恒抽象的神学或悲剧哲学推至具体的历史文化变迁的"情感结构"之中，并将之拉平至日常生活活生生的经验层面。在他看来，首先，悲剧意义总是受到文化和历史的双重限定，因而悲剧不是先前那种特殊的、永久的既存事实，而是不断变化的"一系列经验、习俗和制度"②，是一种我们每一个人都正感受和经历着的"经验形式"③。其次，任何"革命"，无论是资产阶级革命，还是社会主义革命，都是"深层的悲剧性无序状况必不可少的运动"。革命是一个复杂的过程，不是进步的直线上升与必胜信念的宏大叙事。正是沿着威廉斯"革命悲剧"的思路，伊格尔顿在《甜蜜的暴力——悲剧的观念》中进一步揭示现代性的悲剧性，即在于现代性是一个悲剧性与进步性张力共存的进程，是一个复杂的有机混合体，而不是那种单线发展的"斯坦纳主义的最纯粹本质"④。

① 王富仁：《悲剧意识与悲剧精神》（上），《江苏社会科学》，2001 年第 1 期。

② ［英］雷蒙·威廉斯：《现代悲剧》，丁尔苏译，上海：译林出版社，2007 年，第 37 页。

③ 同上书，第 24 页。

④ ［英］特里·伊格尔顿：《悲剧、希望与乐观主义》，许娇娜译，《马克思主义美学研究》，2008 年第 2 期。

此外，也是沿着威廉斯的悲剧世俗化的思路，并出于对斯坦纳的现代性令悲剧走向没落的观点的反驳，伊格尔顿提出了一个全新的悲剧概念：悲剧的观念。这是与传统的严格"以许多种区别而定"的悲剧概念不同的审视现代性的新视点，是根据维特根斯坦的"家族相似"原理，对传统的悲剧概念的一种更为灵活宽泛的理解。在日益流动、无序、日常的现代社会，悲剧观念不再是案头剧和舞台表演的形式，而是成为了"现代主义"，成为了"一种成熟哲学"，"一种形而上的人道主义"①，以及反思现代性的"文化批判形式"。但是，和传统悲剧一定要涉及灾难性的逆转，悲剧英雄一定要是贵族，悲剧一定要有毁灭性的结局，一定要涉及命运、净化、道德缺陷、众神等等理念不一样，在伊格尔顿这里，悲剧所呈现出来的深度和严肃性并不是来自绝对纯粹的精神性和价值抽象，不光是"文化价值观和历史主体性"，而恰好是来自"最名副其实的唯物论"②——身体，一个自然与文化、善与恶共存的混合物。通过耶稣受难时"痛苦的身体"和担负着共同体的罪恶却被人们所排斥的神圣又可怕的"替罪羊"形象，悲剧产生意的机制被描绘为这样一种积极的苦难方式：痛苦的身体以自然性、肉体性的生命之力抵抗着苦难的束缚，在经历一场类似于人类学通过仪式般的"象征性的死亡"之后重新激发出主体性，并最终获取绝对的自由。因此，悲剧的美学效果是崇高，但这种崇高和康德式的主客体撕裂，最终统一于想象性的自由意志不一样，崇高不是来自于理性道德的框架，而是始终与自然的肉身欲望扭结在一起。因此，悲剧的崇高，不仅是主体意志的伟大，更是作为感性生命的卑微的展现，是一种"尘世的崇高"。

从威廉斯作为不断变化的"习俗、制度"和"一场经验"的悲剧观念，到伊格尔顿伦理学意义上的"尘世的崇高"的悲剧观念，回过头来反观中国的悲剧观念，会发现关于中国有无悲剧观念的很多争端是并不成立的，因为在很大程度上，他们用以评判的标准正是左派批评家们所极力反驳的那个带有意识形态色彩的纯粹抽象的悲剧传统。这些观点的基本判断不外乎这样几种：1. 悲剧是人类绝对精神的体现，现实人生的悲剧性感受是不构成悲剧的；2. 构成悲剧的行为必须是伟大的行为，通过英雄式的抗争甚至是个体的毁灭，将人的主体性力量发挥到极致；3. 悲剧的快感源于最高级的崇高感，即所谓"悲剧是崇高最高最深刻的一种"③，这种崇高一方面是人的最高意志或理性的体现，另一方面又要求我们能抛弃意志的利害关系，以便成为纯粹的审美知觉。这样的标准之下，中国的悲剧观念就荡然无存了，因为无论是老子哲学的顺应天然，还是

---

① ［英］特里·伊格尔顿：《甜蜜的暴力——悲剧的观念》，方杰、方宸译，南京：南京大学出版社，2007年，第21页。

② 同上书，第9页。

③ ［俄］车尔尼雪夫斯基：《艺术与现实的审美关系》，周扬译，北京：人民文学出版社，1979年，第21页。

儒家的礼乐秩序、佛教的去执忘我，以及中国文化里过于直接的道德教化意识，过于现实的人生态度，过于稳态的人伦色彩，都会成为消弭苦难和矛盾的力量，使中国的悲剧最终指向平静、安稳、圆满。但是，威廉斯和伊格尔顿关于日常生活的悲剧观念却提醒我们，悲剧往往就是我们人人都可能身处其中的感官化、肉体化的苦难，无视这种悲剧性苦难，就是对历史内容的抽空。

　　另外，伊格尔顿的"尘世的崇高"更要求我们不得不重新去审视那些由小人物、失败者组成的，也许还充满了玩笑、幽默、宽恕、隐忍的人生。中国式的悲剧里，少有力与力的冲突，少有一悲到底、知其不可而为之的英雄，以及如同真理探寻一般对命运的好奇与求索。例如，和西方悲剧中的"命运"不同，在中国的悲剧观念里起着支配作用的更多的是"命"。虽然，这两种似乎都是被外加于人身上的关于世界的最后的原因或理由，但"命运"更像是一种不可逆违的，外界强制的必然性。而对于中国人来说，虽然"命"是"善则予之吉，恶则加之凶"的天道，但又有"天难谌，命靡常"的另一种开脱。正如前所述，中国人的时空观念里，存在着一种生生不已的圆形循环的运动模式。事实上这也是为什么佛教的轮回说可以和中国人的文化心理立刻契合的原因所在。这一可变（所谓"时来运转"）但又始终能维系整体意义上的循环稳定的"命"，使得中国人将"安"作为人生幸福的栖所，因此重人伦礼序，知天乐命。这一点伊格尔顿也感受到了，他认为在中国的悲剧观念里，"有一种与受到某种权力控制的普遍和谐有关的幻想，虽然这种权力的配置往往高深莫测，但是却可以证明其使得人类社会秩序合法化的合理性"。[①]

　　不过，这种似乎安然、稳态，世俗的"合理性"，往往恰是以对人生苦难的深切体验和感知为基础的，其内里常常暗涌或奔突着一种黑色精灵一般的生命之力和情感之力。这种悲剧形态在中国的文学艺术作品中有着丰富的表现。如鲁迅的《野草》，所谓绝望之虚妄，正与希望相同，生命之力并不在于惨淡淋漓的鲜血，而是在"明暗之间"的徘徊，在"无物之阵"的荷戟独彷徨，但最终的精神指向却是绝望之中的希望，黑暗之中的光明。再如一个非常有意思的当代作品——陈继明的中篇小说《北京和尚》。在这里，物欲横流的现代大都市"北京"与一心向佛，但事实上却在俗世中"处处染尘埃"的年青和尚可乘，小说标题中这两个"异质"形象的组合，自身就如同一道禅语，表明日常人生的混杂丰富。可乘经历了剃度出家、还俗娶妻、开"般若素食"饭馆、断指忏悔等诸多尘世的"劫场"，他并不是清心寡欲的圣僧，而是一个凡俗卑微的"肉体"之人。然而，其内心念念不忘的信仰却又总使他的生命始终散发着一种淡淡的人性光芒。作为僧人的可乘打坐时的感受奇特而又真切，他觉得"打坐其

————————
　　① ［英］特里·伊格尔顿：《甜蜜的暴力——悲剧的观念》，方杰、方宸译，南京：南京大学出版社，2007年版，第76页。

实是一种战斗的姿态，入静是向混乱无序的思想宣战。进一步说，出家人其实是战士，软弱的战士，静的战士，空的战士，自取失败的战士"[1]，正是这融合了丰富的"肉身性"的体验提醒我们，其实芸芸众生每一个人都是这样的"战士"，都是默默承受生活艰难和精神之痛，但又指向生活和希望之意义的"尘世的悲剧"。这种悲剧依旧呈现出一种人性的崇高感，但不是"最高最深刻"的那种崇高，而是世俗化、优美化崇高的混合体。

三、马克思主义美学成为公共话语的可能性

21世纪，美学何为？实际上，在西方，早自上个世纪60年代后期以来，随着后现代主义、解构主义思潮，以及文化研究的兴起，美学研究渐渐从对现代主义艺术的"纯粹性"的研究，转向了广泛社会参与和批判的政治社会美学研究。阶级、身份、性别、族裔，以及艺术生产与消费等问题，逐渐代替了昔日关于美的形式、审美经验、美的普遍性等问题而成为美学研究的主要论域。在这场由学院书斋的纯粹艺术研究延伸到社会政治公共话语领域的美学研究的历史性转向中，以审美意识形态研究见长的马克思主义美学研究可谓是其先锋和主力。但是，随着"审美资本主义"成为一种全球化的现象，美学与消费主义、大众文化、文化产业的兴起紧密关联起来，艺术和审美日趋走向消费化、商品化、资本化的道路。对于很多"后学"研究者们来说，这种消费时代或全球化时代的审美"奇观"是令人欢欣鼓舞的。这里有一段对这样一种"美学设计时代"的到来的赞词：

"不管传统美学的持守者们姿态如何，经济领域的美学设计都一定会成长壮大成另一种与时代相互应的'美学'。与传统美学仅止于'思辨的美学'不同，这种美学不仅是思想的、诗意的，尤其是实战的。它所成长的空间不仅是思想的空间、文化的空间，尤其是经济的空间。"[2]

这种把美学直接当作了资本驱动力，或者是与科学技术一样的"生产力"的经济主义美学，不仅是对传统审美主义的威胁，实际上也是对所有作为哲学反思和文化批判的美学传统的解构。与这种赤裸裸的市场主义美学或者说审美资本主义并行的，是日渐成为显学的文化研究对美学阵地的占领与僭越，它们以政治实用主义和社会功能主义的方式形成与这个时代同构的风景，而思辨的、审美救赎的美学则逐渐淡出公众视野，这其中自然也包括马克思主义美学。尽管西方有布鲁姆和美学"右翼"对后现代主义、文化研究等"非美学"表示义愤，斥责文学批评如今已被"文化批评"所取代："这是一种由伪马克思主义、

---

① 陈继明：《有些羞愧》，《小说选刊》，2011年第11期。
② 吴兴明：《消费时代或全球化重振美学的一线生机》，《当代文坛》，2004年第6期。

伪女性主义以及各种法国/海德格尔式的时髦东西所组成的奇观。西方经典已被各种诸如此类的十字军运动所代替，如后殖民主义、多元文化主义、族裔研究，以及各种关于性倾向的奇谈怪论"。① 但是，确确实实，无论是西方，还是在中国，美学都正面临着自身的问题。这些年来，无论是"回到康德"② 的主张，还是呼吁建构一种无差异的"全球美学"③，事实上都表明美学在这样一个多变的时代，对自身所面临的问题和困境正努力作出回答和探索。当然，也有学者直接呼吁，要回到马克思主义，因为只有它才是既面对艺术，又面对全社会发展的，无论是对于艺术还是社会，马克思主义都具有极好的批判性反思能力。④ 还有类似的观念认为，中国美学要寻求发展，就需要马克思主义为其奠立哲学基础，因为，没有哪一种哲学像马克思主义哲学那样，"不仅为科学地探讨感性与理性、人和自然的关系，审美活动与其他生命活动的关系提供了基本的理论依据，而且为这些关系的实际解决开辟了道路。"⑤

马克思主义思想确实是一个丰富的矿藏，马克思主义美学也确实可以为社会和艺术提供一种批判性反思。但它绝不是万能的，也不是唯一的。特别是对于我们身处的这个时代和我们自身的文化传统而言，马克思主义美学最有意义的补充恰恰是我们人人都可以感同身受的那一部分价值，而不是外在于我们的生活、传统、情感的抽象绝对的理性，以及对于现实和芸芸众生审视的、抽离的目光。因此，如果一定要思考马克思主义美学在未来能给我们带来什么，或者，要探讨马克思主义美学重返公共话语空间的可能性，本人觉得，最值得关注的依然来自构成马克思主义历史悲剧哲学的相反相成的两个方面：

其一：从伦理精神的维度，对悲剧信仰的强调。马克思、恩格斯对悲剧的阐释主要来自两处。一是《〈黑格尔法哲学批判〉导言》，认为"当旧制度还是有史以来就存在的世界权力，自由反而是个人突然产生的想法的时候，简言之，当旧制度本身还相信而且也应当相信自己的合理性的时候，它的历史是悲剧性的。当旧制度作为现存的世界制度同新生的世界斗争的时候，旧制度犯的是世界历史性错误，而不是个人的错误。因而旧制度的灭亡也是悲剧性的"。⑥ 另一处是源于和剧作家拉萨尔讨论济金根的悲剧性，恩格斯明确地将悲剧因素视为"历史的必然要求和这个要求实际上不可能实现之间的悲剧性的冲突"⑦，而不

---

① ［美］哈罗德·布鲁姆：《西方正典——伟大作家和不朽作品》，江宁康译，南京：译林出版社，2005 年，第 2 页。

② 周宪：《美学的危机或复兴？》，《文艺研究》，2011 年第 11 期。

③ 陈望衡：《"全球美学"与中国美学———中国美学如何与世界接轨》，《学术月刊》，2011 年第 8 期。

④ 高建平：《后文化研究时代的美学》，《美育学刊》，2011 年第 4 期。

⑤ 阎国忠：《中国美学缺少什么》，《学术月刊》，2010 年第 1 期。

⑥ 《马克思恩格斯选集》第 1 卷，北京：人民出版社，1995 年，第 5 页。

⑦ 《马克思恩格斯选集》第 4 卷，北京：人民出版社，1995 年，第 560 页。

是作为骑士起义领导人的济金根在智力上和伦理上存有"过失"，或者"在实现目的的方法上实行了狡诈"。① 在这里，一方面是关于历史的悲剧。历史的悲剧在于历史自身就是合理与不合理的两面之间的同一体，是新与旧，进步与落后二律背反的自身批判。另外，"历史不过是追求着自己的目的的人的活动而已"②，人作为历史的主体，正是历史悲剧性的承担者。因此，在马克思主义的历史悲剧里并不只是某种革命和历史的抽象，而恰恰是饱含人性和人生的伦理价值意义的。历史不是神秘的命运，也不是高高在上的理性和上帝，而是相互交错互为作用的多重现实关系，它规定了历史和主体的有限性。但悲剧之所以是悲剧，还在于它是一种"必然"，它总是指向合理、进步、肯定的一方。历史总是从"恶"的一面前进，人性也总是在否定性的、有限性的一面得以超越。事实上，威廉斯和伊格尔顿的悲剧观也正是在马克思、恩格斯的历史悲剧理论框架下加以展开的。马克思主义的历史悲剧意识可以予人以彻底的现实清醒感，它使得任何单向的价值判断都成为一种肤浅。此外，现实中的苦难与超越又分明是人的主体性的明证，对于物质时代人的"溃败"，特别是对于后现代时代里过于浅表的"快乐主义"来说，这无疑是一种反省与批判。但是，始终值得强调的是，马克思主义美学的批判不是高屋建瓴的道德批判，而是人伦意义上的"尘世"的悲悯，因为悲剧的苦难与超越是历史人群中每一个人的恶与善。

其二，从发展的角度，提供未来的价值指向。马克思主义之前的哲学，从柏拉图到费尔巴哈，都是指向一种理性的沉思，而马克思主义却引入了一个未来的尺度。历史不是某种抽象，而是可以经由主体的实践不断改变的具体过程。所以马克思有精辟的名言："哲学家们只是用不同的方式解释世界，问题在于改变世界"③。然而，以"人的解放和自由全面发展"为理想目标和价值尺度，并指向"每个人的自由全面的发展"的共产主义理想既是对有限性的超越，又没有落入简单的审美乌托邦。它始终是一个在现实世界里实践和"改变世界"的过程。这个过程包括相反相成的两个路向，一是向前的未来的维度，一是向后的批判的维度。因此，马克思主义在未来的维度里并没有像他们所批判的空想社会主义家们那样，"替未来设计公共厨房"，确立一个精确的"蓝图"式的预言，而是以现实为基础，并积极地、有意识地参加到对社会进行革命改造的历史进程中来，从而与旧的、抽象的乌托邦幻想区别开来。正是在这种意义上，布洛赫曾将这一过程称之为"具体的乌托邦"；詹姆逊也认为马克思主义是一种"乌托邦计划"，在把对"未来"的信仰肯定为"事物本身的性质"与"深层存

---

① 《马克思恩格斯选集》第 1 卷，第 23—24 页。

② 《马克思恩格斯选集》第 2 卷，北京：人民出版社，1995 年，第 118 页。

③ 《马克思恩格斯选集》第 1 卷，第 17 页。

在的可能性和潜力"① 的前提下，詹姆逊还创造性地继承马克思主义的历史辩证法，发展出了一套批判地与现实保持距离的否定的乌托邦意识形态理论。同样是出于对未来意义的积极肯定，伊格尔顿则更明确地指出，马克思主义与其说是发展了一种"唯物主义"，还不如说是发展了一种"伦理的"或者"乌托邦"的社会主义理论。②

雅斯贝尔斯20世纪30年代的作品《时代的精神状况》中对现代人的非精神化的生活样态曾做了如下描述："终于这样的时代到了：个人直接的现实的周围世界中不再有任何东西是由这个个人为了他自己的目的而制造、规划或形成的了。每一样东西都应一时的需要而来，然后被用完，然后被扔掉。就连住所本身也是机器的产物。环境变得非精神化了。白天的工作自行其是，不再组合到工人的生活要素中去——所有这一切，可以说，使人失去了他自己的世界。人就是这样地被抛入了漂流不定的状态之中，失去了对于连接过去与未来的历史延续性的一切感觉，人不能保持其为人。这种生活秩序的普遍化将导致这样的后果，即把现实世界中的现实的人的生活变成单纯的履行能力。"③ 雅斯贝尔斯所描述的30年代的情景也是今天我们每一个人正在身经感受的悲剧性情景。马克思主义，或者马克思主义美学对于未来的贡献就在于，它指出这种悲剧性，并指向了一个可能的更好的世界。而这也正是在一个对未来普遍充满焦虑感的时代，马克思主义美学重新成为公共话语的可能性所在。

结　语

在中国迅速"全球化"的具体语境中，我认为"中国悲剧观念"对于马克思主义与未来的关系的思考是可以做出自己的贡献的。"中国悲剧观念"首先是建立在中国社会现代化过程的审美经验基础上的。正如特里·伊格尔顿指出的，这是20世纪最大的悲剧性现象和悲剧性事件。这种悲剧观念在鲁迅的作品中得到了很好的表征，是一种绝望中的希望，是放弃中的坚守，是世俗中的崇高，或者以优美的形式而体现出来的崇高。在陈凯歌的电影《霸王别姬》，在莫言的小说《蛙》和《酒国》等作品中，我们都能够感受到这种东方风格的悲剧性，或者说，中国的悲剧观念。令人遗憾的是，中国的理论家们一直没有对"中国悲剧观念"作出系统的理论说明和美学论证。

在中国文化传统中，儒家文化的悲剧性观念得到了学术界的认识和重视，

---

① ［美］弗雷德里克·詹姆逊：《乌托邦作为方法或未来的用途》，王逢振译，《马克思主义与现实》，2007年第5期。

② ［英］特里·伊格尔顿：《马克思主义与社会主义》，王朝元译，《马克思主义美学研究》第6辑。

③ ［德］卡尔·雅斯贝尔斯：《时代的精神状况》，王德峰译，上海：上海译文出版社，2005年，第11页。

值得注意的是，佛教文化与现代日常生活的结合正在形成一种重要的文化力量。去年11月，我到台湾成功大学出席第十届亚洲新人文联网会议，会议期间访问了"佛光山"，看到了世俗化的宗教文化对现代化过程中的中国的巨大影响力。这种影响成了中国现代化的一个重要特征。我曾经用"优美化的崇高"来概括本文所讨论的这种不同于西方悲剧观念的中国式悲剧观念。[①] 中国悲剧观念是中国文化传统与中国现代化过程中的悲剧性现象相结合的结果，它本身就是一个十分矛盾的现象。对这个复杂现象的审美经验，是我们在似乎令人绝望的现实生活中仍然保持住善良、正义和良知的现实基础；而对这个复杂现象的理论说明，也许是中国马克思主义美学走出"阿尔都塞学派"的阴影，重新成为公共话语的一个契机。

2011年《人民文学》发表的小说《北京和尚》，也许可以成为我们较全面地理解"中国悲剧观念"的一个例证。小说以现代化中国的过度商业化和社会生活的道德危机为背景，以一个年青和尚与一个妓女的爱情故事为线索，叙述了一个中国式的"浮士德"的情感漂泊和精神寄托"现实化"的过程。在这个故事中，悲剧性的冲突不在于主体世界的分裂，也不根源于魔鬼的巨大创造力和对纯粹美的追求之间的巨大张力。《北京和尚》的悲剧性在于："好人"和"神圣者"在物欲横流的现实生活中处处碰壁，在"失败"和退让的过程中达到平静与和谐的生存状态的悲悯和悲壮。小说通过隐喻告诉我们，未来或彼岸不是神圣化的"永恒的女性"，而是带着缺陷和世俗性的"麻脸观音"。而这也表明，现实的具体性和人类学意义上的人性的相结合，不仅是可能的，而且是必然的。马克思主义美学的重要性就在于，在审美现代性、悲剧观念、世俗性崇高等成为全球性现象和全球性问题的条件下，马克思主义美学有可能对这种陷于深刻伦理危机和价值危机的现象作出理论的阐释。

与中国迅速地现代化的过程相联系，中国悲剧观念已成为中国式审美现代性的核心概念之一，这个概念的物质基础是当代中国的审美经验和审美关系，它的文化表达机制是一种以"音像"特征为基础的"回旋"，而不是以"视像"为特征的距离感和神圣化。在西方当代艺术碎片化的后现代场景中，当代中国文学艺术最优秀的作品仍然是"余音绕梁，三日不绝"，这就是我们可以对未来抱有信心的根据。我相信，通过对"中国悲剧观念"的深入研究和阐释，中国的马克思主义美学将得到进一步的发展。

（本文责任编辑：于琦）

13

中国悲剧观念：理论传统及其当代意义

---

① 王杰：《审美幻象研究：现代美学导论》，北京：北京大学出版社，2012年，第229—239页。

对我国马克思主义文艺理论
研究的哲学反思

■ 王元骧

（浙江大学，浙江杭州）

【内容提要】本文就以往我国马克思主义文艺理论研究中所存在的直观论、纯认识论和教条主义倾向作了简略的评论，并认为造成这些倾向的思想根源从哲学上来看，是由于一方面把"思维与存在的关系"混同于"精神与物质的关系"，视马克思主义文艺观为仅仅是在总结现实主义文学经验基础上形成的"认识论文艺观"而未能深入发掘它的"人学"内涵。另一方面，由于不理解"思维与存在的关系"是在实践基础上所形成的动态的对立统一的关系，因而也不理解任何理论的真理性都是相对的，它只有借助一定的方法在实际运用过程中才能转化为其体的真理。

【关键词】直观论；纯认识论；教条主义

一

文艺理论总是以一定的哲学为基础的，马克思主义文艺理论也不例外。以往我国的马克思主义哲学按恩格斯的"全部哲学，特别是近代哲学的重大的基础问题，是思维和存在的关系问题"① 这一原则来探讨哲学问题时，一般都把"思维与存在的关系"，亦即"意识与存在的关系"等同于"精神与物质的关系"，按物质第一性精神第二性的观点，引申出文艺是社会生活的反映并据此来说明文艺理论中的一系列的问题。这对于引导作家深入生活，从现实生活中提取创作题材来进行创作虽然有一定的意义，但从理论上说是不够准确而全面的，从而导致我国马克思主义文艺理论研究中长期存在的直观论的倾向、纯认识论的倾向以及教条主义化的倾向。

要从根本上改变情况，我觉得首先需要对"精神与物质"和"思维与存在"的关系有一个正确的认识。这两者之间的关系虽然十分密切，但却不能彼此混淆、互相等同和取代的。因为物质与精神的关系是一个"本体论"的问题，物质第一性，精神第二性这两者的关系是不容颠倒的，否则就分不清唯物主义与唯心主义的区别。而思维与存在的关系则是一个"认识论"的命题，就"存在"来说，它作为思维的对象是指世界上一切客观存在着的东西，不仅是指物质的东西，而且也包括精神的东西；不仅是指社会的精神现象，而且也包括认识主体自身的精神活动在内。因为当主体的内心活动作为思维的对象的时候，它就意味着被"二重化"了，就像黑格尔所比的"心灵就在它的主位变成自己的对象"②，它与物质的、外界存在的东西一样都成了客观存在着的。就"意识"来说，它作为现实世界在人类头脑中反映的产物，总是在主客体之间的交互作用中产生的。因为人的头脑不像亚里士多德所比喻的是"蜡块"或洛克所说的"白板"，它储存着由以往大量经验积累所形成的认知结构和思维定势，这决定了人们对客观事物的反映总是受着这些认识结构和思维定势的选择和建构：从知识论的观点来看，它必然受着实践发展所达到的认识水平所制约，如同恩格斯所说，在人的思维活动中，"世界体系的每一个思想映象，总是在客观上被历史状况所限制，在主观上被得出该思想映象的人的肉体状况和精神状况所限制"。③ 这就使得一切真理都是相对的、有条件的，它只能在一定的条件下才能成为真理。从价值论的观点来看，人的一切意识活动总是在一定的需要的驱使下进行的。由于需要的不同，所获得意识也可以分为两种形式，即"事实意识"和"价值意识"，前者是出于认识世界的需要，按存在本身的样子来反映存在，所要揭示的是"是什么"，是事物的客观规律性；后者是按照人的意志和愿望的要求来反映存在，是经由主观愿望的评价和选择而作出的，是为了向人指明"应如此"，是人的活动的主观目的性。它是人的活动的内在尺度，正是由于目的的驱使，才使得人的活动与动物的活动从根本上区别开来，使世界朝着人类

---

① 《马克思恩格斯选集》第 2 版第 4 卷，第 219 页。

② 黑格尔：《美学》第 3 卷（下），北京：商务印书馆，1981 年，第 10 页。

③ 《马克思恩格斯选集》第 2 版第 3 卷，第 76 页。

所追求的目的得以发展。而这种目的性以前往往被直观的、机械的反映论排斥在认识的活动之外，错误地视之为是一种反科学社会学的唯心主义的意识观，这就等于把人的活动的主观能动性彻底地否定了，就像恩格斯当年在批判施达克"把对理想和目的的追求也叫做唯心主义"时指出说："如果一个人只是由于他追求'理想的意图'并承认'理想的力量'对他的影响，就成了唯心主义者，那么任何一个发育得稍稍正常的人都成了唯心主义者了，这样怎么还有唯物主义者呢?"①

文学艺术是以作家的审美情感为心理中介对于现实人生所作的评价性反映的产物，它的对象是人，它把作家的主观目的体现在对自己笔下所描写的现实人生的抑扬和褒贬之中，通过艺术形象的塑造，让读者意识到什么是应该追求的，而什么是应该鄙弃的。所以在上述两种意识形式中，它的性质无疑是属于价值意识的范围。它的目的不只是为了让人们看到现实人生是怎样的，而更在于通过对应是人生的、愿景的描写来凝聚和团结社会集团的成员的力量，为着这一共同的理想去进行奋斗，就像马克思在谈到哲学的功能时所说的"不在于用不同的方式解释世界，而问题在于改变世界"。② 否定了文艺作品审美属性的这种价值内涵，把它仅仅视为一种娱乐的方式和牟利的工具，也就等于放弃了我们自己的尺度去迁就别人之所好，也就等于在文艺领域中放弃了马克思主义思想的指导地位。

如果以上的分析是符合马克思主义的基本精神的话，那么我认为文艺在马克思主义视野中就不能仅仅看做是一种认识现实的形式，而更应该被看做是一种变革现实的力量，它的目的就是为了人，为了促进个人的全面发展和人类的自由解放来推动社会的进步和发展。

二

但是在我国以往的马克思主义文艺理论研究中，一般都按认识论的观点，把文艺看做是一种知识的形式，它的目的只是为了让人认识社会，并往往引用马克思在谈到19世纪中叶英国现实主义小说家时说的："他们以那明白晓畅和令人感动的描写，向世界揭示了政治的和社会的真理，比起政治家、政论家和道德家合起来所作的还多"③，以及恩格斯谈到巴尔扎克的小说时所说的"他汇集了法国社会的全部历史，我从这里，甚至在经济细节方面（如革命以后动产和不动产的重新分配）所学到的东西，也要比从当时所有职业的历史学家、经

---

① 恩格斯：《路德维希·费尔巴哈和德国古典哲学的终结》，第228页。

② 《马克思恩格斯选集》第2版第1卷，第18页。

③ 马克思：《1854年8月1日〈纽约论坛〉上的论文》，《马克思恩格斯论艺术》（二），北京：人民文学出版社，1963年，第402页。

济学家和统计学家那里学到的全部东西还要多"① 等论述，视真实性、典型性等为马克思主义文艺学的基本命题。这虽然都是马克思、恩格斯所关注的文艺问题，但如果脱离了他们谈话的具体语境把它无限放大，视马克思主义的文艺观为仅仅是在总结现实主义文学经验基础上所形成的"认识论的文艺观"，那就必然背离马克思主义哲学的基本精神而使认识陷于片面。

那么，马克思是怎样把人的自由和社会的发展和进步统一起来来理解文艺的性质和阐述文艺的价值的呢？联系马克思所处的历史年代的人的生活处境，我认为马克思就是通过对文艺审美原属性的揭示表示它可以抵制人的"异化"而维护人的整体存在，实现人性的"复归"而达到人类社会发展最终的目的。因为人类史不同于自然史，它是"我们自己创造的"②，所以历史就是"追求一定目的的人的活动"③。要是离开了人和人的活动也就无所谓社会和历史。这样，就把人的问题与社会的问题统一起来，把社会的问题当做一个人的问题，从人的问题切入来加以研究，同时也决定了马克思在从事理论活动一开始就对人的问题给予极大的关注。早在《1844 年经济学哲学手稿》中，就从人的活动与动物活动的比较分析中提出："人类的特性恰恰是自由的有意识的活动"，这使得人的产品不是像"动物的产品那样直接同它的肉体相联系"，以"占有"的方式满足于"直接的片面的享受"；而认为真正的人的活动应该是摆脱了物欲的强制，以"一种全面的方式，也就是说，作为一个完整的人，占有自己的全面的本质"，所以"社会人的感觉不同于非社会人的感觉"，就在于他的"需要和享受失去了自己的利己主义性质，而使自然界失去了纯粹的有用性"，超越功利目的限制，本着一种自由的态度来予以对待，而使效用成了一种"人的效用"，从而表明"按照美的规律"来从事生产活动的④乃是人的本质特性之所在。而人的活动的这一特性在马克思看来在中世纪的手工业者那里还是存在的。因为那时劳动者之间还没有什么分工，"每一个劳动者都必须熟悉全部工序，凡是他的工具能够做的一切他都应当会做"，"所以中世纪的手工业者对于本行专业和熟练技巧还有一定的兴趣"，这不仅使得他们"对自己为工作都是兢兢业业、奴隶般的忠心耿耿"，"对工作的屈从程度远远超过对本身工作漠不关心的现代工人"，而且"这种兴趣还能使他们在工作中产生有限的艺术感"⑤。只是到了资本主义社会，"异化劳动把这种关系颠倒过来"而使劳动"变成仅仅维持自己生存的手段"，使"动物的东西成为人的东西，而人的东西成为动物的东西"⑥，

---

① 《马克思恩格斯选集》第 2 版第 4 卷，北京：人民出版社，1972 年，第 463 页。

② 《马克思恩格斯全集》第 23 卷，北京：人民出版社，1972 年，第 409—410 页。

③ 《马克思恩格斯全集》第 2 卷，北京：人民出版社，1957 年，第 150 页。

④ 马克思：《1844 年经济学哲学手稿》，北京：人民出版社，1985 年，第 53—54 页。

⑤ 《马克思恩格斯选集》第 2 版第 1 卷，第 58—59 页。

⑥ 马克思：《1844 年经济学哲学手稿》，第 53、55 页。

从而使得工人的活动与审美分离，失去了自主和自由而成为苦役，不能再从中得到劳动本身所固有的享受和乐趣了。

马克思的这一思想明显地可以看出是受了席勒的影响。席勒在《美育书简》中把"现代人"与"希腊人"加以比较，认为在古希腊，人是作为一个整体而存在的，而现代社会的生活方式把人"束缚在整体中一个孤零零的断片上，人也就把自己变成一个断片了"，这实际上就是一个人的"异化"的问题。但另一方面我们又应该看到，由于席勒对人的理解是抽象的，他把人的异化看做纯粹是一个心理的问题，所以试图以康德的美学思想为指导，求助于通过审美来使人获得自由和解放，这样就陷入了"审美救世主义"。与席勒等人不同，马克思不是把人的"异化"仅仅当做一个抽象的人性问题，而认为根本上是一个社会的问题，从而把它与资本主义"异化劳动"联系起来，作为批判资本主义"异化劳动"的现实依据来进行论述。他之所以强调人是"按照美的规律"来从事生产活动的，就是因为在他看来对于一个真正的人来说，劳动应该是一种"体力和智力的游戏来享受"①，这是作为一个完整的人实现全面地占有自己本质的标志。所以他提出这个问题目的是为了借批判"异化劳动"来否定资本主义私有制的合理性，说明唯有"私有财产的扬弃"，才能使"人的一切感觉和特性彻底解放"，把"以往发展的全部财富"还给了人，而实现"对人的本质的真正占有"，"它是人向自身、向社会的（即人的）人的复归"②。这样就从根本上克服席勒美学所带有的"审美救世主义"倾向。所以尽管《1844年经济学哲学手稿》作为马克思的早期著作，还带有某种人本主义的印记，但就其精神而言，它与成熟时期的著作是完全一致的。

正是从人是"按照美的规律"来从事生产活动的，人应该把劳动"作为体力和智力的游戏来享受"这一认识出发，所以马克思认为人的"异化"根本上是情感的欲望化，它使得人在活动中所本应具有的精神享受都为"占有"的欲望所剥夺。因此在马克思看来，要实现人性的"复归"，也就是要使人的情感从欲望的统治下解放出来，把被"异化劳动"所剥夺了的人在活动中所应有的美的享受还给人，在审美活动中使人达到心灵的自由和解放。我觉得马克思就是以抵制人的异化，实现人的自由解放这一大目标为指导思想来理解文艺的性质的，他强调"作家绝不把自己的作品看作手段，作品就是目的本身"，"诗一旦变成诗人的手段，诗人也就不成其为诗人了"③，这"目的"我认为也就是为了人。这思想既是对康德、席勒美学思想的继承，又为后来的法兰克福学派理论家如马尔库塞等人所发展。但是与康德、席勒以及马尔库塞等人不同的是，马

---

① 马克思：《资本论》，《马克思恩格斯论艺术》（一），北京：人民出版社，1960年，第369页。
② 马克思：《1844年经济学哲学手稿》，第77—81页。
③ 《马克思恩格斯全集》第1卷，北京：人民出版社，1956年，第87页。

克思不是脱离社会现实抽象地谈论这个问题，而始终把人的解放与社会的变革、与私有制的扬弃结合在一起来进行分析。这里就涉及对于"人的复归"的理解的问题。这个作为"复归"的目标的理想人显然只是存在于马克思头脑之中的，是历史上未曾有过的，因而也被有些学人视为是一种乌托邦。这理解我认为需要作进一步的分析，因为自近代以来，西方哲学研究中有这样一个传统，即为了阐述自己的学说首先设置一个思想前提，就像卡西尔在谈到卢梭"自然人"时所说的："卢梭试图把伽利略在研究自然现象中所采取的假设法引入到道德科学的领域中来"，认为"只有靠这种假设的和有条件的推理方法，我们才能达到对人本性的真正理解"①。这种研究方法也不可避免地会对马克思产生一定的影响；但是与卢梭的"现在已不复存在、过去也许从来没有存在过、将来也许永远不会存在的一种状态"的这样一种"纯粹的假设"② 不同，在马克思那里，它同时也是作为历史追求的目的，而放到与对私有制的扬弃这一现实变革前提条件上来说的。所以尽管他后期转向从物质领域、从生产力和生产关系的方面来研究社会的变革和历史的发展，但是总的目的都汇归到人的自由解放那里，即把人的自由解放看做是历史发展的最终目的，认为"共产主义是私有财产即人的自我异化的积极的扬弃，因而是通过人并且为了人而对人的本质的真正占有，因此，它是人向自身、向社会的（即人的）人的复归"③。表明都是把"人的复归"与"私有制的扬弃"作统一的理解的。这不仅是对康德与席勒的超越，也是法兰克福学派所不能望其项背的。因为法兰克福学派在论述文艺的解放功能方面虽然有不少创造性的发挥，但是他们不仅把精神的解放与物质解放分离开来甚至对立起来，而且对解放的论述也仅仅局限于感性层面而无视理性层面，这样也就背离了马克思主义和现实主义而重新回到了浪漫主义的梦想之中，这才真正是"审美的乌托邦"。

三

由于以往我们在马克思主义研究中把"思维与存在的关系"混同于"精神与物质的关系"，并以直观的思维方式来看待思维与存在，不理解它们是在实践的基础上历史地形成的一种动态的对立统一的关系，因而也不理解任何理论的真理性都是相对的，它只是在一定条件下才是真理；而往往把马克思的理论加以绝对化，看做是脱离具体关系而抽象存在的万古不变的准则，不作具体分析拿到丰富多彩的文学现象上来加以简单套用，以致教条主义和庸俗社会学的批

① 卡西尔：《人论》，上海：上海译文出版社，1985年，第78页。
② 卢梭：《论人类不平等的起源和基础》，北京：商务印书馆，1962年，第63—64页。
③ 马克思：《1844年经济学哲学手稿》，第77页。

评在我国猖獗一时。这种情况现在虽然并不存在，但认为当今文艺的发展趋向消费化的现状已使马克思的理论丧失了"阐释的有效性"而予以放弃甚至否定又成了当今马克思主义理论界看待马克思主义的另一种倾向。这同样是一种以教条主义的观点来看待真理，而不理解理论的反思批判功能所造成的误判。

怎么来看待这个问题？在我看来与其说马克思主义文艺理论对当今的文艺现状丧失了阐释的能力，不如说当今的文艺已没有能力来承担马克思提出的在促进人的自由解放现实"人性复归"方面的历史重任。所以需要我们放弃的不是马克思主义，而正是坚守在马克思主义指导下对现状的反思和批判的精神。这涉及我们对理论包括马克思主义文艺理论的意义和作用的理解的问题。卡西尔在对欧洲 18 世纪哲学与 17 世纪哲学作比较研究中得出：在 17 世纪"理性是'永恒真理'的王国"，是"通往超感觉的绝对世界的大门"。与之不同，到了18 世纪，它就不再被看做只是一座"储存真理的宝库"，"而是引导我们去发现真理，建立真理和确定真理的独创性的理智力量"，即"把它视为一种能力，一种力量，这种能力和力量只有通过它的作用和效力才能充分理解"①。表明理论作为以原则的形式所承载的真理，它的内涵需要联系具体的客观实际并借助一定的方法在实际运用中才能得到激活，因为一切原则的东西总是绝对性与相对性的统一，它只有在一定条件下，在实际运用过程中才能使普遍的原则转化为具体的真理。这就需要借助一定的方法。所以在马克思主义哲学包括文艺理论中，观点与方法总是统一的。

正是基于这样的认识，恩格斯在谈到马克思主义时特别强调"马克思的整个世界观不是教义而是方法"，它提供的"不是现成的教条，而是进一步研究的出发点和供这种研究使用的方法"②。并对"官方的黑格尔学派"视"黑格尔的全部遗产不过是可以用来套在任何论题上的刻板的公式，不过是可以用来在缺乏思想和实证知识时搪塞一下的词汇语录"③ 的见解作了尖锐的批判。全部马克思主义著作，就是在历史唯物主义的观点指导下按照唯物辩证的思维方法在分析、解决问题上的具体演示，所以不懂得唯物辩证法也就不可能真正理解马克思主义。"辩证法的基本原理是：没有抽象的真理，真理总是具体的"④。因而我们在学习马克思主义时，就不能仅仅只看它的结论，还应该关注这结论是怎样答出的，还应该同时把它当做是一种认识问题、分析问题和解决问题的方法来进行学习。这样我们对于问题的理解才能避免抽象而会有具体的领会。唯此，马克思主义在我们意识中才是鲜活的，它是在具体的解决实际问题的过程

---

① 卡西尔：《启蒙哲学》，济南：山东人民出版社，1996 年，第 11 页。
② 《马克思恩格斯全集》第 1 版第 39 卷，北京：人民出版社，1975 年，第 406 页。
③ 恩格斯：《卡尔·马克思：政治经济学批判》，《马克思恩格斯选集》第 2 版第 2 卷，北京：人民出版社，1972 年，第 119 页。
④ 《列宁选集》第 1 版第 1 卷，北京：人民出版社，1960 年，第 507 页。

中不断丰富而发展的。只要当时马克思所面临的现实问题在今天仍然存在，马克思主义就不会过时。这同样也应该是我们研究马克思主义美学和文艺理论所必须贯彻的思想原则。

比如对于"人的复归"这个命题，虽然马克思当初是针对人在活动中由于受物质所驱使而丧失了"作为一个完整的人，占有自己的全面的本质"而提出的，但并不表明这种情况现在已不存在，只是造成这种情况的原因已与当年不完全相同。如果说在马克思写作《1844年经济学哲学手稿》当年，它主要是由外部原因，是由于资本主义异化劳动使得人把自己的劳动"变成仅仅维持自己生存的手段"所造成的，所以马克思构想了一个"作为人的人"主要是用来作为批判资本主义"异化劳动"的假设；那么，在经历了170年历史的今天，虽然"异化劳动"的现象在社会上并没有完全消失，但是由于人的内部原因所造成的人的"异化"现象，即随着物质产品的不断丰富而带来人的物欲的不断膨胀，使人沉溺于一种"片面的享受"，而导致的"人自身的丧失"，正在成为当今社会的一种主导的"异化"倾向。但由于这种"异化"是由人的内部原因即欲望的膨胀所造成的，所以审美作为一种"无利害关系的自由愉快"在抵制欲望对人的统治，实现向作为"人的复归"的目标来说，就显得更有意义。它在肯定人的自由解放是一个现实的问题，从根本上是需要通过社会的变革和发展来实现的前提下，更凸显了文学艺术在引导着人走向回归自身之路过程中所应有的精神承担。

为在上海交通大学召开的"中英马克思主义美学双边论坛"而作
2013年3月下旬初稿、6月下旬修改
（本文责任编辑：任天）

实践美学元范畴的反思

■ 祁志祥*

（上海政法学院研究院　中国上海　201701）

【内容摘要】实践美学的元范畴是"实践"。"实践"是与人的"劳动"紧密相关、甚至二位一体的概念，而"劳动"曾被界说为人与动物的根本区别；"实践"是在"社会关系"中进行、并反映"社会关系"的，所以，人的特性、本质又被界定为"社会关系的总和"。这两种观点是万无一失的吗？如何准确理解二者的关系？本文就此展开重新检讨，希望对实践美学反思赖以立足的元范畴是否逻辑自洽提供有益的启示和参考。

【关键词】劳动；社会性；意识性；根本特性；亚特性

实践美学的元范畴是人的"实践"。"实践"是与人的"劳动"紧密相关、甚至二位一体的概念，而"劳动"曾被界说为人与动物的根本区别，其实这是似是而非的。"劳动"作为有意识、有计划的谋生活动，必须以活动主体的大脑具有意识机能为前提。活动主体只有先有"意识"，而后才有有意识的谋生活动"劳动"；"劳动"如果说成是决定大脑"意识"的人的根本特性，恩格斯"劳动创造了人本身"的命题就成了"人的劳动创造了人"，这显然是自相矛盾、不能成立的。"实践"又是在"社会关系"中进行、并反映"社会关系"的，所以，人的特性、本质又被界定为"社会关系的总和"。其实，"社会关系"如果指个体之间相互联系的群体关系，那么，其他动物也具有；如果指有意识的个

---

* 祁志祥，文学博士，上海政法学院研究院教授，北京师范大学文艺学研究中心兼职研究员，专业方向：文艺美学。

体——人与人之间相互联系的群体关系，那么，"社会关系"仍然是由造成关系的个体的"意识"机能决定的，"意识性"是比"社会性"更为根本的人的特性。本文就人的劳动特性、社会特性展开重新检讨，希望对实践美学反思自身赖以立足的元范畴是否经得起推敲提供有益的启示和参考。

一、属人所有的"劳动"能否创造"人"？

所谓"劳动"，即有意识的、自觉自由的、有计划的谋生活动。动物的生存只是被动地等待自然的恩赐，其生命活动是本能的、无意识的；而人类则在意识的指导之下能够认识自然规律，通过劳动实践积极地变革自然，能动地创造财富。墨子早已指出："今人固与禽兽……蜚鸟……异者也。今之禽兽……蜚鸟……因其羽毛以为衣裘，因其蹄爪以为绔屦，因其水草以为饮食，……衣食之财故已具者矣。今人与此异者也，赖其力者生，不赖其力者不生。"①于是，能够能动地依靠人力驾取外物、从事劳动、创造生活资料，是人与动物的区别之一。

到了马克思、恩格斯那里，"劳动"被提升为人与动物的根本区别，劳动属性被视为人的根本特性。西方古典哲学以"意识"或"自我意识"为人与动物的根本区别，这种观念曾深深影响了马克思、恩格斯。马克思在后期《资本论》中分析建筑师与蜜蜂建造蜂房的活动的不同时指出："蜘蛛的活动与织工的活动相似，蜜蜂建筑蜂房的本领使人间的许多建筑师感到惭愧。但是，最蹩脚的建筑师从一开始就比更灵巧的蜜蜂高明的地方，是他在用蜂蜡建筑蜂房以前，已经在自己的头脑中把它建成了。"②恩格斯在后期完成的《自然辩证法》中指出："历史（指人类历史）和自然史的不同，仅仅在于前者是自我意识的机体的发展过程。"然而，当唯物史观形成后，他们开始从决定"意识"的"劳动"方面说明人与动物的根本区别。这一转变的标志是《1844年经济学—哲学手稿》、1845年写的《关于费尔巴哈的提纲》和1845年—1846年与恩格斯合写的《德意志意识形态》。用唯物史观来看人的特性，他们发觉原来的观点太肤浅了。从"意识"的内容、本质来看，"意识在任何时候都只能是意识到了的存在，而人们的存在就是他们的实际生活过程"③；从"意识"的发生史乃至人类的发生史来看，"人使自己和动物区别开来的第一个历史行动并不是在于他们有思想，而

---

① 《墨子·非乐上》。
② 《马克思恩格斯全集》第1版第23卷，北京：人民出版社，1972年，第202页。
③ 《马克思恩格斯选集》第1版第1卷，北京：人民出版社出版，1975年，第30页。

是在于他们开始生产自己必备的生活资料"。① 恩格斯在后期撰写的《劳动在从猿到人转变过程中的作用》中进一步明确指出："人类社会区别于猿群的特征又是什么呢？是劳动。"② "劳动是从制造工具开始的。"③ 劳动不仅促进了手脚的分工，创造了手和语言，而且创造了人的大脑："首先是劳动，然后是语言和劳动一起，成了两个最主要的推动力，在它们的影响下，猿的脑髓逐渐地变成人的脑髓。"④ 正是在"人的脑髓"具有的意识的指导下，人类的谋生活动变得有计划、有目的起来："一切动物的一切有计划的行动，都不能在自然界上打下它们的意志的印记。这一点只有人才能做到。"⑤ "人离开动物愈远，他们对自然界的作用就愈带有经过思考的、有计划的、向着一定的和事先知道的目标前进的特征。"⑥ "一句话，动物仅仅利用外部自然界，单纯地以自己的存在来使自然界改变；而人则通过他所作出的改变来使自然界为自己的目的服务，来支配自然界。这便是人同其他动物的最后的本质的区别，而造成这一区别的还是劳动。"⑦ 因此，恩格斯提出一个响亮的命题："劳动创造了人本身。"⑧ 在马克思、恩格斯看来，人的"意识"是由人类的特殊谋生活动——"劳动"决定的，"劳动"是比"意识"更为根本的人与动物的区别。《1844年经济学—哲学手稿》指出："一个物种的全部特性就在于物种的生活活动的方式，而人的物种的特性就在于他的活动是自由的、有意识的。"⑨ 这种"自由的、有意识的""生活活动的方式"就是"劳动"。

马克思、恩格斯的劳动属性说，在新中国思想界曾长期占主导地位。李泽厚的观点可为代表："从猿到人，恰如恩格斯所说，是由于使用——制造工具。……这就是人与物（动物）的分界线所在"⑩，"使用工具制造工具是人类的最基本的实践……并以此区别于动物界"⑪。"我讲的'人的本质对象化'……主要是劳动生产"，是"人类制造和使用工具的劳动生产"，"人首先是通过这种现

① 马克思、恩格斯：《德意志意识形态》，《马克思恩格斯选集》第1版第1卷，第24页。按：这段话在《德意志意识形态》手稿中删去了，但与正文意思相合。如正文说："可以根据意识，宗教或随便别的什么来区别人和动物。一当人们开始生产（二字原文为着重号）他们所必需的生活资料的时候，他们就开始把自己和动物区别开来。"同上书第24—25页。

② 《马克思恩格斯选集》第1版第3卷，北京：人民出版社出版，江苏人民出版社重印，1975年，第513页。

③ 《马克思恩格斯选集》第3卷，第513页。

④ 同上书，第512页。

⑤ 同上书，第517页。

⑥ 同上书，第516页。

⑦ 同上书，第517页。

⑧ 同上书，第508页。

⑨ 朱光潜：《经济学—哲学手稿》节译，《美学》第2期第5页。

⑩ 《李泽厚哲学文存》下编，合肥：安徽文艺出版社，1999年，第464—465页。

⑪ 同上书，458页。

实物质性的活动和力量来拥有世界、理解世界、产生关系和建立自己"。①

以使用工具、制造工具的劳动为人与动物的根本区别，表面上看是对人的意识特性认识的深化，其实不自觉地犯了因果循环、同义反复的逻辑错误，也从反面证明了"意识"才是人与动物的根本区别。"劳动"是什么？是"有意识的"谋生活动，必须以"有意识"为前提。没有"意识"，就没有"有意识的"劳动。逻辑和历史的顺序只能是先有"意识"，后有"劳动"。因此，大脑的"意识"机能不可能由"有意识"的"劳动"产生，只能由动物无意识的生存活动产生。同样，恩格斯认为"劳动创造了人本身"，同时又认为劳动是人类特有的谋生活动，于是"劳动创造了人"无异于是说"人的劳动创造了人"，这在逻辑上显然是自相矛盾的。长期以来，人们引用马克思、恩格斯的劳动属性说，批评和抛弃传统的意识属性说，而没有察觉其中的逻辑漏洞，可以说是中国思想界最大的误区之一，即使像李泽厚这样有见识的哲学大家也未能幸免。李泽厚着重从劳动所具有的制造工具的特征角度说明人与动物的根本区别。其实，如果这种制造工具的谋生活动是无意识的，那么，"某些动物也使用工具甚至制造工具"②；如果这种制造工具的谋生活动是有意识的劳动，那么还可以继续追问：人类使用、制造工具的劳动何以是"有意识"的？正如有学者所诘难的那样："人所特有的劳动是从制造工具开始的，但作为……制造工具的活动，已有某种目的、意识的自觉活动在内，那么是否人的意识先于人的劳动呢？"③ 因此，符合逻辑的看法应当是：人类祖先类人猿的长期无意识的本能谋生活动中促进了大脑的进化，逐渐产生了"意识"机能，从而宣告了"人"的诞生，并从此有了人类特有的谋生活动——有意识的"劳动"。不是"劳动"决定、创造"意识"，而是"意识"决定、创造了"劳动"。不是"劳动"创造了"人"，而是动物无意识的物质谋生活动创造了"人"。"劳动"诚然是人与动物的重要区别，但绝不是根本区别，而决定"劳动"的"意识"才是人与动物的根本区别。特别需要指出的是：这里说的"意识"只是大脑的认识机能，而不是意识形态。"意识形态"必须有反映内容——主要的是人的劳动生活，而"意识机能"则不依赖于劳动生活，是大脑生来就有的认识能力。

人人都承认，劳动是人与其他动物的重要区别，关键是，如果把它视为根本区别，就有问题了。当马克思、恩格斯说人的根本特性是从事有意识的劳动，而事实上我们又看到劳动取决于劳动主体的意识机能时，这从另一个侧面说明，意识是比劳动更为根本的人的特性。

实践美学元范畴的反思

---

① 均见李泽厚：《美学三书·美学四讲》，合肥：安徽文艺出版社，1999年，第484页。
② 转引自《李泽厚哲学文存》下编，第465页。
③ 转引自《人类起源提纲》，《李泽厚哲学文存》下编，第527页。

二、"社会关系"与"劳动"、"实践"的关系

"实践"是在"社会关系"中进行、并反映"社会关系"的,所以,人的特性、本质又被界定为"社会关系的总和"。马克思一方面在《1844年经济学——哲学手稿》中强调"一个物种的全部特性就在于物种的生活活动的方式,而人的物种的特性就在于他的活动是自由的、有意识的",就是说,人的物种特性是"劳动",另一方面又在稍后(1845年)撰写的《关于费尔巴哈的提纲》中曾强调"人的本质"是"一切社会关系的总和",人的特性是"社会性"。如何理解这两种说法的关系?

值得说明的是,马克思所理解的"社会性"与一般理解的"社会性"并非一回事。一般理解的"社会性"是群体性的意思。在这个意义上,"社会性"并不仅仅为人类所独有。灵长类动物大多是社会性动物,如蚂蚁、蜜蜂、大象等。它们在群体组织中生活,指挥这个群体生存活动的统帅是某个雄性成年个体。而马克思所说的"社会关系"或"社会性",则是指人在有意识的"劳动"中结成的一种群体协作关系,是"劳动"特性的衍生属性。马克思、恩格斯说:"一当人们自己开始生产他们所必需的生活资料的时候,他们就开始把自己和动物区别开来。"① "社会关系的含义是指许多个人的合作。"② "人总是生活在社会中的","必须和周围的人们来往",③ 人的社会性与"纯粹畜群"关系的最大不同就在于"他的意识代替了本能,或者说他的本能是被意识到了的本能"。④ 正是在"意识"指导之下人们在生产劳动中结成的社会关系,使人与一般的动物谋生活动的群体协作关系区分开来。马克思强调人的社会性与一般动物社会性的不同:"人类社会与动物社会的本质区别在于:动物最多是搜集,而人则是从事生产。"⑤ 恩格斯说:"只有一种能够有计划地生产和分配的自觉的社会生产组织,才能在社会关系方面把人从其余的动物中提升出来,正象一般生产曾经在物种关系方面把人从其余的动物中提升出来一样。"⑥ "劳动的发展必然促使社会成员更紧密的互相结合起来,因为它使相互帮助和共同协作的场合增多了,并且使每个人都清楚地意识到这种共同协作的好处。"⑦ 在这个基础上,马克思将劳动中体现的"社会性"或"社会关系"视为"人的本质":"人的本质并不

---

① 《马克思恩格斯选集》第1版第1卷,第25页。
② 同上书,第34页。
③ 同上书,第35页。
④ 同上书,第36页。
⑤ 《马克思恩格斯全集》第1版第34卷,北京:人民出版社,1974年,第163页。
⑥ 《马克思恩格斯选集》第1版第3卷,第458页。
⑦ 《马克思恩格斯选集》第1版第3卷,第513页。

是单个人所固有的抽象物，在其现实性上，它是一切社会关系的总和。"① "人是最名副其实的社会动物，不仅是一种合群的动物，而且是只有在社会中才能独立的动物。"② 人的本质"不是胡子、血液、抽象的肉体的本性，而是人的社会特质"。③ 恩格斯则说："我们的猿类祖先是一种社会化的动物"，由此发展而来的"人"是"一切动物中最社会化的动物"。④ 不难看出，马克思、恩格斯所说的人的"社会性"或"社会关系"，是建立在有意识、会劳动的"人"的基础上的，是人的意识属性派生出来的亚特性。

在所有具有群体性的动物中，由于人类"智多思深，脑筋尤灵"⑤，具有特别发达的意识、理智，在此指导下发展起来的社会性也就特别健全、力量特别巨大。荀子说：人"力不若牛，走不若马，而牛马为用，何也？曰：人能群，彼不能群也。"⑥《吕氏春秋·恃君》指出："凡人之性，爪牙不足以自守卫，肌肤不足以捍寒暑，筋骨不足以从利避害，勇敢不足以却猛禁悍，然且犹裁万物、制禽兽、服狡虫，寒暑燥湿弗能害，不唯先有其备，而以群居邪？群之可聚也，相与利之也。利之出于群也。"人类通过群体协作共同对付自然的谋生方式，使得单个人的生活离不开社会群体。"一切生产都是个人在一定社会形式中并借这种社会形式而进行的对自然的占有。""孤立的一个人在社会之外进行生产……就像许多个人不在一起生活和彼此交谈而竟有语言发展一样，是不可思议的。"⑦ 在人类长期社会协作的谋生活动中，逐渐产生了社会分工。在社会分工条件下，对于个体来说，"百工之事，固不可耕且为也。"⑧ 于是，单个人的生活必须由社会上其他行业的职工创造的生活资料才能维持，人成为各种社会关系的纽结或"总和"。

人的社会性的根源，在于人类认识到人与人之间是相互依赖的利益共同体。严复《原强》指出："凡民相生相养，易事通功，推以至于刑政礼乐之大，皆自能群之性以生。"⑨ 梁启超说："道德之立，所以利群也。"⑩ 社会性既是对个体的约束，又是为个体服务的。蔡元培指出："群者，所以谋各人公共之利益也。""己在群中，群亡则己随之而亡。"⑪ 由分散的个体加入群体，是各自的生存利

---

① 《马克思恩格斯选集》第1版第1卷，第18页。

② 《马克思恩格斯选集》第1版第2卷，第87页。

③ 《马克思恩格斯全集》第1版第1卷，第270页。

④ 《马克思恩格斯选集》第1版第3卷，第510页。

⑤ 康有为：《大同书》。

⑥ 《荀子·王制》。

⑦ 马克思：《〈政治经济学批判〉导言》，《马克思恩格斯选集》第2卷，第87页。

⑧ 《孟子·滕文公上》。

⑨ 严复：《原强》。

⑩ 梁启超：《新民说·论公德》。

⑪ 蔡元培：《华工学校讲义》，《蔡元培美学文选》，北京：北京大学出版社，1983年，第23页。

益所致，自然的生存竞争使然，所谓"以群为安利，则天演之事"①，同时也是人认识到"所以利他者亦为我而已"②而采取的变相利己策略。正是在意识的指导下，人类社会在群体协作中形成了包含经济基础和上层建筑、典章制度和风俗习惯在内的独特的文化形态。这种凝聚着文化含量的社会性，恰恰为人类所独有。

历史地看，在西方思想史上，亚里士多德最早涉及人的社会特性。他认为人不仅是理性的动物，而且是社会的政治的动物。人在理性认识指导下形成的美德，只有在社会关系中才能存在。"人如果离世绝俗，就无法实现其善行。勇敢、节制、正义、明哲诸善德实际上就包含在社会的公务和城邦的活动中。"③托马斯·阿奎那认为人天然是社会的和政治的动物，注定要过合群的生活，只有在社会中才能找到实现本性的能力和自由，因此，"社会利益大于个人利益，而且更为神圣"④。马克思、恩格斯从人类在有意识的劳动生产中结成的社会关系角度强调这种社会性为人类所独有，明确提出人是"社会化的动物"、"人的本质是一切社会关系的总和"的命题。在中国古代，孟子提出"一人之身，而百工之所为备"⑤，与马克思提出的"人的本质是一切社会关系的总和"异曲同工，不谋而合。荀子提出"人之生，不能无群"⑥、"人能群"，动物"不能群"⑦；《吕氏春秋》从群体性方面论及人的社会性。近代历史上，梁启超、严复、蔡元培从"群"、"己"对立统一、相反相成的角度揭示人具有"能群之性"⑧，是"善群之动物"⑨。新中国建国后，马克思关于"人的本质"是"一切社会关系的总和"的论断成为经典观点，人们从社会性方面强调人与动物的区别，由此建构起集体主义道德。这种集体主义道德要求"毫不利己，专门利人"，使"利群"变成与"利己"无关的事情，背离了"群者所以谋各人公共之利益"的本旨，因而难以真正落到实处。有鉴于此，改革开放之初，刘晓波主张彻底抛弃压制个性的社会性，未免矫枉过正。诚如李泽厚批评的那样："我不能设想那种与任何社会毫无关系的自然人，如果他的衣食住行、意识情感完全与社会毫无关系，那他就不过是个动物。"从人类发生史看，"个体的人正是这样由群居动物族类中不变的一员成为变化中的社会人。例如，人由血缘人（从氏族成员到家族成员到家庭成员）到地域人（作为某个国家、民族的臣民或公

① 严复：《天演论卷上·制私》按语。
② 梁启超：《十种德性相反相成义》。
③ 《政治学》，吴寿彭译，北京：商务印书馆，1965年，第345页。
④ 《阿奎那政治著作选》，马清槐译，北京：商务印书馆，1982年，第70页。
⑤ 《孟子·滕文公上》。
⑥ 《荀子·富国》。
⑦ 《荀子·王制》。
⑧ 严复：《原强》。
⑨ 梁启超：《新民说·论公德》："人也者，善群之动物也。"

民）到未来的'世界公民'。人的社会，亦即作为为个体的人在群体生存中的存在、地位、作用、价值和性质，在不断变化和扩展，个体由氏族、民族、家庭的成员到国家的公民到世界的主人，最后他的存在和活动可以联系着全世界。"① 因此，李泽厚强调人性是感性与理性、个体性与社会性的完整统一："人性是否等于社会性呢？很多说法都把人性看作社会性。但'社会性'这个概念弄不很清楚，究竟什么是社会性？是群体性吗？动物也有群体性，在某些动物群体中，也有某种分工、等级甚至某些'道德行为'、'利他主义'，如牺牲个体以保存群体等。人性并不能等同于这种本能式的'社会性'""那么，社会性是否即某种社会意识呢？但我们知道这种社会性经常被解释成某种脱离感性又支配、主宰感性的纯理性的东西。与其说它是人性，还不如说它是强加于人的神性。"② "就人与物性、与神性的区别而言"，"人性应该是感性与理性的互渗，自然性与社会性的融合"。③ 因此，李泽厚一方面主张"人的社会化"，另一方面又主张"社会的人化"，④ 哲学既不能是"动物的哲学"，也不能是"神的哲学"，而应该是真正意义上的"人的哲学"⑤。这种对人的社会性的认识是比较稳妥的。

　　人与人之间相互联系协作的社会性，滋生出人的仁爱心、利他性、互助性。于是仁爱心、互助性成为人的社会性的另种表现形态。儒家强调的核心范畴是"仁"和"礼"。什么是"仁"和"礼"呢？孟子说："仁者爱人，有礼者敬人。"⑥ 为什么要"爱人"、"敬人"呢？因为"爱人者人恒爱之，敬人者人恒敬之"。⑦ 墨子认为"兼相爱交相利"就像"火之就上，水之就下"一样，是人的天性⑧。人为什么"兼爱"呢？因为"爱人者，人必从而爱之"，反之，"恶人者，人必从而恶之"⑨。只有"先从事乎爱、利人之亲"，别人才能"报我以爱、利吾亲也"⑩。老子崇尚"大爱无私"，正是着眼于"既以与人己愈有"，"圣人无私，故能成其私"。古希腊时期，亚里士多德肯定合理的"自爱"，反对"过度的自爱"。这种合理的"自爱"就是对"利他"的兼顾。不过同时，他又认为"自爱"出于"天赋"，而"利他"之心缘于后天的利益考量和道德培养。后来基督教强调天赋"神性"。这种"神性"不仅与欲望对立，而且与个性对立。与

---

① 李泽厚：《哲学问答》，《李泽厚哲学文存》下编，第470页。
② 李泽厚：《关于主体性的哲学提纲》，《李泽厚哲学文存》下编，第617—618页。
③ 李泽厚：《关于主体性的哲学提纲》，《李泽厚哲学文存》下编，第618—619页。
④ 李泽厚：《哲学问答》，《李泽厚哲学文存》下编，第473页。
⑤ 《李泽厚哲学文存》下编，第501页。
⑥ 《孟子·离娄下》。
⑦ 同上。
⑧ 《墨子·兼爱下》。
⑨ 《墨子·兼爱中》。
⑩ 《墨子·兼爱下》。

个性对立的结果，是对无条件利他的"爱心"的崇尚。这种性善论影响深远。17 世纪英国神学家昆布兰指出："仁爱是人的共同的本质属性。"① 18 世纪英国哲学家休谟强调：人性中除了自私的性情外，还有利他的仁爱性情。人们虽然极少遇到一个爱别人胜过爱自己的人，但同样很少遇到一个没有仁爱情感的人。亚当·斯密在《国富论》中讲自私利己，在《道德情操论》中讲仁爱同情。斯密认为，分工协作、互通有无、互助互利是人类共有的本性，也是人类特有的本性。法国启蒙思想家进一步发展了仁爱本有的性善论。伏尔泰把爱分为自爱与博爱两方面，在他看来，博爱与自爱一样都出自人类本性。博爱所以成为人的天性，是源于人类的相互需要。卢梭强调，"良心"是人"生来就有"的"圣洁的本能"，"我们好善厌恶之心犹如我们的自爱一样，是天生的"，"我们的求善避恶并不是学来的，而是大自然使我们具有这样一个意志"②。人类源于相互需要的仁爱天性，被俄国无政府主义者克鲁泡特金在 1902 年《互助论》一书中进一步加以强调和探讨。《互助论》通过考察"动物之间的互助"、"蒙昧人之间的互助"、"野蛮人之间的互助"、"中世纪城市中的互助"、"现代人之间的互助"说明："互助"与"竞争"一样同属生物包括人类的天性，生物进化的历史就是生物竞争不断让位于生物互助的历史。"我相信，在动物界的进化和人类历史中的社会性及互助之重要，应该被认为一个脱离了一切假设的假定而实证地确立起来的科学的真理。"③ 他以此来论证人类之间应该互相帮助，从而避免马克思所主张的阶级斗争，建构了独特的伦理学体系和无政府共产主义的社会学说。

20 世纪之初，这种建立在"互助"的性善论基础上的无政府共产主义学说曾经在中国大地上风靡一时。当时的资产阶级革命家、"五四"运动主将和共产党人代表无不坚持"人性互助"的性善论。孙中山认为："人类进化的主动力，在于互助，不在于竞争，如其它之动物者焉。"④ "互助"在他看来成了人类区别于动物的特性。由此出发，他建构了主张"博爱"、"公爱"的"人道主义"的"社会主义"社会理想。⑤ 陈独秀曾说："相爱、互助、同情心、利他心、公共心等道德"，是"根于人类本能上"的"光明方面"。⑥ 蔡元培以克鲁泡特金的"互助论"，反对尼采的"互竞说"和帝国主义列强的"强权论"，认为"互助论""为人道主义昌明之见端"⑦。中国无政府主义领袖刘师复在《无政府共产

---

① 转引自罗国杰、宋希仁：《西方伦理学思想史》下卷，北京：中国人民大学出版社，1988 年，第 77 页。

② 卢梭：《爱弥儿》下卷，李平沤译，北京：商务印书馆，1978 年，第 416 页。

③ 周辅成编：《西方伦理学名著选辑》下卷，北京：商务印书馆，1996 年，第 574 页。

④ 孙中山：《实业计划》。

⑤ 孙中山：《社会主义之派别与方法》："社会主义者，人道主义也。人道主义，主张博爱、平等、自由。社会主义之真髓，亦不外此三者。"

⑥ 陈独秀：《调和论与旧道德》，《独秀文存》，合肥：安徽人民出版社，1987 年，第 563 页。

⑦ 蔡元培：《我之欧战观》，《蔡元培全集》第 3 卷，北京：中华书局，1984 年，第 4 页。

主义同志社宣言书》中宣称："'无政府'以反对强权为要义，故现社会凡包含有强权性质之恶制度，吾党一切排除之扫除之。本自由平等博爱之真精神，以达于吾人所理想之无地主、无资本家、无寄生者、无首领、无官吏、无代表、无家长、无军队、无监狱、无警察、无裁判所、无法律、无宗教、无婚姻制度之社会。斯时也，社会上唯有自由，惟有互助之大义，惟有工作之幸乐。"李大钊则尽量调和马克思主义的"阶级斗争"学说与克鲁泡特金的"互助"人性论之间的矛盾。他认为"互助"这种"道德心"是群居动物的"社会本能"，人类也不例外。社会主义道德就是对人的互助本能的高扬和对利己本能的克服，是人类生存法则的最高体现："我们试一翻克鲁泡特金的《互助论》，必可晓得'由人类以至禽兽都有他的生存权，依协合与友谊的精神构成社会本身的法则'的道理。……人类应该相爱互助，可能依互助而生存、而进化，不可依战争而生存，不能依战争而进化。""协合与友谊，就是人类生活的普遍法则。"马克思的"阶级竞争"学说"与这'互助论'仿佛相反"，其实并不"相反"。马克思"并不是承认人类的全历史，过去未来都是阶级竞争的历史。他的阶级竞争说，不过是把他的经济史观用于人类历史的前史一段，不是通用于人类历史的全体。他是确信人类真历史的第一页当与互助的经济组织同时肇启。他是确信继人类历史的前史，应该辟一个真历史的新纪元。……人类的真历史开始以后，那自私自利的恶萌，也不敢说就全然灭尽，但是互助的社会组织既然实现，那互助精神的火光，可以烧他，使他不能发生"。马克思所说的"阶级竞争"，是"改造社会、消泯阶级"，实现"互助"理想的"最后手段"。① 马克思设想的取消私有制、实现公有制，"各尽所能，按需分配"的共产主义社会恰恰必须以人类自觉、主动、积极地"互助"为前提，所以克鲁泡特金的互助论恰恰契合马克思的共产主义学说，并成为后来共产主义学说宣扬的集体主义道德的基础。

今天，当我们经历了 20 世纪的两次世界大战、国际共产主义运动的种种挫折以及计划经济向市场经济转型的改革开放后，再回过头来反思包括"仁爱"、"互助"在内的"性善"论，应当正视和承认：互助、仁爱的社会属性并非人先天具有的天性，而是人的意识认识到利己与利他、自爱与博爱相反相成辩证关系后产生的结果。"理智的德性，是由于训练而产生和增长的；道德的德性是习惯的结果"。② 从来就不存在无缘无故的互助和利他。"一个所有的人都普遍地按照纯粹利他主义的准则行动的社会"是"不能想象"的。③"如果我们把纯粹利他主义作为主导的原则，每个人都只关心他人的利益而不关心自己的利益，

实践美学元范畴的反思

---

① 李大钊：《阶级竞争与互助》，《李大钊全集》第 3 卷，武汉：湖北教育出版社，1999 年。

② 亚里斯多德语。周辅成编：《西方伦理学名著选辑》上卷，北京：商务印书馆，1996 年，第 291 页。

③ 弗里德里希·包尔生：《伦理学体系》，何怀宏、廖申白译，北京：中国社会科学出版社，1988 年，第 324 页。

我们就显然会造成一种荒唐的利益变换，使集体生活成为不可想象的了。"① 揭示社会性是人的意识性产生的人的亚特性，肯定包容个体性的社会性，鼓励从个人利益出发互助利他，就是我们对社会性应取的合理态度。

（本文责任编辑：张蕴艳）

---

① 弗里德里希·包尔生：《伦理学体系》，何怀宏、廖申白译，北京：中国社会科学出版社，1988年，第324页。

马克思视域下艺术的
终结—转型诸论批判

■ **胡俊飞***

（华中师范大学　文学院）

【内容摘要】始自黑格尔直至当下的近两百年间，宣告艺术死亡的钟声不绝于耳，这些艺术终结—转型论源自各异的历史语境，秉持不同的理论立场，孤立或线性地考察并非透视它们的适宜方式。本文以马克思为视域，将黑格尔、詹姆逊、伊格尔顿等人的文艺终结—转型论置于互为观照、彼此生发的网络关联中辨析，还原各论的内涵本意，揭示各自的价值局限。

【关键词】艺术终结—转型论；马克思；批判；黑格尔；詹姆逊；伊格尔顿

作为现代文艺观念的肇始，在鲍姆嘉通《美学》与康德《判断力批判》中，文学艺术被演绎为一种富于"创造性想象力"、"无功利的合目的性"的活动。随此论影响日炙，赋予了审美感性内涵的"艺术"不再是古典哲学不屑、无力、无暇顾及的一块精神飞地，正式具有了自己相对独立的话语学科建制——美学，成功地被接纳进论证资本主义合法性并为其统治服务的理性秩序中，尽管被鲍姆嘉通贬低"为较低感性生活层次上的女人的理性"①。然而好景不长，始自黑

---

* 胡俊飞，1982 年生，华中师范大学文学院博士生，长江师范学院文学院讲师，主要研究马克思主义文学批评。本文系国家社科基金重大项目"马克思主义文学批评的中国形态"［11&ZD078］阶段性研究成果。

① ［英］特里·伊格尔顿：《自由的特殊：审美的兴起》，马海良译，弗朗西斯·马尔赫斯编：《当代马克思主义文学批评》，刘象愚等译，北京：北京大学出版社，2002 年，第 65 页。

格尔直至当下的近两百年间，宣告文学艺术死亡的钟声不绝于耳。但细察这些艺术终结论，没有一家表达的是真正意义上的艺术消亡，与其说它们是对艺术前途的悲观绝望，毋宁理解为艺术观念因应现实语境的转型而对艺术前景抱持的一种审慎乐观态度。为不望文生义而在中国文艺研究学界引致更多饱含情绪化、表态式的哀叹或庆贺之论，实有必要准确地名之以"艺术的终结－转型论"。这些艺术终结－转型论源自各异的历史语境与所持不同的理论立场，孤立或线性地考察并非透视它们的适宜方式，盖因它们之间并非是简单连环相续的关系，内中也并未贯穿一条清晰有机的逻辑线索，共时并置的互文视域或许是一种发现它们本相与开掘其当代价值的更佳选择。缘此，本文尝试以马克思的艺术生产论为视域，将各种文艺终结－转型论，主要包括黑格尔、詹姆逊、伊格尔顿等人，参之以米勒、威廉斯、本尼特的相关论述，在互为观照、彼此阐发的网络关联中予以辨析，以期勾勒现代文艺的演变轨迹和把握其延伸规律，窥探文艺的当代命运与预见其未来走向。

一、劳动、感觉与观念：黑格尔的艺术终结－转型论

在黑格尔的美学中，艺术的功能与价值不是自足与自律的，"艺术的显现通过它本身而指引到它本身以外，指引到它所要表现的某种心灵性的东西。"艺术的美在于其对外在于它的理念的感性显现合适和成功与否。在显现理念的历史轴线上，"艺术"一度显赫至尊的地位只是暂时与阶段性的，中世纪晚期是艺术辉煌的制高点。在黑格尔那里，"无论是就内容还是就形式来说，艺术都还不是心灵认识到它的真正旨趣的最高绝对的方式。"这主要因为艺术对表现对象的选择具有局限性，要成为艺术的真正内容，其对象必须依"本有的定性能转化为感性的东西"[①]，然而并非所有真实的东西都能感性地转化为艺术的表现内容。随着现代世界精神的降临，具体说来，即"宗教和理性文化达到了一个更高的阶段"，艺术创作及其作品所特有的方式已经不能满足我们最高的要求，不复是认识绝对理念的最高方式，奉艺术作品为神圣的阶段被超越，艺术的煊赫自然从此不再。在现代，思考和反省已经比美的艺术飞得更高，情欲、自私自利和社会政治生活的繁复情境使人斤斤计较于琐屑利益，"艺术丧失原有的严肃与喜悦，追求较崇高的目的，被迫流放到干枯空洞的境地。"[②] 艺术不再能提供过去时代和民族艺术中能寻到的精神需要的满足，"现代生活的偏重理智的文化迫使无论在意志还是判断方面追求普泛性因素与原则"，然而在艺术的"生气"——黑格尔的核心艺术价值观念中，"普遍的东西不是作为规则和规箴而存

---

① ［德］黑格尔：《美学》第 1 卷，朱光潜译，北京：商务印书馆，1979 年，第 13 页。
② 同上书，第 13－14 页。

在，而是与心境和情感契合为一体而发生效用"。时代精神的这一变故不利于艺术，正是在这个意义上，黑格尔悲观地指出"希腊艺术的辉煌时代以及中世纪晚期的黄金时代都已一去不复返"，"艺术对于我们现代人已经是过去的事情"①。然而黑格尔并没有就此宣示艺术的终结，准确的表述是，艺术虽"不复能维持从前在现实中的必需和崇高地位，但却通过适应时代语境的自我调整而'转移到我们的观念世界里'。由此观来，黑格尔的艺术终结论实际所指，艺术要么"通过美学自身与它的内部的运动来达到美学的废除，或者美学通过自我超越而转换成别的东西。"②

黑格尔的艺术精神转化论主要针对与指向现代工具理性对感性生命的压抑与排斥。如马克思·韦伯所言，随着资本时代的到来，工具理性成为主导性的感知认识方式，日益挤压与窒息了作为感性显现存在的艺术的生存天地。吊诡的是，理性为感性存在的艺术建立了一个相对独立的王国，但也正是由康德所代表的理性精神与价值观念为感性的生存预留了一片日愈逼仄的空间，作为感性存在的艺术惟有烙上理性的印记，接受的检视过滤最终纳入理性安排的各种话语统辖下才能得以延续。艺术失去了自己合法性的根基，只能在思想观念与大学学科建制荫蔽下苟延残存。理性同时充任了现代艺术的接生婆与刽子手的角色，从这一意义上，艺术被宣告新生之日也是其走向衰亡之时。启蒙运动文学泛滥的大量哲理小说与寓言诗，以及马克思所批判的与"莎士比亚化"相对的"席勒式"，正是黑格尔所言的理性普泛因素对艺术生气损伤的具体表现，感伤主义小说聚焦个人生活场景与人性卑微情感的刻写，相形见绌于恢弘庄重的希腊艺术，是艺术"放弃崇高与严肃，专注于琐屑利益、自私自利的明证"。席卷而来的各种学科建制与技术理性，揭去了蒙在政治、宗教、社会文化各领域中的神秘性因素，此种祛魅令"思考与反省比艺术飞得更高"。黑格尔洞察了现代世界理性精神对艺术生命可能造成极大伤害，显示了其极敏锐的艺术触觉与颇犀利的历史感知力。

综观黑格尔的立论，其艺术终结与转型论并非以唯物论为根基和武器透视文学艺术命运的结果，而是以高超的辩证法逻辑演绎的产物，正如詹姆逊所言，"'艺术的终结'这个概念的内在性在黑格尔那里是从一连串的概念系统或模糊的前提下演绎出来的东西。"③黑格尔始终拘囿和固守于资本主义理性秩序的内部对文学艺术的演化与命运做考察与辩护，缺乏对有损于文学艺术感性精神的社会现实语境，即资本主义生产带强烈批判与反思意味的深刻认识。黑格尔将艺术精神的衰竭归结于："物质生产的一般性质，以及'公民社会'成员之间的

① ［德］黑格尔：《美学》第1卷，1979年，第14—15页。
② ［美］弗雷德里克·詹姆逊：《文化转向》，胡亚敏等译，北京：中国社会科学出版社，2000年，第75页。
③ 同上书，第74页。

互不往来、约束每个单个人的生活的警察国家的不断增强和精神文化所具有的抽象性质，即反省在人们精神生活中占有的主导地位。"① 可以看出，黑格尔在上层建筑内部寻求艺术衰落的症结，将艺术视为绝对理念的感性显现，割裂了其与由物质生产为基础所构成社会历史间的有机内在联系，最终在充满辩证法的分析中，赋予历史以心灵与精神的内涵，使他在极接近唯物主义的地方，又背转身去陷入唯心主义的泥淖。② 黑格尔的发现虽离真相仅咫尺之隔，但因完成关键的跨越，终究引发不了对作为艺术衰颓罪魁与理性渊薮的不合理资本主义统治力量的震荡以及对其发出反抗和变革的吁求。揭示这一秘密和奥义的任务历史地交接到马克思的肩上，而对这一问题的考察正构成马克思艺术生产论中十分重要的命题之一。

已发现理性对感性造成严重异化，本可成为现有秩序有力反叛者的黑格尔，无意间却堕为资本主义理性的维护者与代言人，究其根本，黑格尔的理论思辨是悬空的，因缺失唯物历史观的支撑而显现出其理论在解释世界上的深邃锐利和在改造世界上的苍白无力。但黑格尔的艺术终结－转型论毕竟为马克思将艺术置于资本主义生产机制下考察思考提供了重要基座和反拨的靶子，在这一点上，黑格尔思考的功绩应得到有保留的承认。秉持历史唯物论的马克思实现了对黑格尔美学的超越，马克思从黑格尔古希腊艺术典范性论述中敏锐捕捉到其局限根源所在。马克思指斥黑格尔"不从古希腊历史本身的内在联系去说明古希腊的历史"，"不从历史本身寻找这种动力，反而从外面，从哲学的意识形态把这种动力输入历史"，具有强烈的"空谈"性质而"不能使我们满足③。由此，马克思"艺术与资本主义生产相敌对"的论断可视作对黑格尔艺术终结－转型观的立足于现实语境的历史转换与唯物发展。黑格尔对艺术终结与转型缘由的解释"并没有触及到现代社会的物质生产与精神生产之所以会发生尖锐矛盾的实质"，而马克思的视域恰好相反，坚决地以物质基础和人的解放为出发点与归宿，以批判异化劳动扭曲了人的感觉和人的本性作为出发点来讨论美学问题，深刻注意到资本主义私有制和大生产是"以剥夺了人的感觉的异化劳动为基础的，异化劳动对人的感觉的扭曲使文学艺术失去了其赖以生长繁盛的土壤"④，从而揭示了物质生产与精神生产的不平衡关系，得出了"资本主义生产

---

① ［苏联］里夫希茨：《马克思论艺术和社会理想》，吴元迈等译，北京：人民文学出版社，1983年，第334页。

② 胡俊飞、李游：《互文视域下马克思"古希腊艺术典范性"论述》，《中国海洋大学学报》，2012年第3期。

③ ［德］恩格斯：《路德维希·费尔巴哈和德国古典哲学的终结》，《马克思恩格斯全集》第21卷，北京：人民出版社，1965年，第343页。

④ 孙文宪：《从人类学视域看马克思主义文学批评范式的理论构成》，《湖北大学学报》，2012年第3期。

就同某些精神生产部门如艺术和诗歌相敌对"①的结论。这样，不同于黑格尔视艺术为其形而上学体系中理念的主要显现形式之一种，其命运完全取决于主客体能否统一，内容与形式是否和谐，马克思论述中的艺术是与物质生产相对的特殊精神生产部门，在这里，艺术生产作为人类改造世界的重要实践，不为所谓的理念所摆弄，也不亦步亦趋于物质生产，而是直接介入进社会变革，参与人自身的生产。

二、阶级、民族与全球化：詹姆逊的艺术终结－转型论

美国新马克思主义批评家詹姆逊写于上世纪末的《"艺术的终结"还是"历史的终结"?》一文是对"当今重新盛行的两个黑格尔式的命题"的回应与"综合性反思"。文章对黑格尔提出的艺术终结论在新的文化历史语境下进行了巧妙的置换与创造性重释。詹姆逊指出，思想界聚讼不下的无论是"历史的终结"抑或"艺术的终结"的论题都并非原创性的，实际都来自于黑格尔，"黑格尔并非像人们通常所说的和想像的那样已成为过去"。然而自20世纪60年代以来，西方的现代历史终结，进入后现代性取而代之的晚期资本主义时期，与黑格尔所身处的古典向浪漫主义、宗教世俗化和资本主义理性生长的过渡语境相比，当代的文化背景已发生翻天覆地的改换。但詹姆逊并不就此宣称黑格尔的理论体系已完全过时与失去阐释现实的效力。为此，他深入地探究了跨国资本主义时代的文化逻辑，在这样的时代，物质完全超越了精神，形象从物质的羁绊中挣脱出来立即进入抽象思想，文化与商品的巨大扩张已进入政治、经济等所有领域，后现代性的去差异化抹去了文化与经济的边界。在变化了的新语境下，谈论"艺术的终结"显然不能再依据黑格尔那个时代的常规了，但黑格尔认为哲学将取代艺术的观念并不意味着预示艺术将就此消亡，而毋宁理解为，"在旧的艺术结束之后，一种新的不同的艺术突然出现，它占据了哲学的位置，并盗取了整个哲学对'绝对'的权利，成为'体现存在的真实的最高方式'。"② 詹姆逊谓之现代美学或超美学。新的主导性美学只是"一种装饰"，被重新定义为"纯粹的快感与满足"，已不再声称与真实或"绝对"有任何联系，这让以德国古典哲学体系中传统意义上的"美"为特质的艺术逐步走向终结。从现代文化中脱颖而出的理论回潮与原初感官意义上"美"的回归，构成了后现代"艺术的终结"的基本背景与具体表现。后现代时期的艺术适宜唤起社会和日常生活的广泛的文化移入，终而"完全沉浸在灯红酒绿的文化放纵与消费之中"。因此，那种将艺术的终结等同于文学的终结、经典的终结、阅读的终结，将被大

---

① 《马克思恩格斯全集》第1版第26卷第1册，第296页。
② ［美］弗雷德里克·詹姆逊：《文化转向》，胡亚敏等译，第81页。

众文化所取代的说辞，实际"是一种非黑格尔学派和道德化的立场"，未能用系统的方式，更非马克思主义艺术生产论的视域下描述后现代时期艺术的真实境况。

"历史的终结"是黑格尔谈论"艺术的终结"的视域，然而在当前的论争中，两种终结论却发生了错位。詹姆逊指出，伴随 20 世纪末冷战结束，福山宣告"历史就此终结"，其内涵可概括为"资本主义与市场将作为人类历史的最后形式"。福山将资本主义的胜利在"归结到社会心理和存在主义而不认为是生产方式本身的优越性"，显然并没有以历史唯物主义或系统的方式论述，在罔顾马克思思想遗产的同时，也并非延续了黑格尔的思想谱系。詹姆逊将福山"历史的终结"解读为是关于空间而非时间意义上的，即资本主义的全球化。资本主义全球化的症候有二：首先表现为"市场遍及全世界，达到极限以致深入发展的概念变成了不可能实现"，其次体现为"想象从由信息革命与金融销售市场造成的世界体系中脱离或去连接的不可能性"。这种空间的两难窘境凝固了我们对今天全球化空间所构想的图画，前所未有的标准化，"同一性而不是差异性变成了它的核心，自治的各国市场和生产区域被纳入到某种单一的范畴，民族国家的边界开始消失，世界各个国家被迫统一到一种新的全球劳动分工"。① 这已是我们这个时代所有文学和文化研究无可逃遁的地平线和出发点。在文末，詹姆逊预告了当前文艺研究亟待探究的课题，即揭示"各种艺术的终结如今是怎样在哲学上和理论上与全球资本主义新的边疆'结束'并列的"②。虽不再在显现绝对理念的认知论意义上探讨和肯定艺术，但其对艺术终结问题的审视从问题域、方法论到历史意识、概念范畴等都无不深深浸润了黑格尔的影响与色彩，甚至其在理论上的努力某种意义上也可视为是对黑格尔遗嘱的执行。

詹姆逊对艺术终结论争的回应，试图调和马克思与黑格尔之间的冲突与裂隙。詹姆逊将 20 世纪后期复又兴起的艺术消亡论勉力纳入黑格尔的艺术终结－转型论的问题框架中的同时，转化了其保守的唯心主义语义，并在现代与后现代的新语境下，在连接物质基础与上层建筑的基础上，对其内涵做了马克思主义的转换与释读："艺术的终结"需要与"结束"全球资本主义"几乎没有任何外部可言"的严酷束缚相关联。全球或跨国资本主义造成没有差异性和其他选择的空间同质化，个体失去从此体系中挣脱表现主体能动性的可能性，这是后现代艺术面对的无法逃遁的基本语境。但詹姆逊并非从经典马克思从异化劳动对人感觉的剥夺入手，讨论艺术对资本主义生产机制的介入、抵抗乃至动摇，进而批判全球资本主义的霸权，而是把问题置换为：后现代艺术对现代艺术的终结与转型，在理论上是否与如何突破或松动全球化的空间压抑。对于上述置

① 王逢振：《全球化与中国的现代性》，《郑州大学学报》，2004 年第 5 期。
② ［美］弗雷德里克·詹姆逊：《文化转向》，胡亚敏等译，第 75 页。

换了黑格尔命题提出的新问题，詹姆逊并没有寻到最终的解决方案，即便在他著名的对晚期资本主义文化逻辑与艺术现象的考察中也是如此。上世纪 90 年代以来，詹姆逊以"全球化"为题的系列论文可视作对这一课题的初步探讨。

虽屡屡流露出悲观之意，但詹姆逊对作为集体进步形式的民族－国家，尤其是第三世界民族的文化艺术实践，在抵抗资本主义在全球范围内风卷残云的异质功能仍抱以殷切期待。詹姆逊指出，全球化时代无论民族－国家的权力是否已经衰落，但民族－国家本身仍被认为是进步政治的所在，民族仍然是当代"文化类型"构成中一个不可或缺的存在——至少在当前时刻，我们无法超越民族。詹姆逊一方面感叹全球文化产业受美国控制，"新的民族文化和艺术生产消失的倾向"，"今天再没有什么飞地，……没有什么地方商品形式不是最高的统治"；另一方面，坚持认识"民族－国家今天仍然是政治斗争唯一的具体领域和组织"①，即使反对全球化的斗争"不可能完全根据民族或民族主义成功地进行到底"②。民族－国家处于与全球化既冲突对峙又支撑互动的辩证关系中，一方面，民族－国家间的疆界是全球商品流动、劳动分工与资本盈利意欲冲决的对象，全球化使民族－国家的政治、经济、文化的特殊性湮没于普遍性与标准化中；另一方面，跨国公司仍系于某一国的经济，国际规章制度所体现的新的主权形式也都是由民族－国家确立的，民族－国家是以世界为视野的人类组织形式，只有在与他者的关联中才能确证自我，与他者的交往激荡中发展更新自我，具有向外联结的冲动。民族－国家对资本而言是一种无法绕过的障碍，然而消灭民族－国家，却又无异于抽除自己的根基。正因为民族－国家这一既外在又内在于全球化的位置与关系，使得全球化的矛盾与二元背反的特点得以凸显且无法根除。由于强调民族－国家之于全球资本主义空间的异质性，保持前者之于后者对抗上的弹性，詹姆逊并不赞成对民族－国家做一种僵硬、固态、本质化的理解。在詹姆逊的论述中，民族被定义为"确定其他生活方式和新形式集体的可能性"，想象"自我"与"他者"关系性质的可能途径，超越全球化的一个"乌托邦空间的名称"。与一般论者讨论民族－国家与全球化关系的模式不同，詹姆逊对民族的讨论既不是赞成也不是反对全球化，而是旨在"强化它们的不可调和性和矛盾"③。在这个意义上，民族－国家成为全球化无法同化与超越的"文化类型"。黑格尔的辩证法在詹姆逊的论述中得到了无以复加高超的运用，民族－国家与全球化既对立又统一的矛盾，令全球资本主义的同质化在其内部留下一个豁口与埋伏。

马克思视域下艺术的终结—转型诸论批判

---

① ［美］弗雷德里克·詹姆逊：《论作为哲学问题的全球化》，陈永国译，《外国文学》，2000 年第 3 期。

② ［美］弗雷德里克·詹姆逊：《全球化和政治策略》，王逢振译，《江西社会科学》，2004 年第 3 期。

③ ［美］弗雷德里克·詹姆逊：《论作为哲学问题的全球化》。

其实，马克思早在《共产党宣言》中，便曾敏锐预见今天全球资本主义一体化的情形：资本主义将所有民族卷入文明中，采用资产阶级的生产方式，变成资产者，"按照自己的面貌为自己创造出一个世界"，"使未开化和半开化的国家从属于文明的国家，使农民的民族从属于资产阶级的民族，使东方从属于西方"①。与詹姆逊强调民族－国家在抵制资本全球化的重要价值而对阶级范畴置而不谈不同，马克思虽未否定民族在人类解放征程中将扮演积极的角色，但主要诉求于团结起来无产阶级对资产阶级的抗争。在马克思的民族论述中，民族问题归根结底是阶级问题，"阶级斗争首先采用民族斗争的形式，但在内容上大大超越了这种形式"②，民族问题将在社会革命成功中得到最终解决。如伊格尔顿《马克思为什么是对的》所揭示的，阶级问题随物质逐渐丰裕在当前并未消除，阶级界限与剥削较之往昔不仅没有抹灭，反而日益隐蔽与加剧。强调阶级对抗在抵制全球资本主义化进程中的价值在今天不仅必要，而且可能。在深刻认识民族－国家与全球化的矛盾运动的同时，同样需要厘清民族与阶级间的同一性关系，这样经典马克思的阶级斗争论才能与对资本主义全球化抵抗的现时任务有机联络起来，而不需要通过置换与重释黑格尔的命题才能得到实现。另外，詹姆逊相信"只要对社会矛盾、文化状况有深刻的认识，就能对将来产生比较强的影响"③。除坚定地坚持民族的差异性外，我们无须也不可能做任何的抗争，全球化的终结只能寄望于它自身内部矛盾及与民族冲突的激化。马克思主义在此沦为单纯地对现实世界予以科学解释的理论武器，结合近期对辩证法的重申与运用，詹姆逊的马克思主义文化研究似乎遁入了黑格尔化的形而上学传统，沿循的是被黑格尔笼罩着的而非吸收了黑格尔的马克思的理路，而这正是其所批判与极力避免的。

三、审美、"木马"与资本主义合法性：伊格尔顿的艺术终结－转型论

英国当代马克思主义批评的"三驾马车"威廉斯、伊格尔顿与本尼特构成了艺术终结－转型论中另一条引人注目的线索。三位批评家都对现代文学观念与资本主义统治秩序的同谋性表达了不满与敌意。威廉斯主要通过对"文学"、"审美"、"意识形态"、"文化"等关键词内涵的钩沉与语义流变的爬梳，揭示"审美"成为现代"文学"的本质属性所掩藏的资本主义统治机制。而伊格尔顿则是回到"审美兴起"的现场，发现了审美与资本主义统治合法性之间隐藏得

---

① 《马克思恩格斯选集》第 2 版第 1 卷，第 76—277 页。

② ［英］特里·伊格尔顿：《理论之后》，商正译，北京：商务印书馆，2009 年，第 12 页。

③ 胡亚敏：《后现代主义文化与批评——华中师大文学批评学研究中心与詹姆逊教授座谈述要》，《华中师范大学学报》，1997 年第 6 期。

既同一又抵牾的辩证矛盾关系。如果威廉斯与伊格尔顿的文论思想与欧陆思辨哲学还存在撇扯不清的关联，那么本尼特则坚决与西方马克思主义批评理论决裂，征讨资产阶级文学观念的虚假性与欺骗性，将"文学"及相关概念从马克思主义批评的范畴库中摒除出去，让文学研究变成无产阶级开展文化斗争的战场。由此可以看出，尽管三人都是在借助对现代"文学"观念的质疑与反思中谈论现代艺术的终结的，但其实方法殊异，见解各有偏侧，且立场也不尽相同。威廉斯的文化关键词研究发现，以审美、创造力、想象性为内涵的现代文学观只是近至 18 世纪以来的事件，与资产阶级的兴起和资本主义的统治有着内在的关联，审美的文学已成为资本主义文化中不可分割的一部分。① 限于方法论的拘囿，威廉斯并未对审美与资本主义的关系做进一步辨析，但威廉斯的研究为伊格尔顿的思考奠定了基础，预留了空间，提供了启示。

　　伊格尔顿回到审美兴起的现场，指出审美从根本上是政治的。"一种严禁探询激情和知觉之事、除了自己的概念便一无所知的统治理论是无力的"，"古典哲学对审美的忽略让其付出了政治上的代价"②，封建统治的合法性在理论上遭到质疑与摧毁，而 18 世纪德国对美学的呼唤正是对政治专制问题的回应。但萌生于 18 世纪的美学，并不是对政治权威的挑战，而是"专制威权固有的意识形态困境的表征"。为解除危机，理性必须找到穿透知觉世界的方法，而对鲍姆嘉通而言，审美认知正是"理性一般和感性特殊之间的中介"，对审美认知加以分析的美学作为一种低层次的理性完成了对感觉、激情、修辞效果等粗糙地域的降服，理清了知识和历史实践尚未加工的材料，展示了具体之物的内部结构，"把感性的东西提升到知识的高度"。然而，美学对感性的"霸权"（葛兰西语）是从内部的训导，因此也让感性充分享有相对的自主性。美学对感官性情的承纳，为新的合法性与政治权力概念清理出地盘，从晚期封建秩序中，资产阶级设想出一种自由、平等、自主的普遍主体。这种人类主体在自身的自由统一性里存在，而不在"某种外部的压迫力量之中"，"资产阶级社会秩序的束缚力量来自于习惯、忠诚和情感"，从这个意义上，权力被审美化了，僭越资本主义的法则意味着成了对自我的伤害。审美活动对于资产阶级的统治不可或缺，它是有效唤起认同和调节个体，实现被统治者内化管束的重要手段，与国家强制机器相互配合强化。在审美活动的作用下，资产阶级"主体自我认同的强迫性代替了贵族权力的强迫性"，审美成为"社会关系的基础"，"人类契合的源泉"。审美把个体结成和睦的统一体，但又不会伤害个体们的特性，抽象的总体性里

---

① ［英］雷蒙·威廉斯：《关键词：文化与社会的词汇》，刘建基译，北京：三联书店，2005 年，第 268 页。

② ［英］特里·伊格尔顿：《自由的特殊：审美的兴起》，马海良译，［英］弗朗西斯·马尔赫斯编：《当代马克思主义文学批评》，刘象愚等译，北京：北京大学出版社，2002 年，第 63 页。

充溢着个体存在的全部血肉现实。①

　　与左派把"审美"一概攻击为神秘化和非理性偏见的渊薮不同，伊格尔顿辩证地认识到"审美自始就是一个矛盾的双面概念"，在澄清"审美"并非客观中性的话语，实为资本主义统治中不可或缺的一块拼图的同时，也揭示和预告了"审美"将是未来从内部掀翻颠覆资本主义秩序的革命性因素。从这个意义上讲，审美是资本主义主动植入自身意识形态机器中的"木马"。现存秩序的合法性论证无法完全包容"主观的"本能和激情，这可以作为激进批判的突破口。敏感、热情、个体主义的新的人类主体在接受统治制度的意识形态询唤的同时，也会向它提出挑战，"在它的狭隘视野外开辟出新的情感天地"。权力为自己的目的而利用情感，而这会引起理性主义对情感的反抗与诋毁，最终导致权力与理性之间不可调和的冲突。这种"审美反策略"（伊格尔顿语）将获得内爆资本主义秩序的力量。权力从集权制度移入主体内部，然而由于"自由和怜悯、想象和身体性情竭力在压制性的理性话语之内发出自己的声音"，这种转移成为"深刻的政治解放的一部分"。作为习俗、情感、自发冲动的审美可以护卫政治统治，塑造"深处的"主体性，但审美是件危险而含混的事情，他所塑造的这种主体并不总是驯顺的，潜伏在"身体里的某种东西可能反抗刻写它的权力"。除非灭绝权力秩序，否则不可能根除这种反抗的冲动。美国解构主义理论家希利斯·米勒那篇著名的文学消亡论文章，在罗列全球化时代文学研究行将就木的种种理由后，在文末对文学还将继续存在做了轻描淡写的辩护："文学研究的时代已经过去，但是，它会继续存在，就像它一如既往的那样，作为理性盛宴上一个使人难堪、或者令人警醒的游荡的魂灵。文学是信息高速公路上的沟沟坎坎、因特网之神秘星系上的黑洞。"② 文学是理性无法完全收服的幽灵，不断向理性提出挑战，是信息技术征服世界途中无法顺利跨越的障碍，始终以异质的姿态抵抗各种不可一世的统治性力量。米勒的隐喻修辞表达使其为文学所做的辩护显得含糊而保守，伊格尔顿《自由的特殊：审美的兴起》为米勒的辩护做了详细的注释，使我们不仅坚信文学将继续存在，并且看到变革不合理秩序的希望。尽管同样认识到"文学"、"审美"等范畴与资本主义统治秩序的同谋性，与本尼特根本"反对文学"，要求将"文学"、"审美"等资产阶级话语彻底逐出马克思主义批评不同，伊格尔顿看到审美的价值：审美最终是自相矛盾的，对资本主义统治"既认同，又批判"，审美是醒目地矗立在资本主义统治内部使其合法性崩塌的炸药包，是改变现存秩序的希望所在。因此，完全否弃美学范畴对于马克思主义文学批评而言并不可取，也无必要。马克思主义批评需要对

　　① ［英］特里·伊格尔顿：《自由的特殊：审美的兴起》，马海良译，［英］弗朗西斯·马尔赫斯编：《当代马克思主义文学批评》，刘象愚等译，北京：北京大学出版社，2002年，第72页。

　　② ［美］希利斯·米勒：《全球化时代文学研究还会继续存在吗？》，国荣译，《文学评论》，2001年第1期。

审美与资本主义既同一又对立的辩证关系保持清醒的认识，对改变资本主义不合理秩序永抱信念，其所要终结的只是那种貌似价值中立、假名科学的或所谓个人趣味主义的审美认知。

　　在物质基础与生产关系变动的语境中，逡巡自鲍姆加通以来的美学之林，伊格尔顿对审美问题做了绝妙精当的马克思主义辨析。对审美与资本主义之间辩证关系的揭示，是伊格尔顿对马克思艺术生产理论在当代的丰富与发展。采纳了英国文化唯物主义在物质基础与上层建筑关系的基本思路，伊格尔顿强调文化在社会历史中的基础性意义，尊重文化演变自身的逻辑与对物质基础的反作用，因此，他对艺术实践中因审美活动而引致的身体、情感、感官等的深处反抗寄予厚望，来自资本主义意识形态机器内部的冲击将使其统治的合法性论证陷入困境，自由的审美会随权力秩序的崩塌而到来。伊格尔顿虽然避免了重蹈左派把"审美"一概攻击为非理性偏见的覆辙，然而他还是将反抗统治制度的"身体快感与冲动"神秘化了，"习俗、情感、自发冲动的审美"反抗的主体、动力与境遇在伊格尔顿的论述中所自不明。另外，伊格尔顿与詹姆逊一样，同样借重黑格尔的辩证法。辩证的目的是为了认识现象，以确定它们背后的矛盾，审美与资本主义的内在矛盾将是变化发生的基础。不过，这样一来，阶级意识在反抗资本主义秩序的斗争中似乎失去了位置。这些令人困扰的问题仍须回到马克思关于资本生产对劳动与感官的异化论述中才能得到说明。

（本文责任编辑：贾洁）

马克思视域下艺术的终结—转型诸论批判

论东欧新马克思主义对反映论美学模式的批判

■ 傅其林[*]

（四川大学文学与新闻学院）

【内容摘要】东欧新马克思主义对正统的马克思主义哲学及其美学思想进行深入的反思，从现象学和存在主义的知识模式出发，推动着从认识论美学向建构论美学转型。这种转型的重要维度之一则体现为对反映论美学模式的批判与超越，重新确立了文学艺术的人道主义的真理性意义，这对丰富和深化中国马克思主义文艺反映论的研究有所启示。

【关键词】东欧新马克思主义；反映论；美学

　　20 世纪 60 年代从东欧社会主义国家中涌现的一大批新马克思主义思想家，面对社会主义思想文化制度化的历史状况，以"马克思主义复兴"为旨归，对正统的马克思主义哲学与美学进行深入的反思与批判，不断从认识论向人类本体论、现象学、存在论进行范式转型。这种转型过程中的一个重要命题则是反映论美学范式的问题。本论文试图从东欧新马克思主义对列宁反映论模式和卢卡奇反映模仿论的批判以及对新艺术观念的建构的探讨，思考反映论美学的历史意义及其局限性。

---

　　* 傅其林，1973 年生，男，四川岳池人，文学博士，四川大学文学与新闻学院教授，博士生导师。本文系国家社科基金重点项目"国外马克思主义文论的本土化研究——以东欧马克思主义文论为重点"（项目编号：12AZD091）阶段性成果。

一、对列宁反映论模式及其制度化之质疑

反映论虽然由来已久，但是作为重要的理论话语，首先是在列宁的马克思主义哲学认识论框架中确立的，其《唯物主义与经验批判主义》无疑是马克思主义反映论哲学与美学的基本文献。[①] 东欧新马克思主义不仅揭示了列宁反映论的局限性，而且从社会政治的视角剖析了其被斯大林主义制度化而带来的问题。对此，波兰和南斯拉夫的新马克思主义者的批判具有代表性。

波兰著名的新马克思主义者科拉科夫斯基在其影响深远的代表著作《马克思主义的主潮》中分析了列宁的反映论模式的问题。他指出《唯物主义与经验批判主义》作为对马赫、阿芬那留斯、波格丹诺夫等人的唯心主义认识论的尖锐批判，极有偏见性地提出了唯物主义认识论哲学，这种哲学的基本部分是反映论或图像论，也就是认为"感受、抽象理念以及人类认识的所有其他方面，都是物质世界的事实性在我们头脑中的反映"。[②] 列宁从恩格斯关于物及其在思想上的模写或反映等观点的基础上提出的反映论，把物质世界、客观现实视为不以人的意志为转移的客观存在，人通过感官对其加以复制、反映和摄影。他基于认识论的反映论试图解决人类认识的普遍问题，尤其契合自然科学的命题，"唯物主义和自然科学完全一致，认为物质是第一性的东西，意识、思维、感觉是第二性的东西。"[③] "任何科学的思想体系（例如不同于宗教的思想体系）都和客观真理、绝对自然相符合，这是无条件的。"[④] 列宁反复强调"复制"，认为我们的感受是事物的图像，不纯粹是效果或者象征符号，其本质就是拒绝相对主义，追求传统的作为与现实一致性的真理观念。在科拉科夫斯基看来，列宁的反映论思想既存在着内在的不一致，又缺乏原创性的哲学思想，是对前一德谟克利特对图像信赖的思想的天真的重复。更为重要的是，没有人能够在物自身与其纯主观的图像之间找到类似性，无法弄清楚复制品与原本事物之间的比较方式。因而列宁不仅没有思考图像与现实相关的机制问题，更没有认识到主体意识、创造性意义，也没有达到维特根斯坦的语言图像理论的逻辑深度，

---

① 见苏联学者对列宁的反映论的文艺学、美学建构的代表性论文，如博列夫的《列宁的反映论与围绕形象思维认识论问题的斗争》、谢尔宾纳的《列宁的反映论与现代派的唯心主义文艺观》、安德列耶夫的《从列宁的反映论看社会主义现实主义形成的若干问题》等，见董立武、张耳编：《列宁文艺思想论集》，中国社会科学出版社，1986年。

② Leszek Kolakowski, *Main Currents of Marxism*, Vol. II. Oxford University Press, 1978, p. 453.

③ 《列宁专题文集·论辩证唯物主义和历史唯物主义》，北京：人民出版社，2009年，第10页。

④ 同上书，第42页。

列宁的认识论的逻辑性问题局限于古典的形式逻辑的思维框架之中。科拉科夫斯基还进一步揭示了列宁反映论的制度化的生成机制,主要是作为国家领袖的斯大林的政治权力话语的建构的结果,"《唯物主义与经验批判主义》在十月革命前后一段时间没有产生特别的影响(尽管 1920 年发行了第二版)。后来,它被斯大林宣布为马克思主义哲学的基本轮廓,它和斯大林自己的一本小册子在大约 15 年的时间里成为苏联哲学学习的主要资源。"① 南斯拉夫实践派成员弗兰尼茨基在梳理马克思主义历史过程中,同样涉及到对列宁反映论及其形成机制的批判。他认为,列宁是从古典的关于主体和客体的关系出发来思考物质和意识的关系,并把自己的观点即"感觉、思想、意识是按特殊方式组成的物质的高级产物"视为马克思和恩格斯的观点,这是对马克思思想的简化,所以《唯物主义与经验批判主义》根本没有达到马克思的《巴黎手稿》和《关于费尔巴哈的提纲》的高度。虽然列宁在此书中涉及到实践,但它是认识论意义的具有功利性和客观真理特征的实践,没有顾及到人的存在的根本问题,而是证实唯一的、最终的客观真理,"认识只有在它反映不以人为转移的客观真理时,才能成为生物学上有用的认识,成为对人的实践、生命的保存、种的保存有用的认识。在唯物主义者看来,人类实践的'成功'证明着我们的表象同我们所感知的事物的客观本性相符合。"② 俄国马克思主义者在斯大林主义的笼罩下则把列宁简化的具有浓厚的自然科学色彩的反映论进一步制度化、绝对化,"他们把一般唯物主义的认识论观点宣布为马克思主义特有的观点,其次又把实践的范畴片面地理解为仅仅是认识论的范畴,同时在认识论内部把它片面地理解为真理的标准。"③ 这些马克思主义者局限在"主观反映客观"的一般原理之上,结果"'反映'的问题和原理,由于种种原因,已被现代马克思主义者,特别是斯大林主义化了的马克思主义者弄得声誉扫地。"④ 弗兰尼茨基在批判巴甫洛夫的心理学著作《反映论》时指出,"主观反映客观"的一般反映论公式不能解决具体的反映问题,认为应当对"反映"的不同阶段进行唯物主义的分析,要明确区别不同的反映形式,应该对颜色的感觉、形式的感知、颜色或声音的感知、逻辑概念形式的反映以及文艺作品或者整个意识形态的反映进行特殊的分析和说明,"而这种分析和说明却是一般公式无法作出的。苏联的思想家们、巴甫洛夫以及与他们相似的人的错误正在于此。"⑤ 事实上,南斯拉夫实践派对列宁的反

---

① Leszek Kolakowski, *Main Currents of Marxism*, Vol. Ⅱ. Oxford University Press, 1978, p. 458.

② 《列宁专题文集·论辩证唯物主义和历史唯物主义》,第 46 页。

③ [南]普·弗兰尼茨基:《马克思主义史》上册,北京:生活·读书·新知三联书店,1963 年,第 305 页。

④ 同上书,第 62 页。

⑤ [南]普·弗兰尼茨基:《马克思主义史》上册,第 77 页。

映论模式进行了激烈的批判，正如贾泽林所总结的，"'实践派'极力想从马克思主义哲学中排除'反映'这一范畴，从而取消整个马克思列宁主义的反映论。"①

东欧新马克思主义对列宁反映论模式的批判主要集中于《唯物主义与经验批判主义》及其制度化，这不仅涉及到反映论尚未解决的认识论问题，而且关涉到政治制度化所带来的思想文化枯竭现象的揭露。这种理论模式以"科学真理""普遍确定性""唯一标准"等话语规范着文艺反映的客观性，以自然科学的客观真理忽视人文社会科学的复杂意义，人的创造性和意识的主体性屈居于次要地位，反映话语成为政治话语的有机部分。譬如，虽然对艺术形式进行过细致的关注的卢那察尔斯基，在1932年的《列宁与文艺学》一文中高度肯定了列宁的《唯物主义与经验批判主义》，认为"不仔仔细细钻研这本书，就不能成为一个有教养的马克思主义者"，"由列宁论证过的马克思主义一般哲学原则，对无产阶级科学的一个支脉的文艺学自然也有着奠基的意义。"② 他把列宁的反映论运用于文学，认为"反映论所注意的，与其说是作家隶属的家系，不如说是他对社会变动的反映，与其说是作家主观上的依附性和他同某个社会环境的联系，不如说是他对于这种或那种历史局势的客观代表性。"③ 不过，东欧新马克思主义对列宁《哲学笔记》中关于反映论的复杂性、扭曲性的观点是持有一定的肯定态度的，认为虽然此书也被共产党作为讨伐机械唯物主义的支持性著作，但是它与《唯物主义与经验批判主义》是相矛盾的，在某种程度上切合了东欧新马克思主义的真理的多元性思想。更进一步说，虽然《哲学笔记》提出了人的意识的主动性、能动性的观点，遵循黑格尔所言"人的意识不仅反映客观世界，并且创造客观世界"④，但是其认识论和反映论仍然局限在对客观真理的认识框架中，主体性问题处于沉默或边缘地位。即使在20世纪50年代开始的苏联美学大讨论中对艺术本质的深入辨析，对艺术的主体性、个性甚至符号结构的理解，仍然没有摆脱审美意识形态的认识论框架，譬如波斯彼洛夫提出的"作为对于社会生活规律之反映的艺术"观点⑤以及赫拉普琴科立足于列宁反映论而提出的"反映世界上和人们生活中发生的过程"的"综合艺术形象"理论。⑥

---

① 贾泽林：《南斯拉夫当代哲学》，北京：中国社会科学出版社，1982年，第117页。

② 卢那察尔斯基：《论文学》，蒋路译，北京：人民出版社，1983年，第4—5页。

③ 同上书，第6页。

④ 《列宁专题文集·论辩证唯物主义和历史唯物主义》，第138页。

⑤ ［苏联］格·尼·波斯彼洛夫：《论美和艺术》，刘宾雁译，上海：上海译文出版社，1981年，第298页。

⑥ 《赫拉普琴科文学论文集》，张捷等译，北京：人民出版社，1997年，第244页。

二、对卢卡奇反映模仿论的反思

东欧新马克思主义对反映论美学模式的批判通过对卢卡奇的反映论及其现实主义文学观念的反思更鲜明地透视出来。他们对卢卡奇的反映模仿论的反思是较为复杂的。一方面，他们在很大程度上是在卢卡奇开创的西方马克思主义的知识视野中成长起来的，其对反映论的批判深受卢卡奇的启发，"卢卡奇在二十年代就曾积极反对过反映论，'实践派'在六十年代反对反映论，想要以'实践'为核心创造一种新的哲学体系，显然是同卢卡奇一脉相承的。"① 这比较切合弗兰尼茨基的分析，他认为卢卡奇的《历史与阶级意识》"对反映论作了很尖锐的批评，在他看来，反映论和柏拉图的感觉论一样，也是一种神话理论。"② 他指出，卢卡奇与科尔施一样都正确地看到"过去对反映的种种解释以及列宁在《唯物主义和经验批判主义》中所做的解释，实际上都是马克思以前的唯物主义"。③ 卢卡奇在此书中明确提出以现实的生成性论点来讨论思维与存在的哲学难题，这一难题通过人的思维意识与现实的相互生成的现象学视角得到了解决，从而超越了反映论，"当生成的真理就是那个被创造但还没有出世的将来，即正在（依靠我们自觉的帮助）变为现实的倾向中的新东西时，思维是否为反映的问题就显得毫无意义了"，"思维与存在都是同一的，就不是说它们是否'相符'，互相'反映'，它们是互相'平衡'或者互相'叠合'的。"④ 另一方面，尽管东欧新马克思主义对反映论的批判源于卢卡奇的基本思路，但是他们并没有袒护他，而是对他的反映模仿论美学进行深刻的反思。

科拉科夫斯基从"总体性"和"中介"范畴切入卢卡奇的艺术反映论，认为他以这些范畴作为传统反映论的批判，以建构马克思主义的唯物辩证的反映论。科拉科夫斯基颇为重视卢卡奇的作为审美范畴的模仿理论建构，也就是《审美特性》（又称为《美学》）的模仿理论。艺术是对现实的模仿，这是立足于特有形式的模仿之上的，因此只有现实主义才称得上艺术之名。在科拉科夫斯基看来，卢卡奇的模仿具有描述性和规范性的意义。就描述意义而言，任何小说或戏剧在某种程度上反映世界、社会条件和冲突，每件艺术作品在社会学意义上都是完成了的；在规范的意义上，"模仿"是作品的质性，这种质性"正确地"模仿现实，呈现时代的问题如"真正"的那样，这部作品的作者就是站在

---

① 贾泽林：《南斯拉夫当代哲学》，第113页。

② ［南］普·弗兰尼茨基：《马克思主义史》下册，北京：生活·读书·新知三联书店，1963年，第361页。

③ 同上书，第378页。

④ ［匈］卢卡奇：《历史与阶级意识——关于马克思主义辩证法的研究》，杜章智等译，北京：商务印书馆，1992年，第299页。

"正确"或进步一边的，这是卢卡奇最频繁使用的模仿意义。这种作为模仿的反映涉及到社会生活的总体性，联系着所有人类事件，更关涉到社会主义艺术所追求的理想。但是它还必须根据个体的图像，艺术不仅从属于总体性原则，而且从属于特殊性原则，这就是艺术的中介部分。按照科拉科夫斯基的理解，"卢卡奇的特殊性可以被视为作家借以把个体经验转变为普遍有效的类型或者图像的过程。"① 这样，卢卡奇以总体性、中介、模仿三个核心范畴重建了艺术反映论或者审美反映论，可以说为马克思主义审美反映论做出了独特贡献。但是，在科拉科夫斯基看来这种反映论是立足于现实主义基础上的反映论，是质疑现代主义的，因为现代主义的问题是不能领会总体性、贯彻中介的行为，它不是对艺术的丰富而是对艺术的否定。所以，虽然卢卡奇的反映论美学超越了列宁的《唯物主义与经验批判主义》的反映论模式，但它还是局限于斯大林主义的制度化藩篱之内，"卢卡奇的美学，至少就其独特的马克思主义特征，特别是就社会主义的和批判的现实主义以及先锋派文学而言，是斯大林文化政策的完美的理论论证。"② 卢卡奇铸就了文化专制主义的理性工具，虽然他批判了斯大林主义，但是并没有走出斯大林主义的阴影，可以说就是科拉科夫斯基论卢卡奇的标题所标明的"卢卡奇：服务于教条的理性"。南斯拉夫实践派成员苏佩克尖锐地指出总体性观念带来的文化集权主义后果以及文化批评的贫困，认为这个概念本身陷入本体论现实主义或者本体论唯名主义的矛盾和偏见之中，本体论现实主义的一个最核心的观念就是反映论。他指出，通过类似于主体对"客体"的反映，反映论设想文化上层建筑仅仅是社会的物质基础的反映，整个"社会现实"就价值而言被认为是更为真实更为重要的东西，文化创造始终是对现实的反映，这个理论是"客观现实"的柏拉图式的理想化，认为文化必然落后于现实。结果，"文化创造，以及整个美学领域就本体论意义而言仅仅是物质现实的副现象"。③ 当然，这种激进的批判包含着武断的成分。

作为匈牙利最著名的新马克思主义的布达佩斯学派，对卢卡奇的反映模仿论美学进行了更为具体、深入，也更为复杂的批判性反思。此学派的主要成员赫勒、费赫尔、马尔库斯、瓦伊达等一致认为，虽然他们从来没有激进地拒绝自己的老师卢卡奇，但是他们"拒绝认识论（甚至在面向现实的认识论进行尝试的框架）的反映论。这可以从赫勒和费赫尔在 20 世纪 60 年代写作的关于卢卡奇的《美学》和具体的美学问题的许多著作中看到，我们已经长期扩展并转

---

① Leszek Kolakowski, *Main Currents of Marxism*, Vol. III. Oxford University Press, 1978, p. 291.

② Ibid., p. 305.

③ Rudi Supek, "Freedom and Polydeterminism in Cultural Criticism", in Erich Fromm ed., *Socialist Humanism: An International Symposium*, Garden City, NY: Doubleday, 1965. pp. 280—298.

变了这个概念。"① 费赫尔剖析了卢卡奇中年的文学批评中的反映论模式，认为他在《现实主义辩》等文学批评中把现实主义的文学观念和古典主义结合起来，排斥现代主义艺术。这种古典主义模式的现实主义是贵族式的、本质主义的，内含着反映论的机制，"一种特有的认识论机制即卢卡奇的反映论连接着这种本质主义的观念。"② 这种反映论对费赫尔来说是根本站不住脚的，其基本概念经不起分析和批判，"我们必须询问，反映的主体和合适的器官是什么？如果我们认为创造性的大脑是这种器官，那么我们就面临着众多认识论－方法论的困窘。"③ 费赫尔揭示了卢卡奇文学批评的内在的古典现实主义模式与伦理民主的矛盾，前者就是理性主义和普遍主义的认识论与反映论，问题丛丛，而后者是支持多元主义的民主自由观念，这也是费赫尔所认同的。也正是后者的民主观念使得卢卡奇在《审美特性》中以"模仿"取代"反映"概念，从而具有重大的意义，"从现实主义和反映向模仿的术语转移对卢卡奇的整个理论具有决定性的影响"。④《审美特性》使得卢卡奇摆脱了贵族式特征，积极走向伦理民主的人类物种的确认，审美活动把创作者和接受者从整体的人提升到人的整体，这种由模仿带来的物种特性向每一个人敞开。因此在费赫尔看来，《审美特性》为20世纪30年代和40年代的文学批评中勾勒的伦理民主的多元主义提供了普遍的哲学基础。卢卡奇从反映向模仿的转移也受到赫勒的关注。在赫勒看来，卢卡奇来自马克思的本体论立场所理解的反映观念在本质上突破了18世纪的反映论解释及其反映论在20世纪的庸俗化，"它主要不是认识论的范畴，更准确地说，卢卡奇探究的不是其认识论维度，而是本体事实的表达。"⑤ 卢卡奇不是立足于自文艺复兴时期以来的对自然的模仿观念，而是回到亚里士多德对"民族精神的模仿"⑥，建构起"本体论－人类学基础"。⑦ 具有本体论－人类学意义的模仿是普遍的社会现象，在日常生活、科学等领域发挥重要作用，但是只有在艺术领域才得到最经典的表达。模仿作为掌握现实的积极形式，具有激发的特征，因为在模仿中形式始终是实质性的，必然联系着并引起情感与震惊的激发

① Ferenc Fehér, Agnes Heller, Gyrgy Márkus, Mihály Vajda, "Notes on Lukács' Ontology", in Agnes Heller Ed. *Lukács Reappraised*. New York: Columbia University Press, 1983. p. 134.

② Agnes Heller and Ferenc Feher, *The Grandeur and Twilight of Radical Universalism*, New Brunswick, NJ: Transaction, 1990, p. 264.

③ Ibid., p. 262.

④ Ibid., p. 272.

⑤ Agnes Heller, "The Aesthetics of Gyorgy Lukacs", in *The New Hungarian Quarterly*, no. 7 (1966), pp. 84—89.

⑥ Agnes Heller, *Renaissance Man*, Trans. Richard E. Allen. London, Boston, Henley: Routledge and Kegan Paul, 1978, p. 409.

⑦ Agnes Heller, "The Aesthetics of Gyorgy Lukacs", in *The New Hungarian Quarterly*, no. 7 (1966), pp. 84—89.

的效果，这种情感激发性与模仿形式使得艺术区别于科学，并建构起人类物种的价值领域，诚如席勒所言，实现对人类的审美教育，走向个体的自我完善的总体性。

事实上，布达佩斯学派对卢卡奇的反映模仿论的批判性分析把他的美学导向了对个体的存在的完善的看重，这恰恰符合东欧新马克思主义的个体性理论，这意味着反映论的转型，也透视出传统反映论的危机。虽然东欧新马克思主义在一定程度上肯定以模仿代替反映论或者对反映论进行拓展，但还是逐渐抛却了卢卡奇的反映模仿论，"在美学方面，我们尽力用模仿概念取代反映概念（卢卡奇的著作事实上沿着这条路线提供了一些启示），但是我们最终还是发现这个范畴也是无用的。"①

三、新艺术观念的崛起与反映论的式微

东欧新马克思主义对列宁反映论和卢卡奇的反映模仿论的反思与批判以"马克思主义复兴"为旨趣，主要是以青年马克思的著作尤其是《巴黎手稿》的哲学美学思想的创造性理解为基础。虽然他们的批判在 20 世纪 60 年代遭遇到马克思主义内部的反批判，但是在其美学思想中不同程度地昭示了反映论模式的式微，其哲学美学范式不断从认识论话语体系向实践存在论、后马克思主义、后现代主义等话语与思维模式转型，焕发出马克思主义美学的当代活力与阐释效力，彰显出复杂而多元的人道主义美学特征。

第一，作为"能动阐释的反映论"（an activistically interpreted theory of reflection）。虽然在一些东欧新马克思主义的著作中仍然保留着反映的概念，但是这个概念的意蕴开始发生巨大的转变。波兰的新马克思主义者沙夫对反映论的独特性的重建则是有价值的尝试。他通过对认识过程的模式的理解和客观真理的批判提出了"能动阐释的反映论"，他在批判作为对客体的模写的机械唯物主义反映论和作为主体性建构的唯心主义认识论的基础上，重新确立主体与客体的交互关系即"彼此互动"（mutual interaction）的反映论模式，"主体和客体具有客观和真实的存在，同时彼此互动"。② 如此，人类个体作为反映的主体就不是被动的、接受的，而是创造的、能动的，在认识过程中具有重要的不可或缺的意义，阐释的差异性、个体性、多样性也就成为必然。沙夫的反映论深化了列宁反映论模式，其追求的真理也不是客观的真理而是作为过程的历史真理，因为客观真理是要求与现实一致，内在地联系着古典的机械唯物主义反映

---

① Ferenc Fehér, Agnes Heller, Gyrgy Márkus, Mihály Vajda, "Notes on Lukács' Ontology". in Agnes Heller ed. *Lukacs Reappraised*, New York: Columbia University Press, 1983, p. 134.

② Adam Achaff, *History and Truth*, Oxford: Pergamon Press, 1976, p. 51.

论，而历史真理是主体和客体相互建构的"作为过程的真理"，"毕竟，一个既定的客体的认识绝非只产生一个单一的判断；相反，当它提供对客体的不同侧面、维度和发展阶段的反映时，它是由许多判断构成的；它是一个过程"。① 可以说，沙夫的反映论建构融合了主客体交互作用的现象学理解和语言哲学的思路，超越了纯粹认识论意义的反映论范式。

第二，作为实践的艺术观念。实践范畴是东欧新马克思主义最为重要的一个范畴，它主要不是从认识论反映论意义上来理解的，而是被视为人作为人的存在的本体论意义，"人在本质上是一种实践的存在，即一种能够从事自由的创造活动，并通过这种活动改造世界、实现其特殊的潜能、满足其他人的需要的存在。"② 因而，实践把自由和自我实现的规范意义作为内在的属性，区别了可以异化的劳动与功利性的实践活动，这种实践的界定本身包含着审美的维度，也是艺术活动的基础。捷克的新马克思主义者科西克明确地提出，真实世界是人类实践的世界，是生产和产品、主观和客观、起源发生和建构的统一体。他从现象学和存在主义的视角重新阐释了物的概念，转变了不以人的意志为转移的纯粹客观的物的概念，认为物的结构即物自身不能直接地也不能通过沉思或纯粹的反思或者反映加以掌握，而只能借助于某种活动才能掌握。这些活动是人类掌握世界的不同类型或者方式，艺术也是人类掌握世界的方式之一。科西克认为，这里主要不是唯物主义认识论的问题，而是唯物主义现象学③的意向性的问题："现象学诸如'面向物的意向性'、走向物的意义的'意图'或多种感知模式的描述所阐述的问题已经被马克思在唯物主义基础上被理解为人类掌握世界的不同类型。"④ 物、现实、社会结构都不能脱离人的意识而存在，不能脱离实践而存在。实践建立了主体与客体的交互关系，都具有两重性，既是一种反映，又是一种投射，既是反映又是预测，既是接受的又是积极的。在科西克看来，实践是主体和客体交互的生成过程的自由的活动，本身就属于艺术活动或是说艺术就是实践，"艺术始终被认为是一种出类拔萃的人类活动和人类作为区别于劳动的自由创造，"⑤ 是一种自由的实践。这种艺术实践是本体建构的过程，也是本体论的可能性的基础。如此理解，寻求与现实一致性的真理观念的反映论不再处于核心地位。

---

① Adam Achaff, *History and Truth*, Oxford: Pergamon Press, 1976, p. 71.

② ［南］马尔科维奇、彼德洛维奇编：《南斯拉夫"实践派"的历史和理论》，郑一明等译，重庆：重庆出版社，1994年。第23页。

③ 里夫希茨提出了"唯物主义现象学"概念，"在马克思主义经典作家的著作中包含着一种关于社会存在和意识的唯物主义现象学——这就是哲学，同时也是政治学。"见里夫希茨：《马克思论艺术和社会理想》，吴元迈等译，人民出版社，1983年，第12页。

④ Karel Kosik, *Dialectics of the concrete*, D. Reid Publishing Company, 1976. p. 10.

⑤ Ibid., p. 124.

第三，作为创造现实的艺术观念。东欧新马克思主义强调个体性、自由创造的实践，避免了反映论对主体性的漠视，形成了艺术的创造性与建构力量的观念。科西克通过社会现实的实践建构性的探讨，摆脱了现实主义与非现实主义长期纠缠的困境，重新阐发了社会意识与社会存在之间的复杂的动态的过程，尤其注意到意识对具体主体生产与再生产社会现实的动态过程，也就是如阿尔都塞所说的意识形态建构经济基础的过程。这样，意识本身就成为实践的一部分，本身就是现实，艺术也可以说是一种现实，"诗不是一种比经济学低级的现实。它同样是人类现实，虽然是不同类型和形式的现实，带有不同使命和意义。"① 艺术现实不是客观的现实，而是创造出来的现实，而且会构建出新的现实，具有构形现实的力量。中世纪的大教堂建筑是封建世界的图像，同时也是这个世界的构成性元素，它不仅是艺术性地复制中世纪的现实，也是艺术性地生产这个现实，"每一部艺术作品具有不可分割的二重性特征。它表现现实但也形成现实。"② 完美的艺术作品所形成的现实超越了各自时代的历史性现实，这就是艺术作品的建构性、创造性。因此，虽然艺术是社会决定的，但是艺术作品是现实的有机的建构因素。科西克对作为建构性、创造性的艺术作品的理解超越了社会决定论的反映论模式，因为社会决定论意味着把作品视为是外在于作品的现实所决定的，作品是次要的、被推论出来的、被反映出来的，把真理视为作品之外的东西，这无疑无视了艺术作品的创造性和建构力量，无视了艺术作品作为人类自由创造的本体论意义。弗兰尼茨基也肯定艺术的创造性本质，人类杰出的思想与艺术作品是思维创造的结果，"人的想象并非只是反映，它本质上是创造"，"哲学以及艺术是有独立见解的独立的和创造性的个体的创作。"③

　　布达佩斯学派成员瓦伊达从绘画美学角度通过探讨再现与装饰的关系，消解了幻觉主义的反映论，确立了作为创造的艺术观念。他并不认同卢卡奇把抽象的形式作为装饰以及把艺术作品的再现对象视为不可脱离现实的环境存在的做法，认为卢卡奇关于再现与装饰的区分设置了装饰艺术与再现艺术的对立，最终转变为装饰与艺术之间的根本区别。瓦伊达敏锐地看到，在卢卡奇的美学思想中实际上隐藏着一种特有的审美概念，也就是把绘画视为是再现世界的任务，这也是卢卡奇的《美学》的起点，"艺术是认识，而不是对世界的创造——

---

　　① Karel Kosik, *Dialectics of the concrete*, D. Reid Publishing Company, 1976, p. 67.

　　② Ibid., p. 71.

　　③ ［南］普·弗兰尼茨基：《马克思主义多样化意味着什么》，见衣俊卿、陈树林主编：《当代学者视野中的马克思主义哲学·东欧和苏联学者卷》，北京：北京师范大学出版社，2008年，第378、384页。

更准确地说，创造从属于复制。"① 这种美学观念正是文艺复兴时期兴起的资产阶级幻觉主义绘画时代的理想，因此卢卡奇关于再现与装饰的区分不是建立在客观的区分的基础之上的，而是一开始就隐藏着关于视觉艺术的特有的审美立场，因为再现的尝试只是一个有限时期的绘画追求。具体地说，只有欧洲文明才成功地达到了幻觉主义绘画的"顶峰"，并且只有这种绘画才能够在可能性的框架内最充分地复制可见世界，而二十世纪的绘画之梦不再是复制可见世界。瓦伊达通过揭示幻觉主义的再现艺术观念与中产阶级的世界观的关联，借助于20世纪兴起的现代主义绘画，突破了卢卡奇的认识论意义的艺术观念，主张具有存在主义色彩的艺术创造论思想。他说："我的明确观点是，艺术（包括绘画）不是认识（即不是对外在于艺术的某物的复制），而是生产、建构，或者如海德格尔所说，是'世界的建基'。复制的元素作为一个次要的关键词始终出现在生产中，在这并不重要。艺术作品之所以是艺术作品，在于它始终是从虚无中创造，即便某些元素（材料、母题）在它之前就呈现了出来。毕竟，一旦这些元素是艺术作品的构成'部分'，它们就不再是之前的东西了。"②

此外，赫勒提出的作为自为对象化的艺术、作为个体性尊严的艺术、作为历史性意识的表达的艺术、作为交往互惠性的艺术、作为内在于人类喜剧性存在的艺术观念等等，也代表了东欧新马克思主义艺术观念的新方向。③

总之，东欧新马克思主义以"重构美学"为名的新的艺术观念逐步摆脱了反映论美学模式，走向了建构论、存在论、实践论。虽然他们还在一定程度上保留着反映概念，认识论的思维与话语体系仍不时闪现，但是不再处于核心角色，新的阐释性符码诸如存在、实践、自由、公正、对话、话语、创造、建构、异化、人类条件、个性、个体性、多元主义、自律、现代性、历史性、后现代性、偶然性、多元决定、意义等关键性范畴的喷涌，逐步淡化了唯物唯心、进步与反动、认识、客观性、图像、再现、复制、反映、普遍性、理性、物质、绝对真理、客观真理、谬误等范畴。东欧新马克思主义对反映论美学的批判性反思不仅意味着话语模式与艺术观念从宏大叙事模式向微观话语模式的变化，透视出从真理的证明与推演模式向意义的阐释模式的转型，从制度化规训向独立思考的位移，而且彰显其意识形态、政治哲学、伦理价值的嬗变。不过，他们的反思和批判存在不少对马克思主义反映论的误解，没有历史地评价反映论的历史价值、复杂形态与诸多探索性的建构，尤其是对苏联一些重要的反映论

---

① Mihály Vajda , "Aesthetic Judgement and the World－View in Painting", in *Reconstructing Aesthetics*, eds. Agnes Heller and F. Feher, Oxford：Basil Blackwell, 1986, p. 125.

② Ibid. , p.148.

③ 参见拙著：《宏大叙事批判与多元美学建构——布达佩斯学派重构美学思想研究》，哈尔滨：黑龙江大学出版社，2011 年。

美学的新思想没有认真对待①，有的激进地拒绝马克思主义认识论美学模式，从批判的马克思主义或者马克思主义复兴走向后马克思主义，甚至脱离了马克思主义的基本范式，这是我们应当加以仔细辨析的。

（本文责任编辑：尹庆红）

---

① 虽然科普宁在 1966 年的《马克思主义认识论》一书中坚持列宁的反映论，但是认为形象反映既是复制，又不是复制，"艺术家在复制大师们的绘画时，力求做到使复制品与原作丝毫无差。认识的形象反映对象，在这个意义上才是复制，然而它的反映是创造性的，根据主体的要求，综合客观现实的内容，在这方面认识就不同于复制。"见衣俊卿、陈树林主编：《当代学者视野中的马克思主义哲学·东欧和苏联学者卷》，北京：北京师范大学出版社，2008 年，第 332 页。弗里德连杰尔则解释了列宁反映论中关于意识的创造性，"意识本身在创造世界，它是积极的改造力量。艺术意识在创造艺术世界，这样或那样地反映现实，并在一定方面影响现实。"见程正民、邱运华、王志耕、张冰：《20 世纪俄国马克思主义文艺理论研究》，北京：北京大学出版社，2012 年，第 120 页。

实践论美学的发展与人生论美学的构建

■ 吴时红*

（浙江财经大学　人文学院　杭州　310018）

【内容摘要】如何在继承"实践论美学"的理论精髓和中西方美学优秀思想遗产的基础上，来构建一门能够沿着正确的方向与世界对话的当代中国美学，成为当前的美学研究必须正视和面对的基本问题。而我国有学者所提出的"人生论美学"，无疑是值得我们加以关注和考虑的。在深深地认同并汲取"人生论美学"的理论精神的前提下，就"人生论美学"构建的思想依据、所蕴含的基本观念、追求的理论目标，进行了初步的探讨，以期对马克思主义美学中国化与"人生论美学"研究的深入展开，有所助益。

【关键词】实践论美学；人生论美学；马克思主义美学中国化；综合研究

当前的实践论美学研究，已经迈入了一个全新的历史文化语境。不仅发展实践论美学的诸多派别的观点不断走向丰富和完善，而且美学界在发展实践论美学上，达成了基本的共识：即未来的当代中国美学的建构，离不开对马克思主义实践论美学的理论成果以及中西方美学优秀思想遗产的创造性转换。因而，如何在承继实践论美学的理论精髓和中西方美学思想资源的基础上，使人类实

＊ 吴时红，男，1980年生，湖北咸宁人，文学博士，现任浙江财经大学中文系讲师，主要从事文艺学、美学基础理论和实践论美学研究。本文为2013年杭州市哲学社会科学规划课题"作为实践美学发展路向的人生论美学研究"（项目编号：A13WX01）的研究成果。

践过程中所形成的宏观的审美关系真正落实到在微观的审美活动之中，从而找到一条突破当下实践论美学研究的真正出路，以期使我们的美学研究能够沿着正确的方向与世界对话、与世界接轨，就成为当前的美学研究必须正视和面对的基本问题。

正是在这样的意义上，笔者认为，近年来我国有学者提出的"人生论美学"是值得我们加以关注和考虑的：如果说在 2007 年发表于《厦门大学学报》第 5 期上的《我看 20 世纪中国美学及其发展趋势》一文中，王元骧先生还只是为我们提出了将审美、艺术、人生三者统一起来进行研究的这样一种"人生论美学"建构的初步设想的话，那么到了 2008 年发表于《学术月刊》第 5 期的《美学研究：走两大系统融合之路》、2009 年发表于《文艺研究》第 5 期的《再论美学研究：走两大系统融合之路》以及 2010 年发表于《学术月刊》第 4 期的《美：让人快乐、幸福》等文中，王元骧先生进一步阐述了"人生论美学"的理论构想：不仅明确指出了美学的研究对象应该溢出"艺术"的狭小范围，以便实现与整个现实人生接轨而走向人生论美学，并认为这样才算是真正的回到了美学的原点，也是美学发展所应努力和追求的方向①，而且还明确地阐明了"美"对于人的生存所具有的意义和价值就在于它可以使人真正地活得快乐、幸福，达到人的自由解放。②

所以，笔者在深深地认同并汲取"人生论美学"的理论精神的前提下，不避浅陋，就"人生论美学"建构的思想依据、所蕴含的基本观念、追求的理论目标，浅论如下，以期对马克思主义美学中国化与"人生论美学"研究的深入展开，有所助益。

一、人生论美学建构的思想依据

所谓人生论美学，简单地讲，是指在秉持实践论美学为中国美学研究所确立的科学理论基础与思想依据的前提下，致力于研究个体的人的生存活动及其意义和价值的美学。表明人生论美学这里研究的"人"虽然立足于具体的、个体的人，但它认为这样的人总是生活在一定的社会关系之中，所以必须从个人与社会的关系来理解人生的意义和价值。概括起来，我们觉得，人生论美学建构的思想依据主要是如下三个方面：第一，秉持并坚守马克思主义的实践论美学的理论精髓；第二，批判地汲取中西方美学思想，特别是"超验性、内省性的"审美思想资源的优秀遗产；第三，借鉴中国传统人生论哲学、美学丰富的理论遗产。

---

① 王元骧：《再论美学研究：走两大系统融合之路》，《文艺研究》2009 年第 5 期。

② 王元骧：《美：让人快乐、幸福》，《学术月刊》2010 年第 4 期。

（一）人生论美学的建构与马克思主义实践论美学的理论精髓

人生论美学的建构必须秉持马克思主义实践论美学的理论精髓为指导。

由于实践论美学这里所指的"实践论"，主要是着眼于人类的视角，从社会的、历史的、宏观的维度来揭示审美关系与"美"得以形成的原因，是一种对于事物根源的科学考察；而人生论美学这里所指的"人生论"，主要是着眼于个体的人的视角，从个人的、具体的、微观的维度来揭示美、审美的性质与功效，特别是审美对于个体的人如何真正获得独立人格和人格尊严，如何真正活得快乐、幸福等方面的意义和价值。简而言之，前者主要偏重于从一般性的视域来研究美的根源，后者主要偏重于从特殊性视域来研究美的性质和功效。所以，要想科学地回答人生论美学所指的"人生论"与实践论美学所指的"实践论"的关系，我们首先得弄清楚"一般性"（普遍性）与"特殊性"的关系。

关于此，在逻辑哲学中，黑格尔认为，就事物的概念本身而言，它"包括着三个环节：（一）普遍性，即概念在它的规定性里与它自身有自由的等同性。（二）特殊性，即规定性，在特殊性中，普遍性继续与其自身性相等同。（三）个别性，即普遍性与特殊性这两种规定性的自身同一。"[①] 所以黑格尔认为哲学要"反对抽象"，要"回到具体"，并提出"真理不是抽象的普遍性，而是具体的普遍性"，普遍也"不只是抽象的普遍，而且是自身体现着特殊的、个体的、个别的东西的丰富性的这种普遍"[②]，并特别强调只有普遍性、特殊性和个别性"这三者的和解了的统一"，"这种统一体才是具体的"。[③] 这就启示了我们，作为哲学的分支学科的美学，在如何处理"一般性"（普遍性）与"特殊性"的关系问题上，也应强调这二者的"和解了的统一"，以便使我们的美学研究能够将宏观与微观、社会学与心理学、实践论与人生论等维度和层面整合成为一个"具体的""统一体"。这是因为，在我们看来，美学从根本上来说，不只是认识论、知识论意义上的，还应是实践论、人生论意义上的；美学研究不仅需要从"一般性"的角度确立其科学的理论基础与思想依据，还需要从"特殊性"的角度弘扬其对于人的生存具有的意义与价值。而这两者之间是可以辩证地融合在一起。那种以极力捍卫美学研究的纯粹性为理由来死板地坚守"一般性"（普遍性），而无视"特殊性"就是包含着普遍性的"特殊性"的做法，是十分荒谬的。正如黑格尔对于那些以"抽象的论证或藉口、一味坚持哲学的分歧性的人"，曾以戏谑式的口吻揶揄他是"一个患病的学究，医生劝他吃水果，于是有人把樱桃或杏子或葡萄放在他前面，但他由于抽象理智的学究气，却不伸手去

---

① 姜丕之编：《黑格尔〈小逻辑〉浅释》，上海：上海人民出版社，1980年，第376页。

② ［苏］列宁：《黑格尔〈逻辑学〉一书摘要》，《哲学笔记》，北京：人民出版社，1993年，第83页。

③ ［德］黑格尔：《美学》第1卷，朱光潜译，北京：商务印书馆，1979年，第88页。

拿，因为摆在他面前的，只是一个一个的樱桃、杏子或葡萄，而不是水果。"而之所以会如此，在黑格尔看来，乃是"由于他厌恶或害怕特殊性，不知道特殊性也包含普遍性在内，他是不愿意理解或承认这普遍性的。"① 以上表明，通过将"实践论"与"人生论"回复到以上"一般性"与"特殊性"的层面加以辩证地处理与综合的研究，就使得我们在继承实践论美学的理论精髓的指导下建构人生论美学，变得可行。此为其一。

其二，要想使人生论美学的建构真正可能，还需要我们对于如何继承实践论美学的理论精髓，在思维方式有一个基本的认识。也就是继承实践论美学的理论精髓，有哪些形式？我们采取何种形式？

关于这个问题，我们十分赞同有学者的如下看法，"继承和深化实践美学，盖有两种形式：一是显性、狭义的形式，一是隐性、广义的形式。前者是一些实践美学信奉者，有意识地将实践美学作为一个相对独立、系统的学术整体，对其已有成果作内部的系统深化和拓展，目标是坚持和发展实践美学这一流派。后者情形下，人们不一定张扬实践美学这一旗帜，全盘接受实践美学理论，致力于维持这一理论的系统性与纯洁性，而是化整为零地自由择取其中自认为有益的观念、方法或视野，将它们运用于美学研究的各个方面。在人类社会范围内解释人类审美活动，将审美置于人类文化史的深广背景，审美解释中注意历史感与文化观。凡此种种不一定为实践美学所专有，完全可以成为当代中国美学之共享学术智慧，为更多学人所采用。果能如此，则实践美学之名号虽响亮不似从前，其实它已臻于更高的自我实现境界。"② 很显然，从大的方向上，我们所倡导的"人生论美学"，没有与实践论美学的范畴"实践"在名字上有重合之处，因而，采取是从"隐性的、广义的形式"来推进当代美学研究。只是与这里的论述稍有不同的是，虽然我们也不赞同非得竖起实践论美学的理论旗帜，并全盘接受实践论美学理论以致力于维护它的"系统性与纯洁性"，但是，我们还是主张在继承实践论美学的理论精髓的基础上，来推进当代美学研究。因为我们深信：只有当人类与自然的关系的发展从单纯的功利关系进入到审美的关系，才会可能有个人的审美活动的产生。

（二）人生论美学的建构与西方"超验性、内省性"的美学系统

在以实践论美学的理论精髓作为思想指导的同时，我们还要大力借鉴和融合西方"超验性、内省性"的美学传统的思想遗产，以便真正地建构人生论美学。

---

① ［德］黑格尔：《哲学史讲演录》第 1 卷，贺麟、王太庆译，北京：商务印书馆，1983 年，第 23 页。

② 薛富兴：《李泽厚实践美学的学术前景》，《南开学报》（哲学社会科学版）2004 年第 3 期。

诚如有王元骧先生原创性地阐明的那样,在西方传统美学思想的优秀遗产中,大体存在着亚里士多德倡导的"外观性、经验性"的审美和柏拉图倡导的"超验性、内省性"的审美这样"两大系统"。由于近代西方哲学是在自然科学的影响下而发展起来的知识论、认识论哲学,这就使得"外观性、经验性"的审美传统在近代西方美学思想史上占据着明显的优势,^① 它对于美学思想的发展、"美学"学科的确立,乃至中国现代意义上美学的论争与建设,都产生了重大的影响。尤其是在探讨 20 世纪 50—60 年代在我国所掀起的全国性的"美学大讨论"乃至 70—80 年代"实践论美学"主流地位的最后确立,都与这种"外观性、经验性"的认识论、知识论审美传统有着紧密的关联。换句话说,"中国20 世纪 50 年代以后的美学研究,就是在继承这一思想传统的基础上发展起来的,其基本倾向,都是从经验的观点,着眼于从外界事物的性质中来研究美的根源,所走的是一条科学性的道路。"^②

因而,受这一思想传统影响而来的"实践论美学"在给我们的美学研究奠定了科学的理论基础与思想前提的同时,如前所述也呈现出了将美学研究较多的停留于"一般的、宏观的、社会学"的层面而较为忽视"特殊的、微观的、心理学"的层面的理论不足。而要想真正走出这一理论困境,又必须重视美学研究中的"人文性"传统,必须汲取西方美学自柏拉图以来所形成的"超验性、内省性"的审美系统的思想遗产。这是因为,与自亚里士多德以来所形成的"外观性、经验性"的审美系统不同,自柏拉图以来所形成的"超验性、内省性"的审美系统是"一种着眼于从内心体验来研究美的思路,所走的是一条人文性的道路","是一种人生论、伦理学的美学"。^③ 因此,人生论美学的建构,在扬弃"经验性、外观性"美学系统的思想资源的同时,更多的还要借鉴和融合西方美学中"超验性、内省性"的美学系统的思想遗产。尤其是在"中国的社会现实已发生天翻地覆的变化,在市场经济社会中人们应该如何生存,以及在物质生活得到满足之后人们应该如何为自己的灵魂操心等等,已成了当今社会突出的问题尖锐地摆在我们面前"^④ 的当下,更应如此。

这是因为,从更远的源头上来讲,受"经验性、外观性"审美系统影响而来的"实践论美学"是一种哲学美学、理论美学,它的理论精髓最为突出的一点是为我们的美学建构提供了一种科学的思想依据与理论前提。而"思想依据与理论前提"只是确保我们在看待和探讨美学问题有一个正确的价值立场与科学的致思方向。因而,在继承自亚里士多德以来形成的"经验性、外观性"审美系统的思想传统的基础上所出现的中国化的马克思主义美学流派:实践论美

① 王元骧:《美学研究:走两大系统融合之路》,《学术月刊》2008 年第 5 期。

② 同上。

③ 同上。

④ 同上。

学，只是从"一般性"（宏观的、社会学）的角度阐明了美何以产生和出现的原因，而不是对美学问题的直接回答。由于它没有很好地揭示出美学研究的"特殊性"（微观的、心理学）内涵，因而不能从根本阐明美对人的生存到底具有怎样的意义和价值。而这一任务历史地落到"人生论美学"的肩上。因为从历史维度与时间向度来看，美学自 20 世纪初经由王国维引入到中国以来，当时的研究者大都将它与解决社会人生的问题联系起来进行思考，在实质上开启了"人生论美学"的思考方向。只是囿于当时特定的历史文化语境，使得这一难能可贵的思考方向被冠以"审美救世主义"的诟病而遭到放弃；从"价值维度与实践向度"来看，人生论美学是一种"关注现实关怀生存"的"实践的美学"、"价值的美学和意义的美学"。① 它以实践论美学的"一般性"研究所确立的科学方向为前提，着重探讨的主要是"通过培育和树立个人对人生正确的理解和态度去解决"② 人的生存中欲望与情感、必然与自由的悖论。

这就表明，由于西方"超验性、内省性"的美学系统强调美就其根本性质来说不是经验的、外观的而是超验的、内省的；认为美学研究不应"仅仅从外在感官的对象中去寻求美"，还应包含对"审美的体验、反思等内省性、超验性的内容"，只有重申"美学的人文性和人生论的意蕴"，而不是将其"完全被纳入到知识论和认识论的视界"③ 才能从根本上恢复美学原本的丰富内涵……这些观点可以使我们在继承实践论美学的理论精髓和扬弃当前实践论美学研究的"三派"（即"后实践美学"派、"新实践美学"派、"实践存在论美学"派）观点的基础上，真正地去建构人生论美学。

（三）人生论美学的建构与中国传统的"人生论"哲学、美学思想

除了上述两个方面的思想依据之外，人生论美学的建构，还要大力借鉴和汲取中国传统的"人生论"哲学、美学思想的优秀遗产。这是因为，"人生论实是中国哲学所特重的。可以说中国哲学家所思所议，三分之二都是关于人生问题的。世界上关于人生哲学的思想，实以中国为最富，其所触及的问题既多，其所达到的境界亦深。"④

那么，我们该如何汲取中国传统"人生论"哲学、美学思想的营养，来建构人生论美学？

关于此，诚如有研究者所精辟分析的，中国传统哲学、美学，特别是占主导地位的儒家和道家哲学、美学思想，其主导倾向都是从"人生论"意义上而谈的。譬如"我国传统主流哲学——儒家哲学，一开始就立足于人伦纲常，是

① 金雅：《人生论美学的价值维度和实践向度》，《学术月刊》2010 年第 4 期。
② 王元骧：《论美与人的生存》，杭州：浙江大学出版社，2010 年，第 160 页。
③ 王元骧：《美学研究：走两大系统融合之路》，《学术月刊》2008 年第 5 期。
④ 张岱年：《中国哲学大纲》，北京：中国社会科学出版社，1982 年，第 165 页。

一种人生哲学和伦理哲学。虽然它也有一个超验的本体'道'，并以'天道'来印证'人伦'，印证'君臣、父子、兄弟、夫妇'的关系都出自天意安排，与'天地同理，与万物同久'，所谓'王道之三纲，可求于天'。但是它的'天人合一'的思想，使得它对于经验与超验、有限与无限的理解，就不像西方传统哲学那样处于'二元对立'，而总是使超验落实在经验、无限落实在有限，即所谓'道在伦常日用中'。"因而"这种思维方式造就了我国传统美学思想不像西方那样，由于将经验与超验、有限与无限的二者分割，把审美看作不是仅凭感觉经验就是仅凭内心体验，而总是从感觉进入内省，去探寻美的真谛。"无独有偶，"这种不重外观而重内省，重在超越于感官之上的思想不仅是儒家美学思想的特点，同样也是道家美学思想的特点，从老子的'大音希声、大象无形'，'五色令人目盲，五音令人耳聋'，庄子的'道不可闻，闻而非也，道不可见，见而非也，道不可言，言而非也'等言论看来，甚至比起儒家来更偏重于形上的追求，而几乎把外形看得无足轻重"。①

以上表明，比之于西方美学而言，我国古代虽没有美学学科但却有丰富的美学思想。但由于我国传统哲学，特别是儒家、道家哲学不是知识论、认识论哲学，而主要是人生论、价值论哲学，所以在此哲学背景上产生的我国传统美学思想与西方近代继承亚里士多德传统而发展起来的主流美学不同，很少仅仅以事物的外观是否悦目来判断对象的美丑，而更看重事物的"内美"，看重事物内在品性的高洁所带给人的精神上的愉悦，是一种"悦情"、"悦志"意义上的美学。因此，我国传统美学所推崇的是属于一种超验性的、内省性的审美，在这一点上颇接近于柏拉图的美学思想系统。②

只不过，由于我国传统的"人生论"哲学、美学思想，譬如"修身、齐家、治国、平天下"，"三不朽"（太上有立德，其次有立功，其次有立言）等等，所强调的是通过"践仁"而达到"成圣"的目的，所看重的是一种"内圣外王"的人生境界，因此，"随着我们对全球范围内人类艺术和审美活动的多样性和复杂性问题的认识的加深，随着跨学科性的新知识论条件的形成，随着对西方美学的学习性研究转向研究性、反思性和批判性的学习与探索，"我们期望"立足于中国人的生存现实和中国问题，立足于本土化的现代性追求，着力解决美学上的一些重大的原始问题"以便实现"在实质性上提升当代中国美学的原创水平"③的目的。当然，我们还得注意这里所谈的"人生论美学"建构的科学的理论基础只能是马克思主义实践论美学的理论精髓。

这就是说，作为我们所倡导建构的人生论美学的上述三个方面的思想依据，

① 王元骧：《再论美学研究：走两大系统融合之路》，《文艺研究》2009 年第 5 期。
② 王元骧：《美学研究：走两大系统融合之路》，《学术月刊》2008 年第 5 期。
③ 郑元者：《原始问题、学术忠诚与美学生态重建》，《文艺理论研究》2003 年第 6 期。

并不是一种简单的平行并列的关系，而是后两个方面的"思想依据"，必须坚定不移地以第一个方面的"思想依据"为基础。这是因为"把美学建立在实践唯物主义的基础之上，这个方向并没有错，问题在于不能只停留在这个基础上。地基打好了，还应把楼房建起来。"① 所以，我们只有在批判地继承实践论美学的理论精髓及其当前实践论美学研究的积极成果的基础上，充分汲取西方美学，特别是"超验性、内省性"美学系统和中国传统"人生论"哲学、美学思想的优秀遗产，我们的人生论美学才有可能真正地建构起来。

二、人生论美学蕴涵的基本观念

基于上述人生论美学建构的思想依据，不难看出，人生论美学是一种力图在继承实践论美学的理论精髓和中西美学思想的优秀遗产的基础上所提出的美学思想，它内在地蕴涵着如下的基本观念：第一，人生论美学的建构，主张美学研究应该迈入一种视域更加开阔的"大美学"的全息图景；第二，人生论美学的建构，强调美学研究应在秉持着科学性的前提下，坚守科学性与人文性相结合的辩证立场；第三，人生论美学的建构，倡导美学研究应将知识论、认识论、社会学层面上的美与人生论、价值论、伦理学层面上的美融合起来。

（一）美学研究应迈入"大美学"的全息图景

众所周知，"美学"作为一门"舶来品"的意义上学科自 20 世纪初传入到中国，至今已有百余年的历史，然而，对于什么是"美学"，以及相应的它的对象是什么？学界一直是众说纷纭、莫衷一是。尽管如此，但从 20 世纪美学在中国的流变历史来看，在这些不同的学说，将美学界定为一门研究美、美感和艺术的科学似乎占到了主流的位置，特别是在我国 20 世纪 50－60 年代以来逐步产生和形成的"实践论美学"的研究极大地强化了这种将美学学科完全科学化、艺术哲学化的倾向。

那么，美学研究真的必须要狭隘在"科学化、艺术哲学化"的范围内吗？倘否，我们的美学学科的建构还应该吸纳进哪些曼妙的风景以使其更加丰满和鲜活呢？

时至今日，在当今美学学科建设取得长足进步和深度发展的基础上，不难看出，不仅那种将美学进行完全"科学化"的处理，譬如"分析美学"（analytic aesthetics）"力图将美学理论问题作为具有语言学性质的问题来解决"②，已经远离了美学的真正旨趣，而且那种类似于黑格尔那样将美学研究的

---

① 徐碧辉：《对五六十年代美学大讨论的哲学反思》，《中国社会科学》1999 年第 6 期。

② 刘悦笛：《深描 20 世纪分析美学的历史脉络》，《哲学研究》2007 年第 5 期。

领地执拗地囿于"艺术"（美的艺术）进而使得美学完全"艺术哲学化"的倾向，也已经背离美学真正内蕴。因为，从中国美学自身演变和发展的历史视野来看，"20 世纪中国美学学科的研究和建设，可以 50 年代为界"，将它"分为前后两个时期"。"50 年代之前，研究者并非把美学当作一门纯粹的科学，其主张侧重于美学研究应在改造社会人生方面发挥它应有的作用。"只是到了"五六十年代之交的美学问题大讨论，使美学研究再度引起学界的关注，形成一股热潮"①，并逐渐使美学研究隐退、远离了 20 世纪 50 年代之前在我国美学研究中所出现过的人生论的传统。因此，我们认为，在当今人的生存状况面临着前所未有的巨大改变的历史文化语境下，自觉地走出将"美学"学科进行上述狭隘化、片面化处理的做法，就显得尤为必要。

为了更好实现这个目标，我们主张借鉴有研究者致力于在中国本土视野中主张"大美学"研究的"全息图景"②的提法，以使我们的美学的内容变得更加丰满、鲜活。

只是与倡导这种"大美学"研究的"全息图景"旨在彰显"美学这门学科而今的'跨学科性'"特质以便"在美学与其他学科的'交融地带'上，美学与其他学科都获得了新的生机"③这一观点有所不同，作为我们建构的"人生论美学"所主张的基本观念之一的美学研究应迈入"大美学"的全息图景的观点，旨在于真正恢复美学应有的丰富内容，以便使"我们对美学学科的性质以及我们美学研究意义和价值的全面认识"。④

这是因为，前者主张的"大美学"研究的"全息图景"所谈及让美学研究获得的"新的生机"最为突出的理论表征，就是其在融合中西美学思想资源的基础上所建构起来的"生活美学"理论。而其所谓的"生活美学"，按我们的理解，是一种旨在将美学研究的原点还原到"日常生活审美化"⑤和"审美的日常生活化"这一"审美泛化"的过程中，以便凸显美对人、人的生活所具有的感官愉悦和身心愉快的功效，因而从根本上来讲是一种纯粹的"悦耳"、"悦目"意义上的感官化、感性论美学。用倡导者自己的话来说就是"在艺术完全生活化的地方，同时，也是生活彻底审美化的地方，才是'生活美学'的真正起点。"⑥那么，我们不禁要问，"艺术完全生活化"是否可能？何以可能？艺术

---

① 王元骧：《我看 20 世纪美学及其发展趋势》，《厦门大学学报》（哲学社会科学版）2007 年第 5 期。

② 刘悦笛：《生活美学与艺术经验》，南京：南京出版社，2007 年，第 33 页。

③ 同上书，第 38—39 页。

④ 王元骧：《美学研究：走两大系统融合之路》，《学术月刊》2008 年第 5 期。

⑤ Mike Featherstone, *Consumer Culture and Post-modernism*, London: Sage Publications Ltd, 1991, pp. 65—71.

⑥ 刘悦笛：《生活美学与艺术经验》，第 310 页。

完全生活化的地方何在？同样，"生活彻底审美化"是否可能？何以可能？生活彻底审美化的地方何在？要建构一种新的美学派别，"生活美学"所展现出的"大美学"研究的全息图景，有其合理之处，亦符合当代美学发展的总方向。但"生活美学"的诸多解释似乎仍有问题，经不起学理的推敲。

与之不同，我们借鉴"生活美学"论者所谈的美学研究的"大美学"的全息图景这一主张所力图建构的"人生论美学"，是一种旨在使美学研究逐步接近"艺术、审美与人生走向统一"的理论目标，以便凸显美对人、人的生存所具有的超出于感官愉悦和身心愉快的功效之上的意义和价值的作用，因而从根本上讲它是一种"悦情"、"悦志"的意义上的价值论、伦理学美学。

因此，当"美学仅仅成为一门把我们对各门艺术发生兴趣的相关问题，集结在一起的十分松散的体系"①，当"现代美学已逐渐被等同于艺术哲学或艺术批评的理论"②的时候，我们主张批判地借鉴由研究者所提出的"大美学"研究的"全息图景"的提法，旨在从根本上摆脱将美学狭隘化地理解为理论美学、哲学美学或"艺术哲学"，将美学的对象片面地局限在"艺术"领域的非明智之举，从而真正实现"将美学不仅与艺术学、而且与伦理学加以融合"，来建设一门"人生论美学"，以真正彰显"美学这门学科的本性和效能"③的目的。

（二）美学研究应坚守科学性与人文性的辩证立场

由于我们倡导的人生论美学是力图在将实践论美学的理论精髓作为最为重要的思想依据之一的基础上建构的，而如前所述实践论美学的理论精髓最为突出地表现为有史以来的美学研究找到了一个科学的思想依据和理论前提。所以，批判地继承实践论美学的理论精髓而建构的人生论美学研究也一定可以很好地坚守美学研究的"科学性"立场。正如"美学作为哲学的一个分支，应该对审美和艺术现象的共同特征和普遍规律作出说明，'一般普遍性'（应该理解为事物的本质和规律）是美学，也是任何一种科学得以成立的必要的前提"。④人生论美学的建构，也不例外，它必然坚守着实践论美学为我们的美学研究所找到的正确的理论方向，坚守这一"科学性"理论立场继续前行。

与此同时，由于我们力图建构的人生论美学，还以西方"超验性、内省性"的美学系统和中国传统"人生论"哲学、美学的思想遗产为其主要的思想依据。而不论是前者所着眼的通过审美的内心体验、反思等，来展现美学的人生意蕴，

---

① Joseph Margolis, *The language of art & art criticism*: *analytic questions in aesthetics*, Detroit: Published for the University of Cincinnati by Wayne State University Press, 1965, p. 136.

② Mary Mothersill, *Beauty Restored*, Oxford: Clarendon Press, 1984, p. 3.

③ 王元骧：《美：让人快乐、幸福》，《学术月刊》2010 年第 4 期。

④ 阎国忠、杨道圣：《作为科学与意识形态的美学》，上海：上海社会科学院出版社，2007 年，第 21—22 页。

还是后者所着眼的通过"内审美"① 的方式来提升人格修养与人生境界，都在很大程度上扭转了将美学局限于知识论和认识论的层面的理论缺陷，从而使得美学的人文性内涵得到前所未有的强调和高扬。因而，以这两者为思想依据来建构人生论美学，就可以很好地坚守住美学研究的"人文性"立场。

那么，进一步的问题是：美学研究中的上述"科学性"与"人文性"立场又是什么关系呢？

我们认为，人生论美学的建构，除了蕴含着上述美学研究应迈入到"大美学"全息图景的基本观念之外，另一个最为重要的基本观念就是：美学研究应在秉持科学性的前提下，坚守科学性与人文性相结合的辩证立场。

特别是直面当前美学研究中所出现的一种完全忽视美学的形而上的探讨（美的哲学探询），而转向片面地倡导心理学美学、文化美学和消费美学，并以后者否定前者的不良倾向，即便我们对美学研究的"科学性"前提的重要性作再三重申和反复强调，似乎都不为过、不会显得多余；当然，我们不能完全拘囿于美学的"科学性"前提，而应在实践论美学所确立的科学的理论基础与思想依据这一"科学性"立场的前提下，使美学研究的"人文性"立场得到进一步的弘扬，尤其是在"当今审美泛化"② 甚至是审美异化甚嚣尘上的全球化历史语境下，重提审美对于人类心灵的深切关注，重拾美学研究的人文性内涵与立场及其特有的价值功能，就显得尤为必要。这是因为，从"美的特性"及其价值功能来看，美不仅是一种事实（实体）属性，而且是一种关系（价值）属性；是两者的有机统一。美不是一种手段，而是一种目的，一种人成为人的目的，一种使人重新找回因欲望支配而丧失的人格尊严和培养审美的人生态度的目的。正如哈奇森所言，"我们不仅要弄明白达到目的的必要手段，而且要明确理解这种目的本身这必定是最为重要的，以便我们可以找到什么是最大最持久的快乐"③。对于美学"人文性"立场得以实现的"手段"和"目的"关系的理解，也应如此。

（三）美学研究应融合美的知识论、社会学层面与人生论、伦理学层面

当前的美学研究之所以陷入困境，还有一个重要的原因，那就是将美学研究的不同层面混淆起来。譬如，前文中我们所分析过的"后实践美学"研究一个根本的理论缺陷就表现在这里。此外，"新实践美学"和"实践存在论美学"也或多或少地存在这种将美学研究的不同层面混淆起来的倾向。

由于我们所力图建构的人生论美学的基本观念是主张美学研究应迈入"大

---

① 王建疆：《修养·境界·审美》，北京：中国社会科学出版社，2003 年，第 13 页。
② Wolfgang Welsch, *Undoing Aesthetics*, London: Sage Publications Ltd, 1997, Chapter I.
③ ［英］哈奇森：《论美与德性观念的起源》，黄乐田等译，杭州：浙江大学出版社，2009 年，第 1页。

美学"的全息图景，并坚守科学性与人文性的辩证立场，因而，理所当然，这种视野下的美学研究不仅很好地区分了美学研究的不同层面、不同层次，而且还将这些不同的层面、层次很好地融合了起来。

因为在人生论美学看来：（一）美不仅包含着知识论、认识论的层面，这些层面的研究可以很好地保证美学的"普遍有效性"与"科学性"立场；而且还包含着价值论、人生论的层面，这些层面的研究可以很好地凸显美学的"个体差异性"与"人文性"立场。因此，若是否定美学的前一层面，后一层面的深入开掘必须建立在前一层面的基础之上，必然会使美学研究陷入主观主义、相对主义的泥潭，最终使美学彻底玄学化；同时，若是否定美学研究的后一层面，用前一层面来排斥后一层面，又必然使美学研究陷入客观主义、绝对主义的深渊，最终使美学彻底科学化。（二）要对美学问题作出科学的理解与解释，不仅离不开社会学层面的视野，而且离不开伦理学层面的视野。这是"因为社会学是一门经验的、实证的科学，它遵循的是必然律，看重的是外部的因果性，所以在社会学视野中，人总是被外部环境和条件所决定的。而伦理学所遵循的是自由律，因而它不可能没有思辨性和超验性，认为人之所是人，就在于他不同于动物，他不是消极地听命环境的支配，只是由外部条件来决定；他有自由选择、按自己的自由意志支配自己行为的能力。它强调的是人格自律，强调人应该对自己的行为负责。"① 表明如果仅仅从社会学层面的视野来看待和解释美学的有关问题，我们首先和着重考虑的肯定是从外部的"必然律"来揭示美与人类的生产劳动的关系，以便说明美产生的根源；如果从伦理学层面的视野来看待和解释美学的有关问题，我们首先和着重考虑的肯定是从"内在"的"自由律"来展现美与个体的生存活动的关系，以便说明美应有的性能。

因此，辩证地看，人生论美学的建构应倡导美学研究应将知识论、认识论、社会学层面上的美与人生论、价值论、伦理学层面上的美融合起来。因为首先从对人的研究的不同侧重来看，社会学层面研究的是群体、社会的人，人生论层面研究的是关于人的生存活动及其意义和价值的学问，它所关注的是整体的人，是在一定的社会关系中的，个人性与社会性统一的人。作为社会的人是社会历史的产物，是历史唯物主义研究的对象，因此社会性应作为"普遍性"层面上的规定性成为人生论的思想基础，而又不直接等同于人生论，因为像人格、人的自由、人生信念、信仰以及人生理想等都属于人生论探讨的问题，所以它与美学的关系更直接。其次，"美学作为一门研究人的学问"，"它既是一种系统的哲学理论，又是一门历史科学"，还是一门蕴藉着丰饶人文精神的实践科学，因而"在美学中，最抽象的和最具体的，最严格的和最自由的，哲理和事实，永恒和瞬间，都必须如此天衣无缝地融合在同一个机体中，像人大脑的两半球

实践论美学的发展与人生论美学的构建

---

① 王元骧：《论美与人的生存》，杭州：浙江大学出版社，2010年，第245页。

一样协调"。① 只有确立这样的基本观念，我们才能在学理上解释与说明人生论美学所论述的美对"人的生存活动及其意义和价值"到底为何这一根本问题。

三、人生论美学追求的理论目标：使艺术、审美与人生走向统一

通过上述我们对人生论美学建构的"思想依据"以及其蕴含的"基本观念"的分析，可以看出，我们倡导的人生论美学所追求的理论目标，应该是在强调审美对于现世人生的意义：陶冶人的情操、激励人的意志、提升人的精神……重申美学对于当今人的生存状况与心灵世界的深切关注；倡导"美"对人类灵魂与道德人格建构方面的积极作用等维度上，力图通过探索美学研究与人生论的整合，进而使艺术、审美与人生走向统一。

由于人生论美学所追求的"使审美、艺术、人生走向统一"理论目标，是我们的美学研究所希冀的艺术、审美、人生这三者最终达到的理想状态。因而，它并非是一蹴而就的，而是需要我们沿着这个方向作出不懈的努力才可能逐步地接近。

大体说来，这些"不懈的努力"包括认识和实践两个方面的内容。

首先从认识维度看，为了实现人生论美学的上述理论目标，我们必须结合艺术、审美的关系来谈论人生，既看到艺术和审美的联系："自美学作为一门学科建立起来后，艺术便一直是美学研究的核心对象。或者更确切地说，在各种有影响的、构成美学传统的理论中，艺术一直是其关注的核心问题"，更看到这二者的差异："艺术作为一种先行的生命道路的探索活动，具有开放性而追求永恒的创新；审美作为回归于源初存在境域的生命体验，则具有'葆真性'。所谓'葆真性'指审美所具有的回归于本源的存在境域并与其保持一致的自我明证性。艺术的创新则不一定同时也具有'葆真性'。"以便真正认识到，"审美与艺术、美学与艺术理论（哲学）之间的纠缠不清的关系，一直是美学史上没有解决的问题；所以，能否解决这一问题，是能否真正地建立一种现代形态的美学之关键所在。"② 进而使我们力图建构的人生论美学，在融合实践论美学的理论精髓以及中西美学思想优秀遗产的基础上，真正跨入"现代形态的美学"之行列。只有这样，我们才能期望在弄清艺术、审美的联系与差异的同时，将艺术、审美与人生关联起来，真正做到让艺术、审美人生化。

其次，从实践维度看，为了实现人生论美学的上述理论目标，我们必须结合"人生"、"人生论"来分析艺术和审美，进而全面地把握美的内涵，"因为美不仅存在于感官的对象中，存在于现实世界和艺术作品中，它还存在于我们心

① 邓晓芒、易中天：《黄与蓝的交响》，武汉：武汉大学出版社，2007年，第9页。
② 董志强：《试论艺术和审美的差异》，《哲学研究》2010年第1期。

灵的对象中，存在于我们心内的体验和感悟中。"① 用鲁道夫·奥伊肯的新人生哲学视域下的艺术观来看，"艺术若需要将自身从那种孱弱状态中挣扎出来，必须与生活的中心任务紧密联系，必须承认超越主观环境与人类局部利益的精神特质"，于是"为了反抗那种压抑我们以至使我们沦为不具人性的机械配件的力量，我们渴望进入某种领域。在那里，生活（人生）存在于自身之中，以自身为目的，能完全自由地表达自身并在这里发现最大的乐趣"。② 表明在他看来，艺术、审美正是使我们的人生（生活）"以自身为目的"，从而获得"最大的乐趣"的那种"领域"；按照李泽厚就美的形态的观点来看，它不仅表现在"悦耳悦目"方面上，还包括"悦心悦意"和"悦神悦志"等方面。只有这样全面地理解"美"的含义，我们才可能真正结合人生来理解审美和艺术，从而让人生艺术、审美化。

因此，只有按照上述那样辩证地看待艺术、审美与人生以及人生与艺术、审美的关系，我们才可以真正做到把艺术、审美与人生统一起来，把审美境界、艺术境界与人生境界统一起来。

这是因为，"虽然审美不可能使每个人都进入到那种'心底无私天地宽'的自由、超脱的人生境界，但在当今物欲横流、道德沦落的社会里，却多少可以抵制人的物化、异化，在维护自身人格独立方面起着一道防线的作用。它虽然不能直接改变'世道'，但却可以净化'人心'。"③ 从而表明美在抵制人性的分裂、维护人的整体存在、实现人自身为目的的本体建构等方面的重要作用。同时也表明美不是什么奢侈品，不仅仅是供人消遣、娱乐的，不是什么有钱人的专利。我们若想要按照人的生存方式生活、维护人自身人格的独立和尊严，实现自己的人生意义和价值，享受真正意义上的人生的快乐、幸福和自由，那就一刻也不能离开审美。④ 这观点我觉得是十分深刻的。

（本文责任编辑：贾洁）

实践论美学的发展与人生论美学的构建

---

① 王元骧：《王阳明与康德美学思想的比较研究》，《浙江学刊》2006 年第 6 期。

② ［德］鲁道夫·奥伊肯：《新人生哲学要义》，张源、贾安伦译，北京：中国城市出版社，2002 年，第 378—380 页。

③ 王元骧：《我看 20 世纪美学及其发展趋势》，《厦门大学学报》（哲学社会科学版）2007 年第 5 期。

④ 王元骧：《美：让人快乐、幸福》，《学术月刊》2010 年第 4 期。

大众文化的另一种解读

■ 陆 扬[*]

（复旦大学中文系）

马克思主义美学研究

70

【内容摘要】大众文化长久被视为工业社会大批量制作的低质量文化产品，它有没有可能被定义为自下而上实至名归的大众的文化？大众文化的流行模态和趋势受制于社会和时代的制约，但是它的大众社会基础本身是在不断酝酿着时代风尚。坎托和沃思曼以古希腊作为起点的《大众文化史》，因此值得充分重视。无论是希腊的奥运会，抑或 19 世纪这个小说的黄金时代，其背后的大众文化底蕴，应是清晰可辨的。

【关键词】大众文化史；坎托；沃思曼；希腊奥运；小说

一、大众文化的历史

大众文化的一个广为流行的传统定义，是后工业社会主导意识形态联手垄断资本，自上而下、唯利是图，大批量炮制的低质量文化产品。这个以阿多诺"文化工业"批判理论为其原型的大众文化认知，迄至今日广有影响，甚至可以名之为大众文化主流意识形态。由是观之，大众文化的历史，充其量不过是一百年间的故事。但是，假如我们将这一段历史上溯两千五百年，那又怎样？

美国史学家诺曼·坎托和米切尔·沃思曼 1968 年出版两人主编的《大众文

* 陆扬，1953 年生，男，复旦大学中文系教授，博士生导师，主要从事文艺学、文化研究。本文为国家社科基金重大项目"当代中国大众文化的价值观研究"（项目号：11&ZD022）阶段性成果。

化史》，收集各个时代的文化叙述文献，便将大众文化的历史上溯到古代希腊。该书按照历史的线索，将大众文化的发展阶段，分为七个时期。第一个时期是从古希腊体育和戏剧到公元450年，以罗马帝国的灭亡为标志，这是古典时期。罗马也有自己的大众文化，比如让人欲罢不能的斗兽场、澡堂和宴饮的文化。第二个时期是中世纪，从450年到1350年。中世纪未必是"黑暗世纪"，这一时期的宗教生活，包括后来十字军东征的社会基础和对哥特式教堂的痴迷，以及亚瑟王一类传奇的流布，甚至，大学生活，都可以见到一种"大众文化"的基础。第三个时期是早期现代，1350至1700年。这是文艺复兴的辉煌时期，宫廷生活、贵族生活、政治生活，以及新兴资产阶级们的日常生活，都成为大众文化的考究对象。与此同时，艺术趣味则历经了从文艺复兴到巴洛克的转变。第四个时期名之为启蒙与革命，1700至1815年。这个时期的娱乐是暴力和死亡，酗酒和赌博也畅行其道，俱乐部、咖啡馆和沙龙这些最初的"公共领域"，正是在此一时期破土而出。

第五个时期见证了工业社会的形成，1815至1914年整整一百年。假如把大众文化定义为工业社会最有代表性的文化产品，那么这一时期当仁不让就是大众文化实至名归的"经典化"时期。这个时期人心不古、世风日下的道德沦落，被小说家揭露得淋漓尽致，文学在普及的层面上第一次成为名副其实的大众文化。波西米亚亚文化一路走红的同时，体育成为大众的鸦片。针对人性和风化的堕落，鼓吹古道热肠、修身立命的大众传媒开始现身。与此同时，国家主义和帝国主义的狂热甚嚣尘上。第六个时期谓之现代世界，1914至1955年。这是一个被汽车改变了生活方式的时代，更是爆发两次世界大战的时代，女权主义开始觉醒，高等教育也迅猛发展。在大众娱乐方面，读书会、卡通热、望尘莫及一马当先的电影，很快就确立了大众文化的霸权。第七也是最后一个时期是当代世界，从1955年到该书面世的1968年。此一时期生活质量的提高为人瞩目，在这个大众消费社会中，文化消费与日俱增，旅游和休闲产业羽翼渐丰，足球成为体育家族的新贵。电视异军突起，开始分享电影的市场。当然，性革命也是一个绕不过去的话题。

由上所见，坎托和沃思曼所框架的大众文化史，毋宁说就是一部跨越两千五百年的城市风俗文化史。用两位编者的话说，他们这部大众文化史选文材料来源是严肃的社会史研究，主要史学家和社会学的著作，以及但凡以人文行为和人类社会性质为其对象的随笔和批评文章。无怪言及什么是大众文化，两人引了美国哲学家乔治·桑塔耶一段语录，谓人类为外部力量所迫，殚精竭虑避免痛苦和死亡，不得任何自由快乐的时候，无疑就是自然和强权的奴隶。工作和游戏由此可以对应人类的奴役和自由两种状态。工作这里不是泛指人类一切有用的劳作，而是专指迫于生计的不情愿劳动。游戏则不再考虑有用无用，它是人类一切自然而然，以自身为其目的的活动，不论它有或没有一个最终目的。

两人进而给他们笔下的大众文化作了一个充满诗意的表述：

> 大众文化可视为人类所有这些活动，以及所有因其自身目的而被创造
> 出来的人工制品，这一切都使他的身心得到解放，离开了生活的悲惨重负。
> 大众文化确实就是人们非工作状态中的活动；人类由此在追求娱乐、兴奋、
> 美和满足感。①

这很难说是大众文化的一个定义。假如我们把它看做一个定义，那么很显
然《大众文化史》的两位编者就是在编织大众文化的乌托邦愿景。它似乎是把
大众文化定位在艺术创造上面，同时又顺应民主潮流，解构艺术的精英姿态，
把它看做每一个人的天赋权利。但是实际上，如上所见，大众文化即便被理解
为充满创造性的城市民间文化，它的含义很显然也远不限于哲学家多会以此同
游戏对举的艺术。

在坎托和沃思曼看来，大众文化首先是多元化的而且兼容并包的，其中并
没有哪一种文化形式高居霸权地位，颐指气使统治所有的其他文化形态。同样
没有哪一种普世公理，说明文化首先是特权和富人阶级的专利，然后降尊纡贵，
下放到黎民百姓头上。比如中世纪流行骑士风，但那是贵族圈子里的时尚，对
于普通农民的消遣和娱乐，就关系不大。反过来下层阶级的趣味标准，也有可
能一路上升，最终进入顶层阶级的生活方式。还有一种情况是，一个时代仅见
于藏污纳垢之地的某些趣味，通过社会系统的过滤，可以流行不衰成为后代时
尚的风向标，将社会名流、演艺人员、工人阶级，以及对此种时尚的来源懵然
不知的年轻人一并俘获过来。如 20 世纪中叶高中女生的衣着打扮，在 18 世纪
整个儿就是荡女范儿。

进一步看，坎托和沃思曼同样注意到，大众文化的流行模态和趋势总是受
制于社会和时代的制约。当一个社会的大多数成员都是文盲，其生活也圈定在
有限的地理空间里时，文化信息的传播必然有限的，跨文化的交际应无从谈起。
反之，随着印刷术、铁路、轮船、广播和电视的发明，使人类及其思想的交通
变得异常方便，不同背景的人们分享相同的文化经验，也从梦想变成现实。今
天我们已经处在互联网的时代，天涯若比邻固不待言，文化自觉的意识应尤胜
过分享"相同的文化经验"。但假如说这一切使我们的好生活欲望层层加码无止
境增长，那么大众文化毋宁说就是给我们对娱乐、休闲和刺激的追求，提供了
一个合法的框架和组织结构。盖言之，成人的游戏白日梦，可望在大众文化的
宣泄中得到无害的释放。很显然，这说到底还是用原始艺术的本能冲动，来解

① César Grana，"Bohemian Subculture," Norman F. Cantor and Michael W. Werthman ed. *The History of Popular Culture*，New York：The Macmillan Company，1968，p. xxxvi.

释大众文化。

二、希腊奥运的大众基础

　　基于以上视野，我们可以来看西方最早的大众文化之一，奥林匹克运动会这个古希腊体育和竞技文化最为典范的游戏仪式。古希腊物质出产并不丰富，战争倒是家常便饭，波希战争打了 43 年，伯罗奔尼撒战争打了 28 年，医学条件和卫生状态也简陋粗鄙，人的寿命大都短暂。是以尼采《悲剧的诞生》中以日神阿波罗冲动象征的造型艺术梦境，来给古代希腊人生披上一块如梦似幻的面纱，谓可使人忘却苦难，感觉人生尚可为继的说法，当非空穴来风，或者纯属他的异想天开。但坎托和沃思曼认为，古代世界虽然物质条件匮乏，战乱频仍，但是惟其如此，希腊人对于游戏的期盼，尤有一种如饥似渴的热诚。"进而视之，当社会的复杂程度还不足以提供作为生活特殊方面的专门娱乐，文明的最基础成分，就成了大众文化的材料。"①

　　《大众文化史》中第一篇选入的就是著名古代体育史学者伽迪纳（E. Norman Gardiner）的《希腊人的游戏》一文。19 世纪英国诗人和文学批评家马修·阿诺德在他的名著《文化与无政府状态》中，提出过"两希文化"的概念。据阿诺德说，希腊文化的最高理念，是如其本然看世界。希伯来文化的最高理念，则是行动和服从。所以希腊人孜孜不倦同身体和欲望作斗争，因为它们阻碍了正确的思想。同样希伯来文化也搏击身体和欲望，因为它们妨碍了正确的行动。所以希腊文化热爱理性，讲究人性的自然发展；希伯来文化，则是钟爱神性，讲究人性的约束与克制。这个分析当然是有道理的。但是诚如一切宏大理论都会有以偏概全的弊端，我们发现奥运会这个希腊最典型的大众文化形式，推举起来，其实里面也不乏阿诺德所说的希伯来文化的成分。比如，首先它标举行动，而不是坐在书斋和画廊里沉思。其次，它推举神性，是希伯来文化特有的那种宗教的迷狂。但是奥运会说到底是希腊的传统，就像哲学、悲剧、民主这些希腊文化的独特遗产，它的原始面貌又当何论？或者说，我们从中可以见出一种大众文化的精神来吗？

　　回答是肯定的。我们先看奥运会的神性。事实上体育和祭祀庆典，可视为奥运会世俗和神圣的两个起源。古希腊的祭祀节庆层出不穷，但奥运会无疑是最大的盛会。竞技和体育取悦死而复生的神出神祈神祇，又展现了胜利的荣光。而这一切辉煌，都是在主神宙斯的监护下，从容展开。可以说，正是古代奥运会的这一浸润在宗教迷狂和虔诚中的神性，使它有可能使全希腊所有城邦的代

大众文化的另一种解读

---

　　①　Norman F. Cantor and Michael W. Werthman ed. *The History of Popular Culture*，New York：The Macmillan Company，1968，p. 1.

表相聚一堂，在同一规则下展开竞赛。换言之，它是大众的而不是贵族的游戏。但显而易见，奥运绝不仅仅是游戏。游戏作为体育的起源之一，足以显示体育是朝气勃发，而不是暮气沉沉的运动，但问题是，游戏又不同于奥运会的体育竞技。游戏是娱乐，竞技是拼搏。游戏疲乏了可以罢休，竞技即便精疲力竭，也决不能罢休，它要克服一切体能上的障碍，拼搏一往无前，甚至突破身体的极限。故而无论是业余还是专业的运动员，都要经过艰苦的训练，它是违背自然的快乐之道，以痛苦为快乐的。

所以荷马史诗写到拳击和摔跤，都使用了"忧伤的"这个形容词，这也是荷马用来形容战争的语词。但是诚如荷马笔下的英雄们都热衷此道，这是为什么？竞技的拼搏不似动物捕食，有猎物以为报偿。奥运会从它的原始形态开始，最高的嘉奖就是精神而不是物质。固然，胜出的运动员可以得到一头牛、一个女人、一张桌子，抑或一个奖杯，但是最高的奖励给的一个花冠，它是最高荣光的体现。就此而言，骄奢淫逸、萎靡不振的国度与奥运精神无缘，物质条件太为贫瘠，为内忧外患焦头烂额的国度，同样无以奢望奥运的荣光。积贫积弱的旧中国之长久隔离于奥运会，恐怕就是辛酸的后例。奥运的最初项目是跳、跑、投掷、搏击，它们充满阳刚之气，推崇体力和武力，这正是荷马的传统。说到底，古希腊的奥运会，是给希腊城邦的所有选手，提供了无须面对死亡，而得极尽荣耀的绝好机会。这个机会同样是给予大众而不是少数特权阶级的。

大众的权利意味着它应是平等的权利。在种族、阶级和性别这当今文化研究的三个焦点之中，奥运的平等精神至少涵盖了种族和阶级两端。运动员至少早在奥运会开幕前一个月，就来到圣地埃利斯，投身最后的强化训练。观众则不分等级阶层和肤色地区，四面八方蜂拥而至。无论是农夫、渔夫抑或王公贵胄，所有人享有同等权利，没有保留席位。赛场之外，举目望去，俨然就是一个大集市，毗邻一个野营大基地。但见演说家滔滔不绝比试口才，诗人充满激情朗诵荷马，雕塑家跃跃欲试寻找新的素材，政客和兵士、农民和艺术家、贵族和庶民，在这里的身份差异难得是消弭模糊了。参赛的运动员诚然是清一色的男性，妇女被禁止参赛，但是观众之中并非没有女性的影子。已婚妇女不允许出席奥运，但是未婚女孩可以到场观看，而且，很可能其中一些女孩是瞒过家长，擅自跑过来看热闹的。希腊文化是男性的文化，曾经作为法国大革命三大标识之一的"博爱"，在古希腊语境中指的是男性之间的友谊，同女性没有关系。

古希腊奥运会上最激动人心的比赛项目今已不存。这个项目应是典型的精英竞技，它是四驾战车的比赛。因为装备价值不菲，非贵族的经济实力，无以染指。虽然古奥运的赛车场今已渺无踪影，但是从古代作家的文字里，我们知道战车是一字儿排开在起跑线上，通常是轻巧的两轮车厢，前方和左右各围有一栏，其间仅容车手一人站立。中间两匹马驾辕，边上两匹拉套，车手一袭白色长袍，右手持马鞭，左手拉缰绳。一旦号角吹响，快马加鞭，风驰电掣奋力向前。索福克勒斯《厄拉克特拉》里，描述过十辆战车并驾齐驱的壮观，而实际上，同时上场参赛的战车，最高可以达到四十辆。四十辆战车在这方寸之地横冲直撞，惊心动魄可想而知。将近九英里的赛程中，事故频出是意料中事，每每是能够顺利通过二十三个弯道的战车，最有希望得胜。得胜的是车手，更是战车的主人。荷马时代主人亲自驾车，但是到奥运会鼎盛时期的公元前5世纪，王公贵族雇佣职业车手来参赛，已成惯例。最高的嘉奖同样是从宙斯神庙后面野生橄榄树上采摘下来的橄榄枝冠，置于黄金和象牙镶嵌的桌子上。裁判在欢声雷动中，高声宣读得胜者的名字、他的父亲、他的国家。这就是希腊文化的荣光，它足以让后代一切急功近利的辉煌，相形见绌。而正是欢声雷动的希腊大众的参与，最终传承了希腊奥运的荣光。

三、文学与大众文化

文学似乎历来与大众文化格格不入。它属于高雅文化，同大众社会的普及性娱乐自不可同日而语。按照英国批评家F. R. 利维斯《大众文明与少数人文化》一书中的说法，文学集中承载了一个民族最优秀的文化传统，只有少数人能够品味但丁和莎士比亚的精致，所以此等少数精英的趣味是黄金，而"大众文明"即电影、广播、流行出版物为代表的大众文化，不过是无度发行的纸币罢了。这个后来被叫做"利维斯主义"的文学梦，虽然见证了伯明翰文化研究怎样同它分道扬镳，但是近来在《西方正典》等一系列著作中东山再起，试图在文学被日益边缘化的今天，力挽狂澜于既倒。如哈罗德·布鲁姆的《西方正典》，就同样是呼吁回归以莎士比亚为中心的西方文学经典，以专业化的文学批评，驱逐不着边际、专门同欧洲白种男人过不去的文化研究。

但是这个以莎士比亚为一切经典之经典的不息经典情结，不足以作为排斥大众文化的依据。因为一个显见的事实是，莎士比亚能在伊丽莎白时代各路戏剧豪杰中脱颖而出，让专业意识明确得多的"大学才子"们望尘莫及顾影自怜，恰恰是缘因这位天才诗人出于生计本能的大众路线。莎士比亚去世后，他的同时代剧作家本·琼生作诗悼念说，我不想把你葬在乔叟或斯宾塞身边，再不叫博蒙躺过去点，给你挪出一块地方；因为你是一座无须墓地的丰碑。这可见，莎士比亚在他谢世之日，已经在同道当中多有影响。可是即便如此，当时的西敏寺也还是没有理会本·琼生的呼吁。今天在西敏寺诗人角里占据主位的莎士比亚雕像，是诗人辞世一个多世纪之后，迎入其中的。甚至享有"英国文学之父"美誉的乔叟，1400年去世给葬入西敏寺，还是因了他的近邻身份，正好又有个朋友在寺里当差。直到1556年，乔叟的尸骸在寺里搬家，挪进一个更要华丽的墓穴，这才有了"诗人角"的历史。这段历史假如不能说明别的，那么它或许可以说明，文学经典当其流行之初，本身毋宁说就是地道的大众文化。

19世纪是小说的时代。从司汤达到巴尔扎克到福楼拜和左拉，从萨克雷、狄更斯到勃朗特姐妹，不但精彩展现了工业化时代波澜壮阔的风俗画卷，而且以良知和情感深入人类心灵最深邃的部分。但是坎托和沃思曼的《大众文化史》同样表明，19世纪的小说之花，也还是盛开在大众文化的沃土之中。该书选了法国社会学家 C. 格雷纳 （César Grana）《波西米亚与布尔乔亚：十九世纪法国社会》一书中的一个章节。作者以巴黎为法国文化的象征，指出它不但拥有令人叹为观止的博物馆、植物园、历史纪念碑，还有多不胜数的作家和科学家的沙龙，和培育出著名文学同人圈子的咖啡馆，以及二十七家剧院。而人口倍于巴黎的伦敦，只有八家剧院。街头的景观同样出彩，摩洛哥舞女、暹罗孪生子、机械人等等叫人目不暇给，满足了大众如火如荼的廉价猎奇心理。巴黎更是文学的天下。关于是时如雨后春笋般迭出不穷的文学期刊，大仲马对其来由作过这样一个比喻：一个没有书读的文人，遇到一个没有病人的医生，以及一个没有客户的律师，餐桌上大家都得掏空腰包付账的时候，那怎么办，很简单，办杂志吧。而且文学说到底是年轻人的梦想。有作家坚信巴黎有六千个年轻人愿意为艺术献身。这在其他欧洲城市无见其匹。巴黎的文学从业者，也位居世界之冠。大仲马曾经讽刺文学是最不可救药的青年流行病。每一个孩子都会在五年级的时候开始投身一场古典悲剧，到七年级的时候梦醒过来。即便在职业阶层和商界人士当中，也多有人在悄悄重温当年校园里未竟的文学大梦。格雷纳引19世纪40年代一位作家的文字，道是哪一个编辑要是头脑发热以至于刊出广告，欢迎来稿，那他准定就是死到临头了。因为铺天盖地滚滚而来的，只能是文学青年的习作、全职太太们的哀怨，以及外省书记员和税收员们的业余遐想：

> 每日里他的邮箱满当当吐出稿件的洪流，它成了一场灾难。要想逃离也是徒劳无功的……门铃响了，那是文稿。他离家出走，门前台阶上是一部文稿。他掉转头进屋避开正门，后门口又是一包稿件。[①]

这位编辑如此成为文化大生产的牺牲品。19世纪是文学替代哲学、小说家替代牧师，担当人类精神导师的文学世纪。文学在以它的悲天悯人情怀给苦难人生编织梦境，由此成为文化经国济世宏大叙事第一载体的时候，在它的基础结构里，我们看到了大众文化的支撑。这个时代我们是熟悉的，但是它已经一去不复返了。

之所以一去不复返了，是说大众对于文学的热诚渐行渐远。今天的文学生

① See César Grana, "Bohemian Subculture," Norman F. Cantor and Michael W. Werthman ed. *The History of Popular Culture*, New York: The Macmillan Company, 1968, p. 433.

涯经济上早已是捉襟见肘，难以自保，遑论像巴尔扎克、大仲马、杰克·伦敦这样依凭超级写作能力，换来挥金如土生活。今天即便是专业作家，投诚影视亦为不二选择。政治上文学虽然不至于无端蒙上利用小说反党这类莫须有罪名，可是也别再指望祭出人文大纛，引领时代风尚，基本上它是处在自生自灭的无政府状态。在阅读终端由纸质文本向电脑，再向手机转移的大趋势下，一方面传统定义的纯文学作品在变得支离破碎的阅读经验中维持着它们的体面市场，一方面便是传统被叫做大众文化的那些作品不但畅行其道，而且无度泛滥。这类作品用雷蒙·威廉斯的说法，是为一个新的文类，可以名之为大众文学。如他的《关键词》一书中所言："一个新的范畴'大众文学'或者说'次文学'被制定出来，用来描述可能是虚构性的，但未必是想象性和创造性的作品，故此它们是缺乏审美趣味，不是艺术。"[1]

威廉斯收集相关文化与社会的 110 个语词，分别予以阐解的《关键词》发表在 1976 年。1983 年该书再版，作者又增补了"无政府主义"、"生态"、"性"等 21 个新词。这是大众文化已成气候，至少不再被简单视为乌合之众文化的时代。但是即便如此，我们发现，文学的门槛依然是清晰的。比如武侠小说、色情小说、侦探小说、科幻小说、恐怖小说一类，都会被挡在"纯文学"的门外，给发落到上述威廉斯所说的"大众文学"一类。虽然随着新媒体的不断发展，以经典来界定文学的传统也显得时过境迁、恍若隔世，可是文学依然在浸润我们时日太久的集体无意识中维护着它的尊严。比如虽然今日金庸的武侠小说不但登堂入室成为文学的正统，而且已经几被视为经典，琼瑶的言情小说很显然仍然还是在文学的边缘上徘徊。但是说到底，即便是具有充分想象性和创造性特点的纯文学即威廉斯所谓的"艺术"，最终也将在市场之中得到完成，诚如莱斯利·费德勒在其《文学是什么？》一书中所言：

> 诚如所有的作家心知肚明的，这意味着即便我们大多数人，包括我自己羞于承认，文学和文学作品，都是只有在从书桌走到市场之后，才告完成。这是说，在被包装、宣传、广告和卖出之前，文学都是不完整的。不仅如此，作家们同样明白，他们自己好比尴尬的处女，朝着世界高喊："爱我吧！爱我吧！"直到诚如这个行当的术语所言，"销出了她们的初夜"。[2]

莱斯利·费德勒是 20 世纪美国的异数批评家，以鼓吹"大众批评"蜚声。值得注意的是，《文学是什么？》这个书名中的"是"，作者使用的是过去式

---

① Reymond Williams, *Key Words: A vocabulary of culture and society*, New York: Oxford University Press, 1983, p. 186.

② 莱斯利·费德勒：《文学是什么？》，陆扬译，南京：译林出版社，2011 年，第 16 页。

was，意思是文学过去是什么？今天我们还有叫做文学的这个东西吗？这自然是种过激之言。

大众文化有没有可能被定义为自下而上实至名归的大众的文化？答案应是肯定的。就文学而言，它的魅力早已经深深潜入我们的集体无意识，即便它陷入鱼龙混杂、偷梁换柱的市场漩涡，一时被人冷落，我们愿意相信它假以适当契机，时刻可以重振雄风。费德勒这本书有一个反讽语式的副标题：《高雅文化与大众社会》，这是典型的英国传统，从马修·阿诺德的《文化与无政府状态》，到 F. R. 利维斯的《大众文明与少数人文化》，都是判定一方面有居高临下，只有少数人能够解其精妙的高雅文学，一方面则是一盘散沙处于无政府状态，有待启蒙的大众社会。问题是，离开大众社会的大众文化，功成名就的经典文学，会不会变成无本之木？或许莫言的粗鄙情节和狂野想象终而获得诺贝尔奖的垂青，是再雄辩不过显示了经典是怎样在大众文化中炼成的。

（本文责任编辑：贾洁）

论精神消费的现实性

■ 杨建生；吕在[*]

（常州工学院人文社科学院　常州信息职业技术学院）

【内容摘要】 精神消费时代已经全面到来。其实，精神消费价值早就广泛存在于一切物质产品和精神产品之中了。如何正确处理好正负两个向度的精神资源的转化，如何建构精神转化为消费资源的渠道，如何衡量和实现精神消费的价值是精神消费问题所面临的三大挑战。精神消费的生成与实现，主要取决于人类科技存在的水平与状态。科学不仅帮助人类逐步认识到了人类精神世界的构成，而且逐步实现了抽象精神的视像符号化存在，把越来越多的各类精神文化转化为了现实生活中的消费资源，更好地延展了人类的生存与发展。

【关键词】 精神消费；现实性；技术；转化

曾几何时，我们还在以戏谑的口吻谈论精神消费的话题，时至今日，每当我们迫不及待地打开电脑/手机，通过网络接受或发送各类生活资讯时，我们似乎对这种需要付费才能获得的精神消费早已习以为常了。精神消费已经真真切切地成了伴随在我们身边的现实存在，理性认识精神消费的现实存在性、挑战性和可行性，便具有了学术价值。

一、精神消费的现实存在性

哲学对于现实的认识，是从早期的探索神的意志出发，最终一路走向了实

---

* 杨建生，常州工学院人文社科学院教授；吕在，常州信息职业技术学院兼职教授。

证主义。也就是说，人们最终认识到了：现实不是一个独立于认知的不变的给定量，而是某种建构的对象。现实存在如漂浮在流水之上、永无靠岸希望又随时面临散架的船只，我们只能根据被不断损毁船只的状态而不断采取有效的建构、维护措施。现实存在既不是由先天的神的意志所创造的，也不是被人的理想预设好了的意志所创造的，而是人类物种在宇宙中的生命轨迹的自然显现。从西方的柏拉图、亚里士多德，到东方的老庄、孔孟，一直发展到近现代海德格尔、萨特、杜威等的实证主义哲学，人类对现实存在的认识逐步抛弃了虚幻成分而接近了真理。

现实存在是随物赋形般地建构起来的，一切事物包括物质事物和精神事物都不是恒定的存在状态，而是随着人类认识与实践的发展过程，被特定时空定格出来的存在，因此，现实存在必然充满了不确定性。这种不确定性反映在生产生活方式中，也就使得物质产品与精神产品的生产与消费不可避免地打上了虚拟性质的精神性烙印。可见，人类制造的所有产品，都不是大自然原生态存在，都可以看作是人类精神作用于大自然的结果性存在。当这些结果性存在被引进到消费领域转变为消费资源后，也就同时具备了精神消费的价值功能。

精神消费作为一种蕴含在产品中的功能价值，从人类诞生以来，即有了生产行为和产品交换以来就应该存在着。但人们对其存在的认识过程，是一个随着实践发展而发展的审美建构过程：当人们还没有认识到产品中存在着精神消费价值时，人们对附着在产品中的精神消费价值视而不见，精神消费价值因无人问津而处于自然消亡状态；当人们最初认识到产品中的精神消费价值时，精神产品只是停留在供少数人消遣把玩的范围内，尚无法进入到大众消费领域；当精神消费因缺乏大众消费对象而难以形成大众消费市场时，精神消费就失去了作为资源性存在的基础。

事实上，精神消费价值广泛存在于一切物质产品和精神产品中。其中被我们称之为专门的精神消费品，与一般蕴含精神消费价值的物质消费品的区别就在于：蕴含精神消费价值的物质消费品具有物质形态依托，其构成事物的本质是其物质性；专门的精神消费品则是以精神文化符号为产品形态依托的，产品的基本性质是精神基质。这种精神基质被符号物化后获得了弱物质性，因而也同样能够外在于人而独立存在着。比如，文化产业的独立存在性就来源于专门的精神消费品的独立存在性。

二、精神消费的现实挑战性

精神消费价值是一种满足人们精神需求的非物质性价值，在对价值载体的感觉存在上，与人们习惯中碰到的物质事物特性，诸如物质的化学分子结构、物质的无限可分性等大相径庭，人们不仅存在着逐步认识与把握的问题，也存在着逐步接受的问题。因而，精神消费若要成为现实中供大众生存发展的消费资源，无论在伦理上还是在社会实践上，都将会面临着巨大的挑战。

在伦理上，人类的精神资源有正向的，有负向的。正向的通常表现为符合真、善、美准则的精神资源；负向的则表现为假、丑、恶精神资源。即便是人们还不习惯于将正向的精神资源转化为可用价格衡量的可供生存发展的消费资源，但起码乐见于将正向的精神资源转化为供娱乐享受的消费资源。挑战在于，人们不愿意将负向的精神资源转化为消费资源。当今，精神资源转化为消费资源已经成为社会发展大趋势。不管我们作出怎样的努力，泥沙俱下是难免的，正向的与负向的精神资源都有被转化为消费资源的可能，比如黄色影像制品自有其消费市场等。面对挑战，我们不能因为有可能存在负向度的转化而否定正向度的精神资源的转化。

在实践层面，第一个严峻的挑战来源于如何建构精神转化为消费资源的渠道。精神变物质，或又称精神力量转化为物质诉求，这是人类进入文明史以来最伟大的宏愿。现阶段，无论拥有何等数量与质量的精神文化，都必须首先转化为商品经济中的金钱交换中介，只有通过购买渠道，才能在消费意义上实现精神变物质的转化。这里的挑战早就超越了伦理论争。面对人类发展史上浩如烟海的精神文化，谁不想将其转化为金钱中介呢？然而，当我们真的着手去实践时才恍然发现，实现转化是艰难的。谁能够发现并建构起实现转化的实践渠道，谁才是真正的英雄。且不论历史上已经形成的海量精神文化了，就是我们每个活着的人无时无刻不在诞生着个体精神。现实很无奈，那些明星大腕们代言一则广告动辄进账数十万乃至数百万，他们的个体精神轻而易举地转化为了金钱中介；而普通百姓殚精竭虑终其一生往往依旧不名一文。创造精神转化为物质的实践渠道，已经成为当今文化产业大发展所面临着的最严峻的实践难题。

实践中第二个严峻的挑战来源于如何衡量与实现精神消费的价值，包括价格如何体现价值。无论是物质产品还是精神产品，既然进入到生产与消费渠道，就需要大家共同来实现购买、消费，需要讲究价格公道，否则价值无从实现。问题在于，我们在衡量精神消费价值与价格时，如何做到既最大限度地体现价值，又最大限度地减少和消除人为的不切实际的主观意志，从而使得精神消费在提供者这里成功地转化为金钱中介，而在消费者那里又能心甘情愿地实现物有所值的精神消费。我们不必深究也能理解，这里面一定隐藏着深奥莫测的玄机，惟有认真研究，努力实践，才能不断接近奥秘之门。

三、精神消费的现实可行性

在远古蛮荒时代，原始人类与其他动物一样，都是直接面对大自然而存在。但在长期的进化过程中，人类借助不断发展的技术，创造出了专为人类生存与发展的技术存在，诸如城市、道路、桥梁；粮食、服装、住房；思想、文化、艺术；社会、民族、国家；等等。人类根据自己生存发展的需要，从大自然存在中挖掘出了一块，揉进了人类的智慧和能量，揉进了马克思所言的"人的本质力量"，构建起了除人和大自然之外的第三方技术存在。人类不仅生存发展于第三方技术存在中，而且借助第三方技术存在一举超越了所有物种，成为了继恐龙之后的又一个地球霸主。由人类文明发展的历史进程，我们可以肯定地说，精神消费的生成与实现，主要取决于人类技术存在的水平与状态。

技术存在的载体无外乎由物质事物与精神事物共同构成。物质事物是显性的，容易被人们感觉到的，因而人类社会最先发展起了物质生产方式。精神事物是隐性的，尽管人们几乎在感觉到物质事物存在的同时也感觉到了精神事物的存在，但人们却苦于长期找不到或难于找到有效表达和利用精神事物并将之转化为物质力量的方式方法，以至于人类社会在一个相当长的历史阶段内，谋求生存与发展只能以追求所谓"实用"的物质消费资源为主。随着人类科学技术的进步，人类开始面向自我，逐步寻找、开发出了精神转化为物质，也就是精神消费的方式方法和途径。这一点主要体现在以下三个方面：

第一，理解精神本体即感觉存在方面。现代生理学、心理学、脑科学、遗传学、生物学等多学科发展，帮助人类逐步认识到了人类精神世界的构成。人们认识到，精神存在的核心本质是由意识、形象、情感等感觉要素所构成。在人类大脑中，所有的感觉要素都有着特定的对应点和区域，人类脑功能依靠这些感觉要素功能而获得了现实中的感觉存在。对于某些已经搞清楚对应关系的感觉要素，人们甚至发展到了通过大面积的教学、实验等手段来有针对性地培养、训练这些感觉要素功能的认识和把控。

第二，创造精神表征符号方面。人类最初只是利用肢体、表情等自身物质条件来表现精神存在。随着符号的被发现和逐步完善，人类的精神开始通过语言、数字、音乐、图形等各种类型的符号表征出来。在哲学存在性上，由符号表征出来的精神已经脱离了人脑功能而具有独立存在性，即属于人脑对客观物质世界的反映性存在。这种第二性的反映性存在以其精神积淀形态进入历史长河，遂演变为精神文化形态。用符号反映出来的精神文化形态也经历了口头、书籍、视像三种精神文化发展阶段。就这三种精神文化发展过程来看，每一种精神文化样式的形成都是历史的必然，我们一时间很难对某一种样式反映物质需求的深度和广度作出孰优孰劣的判断。但视像精神文化在精神消费资源的生成和传播方面，较之前出现的任何精神文化样式，都更具有无可比拟的优势。视像精神文化依托现代视像技术手段，将现实与理想中的精神意念都转化成了可供视听感觉到的存在，这就为当代实践开辟了精神转化为物质力量的具体可感的"路线图"。

第三，创造精神消费资源、为生存发展服务方面。随着现代科技的发展，人们发现了感觉存在诸如视觉、听觉、触觉等都有着特定的或最佳的感觉范围，从而更好地创造精神消费资源，延展了人类的生存和发展。例如，人们之所以能够感受到色彩的变化，是因为物体将光线反射到人眼内而产生了色彩知觉。于是人们开始研究如何用数据来描述、记录光的色彩强弱变化，研究人眼可以见到哪些光源。这样，人们发现了范围在 380 至 780 纳米之间的可见光波长。深入研究和测量物体反射光的各种波长强度后，人们便能够确定物体的颜色。在研究客体光源的过程中，人们也逐步发现了人类眼睛视网膜的功能，视网膜的杆状细胞分辨亮度，椎状细胞分辨色度，二者分工合作形成色彩知觉。根据人类可见光源与颜色的原理及范围，人们就可以针对不同的产品制造，选用恰当的颜料，或者增强物象的色彩感知度，或者丰富产品的花色品种，或者延伸产品色彩感知的特殊功能等。研究的深入，不仅促进了理论家、艺术家们发现和总结出色彩产生、接受和运用的规律，更在实践中大大开拓了色彩服务于生产生活、创造精神价值的途径，无限丰富化的色彩运用技术正帮助人们开拓和实现着无限丰富的精神价值。其他如听觉、触觉等的发现和运用之历程与色彩视觉的发现和运用历程都有相似之处。现代科技已经越来越深入到人类精神内核中，担纲起分解、表征、建构人类精神文化的使命。人类精神就是在这样的背景下被越来越广泛地转化为现实生活中的消费资源，并成为各个民族、各个国家获得生存与发展的重要契机。

（本文责任编辑：张蕴艳）

社会主义思潮译入中国
的思想基础和早期历程

■ 王宏超[*]

（上海师范大学人文与传播学院）

【内容提要】 在"前马克思主义阶段"，各种社会主义思潮充斥着中国思想界。在中国近代知识分子中间逐渐形成的共识是，人类社会之进步存在着普遍的公理，社会主义是人类社会所必经之阶段，中国与西方之差异即在于社会发展阶段之落后。社会主义思潮在中国传播最重要的本土思想资源是大同思想。在此基础上，通过有关巴黎公社的报道、王韬的《普法战纪》、乌托邦小说《回头看纪略》等途径，社会主义思潮逐渐被中国人所了解。

【关键词】 社会主义思潮；大同思想；张德彝；王韬；《回头看纪略》

一、"前马克思主义阶段"的社会主义思潮

在"中国第一个马克思主义者"① 李大钊完成对社会主义信仰的转变之前，

---

* 王宏超，1977年生，男，河南新郑人，文艺学博士，现为上海师范大学人文与传播学院讲师，近年主要从事中国美学思想史、中国现代美学的起源、中国知识分子与巫术文化等研究。

① ［美］迈斯纳·莫里斯：《李大钊与中国马克思主义的起源》，中共北京市委党史研究室编译组译，北京：中共党史资料出版社，1989年，第3页。

中国还处于"前马克思主义阶段"①。各种各样的真假社会主义思潮充斥着中国思想界，尽管有关于马克思主义学说的零星介绍，但大多不成系统且缺乏深度。对比 1919 年之后马克思主义在中国的传播热潮，"人们惊奇地发现，在俄国革命前的几年里马克思主义本身在中国很少引起关注。"② 更有甚者，有学者认为"从 1905 年到 1917 年布尔什维克革命这段时间，在中国激进的知识分子所研究的许多社会主义学说中，马克思主义似乎最不引人注目"。③

原因何在？在列宁主义指导下的俄国十月革命爆发之前，整个世界的马克思主义还处于"前列宁主义的马克思主义"阶段④。恩格斯说："现代社会主义，就其内容来说，首先是对统治于现代社会中的有产者和无产者之间、资本家和雇佣工人之间的阶级对立和统治于生产中的无政府状态这两个方面进行考察的结果。"中国近代社会中，民族资本主义企业虽然有所起步，但尚不足以影响到整个社会的阶级结构，也没有如西方那般产生出巨大的劳资分立和贫富差别。而马克思认为资本主义"在它们所能容纳的全部生产力发挥出来以前，是绝不会灭亡的"，而其所预言的资本主义的灭亡，也是在其发达时期。所以，十月革命前的中国社会，并没有在马克思那里寻找到真正的启示。⑤ 对于向往社会主义的中国知识分子来说，尽管已经有人认识到马克思乃社会主义的"泰斗"⑥，但同时也认为"马克思主义仅仅是西方众多的社会主义思想家中的一个——实际上，他并不比克鲁泡特金、巴枯宁，甚至圣西门、乔治·亨利更令人关注。"⑦ 所以，毛泽东说，"俄国十月革命的一声炮响，给中国带来了马克思主义"。这话虽然不甚符合历史的事实，⑧ 但倒也暗合历史的逻辑。

但是，尽管马克思之前"无论资产阶级经济学家或者社会主义批评家所做的一切研究都只是在黑暗中摸索"⑨，但若从 1803 年最早出现"社会主义"一词

① ［美］迈斯纳·莫里斯：《李大钊与中国马克思主义的起源》，中共北京市委党史研究室编译组译，北京：中共党史资料出版社，1989 年，第 48 页。

② ［美］史华慈：《中国的共产主义与毛泽东的崛起》，陈玮译，北京：中国人民大学出版社，2006 年，第 1 页。

③ ［美］迈斯纳·莫里斯：《李大钊与中国马克思主义的起源》，第 59 页。

④ ［美］史华慈：《中国的共产主义与毛泽东的崛起》，陈玮译，第 2 页。

⑤ 同上。

⑥ 中国之新民（梁启超）：《进化论革命者颉德之学说》，《新民丛报》第 18 号，1902 年 10 月 17 日。

⑦ ［美］迈斯纳·莫里斯：《李大钊与中国马克思主义的起源》，第 59—61 页。

⑧ 迈斯纳·莫里斯指出，"俄国十月革命并没有象惊雷一样唤醒中国知识界。直到凡尔赛会议和五四运动之前，除李大钊外，几乎没有中国人发现十月革命对于自己的国家有任何意义。即使李大钊，中国第一位宣布忠实于布尔什克革命的重要知识分子，也直到 1918 年夏季才公开表达他的观点，那是在列宁掌权七个月之后。"［美］迈斯纳·莫里斯：《李大钊与中国马克思主义的起源》，第 67 页。

⑨ 恩格斯：《在马克思墓前的讲话》，《马克思恩格斯选集》（第三卷），北京：人民出版社，1995 年，第 776 页。

起①，众多的社会主义流派尽管具有"纯粹空想的性质"，但还是"含有批判的成分"，具有"革命"意义的。② 所以，如果我们把目光投向中国"前马克思主义阶段"，去考察那些在中国思想界很是流行的"西方众多的社会主义"思潮的话，疑问会重新产生：既然中国并没有社会主义发展所必备的经济基础，中国人为什么会如此早且热烈地讨论社会主义思潮？③ 中国人热烈传播各种社会主义思潮的原因和动机何在？

对于中国近代知识分子来说，考虑中国未来发展问题，不可避免地要受到整个世界局势的影响。现实中，中国的落后和西方的强大形成了鲜明的对比，如何使中国摆脱落后局面无疑是中国近代知识分子思考的核心问题。对于历史发展的趋势问题，20 世纪初的中国知识分子似乎有一个共识："凡人类进步之次第，由射猎而游牧，而耕稼，而工商，惟入工商之期，而后有社会主义"④，而中国目前"犹在耕稼之时代"⑤。近观西方社会，19 世纪在于政治解放，即获得个人自由主义；20 世纪在于经济解放，即获得社会平等。⑥ 如今资本主义虽飞扬于世界，但就趋势来看，度过上升期的资本主义社会中，弱肉强食、尔虞我诈的社会问题逐渐凸显。按照社会发展之"公理"，在 20 世纪"欧洲之政治家，不得独夸其武力；欧美之资本家，不得独炫其经济。化其凌虐之思想为博爱，变其竞争之手段为共和。政治家则由自由主义转为国民主义，由国民主义转为帝国主义，又由帝国主义转为世界平和主义。经济者及社会者，则由自由竞争主义转为资本合同主义，由资本合同主义转为世界社会主义。夫如是，而人类进步之历史，始大成也。"⑦ 这种按照时间进化观念看待不同文化发展阶段的思想，背后包含着的是"文化发展形式类似"⑧ 的内涵，它认为"文化的不同只是历史时间的不同"⑨。且不去深究其背后是否包含着西方中心主义，以及

---

　① ［英］G. D. H. 柯尔：《社会主义思想史》第 1 卷，何瑞丰译，俞大缙校，北京：商务印书馆，1977 年，第 1 页。

　② 《共产党宣言》，《马克思恩格斯选集》第 1 卷，北京：人民出版社，1995 年，第 304 页。

　③ 尽管柏林认为，到 20 世纪为止马克思主义和社会主义的概念可以互换（［英］以赛亚·伯林：《社会主义和社会主义理论》，见 ［英］以赛亚·伯林：《现实感》，潘荣荣、林茂译，南京：译林出版社，2004 年，第 86 页），但两者还是具有巨大差别的，特别是五四运动之前这一历史阶段。本文为了和总的课题保持一致，在题目中使用"马克思主义中国化"的概念，但具体行文中，社会主义和马克思主义这两个概念会根据具体语境加以选择使用。

　④ 邓实：《论社会主义》，见姜义华编：《社会主义学说在中国的初期传播》，上海：复旦大学出版社，1984 年，第 66 页。

　⑤ 邓实：《论社会主义》，见姜义华编：《社会主义学说在中国的初期传播》，第 66 页。

　⑥ 姜义华编：《社会主义学说在中国的初期传播》，第 52 页。

　⑦ 同上，第 53 页。

　⑧ ［美］约瑟夫·阿·勒文森：《梁启超与中国近代思想》，刘伟、刘丽、姜铁军译，成都：四川人民出版社，1986 年，第 54 页。

　⑨ 葛兆光：《中国思想史》第 1 卷，上海：复旦大学出版社，1998 年，第 78 页。

梁启超对此所作的杂糅中西式的比附，事实是，认为 20 世纪将是社会主义的世纪则是各派共同的结论。就像那本号称"凡当今时势上最要之问题，包括无遗"① 的幸德秋水的《广长舌》所宣称的那样："社会主义之发达，为 20 世纪人类进步必然之势。"② "19 世纪者，自由主义时代也，20 世纪者，社会主义时代也。"③

　　对处于"防卫的现代化"④ 进程的中国近代社会而言，西方的冲击改变了中国传统社会的"语言"⑤，也即思想系统。尽管晚清以来的政治思想沿西化的道路行进，但西方理论的传入必定要经历中国知识分子的吸收和消化过程，即中国化过程。在此进程中，"西方知识只提供刺激的源泉，而思想的形成则是出于中国学者内在的感悟。"⑥ 中国的知识分子在为我所用地关注着与自身的社会相关切的问题，用自身思想背景中的理论去解释新引进的西方理论，他们对新的理论进行着有意或无意的"想象"。保尔·利科在《从文本到行动》中认为"想象"的主、客体双方有着截然不同的显现形式："这些理论的变化范围可按两条相反的轴定位：在客体方面，是在场和缺席轴；在主体方面，则是被迷惑的意识和批判的意识。"⑦ 对于前者，中国知识分子对西方社会的直接或间接了解尽管在"在场"的意义上，但这种在场"仅仅是痕迹的感觉"，其用意在于满足中国知识分子对历史所做的"三世"式解读以及对未来的"想象"。对于后者，或许社会主义理论已经"迷惑"了中国人，但如斯宾诺莎所说："想象，就是必要的改变"⑧，其中不正包含着未来变革的萌芽吗？

二、大同思想：社会主义思潮译入中国的思想基础

　　谈及社会主义思潮在中国的早期传播，不能不提及中国传统思想中的大同思想。伯纳尔指出："在介绍西方的社会主义及有关思想如何进入中国之前，谈谈中国的一种传统思想是必要的。它就是大同思想，与五四运动后中国的社会

---

① 语出 1902 年 11 月 4 日上海商务印书馆总发行所在《外交报》壬寅第 26 号上登载《广长舌》的广告。见姜义华编：《社会主义学说在中国的初期传播》，第 61 页。

② 姜义华编：《社会主义学说在中国的初期传播》，第 56 页。

③ 同上书，第 57 页。

④ 金耀基：《金耀基自选集》，上海：上海教育出版社，2002 年，第 1 页。

⑤ [美] 列文森：《儒教中国及其现代命运》，郑大华、伍菁译，北京：中国社会科学出版社，2000 年，第 139 页。

⑥ 王尔敏：《晚清政治思想史论》，桂林：广西师范大学出版社，2005 年，第 1 页。

⑦ [法] 保尔·利科：《在话语和行动中的想像》，孟华译，见孟华主编：《比较文学形象学》，北京：北京大学出版社，2001 年，第 43 页。

⑧ 同上书，第 44 页。

主义仍有不可分割的联系。"① 它不但为中国人早期接受社会主义提供了稳定的心理基础，还为中国人对社会主义的阐释提供了一种理论背景。

大同思想在中国渊源有自。最早的陈述可推及《礼记·礼运》：

> 大道之行也，天下为公，选贤与能，请信修睦。故人不独亲其亲，不独子其子，使老有所终，壮有所用，幼有所长，矜寡孤独废疾者皆有所养，男有分，女有归。货恶其弃于地也，不必藏于己；力恶其不出于身也，不必为己。是故谋闭而不兴，盗窃乱贼而不作，故外户而不闭。是谓大同。今大道既隐，天下为家，各亲其亲，各子其子，货力为己，大人世及以为礼，城郭沟池以为固，礼义以为纪；以正君臣，以笃父子，以睦兄弟，以和夫妇，以设制度，以立田里，以贤勇知，以功为己。故谋用是作，而兵由此起。禹、汤、文、武、成王、周公，由此其选也。此六君子者，未有不谨于礼者也。以著其义，以考其信，著有过，刑仁讲让，示民有常。如有不由此者，在执者去，众以为殃。是谓小康。

这段话被看作是"中国古代'大同'思想的总结"②，而备受历代学者关注。自宋以降，学者多疑《礼运》是否为儒家著作。宋黄震、清姚际恒、陆奎勋及近人钱穆、冯友兰等人均有所考证。③《礼运》杂糅墨、老的观点已被学界所接受，然"大同之议，高尚优美，虽越出孔子雅言之范围，尚不与儒学宗旨相反背"。④ 正因为"大同"思想杂糅诸家学说，才更能代表中国古代人民的生活理想，事实上，也"似乎一直是构成中国哲学基础的民众的信仰的一部分。"⑤

《礼运》以传说中的五帝时代为大同时期，而小康时代则指五帝之后之夏、商、周时期。从尧、舜、禹之"禅让"，到禹传位与子启，造成了从大同时代"天下为公"到小康时代"天下为家"的局面。这种回溯式的价值追寻方式，体现了中国传统价值取向的一个重要侧面。"中国古代哲人的空想是顺着神话传说的方向来描绘的。……古代哲人的理想一步一步地发展并增加内容，而其采取的形式却是倒过来追寻远古的历史，这即中国历史上所说的'托古改制'的原

① ［美］伯纳尔：《1907年以前中国的社会主义思潮》，丘权政、符致兴译，范道丰、陈昌光校，福州：福建人民出版社，1985年，第1页。

② 侯外庐主编：《中国历代大同理想》，北京：科学出版社，1959年，第13页。

③ 详见于萧公权：《中国政治思想史》，北京：新星出版社，2005年。冯友兰：《中国哲学史》（上），《三松堂全集》第2卷，郑州：河南人民出版社，2000年，第585页。

④ 萧公权：《中国政治思想史》，第50页。

⑤ ［美］伯纳尔：《1907年以前中国的社会主义思潮》，第2页。

始途径。"① 这一思想在墨家和道家思想中体现的尤为明显。

进一步发挥大同思想的是董仲舒和何休。《公羊传》中先后有三次讲到："所见异辞，所闻异辞，所传闻异辞"（分见于隐公元年、桓公二年、哀公十四年）。所谓"异辞"，本用以指涉因为写作年代与所写历史年代远近不同，史料掌握也不一致，所以文字的处理也就有所差异。更进一步的含意是，孔子对于距离较近的年代多有忌讳，故采用隐讳的表述。如司马迁就看出来，"太史公曰：孔氏著春秋，隐桓之间则章，至定哀之际则微，为其切当世之文而罔褒，忌讳之辞也。"② 如此，孔子就在著《春秋》之中，以"述而不作"的方式透露出了历史变迁观点。所以，"异辞"之说成为"后来公羊学者推演的'公羊三世说'的雏形，其中包含着历史变易观点，人们可以据之发挥，划分历史发展的阶段。"③

董仲舒使儒生学说成为经世大策，武帝罢黜百家，独尊儒术。董仲舒身为"群儒首"④，以《公羊春秋》演绎其思想架构，曰："仲尼之作春秋也，上探正天端王公之位，万民之所欲，下明得失，超贤才以待后圣。故引史记，理往事，正是非，序王公。有国家者，不可不学春秋。"⑤ 《春秋》虽在以前受到儒生的重视，但董生的开掘和引申，使得春秋之微言大义形成系统，"盖董仲舒之书之于《春秋》犹《易传》之于《周易》矣"。⑥ 董仲舒演绎"异辞"说为"三等"说，集中体现于以下文字：

> 春秋分十二世以为三等：有见，有闻，有传闻。有见三世，有闻四世，有传闻五世。故哀、定、昭，君子之传见也。襄、成、文、宣，君子之所闻也。僖、闵、庄、桓、隐，君子之所传闻也。所见六十一年，所闻八十五年，所传闻九十六年。于所见微其辞，于所闻痛其祸，于传闻杀其恩，与情俱也。（《春秋繁露》卷一，《楚庄王》）

董仲舒把春秋分为三个阶段，暗含变易之理，但主要侧重于说明孔子作《春秋》前后不一致的书法原因，讲述其出于亲疏、贵贱、远近、厚薄、善恶的原因，而致三等异辞。

与"三等"说相关的是"三统"说。古代思想中的"变易"观念，在动力

---

① 侯外庐主编：《中国历代大同理想》，第2页。

② 《史记》，北京：中华书局，1997年，第2919页。

③ 陈其泰：《清代公羊学》，北京：东方出版社，1997年，第14页。

④ 《汉书》。

⑤ 《春秋繁露·俞序》

⑥ 冯友兰：《中国哲学史》（下），《三松堂全集》第3卷，第14页。

上往往归结于"天"。"易曰：观乎天文，以察时变"①，古人注意到天道、人文的关联，但更加注意于用"天之道"观测人事。战国时期的阴阳家，引申出"五德转移，治各有宜"② 之说。五德说以五种自然属性代表五种势力，相互演化，相互克制，每种势力都有兴衰之势，天道人事，受其制约，循环往复，无有止息。"依此观点，则所谓天道人事，打成一片，历史乃一'神圣的喜剧'（Divine Comedy）；汉人之历史哲学，皆根据此观点也。"③ 依"五德"说，董仲舒演化出"三统"（"三正"）说。"三统"者，以黑、白、赤三色为三统，称新王"必改制"，因"受命于天，易姓更王"，"不敢不顺天志而明自显也"，"必徙居处，更称号，改正朔，易服色"。④

"三等"说和"三统"说其实都是表现了受制于天命的历史循环论。董仲舒为"三等"说的阐释增添了新的内容，进一步发挥"三世"说的是何休。

何休对于"三世"说的阐发，建立在董仲舒"三等"说的基础之上，也从"三世异辞"开始。他分析"异辞"的原因，"异辞者，见恩有厚薄，义有浅深，时恩衰义缺，将以理人伦，序人类，因制治乱之法。"⑤ 异辞之中，包含了"三世"划分的含意，从而建立了"衰乱、升平、太平"的三世学说。

> 于所传闻之世，见治于衰乱之中，用心尚麤觕，故内其国而外诸夏，先详内而后治外。……于所闻之世，见治升平，内诸夏而外夷狄。……至所见之世，著治太平，夷狄进至于爵，天下远近大小若一。

何休的"三世"说，以鲁国历史演说历史发展之普遍规律，着眼于时间上的进化，和空间的不断扩大，以致天下大同。他吸收了前代思想中的进化观念，如韩非所言："今有美尧、舜、汤、武、禹之道，于当今之世，必为新圣笑矣。"⑥ 进而"成为中国思想史上第一个明确的历史进化论"。⑦ 与《礼运》所描述的世风日下、大道渐隐的返溯式历史观不同，何休展示了人类步步走向"太平"的脚步。但是，正如学者所指出的那样，何休的"三世"进化说，"与春秋的史实实不相合"，现实的情形是春秋出于衰乱时代，世道每况愈下。⑧ 徐彦对此这样解释：何休的说法是，"《春秋》定、哀之间文致太平"，徐《疏》曰：

---

① 《汉书》卷三十。

② 《史记·孟子荀卿列传》。

③ 冯友兰：《中国哲学史》（上），《三松堂全集》第 2 卷，第 394 页。

④ 《春秋繁露·楚庄王》。

⑤ 《公羊解诂·隐公元年》。

⑥ 《韩非子·五蠹》。

⑦ 姜广辉主编：《中国经学思想史》第 2 卷，北京：中国社会科学出版社，2003 年，第 429 页。

⑧ 同上书，第 431 页。

"文致太平者，实不太平，但作太平文而已。""当尔之时，实非太平，但《春秋》之义，若治之太平于昭、定、哀也。犹如文、宣、成、襄之世，实非升平，但《春秋》之义而见治之升平然。"① 故"三世"进化说，并非对于历史的直观比照，而是加进了何休的理论概括和对于历史的美好理想。何休的历史观，深刻地影响了后来特别是清代学者，为公羊学的复兴创造了丰富的阐释空间。

康有为在《礼运注叙》中说：

> 予小子六岁而受经，十二岁而尽读周世孔氏之遗书，乃受经说及宋儒之言，二十七岁而尽读汉、魏、六朝、唐、宋、明及国朝人传注考据义理之说，所以考求孔子之道，既博而劬矣。始循宋人之途辙，炯炯乎自以为得之矣。既悟孔子不如是之拘且隘也，继遵汉人之门径，纷纷乎自以为践之矣。既悟其不如是之碎且乱也；……乃离经之繁而求之史……既乃去古学之伪，而求之今文学……而得《易》之阴阳之变，《春秋》三世之义，曰：孔子之道大，虽不可尽见，而庶几窥其藩矣。惜其弥深太漫，不得数言而赅大道之要也。乃尽舍传说而求之经文，读至《礼运》，乃浩然而叹曰：孔子三世之变，大道之真在是矣，大同小康之道，发之明而别之精，古今进化之故，神圣悯世之深在是矣。相时而推施，并行而不悖，时圣之变通尽利在是矣。②

其中，康氏简要陈述其治学途辙。先是遵从宋儒义理之说，如康在《自编年谱》中提到，1880 年他曾撰写《何氏纠谬》，攻击何休，但很快发觉自己的错误，立即毁稿。此时期，即处于师法宋儒的阶段。③ 但他逐渐不满于宋儒拘禁与狭隘的立场，乃转而从汉学，但又不满于汉学之碎乱，继而离经求史，于是在 1888 年，开始"发古文经之伪，明今学之正。"④ 1891 年，公开与理学决裂，之后写成《孔子改制考》。到 1888 年之后，康氏才说其"得《易》之阴阳之变，《春秋》三世之义。"⑤ 其时，康有为如同董生、何休等人一样，感觉在《春秋》中找到了孔子的思想精髓。但不同于董、何的是，康有为进而感到，孔子之大道既深且漫，无法加以简要归纳。于是，抛却传说，直达经文本身。终

---

① 徐彦《疏》定公六年、隐公元年，转引自姜广辉主编：《中国经学思想史》第 2 卷，第 429 页。

② 康有为：《礼运注叙》，汤志钧编：《康有为政论集》，北京：中华书局，1981 年，第 192—193 页。

③ 康有为：《自编年谱》（1880 年），参阅［美］萧公权：《近代中国与新世界：康有为与大同思想研究》，汪荣祖译，南京：江苏人民出版社，1997 年，第 41—42 页。

④ 康有为：《自编年谱》（1883 年），参阅［美］萧公权：《近代中国与新世界：康有为与大同思想研究》，第 41—42 页。

⑤ 参阅［美］萧公权著：《近代中国与新世界：康有为与大同思想研究》，第 41 页。

于，在《礼运》中，发现了大同小康之说，不禁惊呼道："是书也，孔氏之微言真传，万国之无上宝典，而天下群生之起死神方哉！"[①] 他的观点在 1897 年出版的《春秋董氏学》中得以体现，此书以三世说和其他公羊学说为主干，但在书中同时提出了《礼运》的大同小康之说，从而在儒家著述中，"首次将'礼运'学说和公羊理论相结合"，并从此把改造过的大同说作为自己"社会哲学的基石"。[②]

受到传教士思想和贝拉米著作的影响，康有为使"大同"一词具有了未来指向的意义。[③] 关于未来建构的理想，他逐渐摆脱了保守派和西化派的局限，认为变革"不是西化，而是世界化"，[④] 尽管钱穆认为康有为实际上是在"用夷变夏"，但他对于人类思想的普遍性的追求，开启了后来中国对于社会主义思想以及民主科学思想探求的先声。[⑤]

马克思主义美学研究

92

三、1900 年之前社会主义思潮在中国的早期传播

1、关于巴黎公社的报道

1871 年的法国，对于世界近现代史来说，具有特殊的意义。在这一年发生了这些事情：对普战争失败，皇帝被俘，第二帝国垮台，共和国成立，巴黎公社起义等。尤其是后者，影响更大。

当代法国历史学家贝尔热夫人说，中国在 1927 年以前，几乎未见到任何关于巴黎公社的反映。[⑥] 已有中国学者指出，当时由在华外国人所办的《中国教会新报》和王韬所编的《普法战纪》，已经转载报道了几条欧洲报纸上关于"法京民变"、"巴黎乱事"的新闻。[⑦] 其实，中国人不但很早就报道了巴黎公社起义，而且，中国人中还有一位"巴黎公社的目击者"[⑧]，那就是张德彝。

1870 年 6 月（同治九年五月）天津教案发生后，清政府先派曾国藩到天津

---

① 康有为：《礼运注叙》，汤志钧编：《康有为政论集》，第 193 页。

② ［美］萧公权：《近代中国与新世界：康有为与大同思想研究》，第 48、68 页。

③ ［美］伯纳尔：《1907 年以前中国的社会主义思潮》，第 15 页。

④ ［美］萧公权：《近代中国与新世界：康有为与大同思想研究》，第 367 页。

⑤ 同上书，第 369 页。

⑥ 见北京法国史研究会编：《法国史研究·巴黎公社》，1981 年 3 月版。转引自钟叔河：《巴黎公社的目击者——张德彝的〈随使法国记〉（三述奇）》，见张德彝著，左步青点，钟叔河校：《随使法国记（三述奇）》，长沙：湖南人民出版社，1982 年，第 6 页。

⑦ 陈叔平：《巴黎公社与中国》，见北京法国史研究会编：《法国史研究·巴黎公社》，1981 年 3 月版。转引自钟叔河：《巴黎公社的目击者——张德彝的〈随使法国记〉（三述奇）》，见张德彝著，左步青点，钟叔河校：《随使法国记（三述奇）》，第 5—6 页。

⑧ 钟叔河：《巴黎公社的目击者——张德彝的〈随使法国记〉（三述奇）》，见张德彝：《随使法国记（三述奇）》，第 5 页。

"查办"，对"滋事犯人"大加打压，且于翌年初派"太子少保、三口通商大臣、兵部左侍郎"崇厚为特使，携带同治帝国书，率十余随员赴法赔礼道歉，"代达衷曲，以为真心和好之据"。同文馆第一届毕业的张德彝以随团英文翻译的身份随使法国。使团于 1871 年 1 月 24 日（清同治九年十二月初五）到达法国马赛。此时正值法国军事溃败，国内政局大乱，梯也尔政府无暇顾及使团，崇厚等人只能辗转马赛、波尔多、凡尔赛等地，以待时机。3 月 17 日，张德彝奉命先去巴黎为使团寻租住所，但过程颇为不易，"当时巴里初定，旅舍大半歇业；虽开，亦恐内藏'红头'。"① 次日即发生了著名的巴黎公社起义，世界第一个无产阶级政权———巴黎公社诞生。张德彝在日记中，以旁观者的立场对巴黎起义有很多详细介绍，这是迄今发现的中国人最早对巴黎公社的记载。在张的记录中，虽对起义军以"红头"、"民勇"、"乡勇"、"判勇"② 相称，但他以"非以矜奇，正以述实"③ 的态度，对起义者多有同情的理解。如谈及起义之原因，"夫乡勇之叛，由于德法已和。盖和局既成，勇必遣撤；撤则穷无所归，衣食何赖？因之挺（铤）而走险，弄兵演（潢）池。"④ 另值得一提的是，张德彝对斗争中的妇女有特别的描述，如称女人"竟有荷戈而骁勇倍于男者，奇甚"⑤。路中所见女子，"虽衣履残破，面带灰尘，其雄伟之气，溢于眉宇"⑥。见到押解俘虏场面，"妇女有百馀名，虽被赭衣，而气象轩昂，无一毫袅娜态。"⑦

1871 年（同治十年五月二十一日），大约在巴黎公社起义四十多天后，《中国教会新报》（《万国公报》的前身）也转载了有关巴黎公社的报道。报道称法国"官军戡乱"，"八万人入法京，执其乱党六百人"，并把起义者称为"贼党"、"乱匪"，并说巴黎妇女"甘从叛逆"，"法京中富丽繁华及奇珍法物半成灰烬者，多由此辈娘子军肆虐焉。兹由法司定罪，将此众女发往乌加烈顿呢亚埠充军，以肃典章，而除凶孽。"⑧ 比较《中国教会新报》与张德彝《三述奇》的记载，非常有意思。钟叔河认为，其中差异的原因在于："一则由于展转传译不如直接观察接近真实，二则是由于西方传教士和帮他们润色文字的中国文人不如张德

---

① 张德彝：《随使法国记（三述奇）》，第 130 页。"巴里"即巴黎。"红头"乃是沿用国内对广东农民起义武装的称呼，借指以红旗为标志的巴黎人民自卫武装。见《随使法国记（三述奇）》，第 93 页注一。

② 同上书，第 132 页。

③ 同上书，"自序"，第 23 页。

④ 同上书，第 172 页。

⑤ 同上书，第 166 页。

⑥ 同上书，第 171 页。

⑦ 同上书，第 174 页。

⑧ 转引自钟叔河：《巴黎公社的目击者——张德彝的〈随使法国记〉（三述奇）》，见张德彝：《随使法国记（三述奇）》，第 16 页。

彝思想开明。"①

2、王韬

另一位对巴黎公社起义予以关注并加以介绍的中国人是王韬。1870 年，在欧洲翻译、游历、讲学 28 个月后的王韬回到久违的香港。深厚的国学基础、与西方人的多年交游以及在西方的种种经历，使他放弃了理雅各的再次赴欧邀请，转而开始了利用写作传播西学、开启国人的人生历程。他与这一时期香港的几个著名中文报刊都有关系，如陈言（陈蔼廷）1864 年所创办的《华字日报》，1874 年 1 月 5 日创刊的《循环日报》。前者的创办人陈言是王韬编辑《普法战纪》的两位主要合作人之一（另一位是张宗良），后者作为第一份完全由中国人管理而取得成功的报纸②，王韬是其合办者和主编，从一开始就是其灵魂核心。③另外，1873 年，王韬与监管香港墨海书局 20 年的黄胜，在他人帮助下，购进伦敦会香港印刷所的印刷设备和字型，改名为中华印务总局，成为第一家华商出版社。④《普法战纪》后来就是由此局印行。⑤有论者指出，"中国最先报道巴黎公社斗争的，是香港的《华字日报》、《中外新报》等报纸。"⑥大概就是指王韬参与的这些报纸。

虽然王韬关于历史著作方面有其宏伟的计划，想以《四溟补乘》一书作为清代标准史籍中有关外国部分的基本参考书，使其成为魏源《海国图志》的现代版⑦，但这本书后来并没有出版。带给王韬很大名声的是则是他以西方报纸新闻为基础编辑写作的《普法战纪》。该书主要由精通英语的同事张宗良协助，1873 年由中华印务总局出版。全书最初 14 章，后扩展为 20 章。这本书虽然被人称作是"业余水平的大杂烩"⑧，但王韬的这本书却是"第一部完备地细察欧洲近代史上一个主要插曲的专著"，"代表了中国理解西方的一个新起点。"⑨曾国藩、李鸿章、丁日昌、梁启超及当时许多人对此书都有很高评价，日本一家主要报纸《报知新闻》的编辑栗本锄云曾在上海得到一册《普法战纪》，竟认为

————————————

　　①　钟叔河：《巴黎公社的目击者——张德彝的〈随使法国记〉（三述奇）》，见张德彝：《随使法国记（三述奇）》，第 5—6 页。

　　②　戈公振：《中国报学史》，北京，1955 年，第 119 页。

　　③　［美］柯文：《在传统与现代性之间：王韬与晚清改革》，雷颐、罗检秋译，南京：江苏人民出版社，2003 年，第 51 页。

　　④　朱维铮、李天纲：《"天下一道"论》，见朱维铮：《求索真文明：晚清学术史论》，上海：上海古籍出版社，1996 年，第 101 页。

　　⑤　戈公振：《中国报学史》，第 119 页；［美］柯文：《在传统与现代性之间：王韬与晚清改革》。

　　⑥　姜义华：《社会主义学说在中国的初步传播》，第 1 页。

　　⑦　［美］柯文：《在传统与现代性之间：王韬与晚清改革》。

　　⑧　麦克里维，亨利：《王韬：一个过渡人物的生平与著述》，伦敦，1953 年。转引自［美］柯文著：《在传统与现代性之间：王韬与晚清改革》，第 75 页。

　　⑨　［美］柯文：《在传统与现代性之间：王韬与晚清改革》，第 75 页。

此书是欧阳修《新五代史》以后一部罕见的杰作，并促使日本军部在 1878 年重印此书。[①] 王韬在书中写道，"无论是福是祸，随着最近事态的发展，中国和欧洲的历史将无可避免地缠在一起，所以欧洲形势的重大变化自然将影响中国。"[②] 在书中，他敏锐地记录了巴黎公社起义，以后的历史证明，这是世界近代史的一个重要转折点，也成为了中国漫长革命历史的一个遥远参照。

王韬还在用中国传统中盛行的历史循环论来看待普法战争，认为"善国运者毋以胜为吉，毋以败为凶。盛即衰之始，弱即强之渐"。[③] 孟子的话"国必自伐而后人伐之，苟非内乱已萌，则外侮必不作也"，对处于中世纪末期的中国士人还有着持久的影响力。他的大局观放置于普鲁士和法国之间的战争上，对于法国内部的革命萌芽，他虽然有所关注，但仍旧置之于治乱的框架内加以解释。刚刚过去的太平军之乱对王韬的记忆太过深刻，他在描述巴黎工人起义的文字中，出现更多的是"乱民"、"匪党"、"莠民"、"首乱"、"叛首"、"贼党"等字眼。言官兵闻变亦叛的原因，"盖其心久为莠民所簧鼓，故遽入其党，而不及辨邪正也。"[④] 言乱军之势，"角战逾时，贼乃不支，阒然鸟兽散。"[⑤] "盖乱党众虽蝟集，而势徒乌合，终不敌百战之雄狮。"[⑥]

由于史界著名的"黄畹上书太平天国"的历史公案渐趋明了，王韬与太平天国的关系也被世人所洞悉。[⑦] 当然，对于其上书的动机又各种猜测，但主要原因可能就是因为对于清王朝的失望，而希冀新的政权取而代之。所以，对于巴黎的工人起义，又有一些同情的成分。比如王韬翻译的"乱军"檄文，"惟圣人能一怒安众，惟仁者以大义兴师。安众先在卫国，兴师尤重保民。兹已公立朝廷，名曰保民而卫国。凡属苍黎，时蒙霄旰，此心所发，薄海咸知。若爹亚者，则言行相违者也。""盖彼外托宽仁之名，内怀篡逆之意。"[⑧] 俨然一派儒家说教口吻。尽管多处描写官军灭敌之勇猛，但也不时指出定乱法军"极形残酷"、"过于残酷"、"无一毫怜悯心"。[⑨] 在把乱军斥为乌合之师的同时，也承认乱党"势锐气猛"，在争夺巴黎的战斗中，"明知势不能敌，法京断不可守，但

---

① 增田涉：《论王韬》，转引自［美］柯文：《在传统与现代性之间：王韬与晚清改革》，第 65 页。

② 《弢园文录外编》，卷五；［美］柯文：《在传统与现代性之间：王韬与晚清改革》，第 75 页。

③ 《弢园文录外编》，卷八。

④ 《普法战纪》卷十二。

⑤ 同上。

⑥ 同上。

⑦ 1862 年 4 月 4 日，清军在上海西南王家寺战役中胜利，收缴的战利品中有一封署名黄畹、字兰卿的写给太平天国高层首领的信。此信对于战局之分析精当明晰，清政府追查结果是，黄畹即王韬。这使他不得不流落香港。尽管王韬本人否认此事，但经诸多学者分析，黄畹确是王韬。见谢兴尧：《王韬上书太平天国事迹考》、罗尔纲：《上太平军书的黄畹考》、《黄畹考》等文。

⑧ 《普法战纪》卷十二。

⑨ 同上。

愿与城偕亡"。① 特别在描写起义军中的女子时，王韬的笔调发生了些微变化："说者谓乱党之以女子从军也，殊胜于男子。其临阵从容，决机猛捷，皆刚健中含婀娜之气。非及笄之姝，即待字之女，力强而气锐。其鸣枪发炮，娴熟而敏速，虽久历疆场之士，无此精练。而坐作进退，动中肯綮，步伐止齐，不讳绳墨。使稍加训练，真可为节制之师。初不意以女子之微，而竟有此妙用也。"②

但是，推导此次动乱之原委，王韬转回到了他正统的历史解释理论之中，认为致乱之由"皆因自主二字害之也。"主要是法国欲行"自辖"之制，而民众与国家产生冲突，"方法国廷臣之转为自主之国也，民间嚣然，皆以为自此可得自由，不复归统辖，受征徭，从役使，画疆自理，各无相制。"③ 而梯也尔认为不可，"如此则肇离散之端，而事权不归于一。将来争竞繁兴，其祸伊于胡底！"④ 于是民众"衔之切齿，揭竿竞起"，⑤ 乱从中生。近代以来，启蒙运动昌盛，人民对于自由权的争夺日渐强烈，法国的革命成为日后革命之源头，被王韬所归结出的，且不无批判之意的动乱之源"自主"，成为了法国革命留给历史的主要遗产之一。王韬当时还看不到这一点。当然，"如果希望王韬能看到法国革命或英法共和政体（无君）试验的任何正面价值，那就太过苛求了。在19世纪80年代，还无适当的中文词句来表达'革命'。革命仍被视为弑君的同义词，被与'乱'的最坏形式等同起来。一个新词'共和'被用来表达'republicanism'。但在一个将君主制视为万物自然秩序中一部分的文化中，'共和'必将与混乱不堪联系起来。"⑥ 在《法国志略》中，王韬长叹道："共和之政，其为祸之烈乃一至于斯欤？叛党恃其凶焰，敢于明目张胆而弑王，国法何在？天理安存？不几天地翻覆，高卑易位。"⑦ 在中国后来的历史中，立宪制就经历过几多复杂的过程，更不要说共和之制了。正如柯文所说，"广泛的文化变革一般都有两个阶段，前一阶段由开拓者（或革新者）主导，后一阶段由使其合法化者（或生效者）主导"，⑧ 我们要关注的，"不在于王韬为什么没有成为一个革命者，而在于他怎样成为一个开创者。"⑨

3、其他的零星介绍

有论者指出："中国读书人于近代前往西方（包括开放后的日本），林鍼、

---

① 《普法战纪》卷十二。
② 同上。
③ 同上。
④ 同上。
⑤ 同上。
⑥ ［美］柯文：《在传统与现代性之间：王韬与晚清改革》，第83页。
⑦ 《法国志略》卷五。
⑧ ［美］柯文：《在传统与现代性之间：王韬与晚清改革》，"中译本序言"。
⑨ ［美］柯文：《在传统与现代性之间：王韬与晚清改革》，第4页。

罗森、斌椿、志刚只能算前奏，容闳、王韬和李圭也只能算序曲，真正的主题歌大概要到光绪二年（1876）郭嵩焘等一批有地位、有身份的传统知识分子出使东西洋时才算正式开始。"① 作为清政府派出的第一位出使英国的外交使节，郭嵩焘其名为《使英记程》的日记中曾记载了西欧工人运动的一些情况。对西欧社会主义运动有稍详描述的是黎庶昌。作为曾国藩幕府"四子"之一的黎庶昌，曾随郭嵩焘出使西洋，后接续出使德、法、西班牙以及日本。黎庶昌把使西期间的杂记集结为《西洋杂志》。这位身怀探求"经世之大法"且有"雄奇万变"之笔的知识分子，在记述西洋风土之外，对于西方政治制度和社会运动的论述，也有着深远的意义。他曾赞叹瑞士的政治制度"无君臣上下之分，一切平等，视民政之国又益化焉"，加上瑞士的绝胜之山水，故"西洋人士无不以乐土目之"。② 并称英国"虽有君主之名，而实则民政之国也。"③ 言语间不乏倾慕之意，如对比其对中国政体的看法，尤其可以看出这一点，"中国君主专制之国，有事则主上独任其忧"。④ 在《西洋杂志》中，黎庶昌曾述及德皇遇刺的事件，事后知道行刺者为"索昔阿利司脱"会党，行刺者以"为民除害"为托词。⑤ 并对此党详加解释："索昔阿利司脱译言'平会'也，意谓天之生人，初无歧视，而贫贱者乃胼手胝足，以供富贵人驱使，此极不平之事；而其故实由于国之有君，能富贵人、贫贱人。故结党为会，排日轮值，倘乘隙得逞，不得畏缩；冀尽除各国之君使国无主宰，然后富贵者无所恃，而贫贱者乃得以自伸。彼会之意如此，非有仇于开色也。其党甚众，官绅士庶皆有之，散处各国。"⑥ "索昔阿利司脱"为 Socialist 译名，黎庶昌把社会主义性质的政党译作"平会"。此处所见"索昔阿利司脱"之名，乃是"社会主义者"一词的最早汉译。在《西洋杂志》中，作者还记述了"俄皇遇刺"事件。"其国有名索息阿利司脱尼喜利司木（索息阿利司脱者，会。尼喜利司木，会之名）者，译名'平会'，欲谋害俄皇者屡矣。"⑦ 谋害俄皇之原因为："俄皇阿赖克桑得尔第二，即位二十六年，拓土开疆，横徵无度，事皆独断独行，又不设立议院，民情不能上达，素为国人所忌。"⑧ 比较此前关于中西政体比较之言论，其中或不乏深意。黎庶

---

① 钟叔河：《走向世界：近代中国知识分子考察西方的历史》，北京：中华书局，2000 年，第 260 页。

② 黎庶昌著，喻岳衡、朱心远校点：《西洋杂志》，长沙：湖南人民出版社，1981 年，第 148 页。

③ 黎庶昌著：《西洋杂志》，第 180 页。

④ 同上书，第 188 页。

⑤ 同上书，第 57－58 页。

⑥ 同上书，第 58 页。

⑦ 同上书。

⑧ 黎庶昌：《西洋杂志》，第 58 页。索息阿利司脱尼喜利司木，钟叔河译作"民意党"。见钟叔河：《走向世界：近代中国知识分子考察西方的历史》，第 275 页。

昌关于社会主义的两则报道，可谓"近代中国介绍欧洲社会主义运动之嚆矢"。①

4、《万国公报》和《回头看纪略》

在向中国人传播社会主义思潮的过程中，西方传教士起到过十分重要的作用，尤其是以《万国公报》为代表的传教士出版物。

1868年9月5日，在华美国监理会传教士林乐知（Young John Allen）创办《中国教会新报》，每年出50卷。1972年8月31日，自201卷起，更名为《教会新报》。1874年9月5日，自301卷开始，改称《万国公报》（*Chinese Globe Magazine*），1883年7月28日，出至750卷，停刊。1889年1月31日《万国公报》（此次复刊，英文名称改作 *The Review of the Time*）复刊，重新计册，1907年12月，出至237册停刊。《万国公报》对于"西学的普及"起了重要作用，并直接促进了晚清"自改革"思潮，在中国少有留外学生的时代，成为中国文士"了解世界的媒介"。② 虽然是教会刊物，但《万国公报》包括其前身，都对于俗世事务表现出很大的兴趣，特别是复刊后的《万国公报》成为广学会的喉舌，广学会的"独立团体"背景，更是倾向于对于清帝国改革的推动。所以，对于西学的介绍并不局限，甚至包括了与教义相悖的达尔文主义乃至马克思学说的介绍。③《万国公报》的编者们"经常超出自己的信仰，倾向较为激进的思想。1898年夏，他们在中国出版了第一部系统讲解多种社会主义学说的著作（即《醒华博议》，作者注）。"④ 尽管这个小册子对于后来的中国经济思想有较大影响，但因其过于专业而较少为大众所知。《万国公报》中引起较大影响的著作是贝拉米的《回头看纪略》。

1888年，美国人毕拉宓（今译贝拉米，E. Bellamy，1850—1898）在美国出版《回顾》（*Looking Backward*）一书。该书"从社会主义的观点出发，经过认真的经济分析的产物，对当代经济进退两难的窘境进行了独创性的、全面的论述。"⑤ 此书出版后，很快成为畅销书，在欧美各地共发行一百多万册，并译成德、法、俄、意、阿拉伯、保加利亚等多种文字，"对社会主义在全世界的传播，起了极其重要的作用。"⑥ 1891年12月至1892年4月，《万国公报》第

---

① 钟叔河：《走向世界：近代中国知识分子考察西方的历史》，第275页。

② 朱维铮：《西学的普及——〈万国公报〉与晚清"自改革"思潮》，见《求索真文明：晚清学术史论》。对《万国公报》概况的介绍，同时参考梁元生：《林乐知在华事业与〈万国公报〉》，香港：香港中文大学出版社，1978年；王林：《西学与变法——〈万国公报〉研究》，济南：齐鲁书社，2004年。

③ 朱维铮：《西学的普及——〈万国公报〉与晚清"自改革"思潮》，见《求索真文明：晚清学术史论》。

④ ［美］伯纳尔：《1907年以前中国的社会主义思潮》，第26—27页。

⑤ ［美］乔·奥·赫茨勒：《乌托邦思想史》，张兆麟等译，北京：商务印书馆，1990年。

⑥ ［美］伯纳尔：《1907年以前中国的社会主义思潮》，第12页。

35 册至第 39 册，连载了贝拉米所著，署名"析津"（即李提摩太）翻译的《回头看纪略》。1894 年广学会出版单行本，改名为《百年一觉》。

《回顾》主要讲述一个名为伟斯德（今译韦斯特）的波士顿年轻人，在 1887 年被人用"入蛰"的方法入睡，一觉醒来，已是 2000 年。此间世界大变。生产资料私有制转为公有，个人富裕取代社会贫困，各行各业尽归国有统辖，举国之人一律平等。所有人由国家教养至 21 岁，之前为读书时间，之后至 45 岁为工作时间。最初参加手工劳动，然后根据各自才能和爱好分配工作。工作虽异，但报酬与荣誉均等。45 岁退休，之后是安闲养老之年。男女平等，女子自立。国家占有一切生产机构与分配机构，按行业选出委员会治理，在高效率的机器大生产基础上，实现政治的、经济的和社会的完全平等。展示了一副空想社会主义社会的图景，也俨然一派大同之世的景象。译者在中译本中确实使用了"大同"一词来描述新世界。主人公在书中诘问旧社会说："岂知上帝生人，本为一体，贫者富者皆胞与也，何至富者自高位置而贫者毫无顾惜，岂所谓大同之世哉！"① 对于 2000 年的社会情境，赞叹曰："若是则真所谓大同之世也。"②

《万国公报》的译文以及《百年一觉》的单行本，对于中国思想界产生了很大反响。梁启超对其推崇备至，认为它是"在中国可得到的西方最重要的书籍之一"，称此书为"百年一梦"。③ 谭嗣同在《仁学》中概述此书，"千里万里，一家一人。视其家，逆旅也；视其人，同胞也。父无所用其慈，子无所用其孝，兄弟亡其友恭，夫妇忘其倡随。若西书中《百年一觉》者，殆仿佛《礼运》大同之象焉。"④ 孙宝瑄多次提及《百年一觉》，"览李提摩太译《百年一觉》，专说西历二千年事，今尚千八百九十七年也。为之舞蹈，为之神移。"⑤ 伯纳尔认为，康有为采用"大同"一词作为《大同书》之终极理想，是其受到贝拉米的《回顾》之影响，并由此把这个词"从过去转为未来"，并吸收进自己的乌托邦设计中。⑥ 确实，《大同书》与《回头看纪略》之间有很多相似之处，以至于"使人们很难不说那是钞袭"。⑦ 看来，马悦然认为康有为并没有受到贝拉米影响的观点，是不可靠的。⑧ 就连康本人，也说过"美国人所著《百年一觉》书，

① 《回头看纪略》，《万国公报》第 35 册，1891 年 12 月。

② 《回头看纪略》，《万国公报》第 38 册，1892 年 3 月。

③ 梁启超：《西学书目表》，转述自 [美] 伯纳尔：《1907 年以前中国的社会主义思潮》，第 13 页。

④ 谭嗣同：《仁学》，《谭嗣同全集》（下册），北京：中华书局，1981 年，第 367 页。

⑤ 孙宝瑄：《忘山庐日记》（上册），上海：上海古籍出版社，1983 年，第 97 页。

⑥ [美] 伯纳尔：《1907 年以前中国的社会主义思潮》，第 11—15 页。

⑦ 朱维铮：《从〈实理公法全书〉到〈大同书〉》，注 60。见朱维峥：《求索真文明：晚清学术史论》，第 257 页。

⑧ 马悦然：《从〈大同书〉看中西乌托邦的差异》，《二十一世纪》，1991 年 6 月号，总第 5 期。

是大同影子"这样的话。[①]

通过这些介绍，社会主义思潮逐渐为中国人所了解。一种思潮成为某种共识，就会从隐性的存在变成燎原之火。此后（1900—1911 年）社会主义在中国传播的热潮，即是明证。

（本文责任编辑：任天）

---

① 吴熙钊点校：《康南海先生口说》，广州：中山大学出版社，1986 年，第 31 页。

抗战时期中国化语境中的
马克思主义文论译介[*]

■ 杜吉刚；周平远^{**}

（南昌大学中文系）

【内容摘要】抗日战争时期，中国学术界对于马克思主义文论文献的译介，逐渐摆脱了革命文学论争时期、左联时期一味追随世界左翼文艺界尤其是苏联文艺界文论动向的趋向，开始形成自我主体意识。中国学术界开始更多地从自身的马克思主义文艺理论建设的需要出发，而不是从世界左翼文艺界的文论动向出发，向国内选择译介马克思主义文论文献。中国学术界对于马克思主义文论文献译介的这一根本性、导向性的变化，标志着中国学术界"中国化"马克思主义文艺理论建构在马克思主义文论的译介层面发展到了成熟阶段。

【关键词】抗战时期；中国化；马克思主义文论

一、抗战时期马克思主义文论译介的中国化语境与推动因素

抗日战争时期，中国文学界对于马克思主义文论文献的译介，逐渐摆脱了

---

* 本文为教育部人文社会科学研究项目基金资助（项目批准号：08JA751021）、国家社会科学基金项目（项目批准号08BZW007）的研究成果。

** 杜吉刚，1967年生，男，山东临沂人，博士，南昌大学教授，主要从事比较文学、文艺学研究；周平远，1950年生，男，江西新干人，南昌大学教授，主要从事文学、美学基础理论研究。

革命文学论争时期、左联时期一味追随世界左翼文艺界尤其是苏联文艺界文论动向的趋向，开始形成自我主体意识。中国文学界开始更多地从自身的马克思主义文艺理论建设的需要出发，而不是从世界左翼文艺界的文论动向出发，向国内选择译介马克思主义文论文献。中国文学界对于马克思主义文论文献译介的这一根本性、导向性的变化，主要源自于这一时期中国文化语境的根本性的变化。

与五四时期的"世界化"追求、第二次国内革命战争时期的"国际主义"宣扬不同，抗日战争时期，中国思想界、文化界崇尚的是"中国精神"、"中国风格"，用当下时兴的话来说，是民族主义话语。

应该说，抗日战争不仅是中国近现代社会史的一个重要转折点，同时也是中国近现代思想史、文化史的一个重要转折点。抗日战争时期，中华民族到了最危险的时候。"抗日则生，不抗日则死！""国家至上，民族至上！"成为了时代的最强音。日本帝国主义的入侵，彻底激发出了每一位炎黄子孙的民族意识。中国共产党原本是共产国际领导下的一个支部，"无产阶级没有祖国"、"全世界无产阶级联合起来"、"变帝国主义战争为国内革命战争"，总之，国际主义精神、国际主义路线曾是中国共产党建党的一个基本信条与行动指针。但是，在山河破碎、民族危亡的危机关头，其根本政策不得不作出重大调整。1935 年 8 月 1 日，中共驻共产国际代表团发表《八一宣言》，提出了"为祖国生命而战"，"为民族生存而战"，"为国家独立而战"的口号，"民族"开始进入党的政治文件，成为除"阶级"之外的另一个重要话语。1935 年 12 月，瓦窑堡会议召开，中共中央确立了建立"抗日民族统一战线"的政治路线。1936 年，毛泽东在与斯诺谈话时指出："我们为解放中国而战斗的目的，决不是为了将国家交给莫斯科！""中国共产党只是中国的一个政党，在它胜利时，它必须是全民族的代言人。它不能代表俄国人民讲话，也不能替第三国际来统治，只能维护中国大众的利益。"① 作为这一切的一个根本性的标志，就是中国共产党自动放弃了原本极具"国际化"的苏维埃的旗帜，而树立起了极具"中国化"的新民主主义的旗帜。正是中国共产党民族政策的这一根本性的调整，才最终促成了国共两党抗日民族统一战线的建立。但是，高涨的民族意识并不仅仅体现于政治、军事领域，它还进一步弥漫、充溢于整个的思想、文化界，促成了中国思想发展、文化发展的一种普遍的、重大的导向性的调整：由五四时期、第二次国内革命战争时期的主要外向索取，而一变为主要的内敛、自审；由五四时期、第二次国内革命战争时期对于传统文化的激烈否定、批判，而一变为对于民族传统文化的认同乃至热烈颂扬；由五四时期、第二次国内革命战争时期的全盘"西化"

---

① ［美］斯图尔特·R. 施拉姆：《毛泽东的思想》，田松年等译，北京：中国人民大学出版社，2005 年，第 70 页。

或"苏化"，而一变为"中国化"；表现出了对于基本国情、历史传统和本土文化的尊重。所以，在整个的抗日战争时期，我们看到的是与以上两个时期迥然相异的文化气象。这时已不再有"世界化"的旗号，也不再有"国际性"的追求，有的则是"中国魂"、"中国味"、"中国精神"、"中国风格"和"中国气派"。对于"中国特色"的强调成为了抗日战争时期居于支配地位的社会思潮。它不仅波及社会的一切阶层，而且还弥散于学术的一切领域。郭沫若在1941年所写的《四年来之文化抗战或抗战文化》一文中对此有过这样一段生动的描述："'学术中国化'口号的提出，更引起文化各部门的热烈响应。文艺创作者热烈地讨论复兴文艺的民族形式问题；戏剧家研究各地地方戏作实验公演；音乐家也搜集各地民歌，研究改良，作实验演奏；社会科学家研究着中国的实际，中国的历史；自然科学家在研究着国防工业、交通运输、战时生产、医药卫生等中国具体问题，并提出了'中国科学化运动'的口号；哲学家在研究着中国的古代哲学与思想在抗战建国上的各种问题。"[1]

抗日战争时期的"中国化"语境，对于中国文学界马克思主义文艺理论的译介所产生的影响是巨大的。它使中国文学界对于马克思主义文艺理论的译介，开始更多地立足于国内马克思主义文艺理论建设的实际需要，而不是一味地去追随世界左翼文学界的文论动向。中国文学界对于马克思主主义文艺理论文献的译介，开始形成自我主体意识。

抗日战争时期，对于中国文学界马克思主义文艺理论译介产生重大影响的因素还有中共中央的大力推动以及相对宽松或特殊的政治环境。首先是中共中央及各抗日根据地、解放区政府的大力推动。中国共产党是以马克思主义为指导的无产阶级政党，历来都非常重视对于马克思主义理论的学习。但是，早在到达陕北以前，由于各种条件的限制，党对于马克思主义的学习一直处于一种较为零散、低水平的状态。长征完成以后，党的外部生存环境发生了重大的变化。随着党员队伍的扩大及革命形势的发展，一场普遍的、系统的马克思主义教育运动十分必要。正是在这种状况下，为了克服长期以来理论准备不足的缺陷，毛泽东在1938年9月召开的扩大的六届六中全会上向全党发出了开展马克思主义理论学习竞赛的号召："一般地说，一切有相当研究能力的共产党员，都要研究马克思、恩格斯、列宁、斯大林的理论……并经过他们，去教育那些文化水准较低的党员。""马克思、恩格斯、列宁、斯大林的理论，是'放之四海而皆准'的理论。……而我们的任务，是在领导一个四万万五千万人口的大民族，进行空前的历史斗争。所以普遍地深入地研究理论的任务，对于我们，是一个亟待解决并须着重致力才能解决的大问题。我们努力罢，从我们这次扩大

---

① 郭沫若：《四年来之文化抗战或抗战文化》，国民政府军事委员会政治部编《抗战四年》，重庆，1941年，第190页。

的六中全会之后，来一个全党的学习竞赛，看谁真正地学到了一点东西，看谁学的更多一点，更好一点。"① 为此，中共六届六中全会还通过了《中共扩大的六中全会政治决议案》，号召"必须加紧认真地提高全党的理论水平，自上而下一致地努力学习马克思、恩格斯、列宁、斯大林的理论，学会灵活地把马克思列宁主义和国际经验应用到中国每一个实际斗争中来"。② 作为具体的实施措施，中共中央在 1939 年 2 月专门成立了干部教育部，领导全党的马列主义学习；在 1939 年至 1940 年间，还先后发出了《延安在职干部教育暂行计划》、《关于宣传教育工作的指示》、《关于干部学习的指示》、《关于办理党校的指示》、《关于在职干部教育的指示》等十数项指导性的文件，建立起了一整套党员干部理论学习的制度和办法。并于 1938 年 5 月 5 日成立了马列学院，1938 年 10 月，成立了军委编译处，负责翻译马克思主义文献著作，先后翻译出版了《抗日战争参考丛书》、《马克思恩格斯丛书》、《列宁选集》和《斯大林选集》等一大批马克思主义文献著作。经过这么一系列的举措，中国共产党在延安及各抗日根据地掀起了一个普遍的、有系统、有组织、有计划的马克思主义理论学习热潮。与此同时，中国共产党还将这一活动进一步推向全国，先后发动了"新启蒙运动"与"学术中国化运动"，在全国范围内也掀起了轰轰烈烈的马克思主义理论的宣传、普及热潮。

其次是国统区相对宽松的政治环境以及上海孤岛的特殊环境。第一次国共合作破裂后，国民党曾将苏联视为中国共产党的后台而加以反对，并严禁马克思列宁主义有关著作的传播。但随着中日民族矛盾的日益尖锐，国民党为了"联苏制日"的需要，开始着手外交关系的重大调整。1933 年初中苏复交，出于睦邻的需要，国民政府对于"友邦元首"列宁、斯大林的著作以及"友邦立国精神"的马克思主义在一定程度上放松了查禁。1935 年 10 月，国民党要员出面组织成立了"中苏文化协会"，1936 年 5 月出版会刊《中苏文化》，更是直接介入中苏间的文化交流。尤其是抗日民族统一战线建立后，出于团结抗日的需要，国民政府在一定的程度上放松了对于出版物、言论的控制，中国共产党所创办的《新华日报》、《群众》等报刊以及其他进步组织所创办的《文艺阵地》、《七月》等杂志得以出版发行。国统区这种相对宽松的政治环境，在一定的程度上也有利于马克思主义理论的译介、传播。上海陷落后，英美控制的公共租界、法国控制的法租界成为了日本占领区环绕的孤岛。由于英美法三国与日本之间存在矛盾，所以，租界当局对于中国人的书刊出版的控制相对较为宽松。1941 年 12 月孤岛陷落后，由于苏日之间存在外交关系，日本军方对于以

---

① 毛泽东：《论新阶段》，中央档案馆编《中共中央文件选集》第十一册，北京：中共中央党校出版社，1986 年，第 657—658 页。

② 中央档案馆编：《中共中央文件选集》第十一册，第 757 页。

苏商名义出版的书籍、杂志等出版物，不便于公开禁止，以至于《时代》、《苏联文艺》等进步刊物也能够得以出版发行。上海孤岛时期以及陷落后的一段时期，由于上海政治环境的特殊，也在一定的程度上方便了马克思主义理论文献的译介传播。

抗日战争时期的"中国化"语境与中共中央对马克思主义理论学习热潮的大力推动以及相对宽松或特殊的政治环境在一定的意义上形成了一种张力性的结构，这种张力性的结构对于该时期马克思主义文艺理论的译介产生了一种深刻的、铸造性的影响。它使中国文学界在回归本土文化、历史传统、关注本国基本国情的同时，并没有出现如某些学者所说的那种排外主义和反现代主义倾向，[①] 而是进一步加强了对于马克思主义文艺理论的译介与研究力度。中国文学界在增强自我主体意识的同时，也加强了对于马克思主义文艺理论的认知宽度与深度。这标志着中国文学界"中国化"马克思主义文艺理论建构在马列文论的译介层面发展到了成熟阶段。

二、抗日战争时期译介的马克思主义文论文献

1、马克思主义经典作家文论文献的译介

抗日战争时期，中国文学界对于马克思主义文艺理论的译介最大的成就是对于马克思主义经典作家文论文献的译介。与左翼时期相比，这一时期，中国文学界对于马克思主义经典作家文论文献的译介，不仅规模、范围有明显的扩大，而且质量也有了明显的提高。

据初步考证，抗日战争时期译介出版的马克思、恩格斯的文艺论著主要有四部。一部是欧阳凡海编译的《马恩科学的文学论》，1939 年 11 月由读书出版社在桂林出版。该部著作内收恩格斯《致玛·哈克奈斯》、《致保·恩斯特》、《致斐·拉萨尔》与马克思《致斐·拉萨尔》四封谈文艺的书信，另有苏联文论家希尔莱尔的《恩格斯底现实主义论》与《马克斯与世界文学》两篇文章。其中恩格斯致玛·哈克奈斯和保·恩斯特的两封信采用的是瞿秋白的译文；恩格斯给拉萨尔的信采用的是 1935 年 11 月《文艺群众》第 2 期上易卓的译文。马克斯给拉萨尔的信与希尔莱尔的两篇文章则是欧阳凡海根据日文版本翻译过来的。把马克思、恩格斯的重要文艺书信汇编在一起，这在我国还是第一次。该部书的出版为文艺工作者系统把握马恩的文艺观点，提供了便利。第二部是周扬编校、曹葆华与天蓝翻译的《马克思恩格斯列宁论艺术》，1940 年 6 月由延安鲁迅艺术文学院出版。该书是鲁艺丛书之一，内收马克思、恩格斯有关文艺

---

① 参见冯崇义：《中国抗日战争时期的中国化思潮》，《开放时代》1998 年第 2 期。

的五封著名书信：马克思的《致斐·拉萨尔》，恩格斯的《致斐·拉萨尔》、《致敏·考茨基》、《致玛哈克奈斯》、《致保·恩斯特》；列宁论托尔斯泰的四篇文章：《托尔斯泰：俄国革命的镜子》、《论托尔斯泰之死》、《托尔斯泰与现代工人运动》、《托尔斯泰与他的时代》；另有苏联学者写的马列艺术思想研究论文两篇以及周扬所写的后记。该书大部分是从英文转译的，还有部分是从日文转译的。第三部是苏联共产主义学院文艺研究所编辑的《科学的艺术论》，楼适夷据日文版本翻译，1940 年 10 月由上海读书出版社出版。该书共摘录了马克思、恩格斯 40 多段有关文艺的论述，围绕着"社会生活中艺术的地位"、"关于文学的遗产"、"观念形态的艺术"三个方面编辑而成。原书出版于 1933 年，是苏联也是世界上较早摘录结集的一部马恩艺术论著作，它汇集了马恩有关文艺论述的主要信息，反映了马恩文艺思想的基本面貌。该书的翻译出版，"第一次为我国读者提供了较为系统的马恩的文艺论述，标志着马恩的文艺论著在我国的翻译出版取得了新的重大进展"①。第四部是周扬编辑的《马克思主义与文艺》，1944 年 5 月由延安解放社出版。该书选录了马克思、恩格斯、普列汉诺夫、列宁、斯大林、高尔基、鲁迅和毛泽东的关于文艺的论述，按照内容分为五辑："意识形态的文艺"、"文艺的特质"、"文艺与阶级"、"无产阶级文艺"、"作家、批评家"。此外，还包括周扬所写的一篇序言以及附录的四篇文章。该书把马克思恩格斯有关文艺的论述与其他马克思主义者的有关论述分专题汇编，揭示了马克思主义文艺理论的发展脉络与内在联系。"这本书可以看作是全国解放前马克思恩格斯的文艺论著和其他马克思主义者的文艺论著在中国的翻译和介绍，马克思主义的文艺理论观点在中国的传播和发展的集大成的精粹表现。"② 另外，郭大力与王亚南翻译的马克思的《资本论》（1—3 卷），也与文艺有着密切的关联。其第 1 卷第 1 版序及第 2 版跋对于文艺家怎样正确观察人、研究人、反映和表现人，具有一定的指导意义，其中所揭示的关于辩证法与阶级分析方法，对于马克思主义文艺理论的研究也具有方法论的指导意义。该部著作，1938 年 8—10 月间由上海读书生活出版社陆续出版。上述几部马恩著作在抗日战争时期的译介传播，为中国文学界学习研究马恩文艺思想提供了重要的参考资料。

抗日战争时期，列宁文论文献的译介，在马克思主义经典作家文论文献译介的整体构成中，占有相当的比重。据初步考证，该时期列宁共有三部有关文艺论述的集子被翻译成了中文。第一部是何芜译的《列宁给高尔基的信》，1938 年 3 月上海新文化书店出版。该书系据日文转译，收载了列宁 1908—1913 年给高尔基的 16 封信。这是我国翻译出版的最早的一本列宁给高尔基的书信集。第

---

① 刘庆福：《马克思恩格斯文艺论著在中国翻译出版情况简述》，《北京师范大学学报》（北京）1983 年第 2 期。

② 同上。

二部是罗稷南译的《和列宁相处的日子》，1938 年 6 月汉口生活书店出版。该书是高尔基所写的列宁回忆录，附录了列宁 1908 年至 1916 年写给高尔基的信 15 封。第三部是肖三译的《列宁论文化与艺术》（上册），1941 年 5 月《中国文化》第 2 卷第 6 期发表，1943 年 4 月重庆读者出版社以书的形式出版，在此之后，山东、佳木斯、苏南、香港等地也先后翻印出版。原书分为三部分：论文化与文化遗产、艺术的阶级性与党性，列宁的命令和指示，以及附录，1938 年由莫斯科艺术出版社编辑出版。肖三仅翻译了前两部分。除《托尔斯泰像俄国革命底一面镜子》用的是瞿秋白的译文外，其余全是肖三从原文译出的。译著中《党的组织和党的文学》、《论无产阶级文化》和列宁论托尔斯泰的五篇文章，都是全文收入。该书的翻译出版对于我国文艺工作者全面了解列宁的文艺观，较系统地学习列宁的文艺思想提供了方便，是抗日战争时期我国翻译出版列宁文艺论著的重大成果。

除以上三部译著外，列宁的《党的组织与党的出版物》及其论述托尔斯泰的五篇文章，在该时期成为了中国文学界译介的热点之一。《党的组织和党的出版物》，除肖三在《列宁论文化与艺术》（上册）中的译文外，还有博古、戈宝权与陆梅林的译文。博古的译文以《党的组织与党的文学》为题名，发表在 1942 年 5 月 14 日的《解放日报》上。戈宝权的译文以《党的组织与党的文学》或《列宁论党的文学问题》为题名，先后发表在 1942 年 11 月 21 日《新华日报》、1944 年 7 月《群众》杂志第 9 卷第 13 期。列宁论述托尔斯泰的文章的译文有：戈宝权译《列宁论托尔斯泰》（五篇），连载于 1943 年出版的《群众》第 6、7 期合刊至第 10 期；戈宝权译《列宁论托尔斯泰》，收《列·尼·托尔斯泰》、《列·尼·托尔斯泰和现代工人运动》和《列·尼·托尔斯泰和他的时代》三篇文章，连载于 1943 年《群众》周刊第 8—9 期；纯夫译的《列宁论托尔斯泰与近代工人运动》和苏凡译的《列宁论托尔斯泰及其时代》，同时刊载于 1942 年出版的《中苏文化》第 11 卷第 3、4 期合刊上。

这一时期，列宁的文艺论著被翻译成中文的还有：戈宝权译《列宁与斯大林论电影》，发表在 1940 年 8 月《中苏文化》第 7 卷第 4 期上；吕荧译《列宁论作家》，发表在 1940 年 12 月重庆《文学月报》第 2 卷第 5 期“苏联文学专号”上，收有列宁论别林斯基、赫尔岑、车尔尼雪夫斯基、乌斯宾斯基、高尔基、谢甫琴科、马雅可夫斯基、巴比塞、辛克莱、约翰·里德 10 位作家的有关言论；戈宝权辑译《列宁论文学艺术与作家》，包括列宁论文学艺术、列宁论接受遗产及创造新文化的问题、列宁论托尔斯泰及赫尔岑三部分，发表在 1941 年 1 月《文艺阵地》第 6 卷第 1 期上；戈宝权译《列宁论艺术及其他》，发表在 1943 年 1 月《群众》第 8 卷第 1、2 期合刊上；戈宝权译《列宁论高尔基》，包括《给卢那察尔斯基的信（1908 年 2 月 3 日）》、《资产阶级报纸关于高尔基被开除党籍的谣言》、《一个政论家的时评》、《远方来信：第四信——怎样取得和平?》四段译文，发表在 1944 年 6 月《群众》第 9 卷第 12 期上。

抗日战争时期，斯大林的文艺论著在我国开始得以译介传播。主要译介者为贺依、曹葆华与戈宝权。贺依是苏联罗克托夫编《斯大林与文化》一书在中国的第一个译本的译者。该书原译名是《史大林与文化》，1940 年由上海时代书报出版社出版，系据英译本转译，主要包括本文（由十篇文章组成）、和当代艺术家们晤谈的记述、附录（苏联文学中所描写的史大林）三个部分。曹葆华是苏联罗克托夫编《斯大林与文化》一书在中国的第二个译本的译者。该书是鲁艺丛书之一，1941 年 9 月由延安新华书店出版。译本分为《斯大林在文化和艺术上的见解》、《斯大林著作中的文学形象》、《当代作家和艺术家对斯大林的印象》三部分。系据法文及英文版本转译。戈宝权翻译了斯大林有关于文艺论述的文章，主要有：《斯大林论民族文化》（文中收摘了斯大林论民族文化的 12 个片断），发表于 1940 年 8 月《群众》周刊第 5 卷第 2 期上；《斯大林论作家》，发表于 1940 年 8 月《中苏文化》7 卷 1 期上；《斯大林论苏联文化革命》，发表于 1940 年 11 月《群众》周刊第 5 卷第 11 期上；《见于斯大林著作中的文学形象》，发表于 1940 年 11 月《文学日报》第 2 卷第 10 期上。斯大林以上文艺论著在中国的译介传播，标志着中国文学界对于马克思主义经典作家文论文献认知范围的扩大。

2、马克思主义者文论文献的译介

与左联时期一样，抗日战争时期，高尔基的文论文献与其他马克思主义者有关社会主义现实主义的理论文献，依然是中国文学界译介的重点。

据初步考证，抗日战争时期，我国学者译介出版的高尔基的文艺论著主要有：以群译的《给初学写作者及其他》、孟昌译的《文学散论》、曹葆华译的《苏联的文学》、戈宝权译的《我怎样学习写作》四部集著。以群译的《给初学写作者及其他》，收载了高尔基"给初学写作者"、"给契可夫"、"给安特列夫"、"给象征主义者安菲塔特洛夫"的通信以及"高尔基与萧伯纳的通信"，1941 年 8 月由读书出版社出版。孟昌译的《文学散论》，共收高尔基的文学论文 13 篇，1941 年 11 月由桂林文献出版社出版。原书是 1935 年苏联国家图书出版局印行的高尔基《文学论》一书。曹葆华译的《苏联的文学》，是《鲁艺丛书》之一，1943 年 7 月由华北书店发行。收高尔基在全苏联作家协会第一次代表大会上所作的报告《苏联的文学》，另有两篇文章《〈俄国文学史〉序言》与《一青年的文学和它的任务》作为附录收入。戈宝权译的《我怎样学习写作》，1945 年 8 月由重庆读书出版社出版。原著是高尔基在 1928 年所写的一篇带有自传性的论文艺的长文。30 年代曾有译者依据日文转译成中文，此次，戈宝权的翻译依据的是俄文本。除以上四部集著外，这一时期，中国文学界还翻译了高尔基的数十篇文论文献，分散发表在不同的报刊上或收录在不同的集著中。其中比较重要的有：曹葆华1941年12月至1945年5月，在延安《解放日报》上连续发表的六篇译文——《年青的文学和它的任务》、《论文学》、《论普式庚》、《我们的读者大众应当知道什么》、《走向胜利与创造》、《书》；白澄译1940年6月发表在《文学月报》第1卷第6期上的《论文学及其他》；孟昌译1941年3月发表在《中苏文化》第8卷第2期上的《高尔基文学论文辑译》；罗颖之译1942年6月发表在《中苏文化》第11卷第3、4期合刊上的《论青年文学及其任务》等。从总体上来讲，这一时期较之左翼时期，高尔基文论文献翻译出版的数量有所减少，但是，这个时期却翻译了一批前一时期不曾翻译过的文论文献，依然有明显的推进。

抗日战争时期，中国文学界译介出版的其他马克思主义者的有关社会主义现实主义的文论文献主要有：上海东方出版社编译出版的《国际文学》、楼适夷翻译的《文学的新的道路》、日本学者森山启的《社会主义的现实主义论》、苏联米尔斯基的《新文学上的写实主义》四部著作。上海东方出版社编译的《国际文学》，是"第一次苏联作家代表大会汇刊"，内容包括日丹诺夫的演说、高尔基关于苏联文学的报告和闭幕词、拉狄克关于世界文学的报告与结论以及伊万诺夫、法捷耶夫、沙邦诺夫的演讲等。汇刊于1939年5月出版。楼适夷翻译的《文学的新的道路》，上海光明书局1940年4月出版。该书系1934年8至9月第一次苏联作家代表大会报告和讨论发言选编，分"关于苏联文学"和"关于苏联的戏剧文学"两部分，共含29篇大会的报告和发言。日本学者森山启的《社会主义的现实主义论》，林焕平翻译，1940年10月香港希望书店出版。著作包括七篇论文，《苏联作家协会章程》作为附录收入。著作从不同的角度探讨了"社会主义现实主义"问题。苏联米尔斯基的《新文学上的写实主义》，段洛夫翻译，1941年6月上海潮锋出版社出版。著作分为"现实主义之一般的特质"与"现实主义的诸阶段"两编，另附有《高尔基论苏联文学》。以上这些文论文献，大致上可以分为两类：第一次苏联作家代表大会的报告、发言及相关文件；苏联及日本研究者对"社会主义现实主义"的阐述。这些文论文献的译介出版或发表，为中国文学界进一步掌握这一理论提供了必要的材料。

抗日战争时期，中国文学界对于马克思主义文论文献的译介，除以上重点外，还译介了其他一些文论家的文论文献，比如卢卡契、卢那察尔斯基、加里宁等人的文论文献。但是，一般来讲，这些译介，相对较为零散，所产生的影响也相对较小。

三、抗日战争时期马克思主义文论译介的特点

抗日战争时期，中国文学界对于马克思主义文论文献的译介主要有以下两个方面的特点。

1、译介更为经典化、系统化

革命文学论争时期，中国文学界对于马克思主义文艺理论文献的译介，重点是普列汉诺夫、卢那察尔斯基以及那些活跃在苏联、日本等国左翼文坛文艺理论家的文论文献，马克思主义经典作家的文论文献译介份额很少，据统计仅有马克思一篇、列宁三篇。左联时期，中国文学界开始注意对马克思主义经典作家文论文献的译介，马克思、恩格斯、列宁的文论文献的译介分量开始有了明显的增加。但是，该时期的译介大多为单篇文论文献的译介，缺乏系统性与完整性，且在译介文论文献的整体构成中所占的份额也相对不大。

抗日战争时期，中国文学界马克思主义文论文献的译介状况开始有了重大的变化。首先，从译介的范围上来看，中国文学界此时不仅大量地译介了马克思、恩格斯、列宁的文论文献，而且已经开始注意对于斯大林文论文献的译介，《斯大林与文化》等一批斯大林的文论文献先后被翻译到了中国。其次，从译介文本的构成来看，中国文学界一改过去翻译、出版马恩列单篇或片断文论文献的状况，而转向翻译、编辑和出版文论集或专题汇编。比如欧阳凡海编译的《马恩科学的文学论》、曹葆华与天蓝翻译的《马克思恩格斯列宁论艺术》、楼适夷翻译的《科学的艺术论》、周扬编辑的《马克思主义与文艺》、肖三翻译的《列宁论文化与艺术》、何芜翻译的《列宁给高尔基的信》、戈宝权翻译的《列宁论托尔斯泰》等都属于专集性质。再次，从译介的规模上来看，中国文学界对于马克思主义经典作家文论文献的译介，在马克思主义文论文献译介的整体构成上，已经占有很大的份额，成为了中国文学界马克思主义文论文献译介的重点。还有，从译介文献文本的选择来看，中国文学界已开始注意更多地选取俄语版本为译介的版本依据。肖三译介的《列宁论文化与艺术》、戈宝权翻译的《列宁论文学艺术与作家》、博古翻译的《党的组织和党的文学》等，都是译自俄文版本。这在很大的程度上改变了中国文学界原先那种主要通过日译版本转译马克思主义文论文献的状况。由此可以看出，抗日战争时期，中国文学界对于马列主义文论文献的译介，已经进入到了一个经典化、系统化、准确化的阶段。

2、与革命斗争、文化建设的任务结合更为紧密

抗日战争时期，中国文学界对于马克思主义文论文献的译介，摆脱了一味追随苏联、日本等国左翼文学界文论动向的状况，开始更多地以本国革命斗争、文化建设的需要为准绳，选择译介、出版马克思主义文论文献。中国文学界对于列宁党的文学观念的译介以及周扬编译《马克思主义与文艺》，最为明显地体现了这一特点。

中国文学界对于列宁的《党的组织和党的文学》这篇文献的译介，始自20

世纪 20 年代，至抗战前夕，先后曾有三个译本，但是，其党的文学观念却一直没有进入中国文论界的主要关注视野。把列宁党的文学观念确立为"真理"、"权威"话语的位置，使其成为中国共产党文艺政策的理论依据，是从延安文艺座谈会的召开开始的。为了配合这次座谈会的召开，党的机关报《解放日报》"决定将与此会有关材料及各作家的意见，择要续刊于此，以供参考与讨论。"他们为此选择刊发的第一篇文章就是博古根据俄文版本全文翻译的《党的组织和党的文学》。博古在"译者的话"中指出"在目前，当我们正在整顿三风，讨论文艺上的若干问题时，这论文对我们当有极重大的意义。特译出全文，以供研讨。"也非常明显地点明了译介此文的目的。事实确也如此，从毛泽东发表的《在延安文艺座谈会上的讲话》可以看出，他不仅直接引用了列宁无产阶级文学艺术是无产阶级整个"事业的一部分"、是整个革命机器中的"齿轮和螺丝钉"的观点，而且还将其视为不证自明的真理，以之作为自己整篇报告展开的立论依据。在延安文艺座谈会上，毛泽东开宗明义地指出：召开座谈会的目的，就是"研究文艺工作和一般革命工作的关系，求的革命文艺的正确发展，求的革命文艺对其他革命工作的更好的协助"。并主张"党的文艺工作，在党的整个革命工作中的位置，是确定了的，摆好了的；是服从党在一定革命时期内所规定的革命任务的。"要求党员作家要站在党的立场，站在党性和党的政策的立场来从事文学活动。可以说，列宁的"党的文学原则"不仅被毛泽东赋予了中国共产党制定文艺政策的指导纲领和理论基础的意义，而且还被毛泽东与中国的革命实践结合了起来，从而把无产阶级文艺推向了服从、服务于党各个历史时期革命任务的轨道。延安文艺座谈会期间以及会后，为了配合会议，列宁的代表性著作《党的组织和党的文学》，在中国文学界不断地被一译再译，列宁的其他文论文献也引起了中国文学界的极大兴趣，一时对于列宁文论文献的译介蔚然成风，出现了译介的一次高潮。

周扬编译《马克思主义与文艺》一书，也非常明显地体现了服务于国内马克思主义文艺理论建设需要的意向。该书按照内容编辑为"意识形态的文艺"、"文艺的特质"、"文艺与阶级"、"无产阶级文艺"、"作家、批评家"五辑，每一辑中都收录了马克思、恩格斯、列宁、斯大林、普列汉诺夫、高尔基、鲁迅、毛泽东八人对文艺的相关论述。这种编辑体例在中国马克思主义文艺理论出版史上具有明显的开创性意义。自从 20 世纪 20 年代马克思主义文艺理论在中国开始译介传播以来，中国文学界译介出版的大量马克思主义文艺理论文献，虽然有很多以合集的形式出版，但是，将马克思主义文艺理论文献尤其是马克思主义经典作家的文论文献与中国马克思主义文论文献合编的书籍从来就没有出现过。周扬分专题编辑的目的就是将毛泽东文艺思想纳入马克思主义的文论体系，就是将毛泽东排列进世界公认的马克思主义经典作家的行列，以此来确立中国化的马克思主义文论体系——毛泽东文艺思想的权威地位。在该书的长篇序言里，周扬指出："毛泽东同志的《在延安文艺座谈会上的讲话》给革命文艺指示了新方向。这个讲话是中国革命文学史、思想史上的一个划时代的文献，是马克思主义文艺科学与文艺政策的最通俗化、具体化的一个概括，因此又是马克思主义文艺科学与文艺政策的最好的课本。本书就是企图根据这个讲话的精神来编纂的。这个讲话构成了本书的重要内容，也是它的指导的线索。从本书当中，我们可以看到毛泽东同志的这个讲话一方面很好地说明了马克思、恩格斯、列宁等人的文艺思想，另一方面，他们的文艺思想又恰好证实了毛泽东同志文艺理论的正确。"① 可以说直接点出了编译此书的目的。事实上，周扬编译这本书确实也达到了这一目的。目前，学术界普遍认为，《在延安文艺座谈会上的讲话》在文艺界的指导地位的确立，进而毛泽东文艺思想在中国马克思主义文论界权威地位的确立，《马克思主义与文艺》这本书的编译出版，周扬的大力阐释，功不可没。

有学者曾指出，马克思主义文论中国化，需要两个基本的前提，其一是要做到对于马克思主义文论原典准确、完整、系统的把握；其二是要做到对于中国社会、文化、文学现实的全面把握，并将马克思主义文艺理论与中国的文学现实、文论现实相结合。通观抗日战争时期中国文学界马克思主义文论文献的译介、出版，我们可以说，这已经基本上实现了这些要求。中国文学界在马克思主义文艺理论中国化的征途上，在马克思主义文艺理论译介的层面，已经迈出了坚实的一步。

（本文责任编辑：任天）

---

① 周扬编译：《马克思主义与文艺》（第2版），大连大众书店，1946年，第1页。

思想资源与政治语境的对接

——瞿秋白与列宁文艺理论关系研究

■ 刘中望[*]

（湘潭大学　文学与新闻学院）

【内容摘要】瞿秋白所全面接受的列宁主义文艺理论，由反映论的文艺本质论、阶级性的文艺属性论、大众化的文艺方向论所构成。在评价托尔斯泰、高尔基等经典作家，批判普列汉诺夫文艺理论，以及与"自由人"、"第三种人"进行文艺论战等批评实践中，瞿秋白广泛运用了列宁的文艺理论。瞿秋白之所以全面接受、广泛运用列宁文艺理论，其原因是多方面的。这些理论除了具有明显的正面价值，客观上也产生了一定的负面影响，反映了文学与政治的复杂关系。

【关键词】列宁；瞿秋白；文艺理论

学界普遍认为，在 20 世纪中国文艺理论发展史上，影响最大的外域资源是俄苏文艺理论。基于时代的迫切需要，得益优越的主体条件，瞿秋白深受俄苏文艺理论的影响，尤以列宁文艺理论为最。他全面接受和充分运用了列宁文艺理论，并使其在中国快速传播与普遍接受，产生了广泛而深远的影响。

＊ 刘中望，1980 年出生，男，湖南新化人，湘潭大学文学与新闻学院副教授，文学博士，主要从事文艺理论与传播学研究。

本文系作者主持的国家社会科学基金项目"瞿秋白与俄国马克思主义文学理论关系研究"（09CZW004）、湖南省社会科学基金项目（11JD70）阶段性成果。

一、瞿秋白对列宁文艺理论的全面接受

瞿秋白没有写过研究列宁文艺理论的专门文章。但从二者的交往联系看，他曾多次聆听列宁演讲，并与其合过影、进行短暂交谈，列宁"德法语非常流利，谈吐沉着果断"，"诚挚果毅的政治家态度流露于自然之中"的形象，演说"为霹雳的鼓掌声所吞没"① 的气势，都令他印象深刻。从二者的文本联系看，他第一个采用文艺手法，将列宁"无产阶级革命导师"的光辉形象展现在国人面前，节译了列宁名篇《党的组织和党的出版物》，翻译了列宁论托尔斯泰的两篇经典文章，《瞿秋白文集》高频引用列宁的文艺论述，其篇幅居所有文艺理论家之首。可以说，通过亲身交往、著述译介、学习研究，瞿秋白全面接受了列宁文艺理论。

首先，瞿秋白接受了列宁反映论的文艺本质论，正确认识了文艺与现实的关系，完成了自身文艺理论体系的核心建构。从文艺与生活关系的角度认识文艺本质，是欧洲文艺理论的一个重要传统，也是俄国 19 世纪以来许多批评家的共同视角。列宁同样从文艺与现实关系的角度，探讨文艺本质，衡量文艺价值，评论作家作品。② 瞿秋白抓住了列宁文艺理论的这一特点。在《论弗理契》一文中，他指出，列宁视文艺为"一种特别的上层建筑，一种特别的意识形态"，它"反映实质而且影响实质"，包含文艺在内的"意识并不是消极的"③。在他看来，列宁上述看法是"最科学的"，"真正的马克思主义对于艺术的观点，还是乌梁诺夫的"④。瞿秋白不仅接受了列宁的这一思想，还用自己的语言，将其表述如下。一方面，文艺只是社会的反映，由"社会"而"思想"再至"文学"，这构成了文艺的生成序列。瞿秋白说，"文学只是社会的反映，文学家只是社会的喉舌。只有因社会的变动，而后影响于思想，因思想的变化，而后影响于文学。没有因文学的变更而后影响于思想，因思想的变化，而后影响于社会的"，"因为社会的不安，人生的痛苦而有悲观的文学，譬如人因为伤感而哭泣，文学家的笔就是人类的情感所寄之处"⑤。另一方面，文艺具有能动性，其反作用各不相同。在瞿秋白看来，文艺"能够回转去影响社会生活"，它"反映着现实，同时也影响着现实"，"文艺的反映生活，并不是机械的照字面来讲的

---

① 瞿秋白：《列宁杜洛次基》，《瞿秋白文集》（文学编）第 1 卷，北京：人民文学出版社，1985 年，第 162 页。

② 季水河：《毛泽东与列宁文艺思想比较研究》，《文学评论》2008 年第 2 期。

③ 瞿秋白：《论弗理契》，《瞿秋白文集》（文学编）第 2 卷，北京：人民文学出版社，1986 年，第 270 页。

④ 同上。

⑤ 瞿秋白：《新的现实》，《瞿秋白文集》（文学编）第 1 卷，第 248—249 页。

留声机和照相机"①，他希望普洛作家从无产阶级观点"去反映现实的人生，社会关系，社会斗争"②。列宁的上述文艺本质观，甚至浸映到了瞿秋白的生活智慧中，可见其笃信之深、确认之切。他的夫人杨之华曾回忆道，有一次，瞿秋白和朋友们在中山公园玩，他说文学当然应该搞，但根本问题不在文学。有人就问他根本问题在哪里，当时他们正在吃包子，瞿秋白幽默答道，"根本问题在包子上面"。③ 在这里，"包子"隐喻社会关系、政治斗争，它为文艺反映提供对象、内容、主题，起决定作用，但文艺也有其作用，"应该搞"。列宁"反映论的文艺本质论"思想，在瞿秋白身上体现无疑。

其次，瞿秋白继承了列宁阶级性的文艺属性论，强调文艺与阶级、政治、意识形态的紧密关联，确立了自身文艺理论的基本品格。较马克思、恩格斯"更进了一步"，列宁"旗帜鲜明地从阶级的观点去看待文艺，用阶级的方法去分析文艺并赋予文艺鲜明阶级性"④。早在 1905 年，他就强调包括文学在内的写作事业，应当成为"由全体工人阶级的整个觉悟的先锋队开动的一部巨大的社会民主主义机器的'齿轮和螺丝钉'"⑤。1908 年致信高尔基时，又要求"把文艺批评同党的工作，同领导全党的工作更紧密地结合起来"⑥。瞿秋白直接从列宁那里接受和继承了这一思想，并做了如下阐发。第一，文艺是意识形态的得力武器，具有鲜明的阶级属性。在《"自由人"的文化运动》一文中，瞿秋白引列宁《党的组织和党的出版物》中的一段话——"资产阶级的著作家，艺术家，演剧家的自由，只是戴着假面具的（或者是伪善的假面具的）去接受钱口袋的支配，去受人家的收买，受人家的豢养"⑦，用于强调文艺的阶级属性。在他看来，"每一个文学家其实都是政治家"，"都是意识形态的得力的武器"⑧，"文学是附属于某一个阶级的，许多阶级各有各的文学"⑨。第二，文艺带有阶级性，要求无产阶级文艺坚持党性原则。在长文《文艺理论家的普列汉诺夫》中，瞿秋白引用列宁"无党派的文学家滚开！超人的文学家滚开"的大段论述，提出了文艺的党性原则，强调"尽可能的在完全的充分的形式里去实行这个原

---

① 瞿秋白：《文艺的自由和文学家的不自由》，《瞿秋白文集》（文学编）第 3 卷，北京：人民文学出版社，1989 年，第 68 页。

② 瞿秋白：《普洛大众文艺的现实问题》，《瞿秋白文集》（文学编）第 1 卷，第 476 页。

③ 参见：杨之华：《回忆秋白》，北京：人民出版社，1984 年，第 103 页。

④ 季水河：《毛泽东与列宁文艺思想比较研究》，《文学评论》2008 年第 2 期。

⑤ 列宁：《列宁论文学与艺术》，北京：人民文学出版社，1983 年，第 68 页。

⑥ 列宁：《列宁论文学与艺术》，第 249 页。

⑦ 瞿秋白：《"自由人"的文化运动》，《瞿秋白文集》（文学编）第 1 卷，第 502 页。

⑧ 瞿秋白：《"Apoliticism"——非政治主义》，《瞿秋白文集》（文学编）第 1 卷，第 541 页。

⑨ 瞿秋白：《文艺的自由和文学家的不自由》，《瞿秋白文集》（文学编）第 3 卷，第 69 页。

则"①。在他看来，马列主义肯定文艺的阶级性，坚持艺术的党派性，认为文艺是阶级斗争的锐利武器。第三，文艺的阶级性、党性原则，要求其创作坚持正确的政治立场。在《并非浪费的论争》一文中，瞿秋白强调，列宁关于文学党派性的原则，理当应用于普罗革命文学创作，"问题只在于应用得正确不正确"②。在《〈鲁迅杂感选集〉序言》中，瞿秋白称列宁为"现代最伟大的革命政治家"，并引用他分析反抗与剥削关系、批判小资产阶级文艺的两段话，说明鲁迅所处创作环境之黑暗，用于强调文艺立场的重要性。

再次，瞿秋白借鉴了列宁大众化的文艺方向论，强调无产阶级文艺为劳动者、为人民服务的价值取向，体现出鲜明的人民性特征。大众化的文艺方向论，在马克思、恩格斯那里被表述为"歌颂倔强的、叱咤风云的和革命的无产者"，但论述并不具体。列宁关于这一命题的回答，则详细得多，它包括文艺的服务对象、服务方式这两大内容。关于前者，列宁强调文艺"为千千万万劳动人民，为这些国家的精华、国家的力量、国家的未来服务"，而不是为那些"百无聊赖、胖得发愁的'一万个上层分子'服务"③；对于后者，列宁要求艺术"深深地扎根于广大劳动群众中间"，"为群众所了解和爱好"，"从群众的感情、思想和愿望方面把他们团结起来并使他们得到提高"④。瞿秋白不仅继承了列宁的上述思想，并以之为核心命题，做了如下阐释。第一，在文艺对象上，强调为普通劳动者服务。在长文《普洛大众文艺的现实问题》中，瞿秋白引用列宁《党的组织和出版物》中的一段话，"这种文艺并不是给吃饱了的姑娘小姐去服务的，并不是给胖得烦闷苦恼的几万高等人去服务的，而是给几百万几千万劳动者去服务的"⑤，明确了普洛文艺的服务对象。在《文艺的自由和文学家的不自由》一文中，瞿秋白引用列宁的观点，强调"并不是为着要弄出什么无阶级的文学和艺术，而是为着要把真正自由的公开和无产阶级联系着的文学，去和伪善的自由的而事实上联系着资产阶级的文学对立起来"⑥，突出普洛文艺的无产阶级性。第二，在文艺目标上，强调"为人民"的责任意识，重视创建与改进大众文艺语言。在瞿秋白看来，中国普洛文艺的创立与发展，恰如列宁所言，必须是"自由的文艺"、"社会主义的理想和对劳动者的同情"，它缺少列宁推崇的"可爱的屠格涅夫的言语"，中国普洛文艺要担负创造这种语言的责任。⑦ 第

---

① 瞿秋白：《文艺理论家的普列哈诺夫》，《瞿秋白文集》（文学编）第4卷，北京：人民文学出版社，1986年，第59页。

② 瞿秋白：《并非浪费的论争》，《瞿秋白文集》（文学编）第3卷，第90页。

③ 列宁：《列宁选集》第1卷，北京：人民出版社，1995年，第666页。

④ 列宁：《列宁论文学与艺术》，第435页。

⑤ 瞿秋白：《普洛大众文艺的现实问题》，《瞿秋白文集》（文学编）第1卷，第461页。

⑥ 瞿秋白：《文艺的自由和文学家的不自由》，《瞿秋白文集》（文学编）第3卷，第55页。

⑦ 瞿秋白：《普洛大众文艺的现实问题》，《瞿秋白文集》（文学编）第1卷，第469页。

三，在文艺措施上，主张借鉴列宁时期的普洛文艺运动经验，为我所用。在《苏联文学的新阶段》一文中，瞿秋白指出，苏俄普洛文艺运动经历了三个时期，即波格达诺夫、普列哈诺夫、乌梁诺夫时期。乌梁诺夫（即列宁）时期的文艺理论"更加精确更加深刻的揭破普列哈诺夫之中的孟塞维克的成分"①，它开展工农通信员、文学突击队运动，成立世界革命作家联盟"开始了新的发展"，提出"布尔塞维克的大艺术"任务，等等具体做法，都值得中国普洛文艺学习与借鉴。

二、瞿秋白对列宁文艺理论的广泛运用

瞿秋白不仅全面接受了列宁文艺理论，而且在评论经典作家、开展理论批判、进行文艺论战等多种批评实践中，将其充分运用，使其广泛传播，产生了巨大而深远的影响。列宁文艺理论为瞿秋白文艺理论提供了最核心的理论资源，充当了最有力的思想武器，其重要地位为其他文艺理论家所无法比拟。

首先，列宁文艺理论为瞿秋白文艺理论输入了大量的思想观点，成为其审视文艺的参照坐标。如前所述，瞿秋白文艺理论的核心思想，均直接取自列宁文艺理论，接受性突出，继承感明显。列宁论托尔斯泰、高尔基等俄苏著名文艺家的经典看法，则直接成为瞿秋白的评价依据与界定标准。对于托尔斯泰，自 1908 年至 1911 年，列宁曾发表 7 篇文章，强调其学说的"农民资产阶级"性质，称他为"俄国革命的一面镜子"，指出农民所处的矛盾状况是其理论形成的根源。列宁的评论注重意识形态分析，亦不忘考量审美特性，这种托尔斯泰观，为瞿秋白所部分接受、积极运用，其表现有二。第一，列宁非常重视评论托尔斯泰，这体现在瞿秋白身上，便是后者精心翻译了列宁论托尔斯泰的两篇重要文章，即《列甫·托尔斯泰象一面俄国革命的镜子》、《L. N. 托尔斯泰和他的时代》，以及《列宁选集》编选者 V. 亚陀拉茨基等人所做注解。第二，列宁评价托尔斯泰的某些观点，在瞿秋白所撰《俄罗斯文学史》一书中多有体现，如注重社会历史文化批评，强调社会思潮对文学观念的影响，称托尔斯泰是"有名的两重人格"、"一方面他是艺术家，别一方面他又是哲学家道德家"②。列宁的看法成了导向性的定评，影响可见一斑。关于高尔基，虽然其革命态度有过多次变动与反复，对此列宁曾严厉批评，但他仍然是列宁最为推崇的革命作家、"党的艺术家"，堪称苏联无产阶级文艺的领军人物。瞿秋白全面接受了列宁及斯大林对高尔基的推崇，这表现在以下三个方面。第一，采用选集、散篇等多种形式，大量编译高尔基的文艺作品、论文，广为传播，以表重视。第

---

① 瞿秋白：《苏联文学的新的阶段》，《瞿秋白文集》（文学编）第 2 卷，第 278 页。

② 瞿秋白：《托尔斯泰和朵斯托也夫斯基》，《瞿秋白文集》（文学编）第 2 卷，第 194 页。

二，撰写《高尔基作品选集·后记》、《高尔基论文选集·写在前面》等评论文章，称颂高尔基为"新时代的最伟大的现实主义的艺术家"①，视其为中国左翼作家的典范。第三，译述了苏联高度评价高尔基的四篇论文，即《高尔基——伟大的普洛艺术家》、《高尔基的文化论》、《作家与政治家》、《马克西谟·高尔基四十年的文学事业》，其中《高尔基的文化论》等文章，多处注释引自列宁，基本论调来自列宁。列宁的态度成为判断的依据，应和性明显。

其次，列宁文艺理论为瞿秋白的普列汉诺夫文艺理论批判，提供了强有力的思想武器。普列汉诺夫在俄国马克思主义史上地位的难以确定，它对于中国文艺理论巨大而复杂的影响，瞿秋白"政治追随与理性认识之间的矛盾"，决定了瞿秋白批判普列汉诺夫文艺理论的艰难境地与迫切需要。虽然瞿秋白的普列汉诺夫"纠察式"分析"比列宁的判断左了一层，也退了一步"②，但其基本观点仍然得益于列宁，这表现如下。第一，根据列宁的看法，界定了普列汉诺夫文艺理论的主要错误。瞿秋白引用列宁"普列哈诺夫等类的人，为着微细的派别利益，居然走到了拥护理论上的修正主义"等说法，批评其错误。在他看来，列宁名作《党的组织和党的出版物》，一定程度上是为了反对普列汉诺夫"超人"文学理论"这个问题而写的"。瞿秋白还引用列宁《关于辩证法问题》的杂记、摘记黑格尔《哲学历史》旁批中的两段话，强调"辩证法的不充分"也是普列汉诺夫的主要错误。第二，依照列宁的认识，找到了普列汉诺夫文艺理论的具体错误。批判普列汉诺夫"象形说"时，瞿秋白强调，艺术反映生活，也是"社会斗争和阶级斗争之中的一部分实际行动，表现并且转变意识形态的一种武器"，列宁的这种艺术论，与普列汉诺夫的"象形说"恰好相反。对于普列汉诺夫美学的康德主义成分，瞿秋白指出，马列主义坚决反对"这种蒙蔽和曲解现实的社会现象的"③ 学说。在他看来，列宁评价别林斯基与普列汉诺夫不同，前者认为别林斯基的伟大不在于"他是一个很好的文艺批评家，而在于他是反对农奴制度，反对俄皇政府的革命家"，因为他的文艺批评"包含着这种战斗的革命的精神"④，而后者只看见"别林斯基是一个杰出的文艺批评家"，只把"别林斯基当做学者看待，而没有说明别林斯基在反对封建农奴思想的斗争里的意义"⑤。第三，接受列宁的观点，树立了科学的研究态度。瞿秋白强调，普列汉诺夫的文学遗产有其价值，理由便是列宁认为"普列哈诺夫在当初是一

---

① 瞿秋白：《写在前面》，《瞿秋白文集》（文学编）第 5 卷，北京：人民文学出版社，1987 年，第324 页。

② 胡明：《瞿秋白译介普列汉诺夫文艺理论的历史是非》，《陕西师范大学学报》（哲社版）2008 年第 1 期。

③ 瞿秋白：《文艺理论家的普列哈诺夫》，《瞿秋白文集》（文学编）第 4 卷，第 66 页。

④ 同上书，第 70 页。

⑤ 同上书。

个革命的马克斯主义者","如果不研究普列哈诺夫所写的一切哲学著作，那就不能够成为真正的共产主义者","普列哈诺夫的哲学论文'应当成为共产主义的必修的教科书'"①。研究普列汉诺夫文艺理论，不能因其孟什维克理论家的身份"把他一笔勾销"，问题在于他"不是充分的辩证法唯物论者"。在瞿秋白看来，正确的研究态度应该是，一方面"利用他的文艺理论的遗产"，另一方面"对于他的理论加以批评的观察和分析，使得文艺理论更加深刻，更加精密"②，而这正是列宁的态度。

　　再次，在瞿秋白与"自由人"、"第三种人"的论战中，列宁文艺理论是犀利的批判工具。"自由人"主要指胡秋原，他以"马克思主义文艺理论拥护者"自称，提出了"自由的文学"、"文学的自由"等范畴，强调文艺的独立性，反对党派政治"干涉文艺"，因其传播与研究普列汉诺夫文艺理论的不小贡献，又出版过《唯物史观艺术论》、《艺术社会学》、《革命后十二年来之苏俄文学》等多种著译，在当时影响较大。苏汶是"第三种人"的代表，他鼓吹文艺脱离政治，攻击左翼文艺运动，自称居于"反动文艺和左翼文艺两大阵营"之外，其论调在当时亦有不小反响。为求得真理，以正视听，推动左翼文艺运动的健康发展，瞿秋白与之应战。这是继民族主义文艺运动之后，国内文艺理论界马克思主义阵营与自由派进行的第一次大规模论战，讨论围绕文艺的阶级性、真实性、倾向性，文艺与政治的关系等许多问题而展开。在激烈的论争场域中，文学流派、政治分野、理论资源等多方交织，情况错综复杂。瞿秋白之所以能交上一张精彩的论辩答卷，尤其离不开列宁文艺理论这一犀利批判工具的助阵。在《"自由人"的文化运动——答覆胡秋原和〈文化评论〉》一文中，瞿秋白说，虽然胡秋原自诩熟谙列宁理论，喜引其"真正相信自己是在推进科学的人，不会要求新的观点要有和旧的观点并存的自由，而要要求用新的观点去代替旧的"③式的名言，随后笔头一转，引用列宁《党的组织和党的出版物》中强调文艺阶级属性、《国家与革命》中论述马克思主义注重"理论"与"实践"互动的几段话，用以反驳胡秋原的指责。在这里，列宁文艺理论及其哲学思想，成为瞿秋白文艺论战的有效工具。在《并非浪费的论争》一文中，瞿秋白强调，要借鉴列宁科学的研究态度，对于普列汉诺夫艺术理论的肯定与批评都要学习，而胡秋原不懂其复杂性，其研究存在根本缺陷，"不能了解艺术的列宁的原则"，"只是舍不得朴列汗诺夫"④，以此批判他所谓的文艺唯物史观理论、清算其负面影响。在《文艺的自由和文学家的不自由》一文中，瞿秋白引用列宁论托尔斯泰的两段话，来批评"第三种人"苏汶的托尔斯泰观，强调新兴阶级能够

① 瞿秋白：《文艺理论家的普列哈诺夫》，《瞿秋白文集》（文学编）第4卷，第75页。
② 同上。
③ 瞿秋白：《"自由人"的文化运动》，《瞿秋白文集》（文学编）第1卷，第501页。
④ 瞿秋白：《并非浪费的论争》，《瞿秋白文集》（文学编）第3卷，第89页。

"真正估定艺术的价值","运用贵族资产阶级的文艺的遗产"①，以此批驳苏汶的文艺自由观。

三、瞿秋白与列宁文艺理论关系的总体评价

首先，瞿秋白结缘列宁文艺理论，其原因是多方面的。第一，在于列宁文艺理论的科学性、生命力。关于列宁，国外学界有"具体环境中的列宁"与"本质的列宁"、"抽象的理论家、思想家、哲学家"与"行动者"的"两个列宁"之说，评价不一。对于列宁理论，也有"普遍适用说"、"全面否定说"、"基本过时说"、"局部价值说"等，看法各异。但坚持历史分析、实事求是地看，列宁理论不仅是"马克思的唯物主义辩证法的恢复"，而且是"这个方法的具体化和进一步发展"②，列宁主义是"帝国主义和无产阶级革命时代的马克思主义"，是"无产阶级革命的理论和策略，特别是无产阶级专政的理论和策略"③，本身具有突出的科学性、强大的生命力，这是瞿秋白接受与运用的前提。第二，基于所处时代的迫切需要。俄国十月革命的胜利，"资产阶级文化的夜之余，无产阶级文化的晨之初"令人欢欣鼓舞，苏联作为"世界第一个社会革命的国家，世界革命的中心点，东西文化的接触地"的体认，为列宁文艺理论引入中国提供了最有力的理由、最迫切的需求。在瞿秋白等人看来，共产主义不再是"社会主义丛书里一个目录"，"俄国革命史是一部很好的参考书"④。同时，在中国革命性质、道路、策略等方面，列宁理论极富启示意义，而它指导中国革命所取得的巨大成绩，更是证明了"西化"向"师俄"的范式转换是正确、适宜的。孙中山主张"以俄为师"，毛泽东强调"走俄国人的路"，"中国与苏俄应结成亲密的联合战线，以打倒帝国主义与军阀"⑤，此种社会主潮下，列宁文艺理论的引入与传播，便恰逢其时，正适其用。第三，源于瞿秋白对列宁及其理论的推崇。通过亲身交往、著作翻译、借鉴研究等，瞿秋白发自内心地推崇列宁及其理论，这是接受生成的主体条件。对于列宁本人，瞿秋白称颂其为"二十世纪的伟大的人物"，"最能综合革命的理论和革命的实践"，"勇猛的，坚定的，刻苦的，精细的，热烈的领导着群众去斗争"⑥。关于列宁理论，

① 瞿秋白：《文艺的自由和文学家的不自由》，《瞿秋白文集》（文学编）第 3 卷，第 66—67 页。

② 斯大林：《斯大林选集》（上卷），北京：人民出版社，1979 年，第 199 页。

③ 同上，第 185 页。

④ 瞿秋白：《晓霞》，《瞿秋白文集》（文学编）第 1 卷，第 230 页。

⑤ 李永春：《中共对孙中山中德俄联盟方略的宣传及其影响》，《湘潭大学学报》（哲社版）2012 年第 6 期。

⑥ 瞿秋白：《列宁》，《瞿秋白文集》（政治理论编）第 7 卷，北京：人民出版社，1991 年，第 539 页。

瞿秋白谦虚地说，"我的一点马克思主义理论的常识，差不多都是从报章杂志上的零星论文和列宁的几本小册子上得来的"①，他对列宁理论的熟悉与推崇，列宁理论对他的影响与意义，显而易见。

其次，瞿秋白译介、传播列宁文艺理论，应用于中国文艺批评实践，具有突出的正面价值。第一，促进了列宁文艺理论在中国的广泛传播。虽然李大钊、陈独秀等一批早期马克思主义者，也曾积极介绍列宁，译介他的著作，但"及时地、系统地、长期地、有针对性地翻译介绍列宁主义著作及思想的，当首推瞿秋白"②。这表现在文艺理论上，瞿秋白以节译列宁名作《党的组织和党的出版物》、翻译列宁论托尔斯泰的多篇重要论文、高频引用列宁的文艺论述、用其指导中国文艺批评等多种方式，推动了列宁文艺理论在中国的广泛传播与快速发展，为马克思主义文艺理论的中国化做出了突出贡献。瞿秋白通晓包括革命学说、政治理论、哲学思想在内的列宁全部理论，其文艺理论建立在对列宁理论总体把握的基础之上，视野也就更开阔，认识更深入，观点更正确，更有利于列宁文艺理论在中国准确、有力、快速的传播。第二，推动了中国文艺理论的向前发展。一方面，评价托尔斯泰、高尔基等经典作家，批判普列汉诺夫文艺理论，与"自由人"、"第三种人"进行文艺论战时，瞿秋白以列宁文艺理论为思想武器与斗争工具，创建"科学的文艺论"，使马克思主义文艺理论以相对独立的思想体系、新兴的学科面貌登上历史舞台，促进了中国文艺理论在当时的快速发展。另一方面，1940年鲁迅艺术学院出版的《马克思恩格斯列宁论艺术》选用了瞿秋白译《L. N. 托尔斯泰和他的时代》，1941年戈宝权辑译的《列宁论文学艺术与作家》使用了他的译文，肖三编译的《列宁论文化与艺术》采用了其译《列甫·托尔斯泰象一面俄国革命的镜子》，则体现了瞿秋白译介列宁文艺理论对中国文艺理论的长远影响。第三，搭建了毛泽东与列宁文艺理论关联的中间环节。毛泽东重点接受了列宁文艺理论，二者的理论图景基本相似。毛泽东与列宁文艺理论紧密联系的发生，得益于瞿秋白这一中介。延安文艺座谈会前后，毛泽东多次研读瞿秋白遗著《海上述林》并感叹其"懂政治，又懂艺术"；为《瞿秋白文集》出版题词时，称其"肯用脑子想问题"，"特别是文化事业方面"是"有思想的"，可见他对瞿秋白文艺理论的接受与继承，而《海上述林》正好辑录了列宁论托尔斯泰的文章，瞿秋白节译列宁《党的组织和党的出版物》则"对于党的文艺路线的制定乃至毛泽东在延安文艺座谈会上的讲话都是一个重要的理论依据"③。可以说，瞿秋白结缘列宁文艺理论，搭建了联系毛泽东、列宁文艺理论的中间环节，为马克思主义文艺理论中国化的最终实现，

① 瞿秋白：《多余的话》，《瞿秋白文集》（政治理论编）第7卷，第705页。
② 孙淑：《瞿秋白在中国传播列宁主义的历史功绩》，《南京大学学报》（哲社版）1995年第4期。
③ 艾晓明：《中国左翼文学思潮探源》，长沙：湖南文艺出版社，1991年，第302页。

做出了开创性贡献。

再次，瞿秋白全面接受、广泛运用列宁文艺理论，客观上也产生了一定的负面影响。第一，相对忽视文学的审美艺术功能，强化了 20 世纪中国文艺理论的政治化色彩。20 世纪 30 年代非整合模式政治文化氛围下，文艺政治化与审美化要求尖锐对立，"阶级意识觉醒"取代"人性觉醒"，受时代所限，瞿秋白过于强调文艺的政治性、革命性、阶级性，相对忽视其审美艺术功能。此种功利式的文艺观同样影响了瞿秋白对列宁文艺理论的译介与传播，这从其节译《党的组织和党的出版物》便可看出。一方面，瞿秋白误译"出版物"为"文学"，将"政治出版物与文学出版物之间的差别混淆"[①]。另一方面，漏译列宁关于写作自由的论述。列宁将写作与无产阶级总事业的关系，比作"齿轮和螺丝钉"与"机器"的关系，但又说"写作事业最不能作机械划一，强求一律，少数服从多数"，"绝对必须保证有个人创造性和个人爱好的广阔天地，有思想和幻想、形式和内容的广阔天地"[②]。瞿秋白没有翻译这些内容，主要与翻译底本的注解有关，但他精通俄语，曾多次提及该文，并称其引源是列宁全集，不可能没有读过全篇。显然，急功近利的主体态度影响了他的翻译与传播，客观上则强化了 20 世纪中国文艺理论的政治化色彩。第二，基于立场、身份的推导逻辑，影响了判断的准确性、评价的公允度。列宁文艺理论的科学性、适用性毋庸质疑，但"作为从实践革命政治中推出来的革命家和文学家"[③]，瞿秋白以此进行文艺理论批判与论战时，其推导逻辑有时建立在政治立场、阶级身份的基础上，不利于公允评价。前者体现在对普列汉诺夫的批判上。瞿秋白研究著名专家、美国学者保罗·皮柯维支认为，普列汉诺夫创立了俄国马克思主义文学批评，将马恩世界观纳入文艺理论，批判吸收了别车杜等人的激进文学批评传统，俄国马克思主义思想家中，"对中国文学思想有影响的首推普列汉诺夫"，但基于孟什维克的政治立场，列宁侧重于批判普列汉诺夫，这显然影响了瞿秋白的判断，于是普列汉诺夫的错误被他主要强调，"谈论、品评政治的热情在以'艺术问题'为由头的探讨中得到发挥，人们的政治情绪在以'艺术问题'为由头的探讨中得到宣泄"[④]，政治立场成为最重要的因素。后者反映在对"自由人"、"第三种人"的批评上。当时站在民族资产阶级、小资产阶级立场的胡秋原，并非"反动派的走狗"，说其"反对普罗文学，已经比民族主义者站在更前锋"，不够公允。在"无产阶级文艺要不要同盟军"问题上，阶级身份被摆在第

---

① 佛克马、易布思：《20 世纪文学理论》，林书武等译，北京：三联书店，1988 年，第 102 页。

② 陆贵山、周忠厚：《马克思主义文艺论著选讲》第四版，北京：中国人民大学出版社，2007 年，第 298 页。

③ 傅修海：《瞿秋白"文腔革命"论的当下析解》，《湘潭大学学报》（哲社版）2011 年第 2 期。

④ 朱晓进等：《非文学的世纪：20 世纪中国文学与政治文化关系史论》，南京：南京师范大学出版社，2004 年，第 117 页。

一位，"秋白当时也还有'左'的倾向"①。可见，瞿秋白以列宁文艺理论为论战武器，客观上强化了这种基于阶级身份的推导逻辑，不利于其准确评价。第三，范式转换预示着理论独尊，开始了 20 世纪中国文艺理论的苏联模式统治期。张杰、汪介之曾将 20 世纪俄罗斯文艺理论与批评，概括为社会批评、历史文化批评、审美批评这三股潮流，但中国首先接受的是以现实主义为核心的社会批评文论。瞿秋白对列宁文艺理论的普遍接受与积极应用，即是这种需求逻辑下的产物。它加速了 20 世纪中国文艺理论的苏联模式化进程，"以俄为师"的范式转换同时预示着理论独尊，苏联文艺理论体系在中国由此盛行，直至改革开放新时期，影响极深。

（本文责任编辑：任天）

思想资源与政治语境的对接

---

① 夏衍：《懒寻旧梦录》，北京：三联书店，1985 年，第 204 页。

自然的理由与自然美的困顿

——蔡仪自然美说初探

■ **董宏；孙利波**[*]

（内蒙古大学　国际教育学院；河北联合大学　艺术学院）

马克思主义美学研究

124

【摘要】环境问题是当代人类面临的最严峻的问题之一。环境美学家发掘蔡仪关于自然美的思想介入环境问题有其独特价值。但蔡仪自然美在自然本身的美学观点有其理论局限。当代最有影响的加拿大环境美学家及苏联美学家关于自然美的看法与蔡仪是基本一致的。不能将环境问题的解决寄望于孤立的、无人的自然本身，而要更重视人与环境的互动协调，成之为美。

【关键词】自然美；环境美学；乌托邦；蔡仪

蔡仪的自然美学说，长期以来争论较多。进入新世纪，对蔡仪美学的认识和评价，特别是自然美学说，有了新的变化。变化的契机，首先是人类生存环境的日益恶化。全世界传统资源枯竭、环境污染加重，从而导致气候反常、自然灾害频仍、人种退化、资源战争、污染倾销转移等日趋严重的自然社会问题。今日的人类其科技之兴盛、能力之强大是空前的，环境在人类的科技、工业面前显得弱小而无助，而强调主体精神作用，鼓励无度开发的人文理论，显然与整个社会利益发生了激烈的冲突。在这样的背景下，环境美学勃然兴起，中国学者在审视当代美学资源时，蓦然发现了蔡仪对自然美的全面肯定和执著追求，

* 董宏，1973年生，男，内蒙古五原县人，博士，内蒙古大学讲师，主要研究方向为美学、文艺学；孙利波，1979年生，男，内蒙古集宁人，硕士，河北联合大学讲师，主要研究方向为工笔人物。

蔡仪自然美论重新受到了珍视。那么，蔡仪的自然美论到底有何内容，应该如何认识蔡仪美学及其作用呢？

一

自然美是美学领域最敏感的话题，对自然美的看法，往往能最深刻地反映美学家的美学思想的实质。蔡仪认为自然美是自然界客观事物本身的美，要肯定自然美，首先要批判那种认为美离不开美感，自然美离不开人的想法。因为在蔡仪看来，美是第一性的，美感、人的想法是第二性的，美决定美感，而不能由人的想法、美感来影响美的评判，坚持前者——美决定美感——就是唯物主义的路线，而坚持后者——美感影响美的评判——则是唯心主义路线。

从美感出发考察美学问题，的确存在唯心主义的美学思想。就自然美来说，美学史家鲍桑葵就认为，一切美都寓于知觉或想象中，"当我们把大自然当作一个美的领域而同艺术区别开来的时候，我们的意思并不是说，事物具有不以人的知觉为转移的美，象万有引力或刚性一样可以相互作用。……'大自然'主要是在程度上和'艺术'有所区别。两者都存在于人们的知觉或想象这一媒介中，只不过，前者存在于通常心灵的转瞬即逝的一般表象或观念中，后者则存在于天才人物的直觉中。[1] 鲍桑葵说美（包括自然美）寓于知觉或想象中，否认美可以像万有引力或刚性一样自在地存在，似乎有一定道理，但他的大自然是心灵的表象或观念，这样就抽去了美的唯物主义基础，陷入唯心主义泥淖。但还有从美感出发，某种程度上走向唯物主义的美学。狄德罗的美学思想是个很有意思的美学现象。狄德罗认为："我把凡是本身含有某种因素，能够在我的悟性中唤起'关系'这个概念的，叫做外在于我的美；凡是唤起这个概念的一切，我称之为关系到我的美。"[2] 接着，狄德罗举出卢浮宫的例子，认为"不论我想到还是没想到卢浮宫的门面，其一切组成部分依然具有原来的这种或那种形状，其各部分之间依然是原有的这种或那种安排；不管有没有人，它并不因此而减其美，但这只是对可能存在的、其身心构造一如我们的生物而言，因为，对别的生物来说，它可能既不美也不丑，或者甚至是丑的。由此得出结论，虽然没有绝对美，但从我们的角度来看，存在着两种美，真实的美和见到的美。"[3] 这里，狄德罗把美与人的认识紧密地结合了起来，否定了绝对美的存在（如卢浮宫对别的生物没有美的意义），因而否定了美的存在的自在性、第一性；但是又肯定了存在着两种美，一是不论想没有想到卢浮宫的门面，其一切组成

---

① ［英］鲍桑葵：《美学史》，张今译，北京：商务印书馆，1985年，第7页。

② ［法］狄德罗：《关于美的根源及其本质的哲学探讨》，张冠尧、桂裕芳译，《狄德罗美学论文选》，北京：人民文学出版社，1984年，第25页。

③ ［法］狄德罗：《关于美的根源及其本质的哲学探讨》，第25页。

部分依然具有原来的形状，狄德罗称之为"真实的美"。这样，卢浮宫门面组成部分的形状这种物的性质被狄德罗直接称作了"美"，物的存在就变成了美的存在，这和狄德罗所反对的绝对美的存在自相矛盾起来。另一个见到的美，则又把人的认识、感受拉了进来。狄德罗的美学体系是矛盾的，矛盾的地方就在于他的美学汇合或开辟了"唯物主义美学"①的两个方向：一是排斥人的作用的"真实的美"，这是他否定绝对美后而又不自觉地肯定了绝对美的方向；二是与人的认识、感受有关的美。狄德罗"真实的美"的看法也同样适用于自然界，因为自然界也像卢浮宫的门面一样，其组成部分的形状和安排，并不依赖我们想没有想到它而发生变化。

蔡仪的自然美理论顺承了狄德罗美学中"真实的美"的方向。他认为："自然美正如自然事物本身一样是真实的客观存在，是否认不了的。"② 为什么自然美是客观存在的，否认不了的呢？自然美到底在哪里呢？是遵循怎样的客观规律而表现出来的呢？蔡仪指出了自然美的几个特点：1. 自然美天生自在，没有人为的作用和影响，尤其是没有人的精神的影响；2. 自然美显现着自然的必然性，它以自然事物的形成规律为基础，种属性是它的最重要的规定性；3. 自然美不受社会关系制约，它能普遍地引起人的美感。综合自然美的几个特点，蔡仪认为："自然事物的美在于它的属性条件的统一，在于它作为自然事物形成的规律，而自然事物的所以美就是自然事物的以异常的现象充分地体现着它的本质，以突出的个别性充分地体现着它的种属性，而这就是自然事物的美的规律。"③ 既然自然事物的美在于它的属性条件的统一，那么对自然事物属性条件的考察就显得十分重要了。自然事物属性进行划分的标准是什么呢？蔡仪认为既可以根据事物产生条件为标准，而将自然美分为无机物的美、有机物的美或矿物的美、植物的美、动物的美，也可根据美的规律在自然界事物上表现的主要特点来划分。蔡仪采用了后一种划分法，将自然美划分为现象美、种类美和个体美。在自然界中划分出现象美来，是由于自然界存在大量缺乏完整个性无机物或低等生物，如红霞、山川、河流、绿藻等只有现象美；种类美的划分是由于一些高等动植物虽有个体性，但没有显著个别性，只表现出该属种的一般性，如白杨、青松、马、牛等，并认为"同种类中的事物基本上都是同样的，没有这一事物美而其他事物不美的区别，也就是说，同种属的事物，若是美的则大致都美。"④ 个体美则特指个人的美。由于作为自然存在物的人类既有个体性，又有突出的个别性，且能充分体现种类性，因而有个体美。蔡仪认为个体美比起现象美、种类美能表现更高一级的种属性；现象美偏于形式，种类美偏

---

① 实际上这两个相反的方向不应笼统地成为"唯物主义美学"，但为了表述方便，作这样的称呼。

② 蔡仪：《新美学·改写本》，北京：中国社会科学出版社，1995年，第256页。

③ 同上书，第257页。

④ 同上书，第272页。

于性质，而个体美则是形式与性质非常调和的统一；现象美偏于感性，种类美属性简单，意义不深，因而理性作用也不强，而个体美的感性作用和理性作用协调一致，感官快适和感情愉悦都十分强烈。但总的说来，个体美仍然是个别性和种属性两相结合而形成的有机统一的各个人的个性。我们可以看到，蔡仪美学思想中的个别性和种属性的划分，他的自然美思想中关于现象美、种类美和个体美的划分，与生物学中种属关系划分何其相似。早在 20 世纪 50 年代，就有美学家认为蔡仪的美学思想是"折衷德国唯心论各派美学的产物，而且是用唯物论的前提去解释唯心论理论的产物"[1]，进入 21 世纪后更有学者认为蔡仪的美学是科学主义的范本[2]。总之，蔡仪的美学思想带有强烈的科学主义倾向。

二

蔡仪美学思想强烈的科学指向和形式特征，近年来引起了环境美学研究者的浓厚兴趣。有论者认为，中国文化传统乃至当下，人文传统十分浓厚，整个 20 世纪的中国美学又是粗疏的哲学美学，需要有精确的类似数学这样的科学精神浇灌人文传统浓厚的中国美学，而蔡仪是中国当代最具科学美学精神的美学大家，其美学观点和美学方法应该得到恢复和继承。该论者认为，蔡仪自然美学的价值就在于体现生命形态进化中种类的普遍性，即在更高层次上对个体性的包容。[3] 国内学界对蔡仪自然美学说态度的转变，也有国际美学界对自然美的研究作为支撑。比较有代表性的美学家有两位，一位是苏联的波斯彼洛夫，另一位是加拿大的卡尔松。

波斯彼洛夫的美学思想最接近蔡仪。波斯彼洛夫是苏联当代最有代表性的客观派美学家，他的文艺理论已经形成了"波斯彼洛夫派"，他的美学著作《论美和艺术》早在 1981 年就翻译成中文，并为学界所熟悉。之所以介绍波斯彼洛夫，主要是想对两位美学家作一比较，以探讨客观派美学的得失。波斯彼洛夫的美学是从对车尔尼雪夫斯基美学观的阐释开始的。他认为在车尔尼雪夫斯基的美学思想里有主观和客观两个方向：就车尔尼雪夫斯基的"任何事物，凡是我们在那里面看得见依照我们的理解应当如此的生活，那就是美的"[4] 来说，这一观点发展了主观的美论；就"凡是显示出生活或使我们想起生活的，那就

---

① 吕荧：《美学问题——兼评蔡仪教授的〈新美学〉》，《吕荧文艺与美学论集》，上海：上海文艺出版社，1984 年，第 433 页。

② 薛富兴：《蔡仪美学再认识》，《思想战线》，2002 年第 3 期。

③ 同上。

④ ［俄］车尔尼雪夫斯基：《艺术与现实的美学关系（学位论文）》，《车尔尼雪夫斯基选集》，周扬译，北京：生活·读书·新知三联书店，1959 年，第 6 页。

是美的"① 来说发展了客观的美论。波斯彼洛夫沿着他所认为的车尔尼雪夫斯基客观的一面走，认为美学的出发点应该承认对生活的审美认识的客观方面具有优先性，主观方面具有派生性，并认为："现实现象的审美属性不以感知这些属性的人们的意识为转移，而独立存在于那些现象本身之中，换句话说，它们是客观存在的。"② 就自然美来说，波斯彼洛夫认为："其他星球的自然现象中也'自在'地存在着许多审美价值，存在着许多的美。"③ 波斯彼洛夫的这些基本观点，与蔡仪完全吻合。但在观察问题的角度上，波斯彼洛夫与蔡仪有明显不同。蔡仪是把美分作自然美和社会美，自然美中又分作现象美、种类美和个体美，进而又对三种自然美再做了划分。蔡仪走了一条对美进行分类分析的科学思维式的美学道路。波斯彼洛夫则认为，科学思维把个性的东西贬低为对共性、对抽象认识到的现实特点与规律的图解，审美理解则不然，"现象的所有部分与可感觉的属性，是在它们同整体的关系中并通过其在整体中的统一而被理解的。"④ 因而，波斯彼洛夫虽然也谈论无机自然界的美，但他强调无机自然存在的组织性，认为某一现象具有天然的组织性就是美的，而与蔡仪的现象美说有所区别。另一方面，波斯彼洛夫不像蔡仪那样完全否认人对自然的审美中的作用。他认为，人们正是在其生产实践中逐渐学会对无机自然界的物质组织性进行有效的审美认识与评价的，进而按照无机自然界美的机械法则，学会进一步美化这些实物，使其形式更加协调，更加符合自己的要求。对于有机自然界的美，波斯彼洛夫认为，要从该动物或植物的属种出发，将地球上生命发展的所有阶段加以对比，并弄清动植物不断发展的本质之后，才能理解其美。这发展观又与蔡仪的种类美中只静观地肯定动植物的种属特点不同。蔡仪的美的科学分析是肯定每一自然现象的现存结构为基础的，波斯彼洛夫则更多地看到了系统，看到了进化，并在某种程度上看到了人对整个自然科学的掌握所可能产生的巨大作用及其审美价值。用具有历史感的结构主义观点来说，就是"所有环绕并形成我们周围现实的结构（山峦、动植物、人类语言、社会风俗）都是特定历史过程的产物"⑤。

卡尔松是当代世界环境美学的奠基人之一。他从审美鉴赏入手，指出人类不仅鉴赏艺术作品，而且鉴赏整个世界，从而"从原先局限在狭隘的艺术界和

① ［俄］车尔尼雪夫斯基：《艺术与现实的美学关系（学位论文）》，《车尔尼雪夫斯基选集》，周扬译，北京：生活·读书·新知三联书店，1959年，第6页。

② ［苏联］格·尼·波斯彼洛夫：《论美和艺术》，刘宾雁译，上海：上海译文出版社，1981年，第62页。

③ 同上，第64页。

④ 同上，第73页。

⑤ Manuel De Landa, *A Thounsand years of Nonlinear History*, New York：Swerve Edition 2000, p. 11.

艺术品的欣赏上扩展开来，并延伸到整个环境领域：不仅包括自然环境，也包括着各种受人类影响或由人类所构成的环境。"① 卡尔松的这个出发点，与蔡仪20世纪40年代写作《新美学》时的出发点是一样的。蔡仪当时认为，百余年来种种否定美学而主张艺术学的论调是错误的，并认为那些否定美学而主张艺术学的人，不外是认为美是属于人的创造的范畴，艺术之外没有美。而蔡仪坚持美学的成立，批评旧美学的种种唯心主义观，其实也是主张美的独立价值，进而主张自然美在于自然本身。蔡仪与卡尔松不同的是，蔡仪反对不符合自然自在规律的人影响，如他认为盆栽、叭儿狗是丑的，而卡尔松则承认并欣赏受人类影响或由人类构成的环境。当然，卡尔松也承认蔡仪所肯定的那个自在的自然界的美。卡尔松认为："全部自然界是美的。按照这种观点，自然环境在不被人类所触及的范围之内具有重要的肯定美学特征：比如它是优美的，精巧的，紧凑的、统一的和整齐的，而不是丑陋的，粗鄙的，松散的，分裂的和凌乱的。简言之，所有原始自然在本质上是有价值的。自然界恰当的或正确的审美鉴赏基本上是肯定的，同时否定的审美判断很少或没有位置。"② 由于强调自然美在于自然本身，蔡仪也就认为山水画的美主要是表现了山水本身的美③。这是蔡仪强调艺术美源于现实美的一个方面。与蔡仪相似，卡尔松也比较了照片鉴赏和环境鉴赏。卡尔松认为，当欣赏一幅照片时，"它作为静止的、在本质上二维的再现"④，从而成为一种形式主义的鉴赏模式；对环境的鉴赏则是鉴赏者"就在环境之中，它作为环境的一部分与其相互作用。……而不是自然崇拜养育的以及照片鼓励的形式鉴赏模式，对自然环境，这是恰当的。"⑤ 卡尔松在这里反对将自然环境纳入艺术表现。蔡仪关于人们要亲自到山水间欣赏山水的观点，其实也是对于山水画的间接否定。只不过蔡仪过多地否定了人的作用，而没有像卡尔松那样，让其美学思想向人在自然之中随景欣赏、游览这个角度发展而已。不管是蔡仪也好，卡尔松也好，当美学家们认为自然美在于自然本身的时候，总会认为山水画、风景照的美低于自然本身的。蔡仪、波斯彼洛夫、卡尔松，这三个国度的美学家，一致认为自然美在自然本身，异口同声地发出要欣赏自然本身的美，在当代是有一定的现实意义的。它的现实意义就在于提醒人们认识自然，遵循自然规律，让自然按照其本来的样子存在和发展，这是美学家们对严峻的环境危机所开出的药方。

---

① ［加］卡尔松：《自然与景观》，陈李波译，长沙：湖南科学技术出版社，2006年，第1页。

② ［加］卡尔松：《环境美学》，杨平译，成都：四川人民出版社，2006年，第109页。

③ 蔡仪：《关于山水美的几点感想》，《蔡仪文集》第5卷，北京：中国文联出版社，2002年，第224—228页。

④ ［加］卡尔松：《环境美学》，第58页。

⑤ 同上，第59—60页。

三

任自然而得真的美好愿望并不能取代学理上的严肃推究。如果说自然美不依赖于主体，不依赖于人，不依赖于人类，自然美是在人类社会之外自在地存在的，这无非是说在自然界之上还有一个可以自我欣赏、自我肯定、自我反思的自然神灵，并与自然本身构成对象化的存在。标榜自然美高于艺术美的康德就曾说过，自然美对艺术美的这种优点，是"预先认定他（'他'是指认为自然美高于艺术美的人——引者）有一个美的灵魂，而这是任何艺术家和艺术爱好者都不因为他们对其对象所怀有的兴趣而有资格要求的。"① 卡尔松在《环境美学》中探讨了这方面的问题，他指出一种有神论认为"自然界是神的设计和创造，它是一个完美的世界，至少在它没有受到人类侵犯的范围之内。原始自然因此唯一在审美上是有价值的"② 。但是按照蔡仪的逻辑，对象化是不能进入他的自然美理论体系的，那么就是不承认自然美在自然本身的神灵性，也就是说一个没有对象的美在自然中自我生成、自我运动着。那么也就是说，自然界除了物质的存在，还有一个向着自我生成、自我运动的美的存在。而这个美的存在，却无论如何从物质存在中分析不出来。正如马克思所说，"非对象性的存在物，是一种非现实的、非感性的、只是思想上的即只是想象出来的存在物。"③ 这样，自然美在自然本身的学说就陷入了物质二元论。

蔡仪的自然美说，指出了自然美在于自然事物本身，其实是道出了自然美的产生要有自然本身的物质基础。波斯彼洛夫、卡尔松则更明确指出了对自然的鉴赏要遵循自然固有的规律："在自然审美鉴赏和肯定美学观念的发展中，科学已显然发挥了一种作用。……科学提供自然的知识。"④ 但遗憾的是，三位美学家都直接把美感的自然科学基础当做美本身来看待。倒是作为生物学家的达尔文模糊地意识到了自然规律与美之间的关系——他虽然也强调了美的物质基础，但并没有把这一物质基础本身直接当做美来看待："我们在某种程度上，可以理解整个自然界中为什么会产生此般多的美；因为这大多数是选择作用的结果。根据我们的感觉，美并非通常，所有看见过一些毒蛇、一些鱼、一些有着丑恶得如歪扭人脸那般的蝙蝠的人都会承认该点。性选择曾经赠与雄者最鲜艳的颜色、最优美的样式，以及另外的装饰物，偶尔也赠与相当多鸟类、蝴蝶与别的动物的两性。有关鸟类，性选择一般让雄性的鸣唱不但能

---

① ［德］康德：《判断力批判》，邓晓芒译、杨祖陶校，北京：人民出版社，2002年，第142页。

② ［加］卡尔松：《环境美学》，第126页。

③ 马克思：《1844年经济学哲学手稿》，《马克思恩格斯全集》第3卷，北京：人民出版社，2002年，第325页。

④ ［加］卡尔松：《环境美学》，第135页。

取悦于雌性，而且可取悦于人类的听觉。由于色彩相衬于绿叶花与果实显得很鲜明，所以花就极易被昆虫发现、并被访问与传粉，且种子也会被鸟类分散开来。一些颜色、声音与形状何以让人类与低于人类的动物产生快感，——也就是最简单的美感在起初是如何产生的，——我们不得而知，如同我们不了解一些味道与香气最初如何让人适意一般。……自然界里的全部设计……并不是一定完全的；又或是它们有些和我们的适应观念相对立，对此也不用觉得奇怪。"① 在达尔文看来，通过自然选择，动物界进化出了最能适应自然环境的物种，而这些物种的生命表现形态在人看来并不都是美的，一些物种的生命表现形态能使人产生快感，另一些则使人感到恶心、丑陋，而这适合于自然规律的快感却是最简单的美感产生的基础。但并不是所有适合自然规律的物种生命表现形态都会使人产生快感的，在达尔文看来，没有这最初的快感，也就没有了最简单的美感。

　　尽管国际学界的风潮转向环境美学，这对蔡仪的自然美论是有利的，但一种比较有代表性的观点仍然是有说服力的："把客观性只理解为纯粹自然属性，它和物质本身一样，可以脱离人类社会而独立存在。我把自然美的产生和发展放在与人类生活的客观关系上，不仅看到自然美的自然性，而且强调它的社会性。认为自然美必然与人的社会生活分不开。"② 恩格斯在《自然辩证法》中曾指出："自然科学和哲学一样，直到今天还完全忽视了人的活动对他的思维的影响；它们一个只知道自然界，另一个又只知道思想。但是，人的思维的最本质和最切近的基础，正是人所引起的自然界的变化，而不单独是自然界本身；人的智力是按照人如何学会改变自然界而发展的。因此，自然主义的历史观（例如，德莱柏和其他一些自然科学家都或多或少有这种见解）是片面的，它认为只是自然界作用于人，只是自然条件到处在决定人的历史发展，它忘记了人也反作用于自然界，改变自然界，为自己创造新的生存条件。日耳曼民族移入时期的德意志'自然界'，现在只剩下很少很少了。地球的表面、气候、植物界、动物界以及人类本身都不断地变化，而且这一切都是由于人的活动，可是德意志自然界在这个时期中没有人的干预而发生的变化，实在是微乎其微的。"③ 蔡仪的自然美论肯定了自然界在审美中的基础作用，但他显然是把这个基础作用放大了，夸张了，美成了自然界本身。因而他在探寻山水画之美的论述中，只是强调了自然本身的决定作用，"只是自然界作用于人，只是自然条件到处在决定人的历史发展"，所以他也难以欣赏园艺、驯化的家犬④，但是，"地球表面、

---

① ［英］达尔文：《物种起源》，赵娜译，西安：陕西师范大学出版社，2009 年，第 287 页。

② 任范松：《论金银的自然美——兼评蔡仪的"美即典型"论》，《延边大学学报》，1980 年第 3 期。

③ 恩格斯：《自然辩证法》，《马克思恩格斯选集》第 3 卷，北京：人民出版社，1972 年，第 551 页。

④ 蔡仪：《新美学》，《蔡仪文集》第 1 卷，北京：中国文联出版社，2002 年，第 250 页。

气候、植物界、动物界以及人类本身都不断地变化，而且这一切都是由于人的活动，……没有人的干预而发生的变化，实在是微乎其微的。"蔡仪生活在这个为人所彻底改造了的自然界里持有如此欣赏原始自然、返归原始自然的审美理想，该让他是多么的塞促不安、焦躁忧虑啊！但人类真能抛弃工业化信息化所开辟的生活道路吗？如果不能，蔡仪们所持的审美理想又是多么的乌托邦化啊！

美的观念的产生是人类劳动的结晶，自然美的观念也是人类在千百万年改造自然的伟大实践中对象化的形成并随实践的发展而不断改变。"事情取决于活生生的人的斗争，而不取决于没有人的躯体、只有骨骼的原则。"① 只有在生活中，在人类改造自然、改造社会的伟大实践中才能感受到真正的自然美。想先验地设定一个自然美的存在，然后让人们去膜拜、探寻、体验、反映都是不可能的。

（本文责任编辑：任天）

---

① ［苏联］布哈林：《布哈林文选》（上），北京：东方出版社，1988 年，第 89—90 页。

李长之与中国文艺美学的"现代"建构

■ 刘　洁[*]

（河北大学文学院）

【内容提要】中国文艺美学的学科建构并不仅仅是一个当代事件。早在20世纪三四十年代，一些现代文学研究者已经为此做出了努力，著名批评家李长之就是其中最突出的一位。目前学界对李长之的认识还只是局限在批评史领域，而实际上他的批评思想中包含着丰富的美学底蕴，他的"感情的批评主义"就是以他所主张建构的以"纯文艺"为研究对象，以"加体系"为研究方法、以寻求文艺绝对价值为学科属性的"文艺美学"为基础的。本文试从四个方面对李长之的文艺美学思想加以评述：第一，他明确提出了"文艺美学"的学科概念，确定了文艺美学的研究对象、研究方法、学科属性和体系结构；第二，他将文艺美学看做是文学研究者最为基础的知识，认为文学研究应该是一个健全的体系，而美学研究应该是文学研究的首要方法；第三，他主张建设艺术论的文学原理，强调理想的文学是一种人格艺术，它具有永恒的美的价值，"感情的型"是艺术论的文学原理的核心范畴；第四，他对中国古代儒家文化的审美性进行了富有时代精神的挖掘与重建，将文艺美学的建构与民族文化的复兴紧密地结合起来，从而在理论上呈现出鲜明的独特性。可以说李长之在中国文艺美学的现代建构上做出了很多开拓性的工作，对我们当代文艺美学的建设者来说，

---

　*　刘洁，1971年生，女，河北大学文学院文艺学教研室，讲师，文学博士，主要研究方向为中国美学与文艺学。

他的思考也具有不应忽视的启示意义。

【关键词】 李长之；文艺美学；感情的型；文艺复兴

李长之（1910—1978）是 20 世纪 30 年代至 50 年代中后期的著名文学批评家，但自 1957 年被错划为"右派"后便在学界消失了三十余年。直至 1993 年，温儒敏著《中国现代文学批评史》首次揭示李长之在中国现代文学批评史上的重要地位[①]，学界才开始重新关注李长之。尤其是进入新世纪以来，研究李长之的各类论文包括硕博论文逐渐增多[②]，李长之已经成为中国现代文学史和批评史上不可绕过的人物。

但是，随着李长之著述的逐步复出，我们发现的李长之已经渐渐超出以往我们对他的认识和定位。李长之不仅在中国现代文学批评史上的地位不可忽视，在中国现代美学史上，他也是一页不可轻易翻过的篇章。实际上，在他获得平反后，学界发表的第一篇研究论文却正是《李长之的美学思想》（这也是迄今为止唯一一篇专门论述李长之美学思想的论文）。这篇论文发表于 1985 年，作者邓牛顿认为，李长之"对中国文艺美学的建设尽过不少心力"，他的批评中"有许多独到的美学见解。尤其可贵的，是他对孔孟、司马迁等秦汉思想家的美学思想，做出了开拓性的叙述。"邓先生还进一步将李长之在美学思想上的贡献归纳为五个方面：一、期望建设文艺美学。他认为文艺美学在整个文艺科学中占据重要地位，对于文艺创作，它可以定出"一切原理原则"；对于文艺批评，它跟哲学、伦理学、社会学等学识具有同等重要的作用。同时，对于如何进行美学建设，他有过具体的设想，指出美学研究要从四个方面去进行，即"研究自然底美""研究艺术底美""研究人类在主观上构成美感时（无论创作或欣赏）的心理状态""研究那成了抽象原理的美底概念"。二、批评家必须具有审美能力。他主张感情的批评主义，从而有别于梁实秋的理性的批评和李健吾的鉴赏的批评。三、美是技巧的基本要求。他始终坚持按照自己的美学见解对文艺作品进行一分为二的剖析。四、倾于壮美。指出隐约、含蓄、朦胧只是诗之一种，不可认作唯一。五、为中国古典美学研究拓荒。主张从西方美学论著的学习和研究中取得借鉴，用之研究中国古典美学思想[③]。

纵观李长之的著述，我们非常认同邓牛顿先生的这五点归纳，并且认为李长之的文艺批评理论实质上就是一种文艺美学，他的思想中包含着许多建构中国新美学新批评的珍贵元素，这对自 20 世纪 80 年代以来不断建设和发展着的

---

① 温儒敏：《中国现代文学批评史》，北京大学出版社，1993 年。第十一章《其他几位特色批评家》之三为《李长之的传记批评》，第 225 至 229 页。

② 其中张蕴艳、梁刚的博士论文已经出版：《李长之学术——心路历程》，张蕴艳著，北京大学出版社，2006 年；《理想人格的追寻——论批评家李长之》，梁刚著，北京大学出版社，2009 年。

③ 邓牛顿：《李长之的美学思想》，《齐鲁学刊》1985 年第 1 期，第 103—105 页。

中国美学新形态即当代文艺美学来说，具有重要的参考价值。学者们普遍认为，20世纪80年代是中国文艺美学正式诞生的时期，而事实上，在20世纪三四十年代，李长之已经在主张建立一门新的"文艺的科学"，甚至已经提出了"文艺美学"的学科概念和理论构想，并以文艺美学为其文艺批评的指导精神和思想原则。尽管他并没有真正构建起这个学科体系，并且在概念界定和结构设想上也与当代文艺美学有一定的差异，但是我们仍然可以看到，李长之在中国文艺美学学科建构史上的价值所在。

"文艺美学"学科概念的提出

"文艺美学"是李长之论文中经常出现的一个带有学科性质的概念。早在1935年的《论文艺批评家所需要之学识》一文中，李长之就明确提出了"文艺美学是文艺批评家的专门知识"的观点。他说："什么是文艺批评家的专门知识？这是只有文艺美学（Literaraesthetik）或者叫诗学（Poetik）。文艺美学者是纯以文艺作对象而加一种体系的研究的学问。例如什么是古典，什么是浪漫，什么是戏剧、小说、诗……从根本上而加以探讨的，都是文艺美学的事。这是文艺批评家的专门知识。"[①] 在这里，李长之对文艺美学下了明确的定义，指出了文艺美学的研究对象是"纯文艺"，研究方法是"加体系"，而其学科性质则是一种"从根本上加以探讨的学问"。但是此时李长之还没有将"文艺美学"与"诗学"加以区分，尽管这个定义已显然超出了一般诗学的研究范围。

40年代，李长之认识到了这个问题，在表述上已经将"诗学"即"文学原理"与"文艺美学"区别开来，"文艺美学"成为"诗学"之上的更加基础性和体系化的学问，因此，他甚至称"文艺美学"为"文艺体系学"，并在理论上严格区分了"纯文艺"与一般意义上的"文学"，这就进一步明确了文艺美学的研究对象和研究方法的独特性，从而使文艺美学在概念上成为了一种全新的知识体系。在1942年的论文《释文艺批评》中，他论道："如果研究，就要讲方法，在根本上，方法应该分二种。一是历史的，这是文学史的工作，历史所问的是在成串的彼此影响，彼此作用，彼此联系的事实中之有演化意义的东西。另一是体系的，也就是哲学的。这是文艺体系学（Literarsystematik）所有事。文艺体系学也就是文艺美学（Literaraesthetik），其中包括诗学（Poetik），或称文学原理（但中国的名称是文学概论！）以及文艺中各种成分的专门研究。体系学所问的不是演化意义了，而是绝对价值。"[②] 这里，李长之明确指出，文艺美学的

---

① 《论文艺批评家所需要之学识》，《批评精神》，《李长之文集》第3卷，石家庄：河北教育出版社，2006年，第35页。

② 《释文艺批评》，《梦雨集》，《李长之文集》第3卷，第318页。

研究方法不是历史的，而是哲学的，是对文艺的绝对价值的追问，是以体系化的研究方式来实现的。而这个体系中尽管包括诗学即文学原理的研究，但已不止于此，它还包括文艺中各种成分的专门研究。

李长之所说的文艺的"绝对价值"，实际上就是所谓"纯文艺"的超越于时代的永恒价值，他认为文艺美学的研究对象"纯文艺（Dichtung）"，与文学史的研究对象"文学（Literatur）"是有所区别的。他论道："文学是生活各方面的反映，纯文艺是一时代（Epach）之最深的本质的象征，一个是表现偶然的，稍纵即逝的有限的事件，一个是陈说不变的，必然的无限之物；文学之表现，即是表现而已，时代之好的方面，坏的方面都表现，纯文艺则不然，乃是把一时代中之有永恒性者置之于直接的直观之中，把一时代之努力与欲求归之于最后的单纯形式之上，而且从而反映了在任何时代中之有所作用的，永久而纯粹的人性之不变的面目；文学既是随时代而浮沉的，所以是变动的浪潮之中，凡时代有关之物，像政治、社会、道德等，文学都和它有因果关系，因而也便是可以为社会学者，甚而马克思派所可以解释的。反之，纯文艺抓到的既是永恒，于是超时代，于是无变动不居可言，要它探索的只是人类对自己，对环境，对自然，对文化，对最后之物，对神之最后的关涉；文学不一定有独特面目，它只是时代的意识之沉淀物，只是人类和时代潮流的关系之结果，娜拉和少年维特都是这一类，纯文艺则由时代而探求到了人类生存本身，正是大历史家乐克（Ranke）所谓'历史中的任何时代都可以直接和神沟通'（Jede Epoche in der Gcschichte ist unmittcbarzn Gott），《浮士德》可说是这一类。文学与纯文艺有这样不同，然而却并非全然划分，因为一切的文学都以成为纯文艺为目标，二者是相续的，然而这量的不同，至极了遂也变为质的相远。"① 这就是说，文艺美学的研究对象并不是具体时代的文学，即与各种时代相关因素不可分离的文学存在，而是对文学中那些可以抽离出时代因素从而具有了普遍意义的作为艺术的本质规律，这些规律与人类的生存本质更加接近，因此具有绝对的价值。"广泛的表现时代的文学""是可以拿唯物史观来诠释的，为时代的经济的社会的反映"，"优美的追求永久的文艺""却是超乎这一切，为人类的根性之核心的探求"②。很显然，"纯文艺"是一种美学的对象，对它的研究显然不是文学原理所能尽括的。

对文艺美学这样一个全新的知识体系，李长之曾感慨道："中国的文艺美学，还没有好好的建设。一般人还不知道此中的世界，甚而不知道有这么个世界。"③ 因此，他在其1940年的德文译著《文艺史学与文艺科学》序文中，非常

① 《释文艺批评》，《梦雨集》，《李长之文集》第3卷，第319页。
② 《论研究中国文学者之路》，《批评精神》，《李长之文集》第3卷，第105页。
③ 《文艺批评与文艺教育》，《梦雨集》，《李长之文集》第3卷，第326页。

简明地指出"文艺美学"在整个"文艺科学"（即文学研究）中的地位："文艺教育须以文艺批评为基础，而文艺批评须根于文艺美学。文艺美学的应用是文艺批评，文艺批评的应用才是文艺教育。"[①] 1943 年在论文《文艺批评与文艺教育》中他再次强调："文艺教育根据于文艺批评，文艺批评根据于文艺美学（Literaraesthetik）。这是一定不可移的三步骤。"[②] 显然，李长之认为，文艺美学是文艺研究大系统中最为基础的部分，因此对这门知识应该好好地加以建设。实际上，在 40 年代，李长之已经在酝酿着这样一个以"文艺美学"为基础并涵盖着文艺批评和文艺教育的学科系统，并起草了一份相当具体的课题纲要，即写作于 1942 年的《释文艺批评》一文的最后一节"文艺美学和文学批评之课题纲领"。这个纲要从形式和实质两个方面分别提出了"健全的体系"的构想。这个课题形式上包括四项：一是从哲学层面上看一个作品说的是什么；二是从美学和语言学层面上看一个作家表现得是否成功；三是从伦理学层面上看一个作者该不该那样说；四是从社会学、心理学、人类学等层面上看一个作者为什么这样而不是那样表现。他认为"过去的任何派的批评，可说都在这四方面有所贡献，但都不完全。完全的批评，则必须这四方面的问题同时解答。我们承认过去各派批评都有它的地位，但我们仍要求有健全的批评的体系之建立。"而这个课题在实质上的问题却非常的庞杂，李长之将其整理为八组，包括：第一组，关系形上问题者；第二组，关于美的问题者；第三组，关于文学作品本身者；第四组，关于作家者；第五组，关于作家与其作品之关系者；第六组，关于产生作品之事项者；第七组，关于批评自身之问题者；第八组，关于文艺教育者。每组之下又有多项，共计五十四项。可以说几乎涵盖了从文艺美学至文艺批评再至文艺教育各个层面的全部核心问题，而且也体现出一种自上而下的哲学化的体系性思维。[③]

李长之所以要建立一种以文艺为对象的体系性的学问，其最根本的原因在于他始终抱有"文学并不与其他艺术绝缘"的基本思想。他所说的"纯文艺"就是文学中的艺术品。在 1937 年的论文《我对于"美学和文艺批评的关系"的看法》中，他将"文学作品之合乎一般的艺术原理者"归纳为五点：一、好的文学作品跟好的艺术作品一样，都遵循美学原则，即作品无论大小都"具有机的统一性，是一个整个组织"；二、上面所说是纵向的统一，而横向上也是有美的原则在，即好的文学作品在各个部分之间都是一致而调和的；三、文学跟艺术一样也有驾驭工具的问题，好的文学作品就是"把语言驾驭好了的"作品；四、文学跟艺术一样也要面对以技巧来形成个性、展现风格的问题；五、艺术

李长之与中国文艺美学的「现代」建构

---

① 《文艺史学与文艺科学》，《苦雾集》，《李长之文集》第 3 卷，第 139 页。
② 《文艺批评与文艺教育》，《梦雨集》，《李长之文集》第 3 卷，第 326 页。
③ 《释文艺批评》，《梦雨集》，《李长之文集》第 3 卷，第 320 至 322 页。

要达到内容与形式合一的境界，文学也同样以此为追求。"以上五点，这才是文学和美的问题的关涉处。"正是基于这样的观念，李长之便得出了如下结论："美学原理可以应用到文学上去"①，因此，建设一个新的知识体系即文艺美学的思想便是其题中之意了。

文学研究首先是一种美学研究

"美善不当侧重，倘若侧重，我宁重美。"这是李长之一贯坚持的文学观念。1937 年他在《我对于"美学和文艺批评的关系"的看法》一文中分析了"在文艺批评上偏重美与偏重善之得失"，认为"就'失'论，好像二者没有什么高下了，不，我还以为不然，我觉得注重善的流弊，无可挽救，因为真正善者不必美。但是相反的，注重美的流弊，可以挽救，真正美者决不止于是美，而必善。凡伟大作品之技巧成功者无不有其至佳之内容，所以大家倒可以放心。总之，倘若偏重，我宁偏重美而不偏重善。"② 因此，在他的那些对鲁迅、对孔子、对孟子、对司马迁、对李白的等等著名批评论文中，他无不致力于揭示这些作者在各自的作品中所表现的以美为统辖的真善美之融合，即他们由作品而表现出的人格之美、人生之美、生命之美，而这种美也就是他所说的纯文艺对"人类的根性的追求"的绝对价值。

可见，李长之是从美学层面上去找文学的根本，所以他所说的文艺研究的"体系"就是一种美学的体系，那么文学研究便首先应该是一种美学研究，而首先不是伦理学、社会学、心理学的研究，尽管它们也是文学研究者的学识，但不是专门的知识，而是辅助的知识。③ 在 1942 年的论文《正确文学观念之树立》中，李长之为"文学"下了一个基于美学思维的定义，并且明确地指出这是"体系的研究下之文学概念"。他的定义是："文学是以语言或文字为表现工具的艺术，它是凭借语言或文字而把内在的不得不表现到艺术形式的体验表现给读者或观众，并使读者或观众也获有同样体验的。"④ 很显然，李长之的这个定义是一个明显基于美学之概念与体系的定义，"艺术""工具""表现""形式""体验"等成为文学进入体系性研究的关键词。

对这个定义，李长之自己做了九个方面的具体分析。他首先认为文学与其他艺术一样，属于人类精神活动四大领域中的"纯粹直观的领域"，而不属于其他三个即知识的领域、伦理的领域和实用的领域；而文学区别于其他艺术的所

---

① 《我对于"美学和文艺批评的关系"的看法》，《批评精神》，《李长之文集》第 3 卷，第 9 至第 10 页。

② 《我对于"美学和文艺批评的关系"的看法》，《批评精神》，《李长之文集》第 3 卷，第 10 页。

③ 《论文艺批评家所需要之学识》，《批评精神》，《李长之文集》第 3 卷，第 35 页。

④ 《正确的文学观念之树立》，《梦雨集》，《李长之文集》第 3 卷，第 314 页。

在则是表现工具上的不同，且文学之工具即语言文字是"兼具空间和时间两种性质"的，因此形象化和音乐化的兼有便是文学之特质；文学之特质不在语言文字之外的其他表现工具，且此工具乃是"民族化的精神之化身"，因此文学的根柢便也是民族性的，任何一个作家都不能超越语言文字这个工具而必须服从于它。其次，文学是不得不的自发的由内而外的挤压式的表现，而不是受命于外的传达，这是一种"内在的强迫性"，因此文学创作既是个人的听命于己，又是最不个人的"人类精神心灵的进展之轨迹"；所以，文学不是经验的，而是体验的（Erlebnis），"这是指一种情势，一种感觉，一种经验过程，其强度可以产生文学上的孕育作用（Dienteischen Konrection）者。"何为"孕育作用"？李长之解释道："简言之，就是文学上的受胎。详言之，乃是创作过程中之一刹那，在那体验中，而被动的忽然的发生者，使那整个文艺作品有着决定的容貌者。"因为体验不限于真正发生于外界，所以才说它不同于普通的经验，也正因为如此，研究文学便"不能只从外在环境上推之"，"作家的精神的特性的研究"是非常重要的。最后，李长之又将这个体验说推及至读者或观众，并称之为"文学之艺术效应"，他认为成功的作品会"借助语言文字构成一种情调（Stimmung）"，情调是使读者驰骋幻想暂时退出现实而获得与作者同样体验的重要原因，而情调的实现完全在于作者驾驭工具的能力，这是文学艺术"一切的一切的核心"。[①]

从李长之的文学定义及其分析中，我们能够明显地看到他的以美学为出发点的文学研究特色，尽管他没有像后来的文艺美学学科建设者那样，清晰地将"审美"和"艺术"作为整个体系的核心[②]，但是其中的思想已经相当接近，且不止注意到创作的一面，亦强调了接受的一面，这不能不说是可贵的。尤其重要的是，他提出了一些属于艺术审美的独特概念，为文艺美学体系之形成做出了重要的尝试。实际上，除了"内在的强迫性""体验的孕育作用""文学之艺术效应"等极富特色的概念，李长之建构他心中体系的最为重要的概念则是"感情的型"，也就是定义中所谓的"形式"。"感情的型"是李长之在批评实践中最为重要的美学提炼，这一概念充分反映了他的文学观和艺术观，因此可以说是李长之试图建构文艺美学的一块重要基石。

早在 1933 年，李长之就在《我对于文艺批评的要求和主张》中提出"感情的型"这一概念，认为"感情的型是好文艺的标准"，并因此而宣称"我明目张胆的主张感情的批评主义"。所谓"感情的型"乃是最好的文艺作品中所表现的"一种可沟通于各方面的根本的感情"，"在我们看一个作品时，假设一分析它的

---

① 《正确的文学观念之树立》，《梦雨集》，《李长之文集》第 3 卷，第 314—316 页。
② 胡经之：《文艺美学》，北京大学出版社，1989 年。此书共十一章，分别为：审美活动、审美体验、审美超越、艺术掌握、艺术本体之真、艺术的审美构成、艺术形象、艺术意境、艺术形态、艺术阐释接受、艺术审美教育。

成分，接受物质限制的大小排列起来，我们会一层层的剥，而发现一种受限制最小的层，这一层就是文艺作品之感情的型。""在感情的型里，是抽去了对象，又可溶入任何的对象的。它已是不受时代的限制的了，如果文学的表现到了这种境界时，便有了永久性。"可见，李长之所说的"感情的型"与他所说的纯文艺所追求的"人类的根性"有着一致性，都是指一种可以超越时代而获得永恒的形式。关于这个永恒的"形式"，李长之更进一步认为，它"可归纳入两种根本的形式，便是失望和憧憬，我称这为感情的型。"显然这是李长之最终将文艺与人生联系起来的重要依据，为此他将王国维三个"境界"说引为证据，认为"境界说"正"说明文艺中可以有感情的型的存在，而且也说明了感情的型和最佳的作品相关"。他还斩钉截铁地说："我信文艺是可以只剩下感情的型的。"当然这个"只剩下"并不是说文艺作品可以只是空洞的抽象的形式，"那作品何以会把感情的对象抽去，乃令人忘却的而不是抽去的。如何而令人忘却感情的对象，这是作者最可宝贵的内容与技巧的极致。"①

"内容"和"技巧"是李长之所认为的艺术品表现于观众的一对既相对待又不可分的两个重要成分，"所谓内容，是指作品中把层层外在的因素提炼过后的一点核心，换言之，是表现在作品里的作者之人格的本质（das Wesen），再换言之是指如法国卜本（Buffon）所说'文如其人'的那种微妙的关系。""技巧者，却是那一切用以表现内容的。"② 而所谓"人格的本质"亦与"人类的根性"都是同一层次的概念，它们实际上都可以追究到"感情"这个最基本的人性上，而此人性本来就具有趋于形式的倾向，因此表现那人性就不能不有形式的因素，在艺术品，那就是"技巧"。"技巧的重要，并不次于内容，在创作一篇文艺作品时，技巧的重要，毋宁说是有过于内容的。其所以为艺术者，不在内容，而在技巧。因为技巧是文艺之别于一般别的非文艺品的唯一的特色之故。"这就与李长之所理解的人类感情是一致的，因为"就感情的性质上讲，原是不问内容的。"③ 如此，所谓"感情的型"归根结底就是技巧所达到的高度。因此，对李长之在 1936 年的论文《论文艺作品之技巧原理》中将"技巧的最高点是表现感情的型"作为"批评的最高原理"的观点④，我们也就不难理解了。"感情的型"是"内容的极致"，更是"技巧的极致"，而二者并不矛盾，"技巧的极致，往往是内容的极致。"在李长之看来"技巧"就是要求作品符合"美"的原则，而这"美"，"一是形式的完整统一，二是由艺术的形式而到艺术的形式之超出。""形式而不形式，是艺术创作的特质。""艺术必须是离不掉形式，

① 《我对于文艺批评的要求和主张》，《批评精神》，《李长之文集》第 3 卷，第 20—22 页。
② 《论文艺作品之技巧原理》，《批评精神》，《李长之文集》第 3 卷，第 53—54 页。
③ 《我对于文艺批评的要求和主张》，《批评精神》，《李长之文集》第 3 卷，第 17、22 页。
④ 《论文艺作品之技巧原理》，《批评精神》，《李长之文集》第 3 卷，第 56 页。

然而又是超乎形式，这有辩证法和艺术创作的一致点。"① 可见，李长之的"感情的型"最终还是要落在美学的原则上，而其所谓"感情的批评主义"便也是鲜明的美学批评了。

李长之所以标举"感情的型"，是因为他在美学观念上始终认为存在着一种永恒的、平等的"美的形式"，那是所有优秀作品之所以超越时代超越个体的根本，也就是文艺之所以存在的终极理由。而批评家所要做的就将这个内容与技巧的极致即"感情的型"一层层地挖掘出来。也正因为这样的批评是以人类的"感情"为目的的，所以，批评家便必须是能够进入到作品中去体验，又能够跳出来去批评的人，但是当他跳出时，也全不是无情的。"感情就是智慧，批评一种文艺时，没有感情，是决不能够充实、详尽、捉住要害。我明目张胆的主张感情的批评主义。"正因为在批评中李长之亦标举"感情"，所以他对批评家便更要求有一种无目的非功利的审美化的求真心态，因此，如同艺术上有"为艺术而艺术"的口号，他也便有所谓"为批评而批评，才是真的批评"② 的大胆宣称了。

从艺术论的文学原理到文艺美学

李长之所要建构的文艺美学与后来 80 年代试图建构的当代文艺美学相比，最大的共同点就是他们都是以强调文学的审美属性为出发点的，尽管后者走得更加深远，已经不止于文学的美学，但是这个起点是一直没有背离的，甚至也是不可能背离的。在李长之的时代，更是如此，他的理论中，文艺美学的主体就是文学的美学，就是艺术论的文学原理。当然李长之的可贵之处亦不止于此，他已经从这个起点走了出去，试图建构一个更加具有广度的即不止于文学也包括其他艺术门类比如绘画等都必须遵循的审美原则和美学理想，从而走向真正的有别于文学原理和艺术哲学的在体系上更高一级的文艺美学③。如果从学科建构史上看，与中国现代美学史上诸多对中国当代文艺美学有着重要影响的美学家相比，李长之有着同样甚至更加突出的价值。

《艺术论的文学原理》是李长之发表于 1948 年的一篇重要论文。这篇论文

141

李长之与中国文艺美学的「现代」建构

---

① 《我对于文艺批评的要求和主张》，《批评精神》，《李长之文集》第 3 卷，第 17—18 页。

② 《批评家为什么要批评？》，《批评精神》，《李长之文集》第 3 卷，第 28 页。

③ "文艺美学以普通美学的逻辑终点为自己的逻辑起点，而部门美学则又以文艺美学的逻辑终点为自己的逻辑起点。这样就形成了整个美学科学中得不同层次、不同系统、不同学科。"周来祥：《文艺美学的对象与范围》，见《周来祥美学文选》（上），广西师范大学出版社，1998 年，第 580 页。"（文艺美学）集中研究文学艺术领域中的审美现象——研究文学艺术的审美特性或者以审美为视角研究文学艺术的特性，它所得出的结论适应于文学艺术领域而不适应于或不完全适应于其他领域（日常生活、生产劳动、科学技术）的审美活动。"杜书瀛主编：《文艺美学原理》，社会科学文献出版社，1992 年，第 8 页。

可以说是他关于文艺美学核心思想的一个缩写或总结。所谓"艺术论的文学原理"是针对于也是相对于以心理学来研究文学的方法或学科而言的，他认为"心理学的考察也是终有限制的，这就是，它不能侵入一种真正的艺术论"①。李长之并不是全部否定文艺心理学的研究方法，实际上他曾经对朱光潜先生的《文艺心理学》一书有过颇多赞许，但同时他也指出这种方法的研究者"和哲学美学的格格不入处"，导致"对于较深的理论也不能欣取"②。因此在李长之看，真正的文艺理论不可以建基在心理学之上，而只能建基在美学之上，即以艺术品为研究核心的文艺美学之上。因为"在诗人心目中，所谓作品者是慢慢的生长，并慢慢的完成，最后自己获得独立的生命，是直观与钻研的对象，却并不是作者心灵生活的一部分了。像婴儿脱离母体一样，它是一个独立的个体，不复是母体的一部分然。诗人相信他所写下的，并不是可以'去体验'（Zuerleben），却是可以'去共同体验'的。无所谓宾主，他乃是和作品共同生活着。不错，他在艺术品中表现的，最是他自己所遭逢的，最是他自己所感觉的，可是当他一旦写入艺术品的时候，却便已经把这遭遇和感觉客观化了，也就是自他个人的一己的身世之感解放而出，在他的幻想力中开始展开一个独立的存在了。"从这段论述中，我们可以清晰地看到，李长之认为审美活动中"艺术品"与"艺术家"相比有着更为核心的地位，故而在理论上，研究接受者对艺术品的审美体验比研究艺术家创造艺术品的体验更加能够揭示出艺术的本质，这种"把文艺看作是一个由内至外地艺术品"的研究，更"可以把握文艺之独特的内蕴的（Immanent）律则"。于是，在李长之这里，"艺术论的文学原理"便与文艺心理学有了清楚的分野，它的"对象不复是艺术家的主观方面了，却是客观地置诸吾人跟前的艺术品；其归纳原理不复是施之于诗人之类型了，却是代之以作品之类型；总之是对于诗学和文艺作品的一种客观研究。"③

正因为艺术论的文学原理是将可以独立生长的有机统一的艺术品作为研究的基础和起点，"文艺的美学在开始，的确有些像单个作品之美学的解释"，但李长之强调，这种情形只是个开始，而不是止境，"它的目标，在一定的类型及形式之树立，在对由之以建立并受其约束的有机律则之认识。"这里所说的"有机律则"，就是一个艺术品作为有生命的统一体而具有的自足并自身有所演进的统一性，而对这个根本律则的把握不是仅仅靠心理学或其他科学方法去分析就可以彻底揭示的，"艺术论的诗学虽以分析始，但不以分析终。分析之后则经由一种综合作用，仍把作品重建起来，只有在这里才是这种诗学的特色。"④这就

---

① 《艺术论的文学原理》，《李长之文集》第 3 卷，第 529 页。
② 《评朱光潜先生著的三本关于文艺理论的书》，《李长之文集》第 3 卷《梦雨集》，第 366 页。
③ 《艺术论的文学原理》，《李长之文集》第 3 卷，第 529—530 页。
④ 同上书，第 531 页。

是说，文艺美学更加强调的是对"分析的理智作用不能措手"①的艺术之有机统一性的认识和揭示。它虽然也要按照传统的方法去分析文艺的三个部分即材料、内容、形式，但是这些分析都必须建立在这种整体观念之下才能做真正的客观研究，因为"当我们客观地面对着一件艺术品，而把它当作一统一性之物而加以理解之时，我们实已包含统一的意向（einheit－eiche Intention）之意在内，艺术品之统一性即由此而生，而艺术品的成分之一切特殊性皆隶属于此；艺术中的表现工具不过为此整个的意欲而选择而应用，外在和内在的形式亦为此整个的意欲所规定。"② 因此，我们可以这样理解，李长之是将文艺美学研究看做是对一种艺术品有机生长的重要领域的发现，在这个领域中艺术品的有机统一性可以得到清晰的呈现和重建，从而使艺术品的生命得以恢复、延续以致不断生长。在李长之看来，其实只有这样的研究才是与以创作论为核心的文艺心理学不相矛盾，甚至是相符合的，因为"诗人的意欲是常常以一种一定的效应为目标的"③，所以"关注文艺效应的分析，更可以让我们对于问题有收获些"，"这样也许是更逼近艺术品本身的根本性质了"④。

在这样的观点之下，李长之对传统文学原理对艺术品的材料、内容、形式三大成分的理解进行了"可能范围以内"的"修正"和使用。实际上，李长之是认为这三个名词都是"易滋误会"的，尤其是"形式"一名，在理论上最为混乱，所以他首先就来论形式。在李长之看，"形式一问题，直有牵动文学原理的全身之势。"但是，作为艺术论的诗学并不是把"形式"研究的重点放在"语言形式"和"韵律形式"之律则上，而是更加致力于考察更统一更普通的"结构律则（Allge Meinsten Kompositionsgesetre）"，并把它置于"文艺之形成成分（Formenelemente Derpoesie）"的研究中。在文艺形成的诸多成分中，"重要的却还是个人的天性，也就是诗人的脾气，由是而选择到三者之一，以作为那最适合自己的出路。（诗与散文的真正分途在此，所以杜甫不长于散文，诗中各体亦然，所以李商隐特长于七律）"。显然，李长之所说的"形式"与传统研究是有着极大区别的，他试图将"形式"研究中的仅关注外在形式层面的倾向引向更加内在的主体层面上，即形式的根本不是外在的语言使用和风格表现，而是个体基于自身天性的选择和创造，由此，这种基于内在主体的形式研究便更加关注"诗人在创作中所欲表现的情感的倾向（Richtung）以及由这情感的倾向所规定的直观状态。"⑤ 显然，这正是李长之一贯标举的概念即"感情的型"，我们甚至可以说，李长之所倡导的艺术论的文学原理中关于形式的研究，就是

李长之与中国文艺美学的「现代」建构

---

① 《艺术论的文学原理》，《李长之文集》第 3 卷，第 530 页。
② 同上书，第 536 页。
③ 同上书，第 536 页。
④ 同上书，第 529 页。
⑤ 同上书，第 532—533 页。

关于"感情的型"的研究。

我们知道,李长之所说的"感情的型"并不是一个割裂内容与形式的概念,它是整体性的。所以,当李长之论及第二个成分即"情感内容与思想内容"时,他实际上最终还是将"内容"指向了"形式"。他认为,对诗人情感与思想的考察虽说也是文学研究中的重要方面,但是"在这里所成就的,宁是一种一般的精神史的工作,而不是真正艺术的考察或美学的见地。""文学原理对于这些研究的结果不能不问,也不能不用,但是它自身的真正课题却既不在把这些观念和情感加以历史的处理,也不在把它们加以体系的归类。文艺之本质,像其他艺术一样,并不在它所表现的内容,而材料的知识并思想与情感的知识,是一点也不能告诉我们文艺的本质究竟何在的。只有当这些内容经过幻想力之有效的影响而自动地迫切地得到一个生动的形式(Form),并由此而形成为一种艺术品之际,才有文艺的本质可言。凡诗人所感到的,感到的人多啦,凡诗人所想到的,别人也未必然想不到,但是他能把他所感到的所想到的'赋以面貌'(gestatten),这才是艺术家之所以为艺术家处。"① 可见,李长之对以情感内容和思想内容为研究核心的文学理论是持有否定态度的,而他所认为真正能够进入到文艺本质的研究必须是将"感情的型"即"形式"置于首位的研究,这也足见"感情的型"在李长之文艺美学中的核心地位了。

由此而论"材料",李长之的观点自然一以贯之,认为"对于材料的考察的知识,在纯粹诗学上的价值也是很少的。因为,在美学上的兴趣,决不会只注意'如是材料'而止,所注意的却是艺术家在这些材料中曾造出什么东西来。为答复这个问题,须对原始材料(Rohstoff)与艺术的形成之物(Klinstlerisehe Gesltlung)加以区别。诗学上的普通归纳往往是关于后者,而不会是前者,诗学上所涉及的已是侵入内在地或外在地'赋予形式'(Gotmgebung)一事的领域了……"显然这最终又是落到了形式问题上,材料的美学意义并不在自身,而在它的构成之物上,这里所说的"艺术的形成之物"其实就是"感情的型"。因此李长之非常反对现代文学史研究中的一个倾向,"就是爱把文艺的材料加以比较的并历史的处理"的方法,这种方法"先把文艺创作对象化分为几种基本的成分,即所谓母题(motive),次则以一种'语言学的收集器'在不同的诗人创作和文献中追寻此母题之再现。"对此,李长之明确说"这并不是一个好方法",母题的相似不过是一个表面,而"真正文艺作品却是从特殊的并内容丰富的直观出发"。若又要进一步搞什么"一般母题"研究的话,那更是既没有学术价值也没有使用价值的了。所以,关于材料,李长之的结论便是"材料之可能的范围将与自然并人生的范围同其大小,真太不易捉摸了。"可见,李长之认为单纯的材料的归纳和比较对文艺的本质研究并无意义,

---

① 《艺术论的文学原理》,《李长之文集》第 3 卷,第 534—535 页。

而只有超出材料并关注更为有机的统一体即独立自足的、当下意义的作品以及它呈现的"感情的型"的研究才是最为根本的研究。

总之，《艺术论的文学原理》这篇论文再次呈现了李长之所要建构的新的文学美学的核心思想和理论主张，从而将普通文学理论进一步推向艺术论的文学原理，也更加坚持了他的文艺研究首先且根本上应该以美学为出发点的方法论原则。

文艺美学与中国的文艺复兴

尽管艺术论的文学原理是李长之文艺美学的核心，但是由于他所要建立的实际上是一个更为广泛的体系，即这个体系中还包括着文艺批评和文艺教育，所以他的文艺美学便有着丰富的批评学思想和审美教育思想。尤其是后者，李长之的某些研究有着极为可贵的"拓荒"价值，他试图提炼中国古典美学思想中的精华并予以现代性的转化，从而实现他所认为的中国文化史上真正的"文艺复兴"。应该说在这一点上，李长之的文艺美学思想再次体现出与当代中国文艺美学在建构思路上相联系的一面，以至于我们不能不关注早已发生在现代美学史上的古典转换和现代阐释的问题了。

李长之是一个深受德国古典美学影响的批评家，他的建构体系的观念即来源于此。但是同时他对中国古代传统文化尤其是孔孟之儒家精神却极为推崇，而其立审美教育之理想时，也并不以西方为重，而是独标中国传统艺术精神的。即使他在体系上甚至概念上大胆启用了西方的，但是就其根本的落脚却在中国文艺的复兴。所以，我们不仅看到了他对西方美学的大量译介，而且也看到了他对孔孟儒家审美教育、秦汉之际审美文化的精彩论述，更看到了他对中国古代艺术理论体系的深刻挖掘与独特重建。这些都是对全新的民族化的文艺研究思路的主动实践。在李长之看来，所谓的文艺复兴，不是只有拿来西方的，最重要的是重建我们民族自己的。"文艺复兴的意义是：一个古代文化的再生，尤其是古代思想方式，人生方式，艺术方式的再生。"[①] "文艺复兴是对过去的中国文化有一种认识，觉醒，与发扬"[②]。也正是在这个意义上，他指出了"五四"文化精神的"清浅"，它"还没有做到民族的自觉和自信"[③]。所以他很是赞同冯友兰先生在《新理学》中提出的"接着讲"的说法，"接着而不是照着，这话极有意义。接着者，就是的确产生自中国本土营养的根深蒂固的产物了，然而不是照着者，就并不是一时的开倒车和复古。只有接着中国的文化讲，才

---

① 《五四运动之文化的意义及其评价》，《迎中国的文艺复兴》，《李长之文集》第 1 卷，石家庄：河北教育出版社，2006 年，第 18 页。

② 《论如何谈中国文化》，《迎中国的文艺复兴》，《李长之文集》第 1 卷，第 12 页。

③ 《五四运动之文化的意义及其评价》，《迎中国的文艺复兴》，《李长之文集》第 1 卷，第 26 页。

是真正民族文化的自然发展。只有这样，才能跳出移植的截取的圈子。"① "文化是有机的，绝不能截取。文化是延绵的，绝不能和传统中断。但文化也是生长的，它需要外界的营养，正如它需要原来的土壤和水分。就其接受传统而言，就其需要原来的土壤而言，则中国现阶段的文化运动乃是一个'文艺复兴'!"② 这是李长之在 20 世纪 40 年代发出的声音，他已然将民族文艺的复兴作为民族发展的重大任务了。

当然，李长之并不认为中国传统文化中的所有方面都有"接着讲"的价值和意义，而是要将那特长之处格外地发展起来，以重建新文化。他认为，"中国过去的文化特长是在人生方面，其精神是审美的。""我们的趣味是在人而不在物，多末显然！在重'人'之中，我们又采取一种审美的看法。审美是意志与理智中间的一种状态，重在感情与感觉。这就是'中庸'的道理，这也就是中国讲'人情之所不能免也'的道理，这是中国文化的真精神。因为是我们的真精神，所以短长皆是放此。短处是我们对于物太忽略了，我们对于知识方面太看轻了，知识的方法，实验和逻辑，也太不讲求了，然而长处是讲'人'的话却没有中国讲得这样好的，情感方面的发挥——艺术，却也高于任何民族。""试问这种对于人性的探求与重视，这种审美态度的发挥，是不是可以作为'体'呢？我觉得当然是可以的。因为既生而为活人，人生问题就应该高于一切。而人生问题之中，意志的偏重则多争，理智的偏重则枯燥，只有审美的态度是最佳的解决。所以，以中学为本者，就是以人生问题为第一，以美育为首要态度，假若明了这意义，则这话并不错。"③ 可见，若要真正复兴文艺，中国传统文化中的艺术精神是最值得接着讲并且能够讲得好的部分，因此，李长之便也在这个领域开始了他的学术实践。

1940 年，为纪念蔡元培先生逝世，李长之发表了《释美育并论及中国美育之今昔及其未来》，此文后又作为 1942 年出版的《迎中国之文艺复兴》中的第六章收录，可见李长之认为美育之于文艺复兴的重要性。在这篇论文中，李长之旗帜鲜明地打出了复兴古代美育及审美观念的旗号，并认为"中国古代的美育很好，这是因为那时有极健康，极正确，极博大精深的美底概念，而教育的建设又那么美备之故。"④ 在李长之看来，"古代有健全的美学，所以有完善的美育。"⑤ 而近代即现在却没有了这样的美学和美育，"旧的审美观念（那背后有一种系统的美学，虽然古人不曾系统地写出来）破坏了，新的却没有建设起

---

① 《五四运动之文化的意义及其评价》，《迎中国的文艺复兴》，《李长之文集》第 1 卷，第 25 页。

② 《中国文化运动的现阶段》，《李长之文集》第 1 卷《迎中国的文艺复兴》，第 57 页。

③ 同上书，第 55 页。

④ 《古代的审美教育》，《迎中国的文艺复兴》，《李长之文集》第 1 卷，第 65 页。

⑤ 同上书，第 67 页。

来"①。因此，就文艺复兴的意义来说，我们就必须要接着古代的讲下去，从而建立新美学新美育。李长之认为，之所以说中国古代美学是健全的，一是因为它有"健全底美底概念"，即孟子所说的"充实之谓美"，二是这概念是基于"一种一贯的形上的世界观"，"一种深厚雄健的形上学"，即对"天地与我并生，万物与我为一"的宇宙生命精神的信仰②。可见，李长之所谓"健全的美学"就是具有本民族自己关于美的概念及其形而上基础的一个系统，只有这个系统健全了，并成为了一个民族的普遍认识，那么审美教育的系统才有可能健全。所以他说"要建设美育，只有先建设美学"。③

那么，李长之所要建设的是一种怎样的美学呢？他的回答是非常明确的，即与人生息息相关的美学，而这种美学本身就是一种美育。他说："美学是不是专让哲学家作运思的对象，与一般人生日用没有关系呢？绝对不是的。美学上的原理，大而关系整个民族的世界观人生观；小而关系各个国民的起居饮食。""艺术的原理也就是人生的原理，美的极致也就是善的极致。""这些是美学的神髓，也就是美育的真正内容。"④ 在他看来，中国古代儒家尤其是孔子和孟子的美学就是这样的美学，"中国古代的教育，即是在孔孟二人的辉光下面发挥着，作用着，灌溉着。"⑤ 他指出，"孔子的美学是古典精神的"，"古典精神乃是艺术并人生的极则"，所以孔子将"最美与最善，融合为一了"。他论述到，孔子以音乐欣取人生，从而深深地浸润于审美的生活；孔子积极奋发又闲适恬淡，做人也要做到那种极名贵的艺术品的地步；孔子知道美学的真精神在于反功利，并一生秉承；孔子确切地知道美育的功效，以趣味的养成作为美学教养之所有事；孔子一生的成功正是美学教养的成功⑥。这里，李长之明显表现出以人生之美为美学最高追求、以人格之美为美育最高理想的观念。在论述孟子时，李长之也格外关注孟子对孔子反功利的美学精神的继承，认为孟子具有更加彻底的审美态度，在"把伦理与美感打成一片上，孟子更有特殊的贡献"。他说孟子对于礼乐的解释是直接从艺术作用与艺术表现上入手的，礼乐只是仁义之感情的艺术表现而已；而孟子论圣人亦是包含着美学原理的利用，即孟子认为圣人像艺术家一样以人欲为工具来表现天理；孟子讲审美既讲审美态度的选择性，也将审美对象的平等性；孟子解释了美学上的趣味即审美能力的普遍性；而孟子最伟大处是创造了"充实之谓美"的概念⑦。可见，在李长之的眼中，至孟

147

李长之与中国文艺美学的「现代」建构

---

① 《古代的审美教育》，《迎中国的文艺复兴》，《李长之文集》第1卷，第65页。

② 同上书，第67页。

③ 同上书，第65页。

④ 同上书，第66页。

⑤ 同上书，第71页。

⑥ 同上书，第68—69页。

⑦ 同上书，第69—71页。

子中国美学已经是一个相当健全的系统了，在这个系统中，美与善须臾不分，它们最终统一于人格之美。论述至此，李长之又进一步揭示出，在中国人的思维中，这与人生息息相关的美并不是一个抽象的概念，它是要寄托于一个美的象征物之上的，这物便是"玉"，这寄托便是"以玉比德"。"这些美学的理论，都结晶为一点，这就是玉的文化。从君子必佩玉的一句古语中可以想见古代人美育的设施的全部。"① 总之，李长之通过孔孟，为我们重新建构起一个以人生美人格美为核心的美学系统，积极贯彻着他所谓文艺复兴就是使古代文艺获得再生的思想，应该说李长之是中国学者中较早的将古典美学进行明确而系统的现代阐释与转换实践的重要人物。

李长之关于文艺复兴的思想不仅体现在孔孟美学的标举上，更为可贵的是，他要将这种以"充实之谓美"为核心概念的人生美学系统在古代艺术原理上清晰地挖掘出来，将这个系统中最本质的也是最有价值于当代文化的美学精神呈现出来，使其再生为一个新的体系，即富有时代精神的文艺美学。写于抗战期间（1936 年至 1942 年）的《中国画论体系及其批评》正是这样一部具有全新意义的美学著作。这部著作的研究对象虽然是中国古代画论，但是我们不能简单地将其视为某一艺术门类的原理，如果真这样看待的话，显然它是不具体且不全面的。因为李长之的意图并不只是于绘画上阐明新见，而是以此为起点来找寻中国文艺可以复兴的精神所在，他要建立的体系并不是一个全貌的描述，而是为那古典精神中还活着并可以真正再生的部分加以构建，使其成为一个新时代的"接着者"。而这也正是李长之美学中最为珍贵的部分。因此，我们说《中国画论体系及其批评》的更深意义实在于文艺美学，而不仅在于中国绘画理论之整理。

这部著作除导言与结论，主体为清晰的四大部分：中国绘画上之主观问题、中国绘画上之对象问题、中国绘画上之用具问题、中国画论中之一般的艺术问题。显然前三个部分是从一般艺术都包含的三个方面来论述，之后一部分则是要在其中提炼更加本质的问题。仅从构架上我就可以看出它与一般绘画原理之不同，即排除具体问题，从一般性而入手。这正是体系研究的基本方法。在导言中李长之更是明确阐明了这一点："国人对于中国画论和中国画，在过去从历史的——实用的观点去整理者多，从体系的——哲学的观点去整理者则少。现在此作即从后者出发，作一个初步的尝试。""我觉得，一切艺术总是包括着三个方面的问题，这是：一、主观——就是创作者的人格问题；二、对象——就是艺术品的取材问题；三、用具——就是创作者所借以表现艺术品之取材的手段问题。中国画在这三个方面，无论理论上、实践上都有其特殊的问题与特殊的面目，从前所有的画论，似乎都可以隶属于这二者之中，因此，我们可以在

---

① 《古代的审美教育》，《迎中国的文艺复兴》，《李长之文集》第 1 卷，第 71—73 页。

好像没有头绪的画论中，找出一个体系来，并且因而可以看出中国画在艺术上之究竟的意义和价值来。"① 实际上，这部著作的体系性不仅表现在结构上，更为重要的是体现在美学系统上，即它是以"壮美"为核心美学形态和最高美学理想的阐释体系，是一个有阐释者的美学观念积极参与而重新建构的新系统，但这并不是说，这个阐释者只代表一个特殊的个体，恰恰相反，他是代表着一种时代精神，因此，这个新系统虽个性鲜明，但却不是独断之见。以往某些历史时期我们对李长之的非议恐怕原因也正在这里。

著作中无论是谈到主观问题还是对象问题和用具问题，李长之最终都会归结到"壮美"这一美学形态上。他首先认为，"中国画在对主观的要求上，是三点：男性的，老年的，士大夫的。归结都是壮美性。——这乃是中国画的真精神和独特处。"② 所谓中国画是男性的，是说中国画在精神上很少悲观色彩，反对琐屑，反对闺阁气，而提倡诗的意境；所谓老年的，是说中国画在技巧和内容上都反对稚弱，要求苍劲、老到；而"所谓士大夫的，就是要求绘画者是社会上有地位，有文化教养的。这一点，其形成中国画之特殊面目者非常之大，关系中国画论之体系者非常之深。"③ 因为，中国画反对匠气、反对凡气、反对市井气、反对俗气，同时反对院工、反对作家、反对北派，总之就是反对与士大夫精神相背驰的倾向④。中国画与士大夫的意识、生活、教养、人格、反写实的精神，以及作为形上学根据的理都有着紧密的联系，由此中国画收到了两种影响，"一是把绘画认为是余事，一是把绘画的种种方面使其趋于单简。"⑤ 而单简正是壮美的一个重要条件。其次，李长之认为"就是从中国画的对象上看，也有和从中国画主观上看得到同样归结的可能，中国画之对象，既集中在山水，竹石，梅兰等，则无疑也表示了一个趋势，就是趋于单简，同时不言而喻的，也就是适合于表现壮美。"⑥ 他论道，中国画并不像其他民族的艺术在对象上漫无选择，"中国画的对象，乃是只就自然间的事物中限制在某一种范围的"⑦。所以中国的人物画远不如山水画之多，因为后者正是士大夫人生之寄托，生活之理想，人格之反映。且画出的山水亦不是山水，而是"对于人间许多德性的考察，又经过了选择，只不过借山水为幌子而已。"中国画对人物的兴趣则转到植物上，画竹画兰便是画才子画佳人。可见"中国画没有写生。虽然当前画的是事物，其实不是事物，乃是人生经验，又不是原料式的人生经验，

① 《中国画论体系及其批评》，《李长之文集》第 3 卷，第 239 页。
② 同上书，第 257 页。
③ 同上书，第 243 页。
④ 同上书，第 244 页。
⑤ 同上书，第 256—257 页。
⑥ 同上书，第 264 页。
⑦ 同上书，第 258 页。

乃是人生经验而经过组织，经过提炼，经过理想化者。"① 最后，李长之又将中国画的用具即笔墨问题亦归结于壮美，他认为由于"书画同源"，所以中国画最终是走向形式主义的，即重视笔墨而忽视对象，"所以也便助成了趋简的风气，而且因为越能充发表现纯粹形式（Pure form）的意义，所以就越简越好了。""于此，我们见出中国画由用具方面也达到和主观，对象之同一步趋上去。这种美，不是绚烂光华的了，却是高雅淡远的，——不是优美的了，却是壮美的!"②

　　显然，李长之的"壮美"概念是来源于德国古典美学，但是其内涵却注入了更多的中国古典美学的意义。对此，我们不能仅仅将它看作是文化嫁接的简单形式，而更应该了解李长之以这样一个西方概念作为体系之眼的深层原因。他要重建中国美学之本以具有却尚未突出者，从而开辟文艺复兴的新途径。正如他在结论中所阐述的，"中国画的永久价值是一事，能不能继续是一事"，而"中国新艺术的发展，只有另行建造，另寻途径了!"这并不是李长之为中国文艺唱的挽歌，而是在强调一种民族文艺得以复兴的思路。所以，在这部著作中，李长之不仅谈到中国画的特殊处，也由此看到艺术的一般问题，而在这些问题上，中国画论是有着多方面贡献的，但是在理论形态上却有着"零星的倾向"，而那些零星的倾向又多半是"因为特殊的场合而发的"，于是如何将那些宝贵的思想突出出来而走向普遍，便是作为学者的李长之给予自己的任务。应该说，围绕一个中心概念来建立体系是最为直接的方法，也是最能呈现文化优势的路径。而如何选择这个中心概念，便可以有各种不同的视角和立场了。在李长之这里，时代精神即为民族复兴、为文化复兴、为文艺复兴的积极建设的精神，便成为了他的视角和立场。因此在这部著作中李长之格外标举"壮美"，也就不可视为偏颇之论了。实际上，李长之在 1943 年的论文《论中国人的美感之特质》中总结了多达十三种的民族美感，而壮美不过是其中之一罢了，这也足见李长之美学理论的真意所在。

　　李长之学术对于中国文艺美学的建构价值实有更多方面的体现，而上述四个方面最为明显。与文艺美学的当代建构相比较，李长之的思想不能不说已经具有了先河之象。同时我们也相信，"文艺美学诞生在中国"的说法是有很深的渊源可以挖掘的，整个 20 世纪，中国文学所面临的问题不是没有反复，而学者们所开出的药方亦不是没有相似的演进。这其中的同与异虽不是此文的主题，但对致力于文艺美学学科的建设者来说，这必是一个不可忽视的问题，本文对李长之建构价值的考察恐怕还只是一个开始罢。

（本文责任编辑：任天）

①　《中国画论体系及其批评》，《李长之文集》第 3 卷，第 262—263 页。
②　同上书，第 285—286 页。

马克思主义文艺理论与
中国民族文化的融合

■ 胡　俊[*]

（上海社会科学院思想文化研究中心 ）

【内容摘要】马克思主义文艺理论和中国传统文论有着内在的精神契合，传入中国后便适应了中国文艺发展的现实需要，解决了中国文艺发展的困境、矛盾和问题。百年中国现代文艺理论发展历程说明，马克思主义文艺理论中国化是一个持续、开放的与中国传统文化相结合的实践过程，包含着以严密逻辑结构为基础的实践框架，也取得了重要的实践成果。展望中国特色社会主义文艺理论建设的未来前景，马克思主义文艺理论和中国文化的融合还需要在四个维度上进行路向探讨。

【关键词】马克思主义；文艺理论 ；中国化；中国传统文论；

　　任何一个成熟的民族或国家在其发展的历史进程中，需要不断吸收不同民族或国家的外来思想，但决不会照搬照抄、模仿复制外来的文化思想和文学艺术，而是根据本民族的需要，遵循民族意识和民族精神，按照民族化的方式，结合本民族的思想传统和具体文化状况来吸收的。马克思主义文艺理论进入中国百余年来，一直和中国传统文论相结合，指导中国文艺及文艺理论的发展，解决中国新民主主义革命和社会主义现代化建设语境中的中国文艺和文艺理论

　　* 胡俊，1978年生，女，上海社会科学院思想文化研究中心，助理研究员，法学博士，主要研究方向为：马克思主义、文化研究、意识形态、文艺理论。

的问题，从而形成了中国化马克思主义文艺理论，奠定了中国现代文论的基础，推动了中国传统文论的现代转型，确立了中国现当代文艺的发展方向。

一、融合的可能：马克思主义文艺理论与中国传统文论的契合

20世纪初以来，国外多种文艺理论思潮传入我国，其中马克思主义文艺理论在中国当时的现实形势土壤中生根、发芽、开花、结果，不仅适应了中国的本土要求，能够被中国本土文艺界所吸收、所融合，而且最终成为一种指导中国文艺和文化发展的主导力量。这不仅是因为马克思主义文艺理论适合我们国情，和中国社会现实的发展要求相符合；还由于其与中国本土文化精神有着内在的契合。

虽然"对于中国传统文论来说，马克思主义文艺理论是一种外来的、全新的东西，二者在文化传统、民族特色、时代背景、观念范畴、理论框架、表达方式等方面都迥然不同，其差别是显著的。"[1] 但两者之间还是有许多共同之处，两者在精神内涵、价值取向、思维方式、审美趣味等方面有着许多共同点。马克思主义文艺理论的基本精髓有这样几个方面：一是密切关注现实生活、现实世界，关注人和现实之间的审美关系；二是重视文艺的人民性方向，唯物史观强调人民群众在人类社会历史活动中的地位；三是突出文艺的理想主义，追求共产主义理想和人的彻底解放。而在以儒学文化思想为主导的中国传统文化精神浸润下，中国传统文论思想也同样具有关注现实、体现民本、追求大同理想的价值取向和文化精神。此外，两者还有富于历史观念，充满人文关怀精神，洋溢着乐观主义等共同点。我们下面具体分析马克思主义文艺理论和中国传统文论精神契合的关键之处：

中国传统文论和马克思主义文艺理论都强调文艺作品的现实性内容，强调文艺作品对现实生活的情感表达、现实叙述和能动干预功能。中国传统文论重视文艺和现实生活的联系，要求文艺创作积极地介入和干预生活，要求作家创作出具有充实的现实内容和深刻思想力度的文艺作品。中国传统文艺思想历来反对现实社会内容浅薄的文艺作品，诸如描写风花雪月之类，否定和批判淫靡华艳的文风，中国古代文人历来主张文艺关注现实。如白居易在继承汉乐府"缘事而发"的现实主义精神的基础上，在《与元九书》中提出"文章合为时而著，歌诗合为事而作"的现实主义理论，而反对"嘲风雪、弄花草"的文艺作品。这样的中国传统文论往往排斥现代外来文艺思想中与社会功利无直接关系的文艺流派和思潮，于是形式主义、唯美主义、心理分析等一直不能在中国产生广泛影响。马克思主义文艺理论关注社会现实，这和中国传统文论注重现实

---

① 代迅：马克思主义文艺理论中国化的内在逻辑，《文学评论》，1997年第4期。

性的优秀传统，有着内在的精神契合。马克思主义文艺理论注重文艺作品的现实性内容，倡导文艺的现实性，强调文艺的社会功能，主张对现实的积极干预态度，从而达到改造世界的目的。中国现当代文艺接受马克思主义文艺理论的思想，要求文艺家们积极投身于救亡图存、民族复兴的新民主主义革命斗争和社会主义建设的大潮中，充分发挥文艺的宣传鼓动力量，从而起到打碎黑暗旧世界、建设新秩序的社会作用。

此外，中国传统文论和中国当时所接受的马克思主义文论同样具有强烈的工具论色彩。中国传统文论中有诗文政教化的特点，明显有着以政治功能为核心的工具论倾向，甚至明确提出诗文为君王、为政治服务。周朝开始设有采集诗歌的专门官员，我国第一部诗歌总集《诗经》，收集了西周初年到春秋中期的三百多首诗歌，采诗官巡游民间，收集歌谣，以此来查观民风民俗、知晓政令得失情况。"故古有采诗之官，王者所以观风俗，知得失，自考正也"（《汉书·艺文志》）。白居易批判秦代"洎周衰秦兴，采诗官废，上不以诗补察时政，下不以歌泄导人情"，所以他强调文学的社会功能、政治功能，要求能够"救济人病，裨补时阙"（白居易《与元九书》）。柳宗元也提出"文以载道"（柳宗元《答韦中立论师道书》）。中国传统文论重道轻文的特点，使得在接受马克思主义文艺思想时，一度把苏联的"无产阶级文化派"波格丹诺夫的文艺"组织生活论"，"拉普"派的"唯物辩证法创作方法"，美国作家辛克莱的"一切的艺术是宣传"，还有日丹诺夫的文艺理论等等奉为马克思主义文艺理论的正宗和主流。这些理论对马克思主义文艺思想的图解很多都是片面和偏颇的，在一定程度上改变乃至扭曲了马克思主义文艺理论原有面貌与构架。这些理论中寓含的"文艺从属政治"的工具论观念，和我国固有的传统文论思想发生了共鸣，都夸大了文艺的社会作用，并漠视艺术自身规律和形式特征，两者共同影响了当时中国马克思主义文艺的创作，共同导致了特定历史时期内文学从属于政治的境遇。后来，当这些文艺思想走向极端时，又在一定理论框架内逐步进行了合理的修正和调整。

总之，马克思主义文艺理论能够进行中国本土化，不仅在于它适合中国的现实需要，还得益于它与中国传统文论的精神契合性。中国从自己文艺理论传统出发，优先选择了以历史唯物主义为指导的马克思主义文艺理论，后者便迅速生长，展开了本土化的历程，并进而与前者融合，从而推动中国现代文艺的发展和转型。

二、融合的基本实践：马克思主义文艺理论中国化

马克思主义文艺理论进入中国后，通过与中国文艺实践相结合，我们更加深刻地认识和阐释马克思主义文艺理论，使之更加适应中国文艺现实发展的需

要。毛泽东指出："要有目的地去研究马克思列宁主义的理论，要使马克思列宁主义的理论和中国革命的实际运动结合起来，是为着解决中国革命的理论问题和策略问题而去从它找立场、找观点、找方法的。"① 我们以中国文艺和中国现实问题的发展需要为出发点，以此来消化、融合和创新马克思主义文艺理论，使之融入中国文论的体系中，使得马克思主义文艺理论思想民族化、本土化，成为中国文艺理论乃至中国文化的有机组成部分，从而使中国化的马克思主义文艺理论能够面对中国新民主主义革命和社会主义建设的现实语境，指导中国文艺和文艺理论的发展。

马克思主义文艺理论中国化包含着以严密逻辑结构为基础的实践框架：首先研究马克思主义文艺理论的基本精神，接着运用马克思主义文艺理论的基本精神去分析中国文艺的发展现状、困境和前景，并解决其所存在的矛盾和问题，然后使马克思主义文艺理论中国化，最后形成中国马克思主义文艺理论。马克思主义文艺理论中国化是一个持续百年的实践工程。马克思主义文艺理论在中国落地生根、开花结果的传播和发展的百年历史，是中国接受、坚持、吸收和改造马克思主义文艺理论，并以之指导中国文艺，解决中国文艺发展一直悬而未决的问题，探索中国文艺发展根本方向和路径选择的百年历史。

中国在没有接触马克思主义文艺理论之前，引导文艺的，主要是在封建社会和中国哲学基础上形成的传统文艺理论精神。"理论在一个国家的实现程度，取决于理论满足于这个国家的需要的程度。"② 自 1903 年中国开始了解马克思主义文艺思想，尤其是俄国十月革命胜利以后马克思主义经典作家的文艺论著的广泛传播与研究，打开了中国接受、吸收马克思主义文艺理论精神的新篇章。1903 年，海广智书局出版了《近世社会主义》，该书是由赵必振翻译日本学者福井准造的，其中一章《加陆马陆科斯》介绍了马克思的生平与学说，而且初步涉及了马克思主义理论中的一些有关文艺的论述。于是，马克思主义文艺思想，包括马克思、恩格斯关于文艺阶级性、文艺倾向性等观点开始在中国传播。③ 五四时期马克思主义中国化对中国文艺的作用体现为一般马克思主义理论对文艺价值观念的影响，如关于物质与精神的关系，存在与意识的关系，阶级观点、实践观点等等。到 20 世纪二三十年代革命文学之争和左翼文学兴起之际，随着瞿秋白等人对大量马克思主义文艺理论的翻译、介绍和倡导，以及鲁迅、郭沫若、沈雁冰、郑振铎等一批左翼作家、理论家对其主要的思想和观点有了较深的理解和文学实践，结合中国新文学的创作实际阐述、推广马克思主义文艺理论，如文学的现实主义精神，文学的典型环境与典型人物的关系，文

---

① 《毛泽东选集》第 3 卷，北京：人民出版，1991 年，第 801 页。

② 《马克思恩格斯选集》第 1 卷，北京：人民出版社，1972 年，第 10 页。

③ 季水河：《百年反思：20 世纪马克思主义文艺理论在中国的传播、发展与问题》，《湖南师范大学社会科学学报》，2005 年第 1 期。

学的倾向性与艺术性的关系等等。这些都极大地影响了中国现当代文学的发展，推动了马克思主义文艺对社会的能动改造作用。20世纪40年代，毛泽东的《在延安文艺座谈会上的讲话》是运用马克思主义文艺理论精神，根据中国的民族特色和革命发展的实际需要，理论联系实践，体系性、创造性地成功解决了当时中国文艺，特别是马克思主义文艺和中国实践相结合的发展问题。

百年马克思主义文艺理论中国化的实践品格奠定了中国现当代文学的社会功能，使文艺创作的主题集中地指向中国的现实政治、经济和文化，并在此基础上影响了中国现当代文学，使其具备了几个有利有弊的特点：

其一，马克思主义文艺理论和政治实践密不可分。在20世纪革命和建设的急迫环境中，文艺作品创作和批评的宗旨都和民族救亡、民族复兴的主题紧密相连。这样就要求文艺能够直接或间接作用于民族生死存亡、兴盛发展的命运，以及改变社会结构的革命斗争、国家建设和改革发展的活动。这既是现实的要求，又是传统的延续，我国传统文论中也固有以政治为核心的文学工具论的功利性观念，因而，马克思主义文艺理论在中国化的过程中要求文艺为现实的政治服务，政治功利性成为中国现当代文艺创作的价值导向，马克思主义文艺强调现实内容和凸显社会功能的同时，也意味着中国文艺的主潮朝着功利化和政治化的方向在倾斜。早在20世纪二三十年代，瞿秋白、冯雪峰、周扬、茅盾等人的文艺理论思想就对此作出初步的论述和阐释，如文艺与政治的关系，用阶级分析、社会分析的方法来评价文艺作品和作家，这些思维定势和文艺基调在二三十年代革命风起云涌的社会氛围中就已经确立，到五六十年代，在"红色经典"文艺作品中更是形成特有创作模式。其优点是有效地作用于一定历史时期内的政治实践，充分发挥了文艺的现实功利性，并取得了很大成就；但是从文艺创作来说，它也忽略了生活内容的丰富性和艺术创作过程的独特性、复杂性。

其二，马克思主义文艺的大众化、通俗化、普及性和宣传性。为适应现实需要，使马克思主义思想被群众所接受，并转化为一种强大的能动力量，所以倡导文艺创作同群众相结合，马克思主义文艺与民族传统文艺形式相连接，追求文艺的大众化与通俗性，从而充分发挥马克思主义文艺的宣传鼓动功能。这些基本的理论特点，对中国的现代文艺产生了深刻影响。为寻求中国老百姓喜闻乐见的文艺通俗化和大众化的内容和形式，要求广大文艺工作者做到"文章下乡"、"文章入伍"，具有乡土风味和传统特征的中国民间传统文艺形式一度被高度重视，如以赵树理小说为代表的"农民写、写农民、农民看"的文艺模式曾经被高度赞扬。当然一味地、单一地追求文艺的大众化和宣传性，也在一定程度上限制了文艺创作在更广阔的题材范围内和更高的艺术水准上发展。

马克思主义文艺理论和中国文艺实践结合的过程是在特定时空中进行的，马克思主义文艺理论中国化的实践框架导致了对文艺的社会实践作用的强调，这极大提高了中国现当代文学在社会改造和建设中的地位，但其局限性也是客观存在的。

三、融合的意义：促进中国文学及文艺理论的现代转型

20世纪初期，尤其国门开放、思潮涌进的"五四"时期，世界各种文艺理论潮水般奔涌而至，中国文艺理论界出现了各大流派兴盛发展的情景，大体上是马克思主义文艺理论、中国古代文艺理论、西方文艺理论三分天下的格局。历史发展到20世纪30年代末，马克思主义文艺理论由于其极强的社会实践性，逐渐开始大踏步地领先于中国古代文艺理论、超越于西方文艺理论而一枝独秀。到了20世纪40年代，马克思主义文艺几乎在中国达到了独步天下的地位。20世纪中国，马克思主义文艺理论在三大文艺理论大冲突、大融合中处于主导地位，对中国现当代的文艺实践起到理论指导作用，因此马克思主义文艺理论中国化对于20世纪中国文艺创作实践和文艺批评理论的现代性转型的推动，产生了十分深远的影响。

1. 促进中国马克思主义文艺理论的构建与发展

马克思主义文艺理论中国化过程，也是中国特色的马克思主义现代文论的构建过程。回顾20世纪中国文艺理论发展史，首先是李大钊、恽代英等中国早期马克思主义者，大力翻译和传播马克思主义文艺理论，接着到20世纪二三十年代瞿秋白、鲁迅、冯雪峰等成为马克思主义文艺理论传播者、接受者和实践者，他们不仅主动翻译马克思主义文艺理论著作，还践行马克思主义文艺理论，如运用马克思主义文艺观来评价文艺作品和作家，分析文艺批评面临的时代要求和困境问题，中国化马克思主义文艺理论的构建历程从这里开始了。比如李大钊的文艺思想展示了马克思主义文艺理论中国化的萌芽，《我的马克思主义观》等文章中提出知识分子要与工农融合，使得文艺为一般劳工所了解，进而提出新文化为工农大众服务，此外还提倡新文学要为社会写实。瞿秋白翻译、介绍了大量的马克思主义文艺理论的作品，并能自觉地运用马克思主义理论来研究文艺问题，在《普罗大众文艺的现实问题》等文中提出文艺大众观和现实主义论。鲁迅的文艺思想和文艺实践，也对中国化马克思主义文艺理论的建设做出了极为重要的实践贡献，《文学的阶级性》、《文学与出汗》等文运用马克思主义的阶级理论论述了文学作品是有阶级性的，并阐释了文学与现实的关系等。到了20世纪40年代，毛泽东同志的《在延安文艺座谈会上的讲话》可说是把马克思主义文艺理论与中国文艺实践很好地结合起来，初步形成了中国特色的马克思主义文艺理论体系。

2. 奠定中国现代文论的理论基础

在 20 世纪的中国，随着马克思主义文艺理论主导地位的确立，中国化马克思主义文艺理论逐步影响、渗透甚至是统领支配了其他文艺理论。马克思主义文艺理论，在与中国文艺实践的结合过程中，成为构筑中国现代文论的主要逻辑起点和理论来源，成为中国现代文论的主导成分，奠定了中国现代文论构建的理论基础。比如，关于文学和社会的关系方面，马克思主义文艺理论有"文学是对生活的反映"的观点，文学与社会历史关系的理论，文学在社会大系统中位置的理论，文学艺术是解释世界的方式之一的观点，能动反映论的观点；关于文艺和人的关系方面，有"人也按照美的规律来创造"的观点，"美是人的本质力量对象化"的观点，文学与人的全面发展之关系的观点；关于文艺的思想内容和艺术形式方面，有着内容与形式的关系，倾向性与艺术性的关系，等等，这些文艺思想都对中国现代文艺发展产生过深远影响。可见，马克思主义文艺理论为中国现代文论的构建提供了重要的理论基础和框架，并占据了主导地位。

3. 推动中国传统文学理论的现代转型

马克思主义文艺理论本身是一种具有先进性的文艺理论，推动了中国传统文艺理论的现代转型，其中一大批马克思主义学者、作家、文艺理论家甚至是革命家做出了重要的贡献，如李大钊、陈独秀、瞿秋白、鲁迅、胡风、周扬、冯雪峰、毛泽东等。作为马克思主义文艺理论的翻译者、传播者，他们逐步掌握了马克思主义文艺理论的基本精髓，将其指导或运用于文艺创作和文艺理论批评中，逐步推动了中国传统文学理论的整体范式现代转型。

其一，思维体系的转型。中国古代文论的思维方式主要是直观感悟和形象思维，缺乏严密的逻辑性。而马克思主义理论是具有很强的逻辑思辨性，如唯物辩证主义、对立统一、普遍与特殊等方法和观点。马克思主义文艺理论中国化，对于中国文论思维体系的现代转型，发挥了极为重要而直接的作用和影响，中国的现代文论的思维方式已经汲取了逻辑思维的有益养分，具有一定理性思维的性质。

其二，阐释方式的转型。中国古代文论的表达方式，其特征往往是具有随性所致、随手拈来所带来的评点性和朦胧性，有的甚至是用诗句来行文阐释的。中国现代文学理论的批评方式、行文方式，吸收了马克思主义文艺理论的阐述方式，通过概念、范畴、推理、判断的形式来进行文艺批评，具有了论述性、明晰性的表达形态，这在相当程度上改变了中国传统文论以象征寓意为批判方式、表达方式的形态，这使得文艺理论表达得更为准确、更有体系。

其三，评价对象的转型。中国古代文学理论批评更多的是一些文人士大夫个人感受的流露，而中国现代文论更多是转向了对不合理黑暗社会的批判，以及对人民大众、国家、民族命运的关注。

4. 确立中国文艺的进步方向

马克思主义文艺理论传入中国，对中国文艺发展产生的最显著影响就是促进中国文艺朝着进步的方向前进。中国古代文艺在根本指向上是为封建统治者服务的，主要体现了封建统治阶级的利益和愿望。即使那些同情下层百姓的文艺家，也是希望通过文艺作品的反映，使得封建统治者体恤民情、改良统治方法并达到长治久安的，也就是达到"致君尧舜上，再使风俗淳"的目的。而马克思主义却是一种解放所有被压迫民族和人民，改造旧社会，创造共产主义理想社会的理论，所以马克思主义文艺理论具有人民性的特征，要求文艺以无产阶级、普通大众为描写对象，反映他们的现实生活，并把他们作为阅读对象，提倡文艺为无产者阶级、为工农兵、为普通大众服务。20世纪上半叶左翼作家、文艺理论家三次倡导"文艺大众化"的讨论，到20世纪中叶毛泽东同志提出文艺工农兵方向，20世纪下半叶邓小平提出文艺"为人民服务、为社会主义服务"的口号，是一个从倡导文艺大众化到制定"为人民服务"的文艺政策的渐变过程，文艺政策的制定也标志着中国化马克思主义文艺及其文艺理论的人民方向论的确立、坚持和发展。

四、融合的前景：中国文艺理论的前瞻性展望

马克思主义文艺理论的中国化总是随着国际国内的发展形势、中国文艺的发展实际，尤其是随着新的文艺动向和思想的滋生，而永远存在着深化和发展的空间。改革开放三十多年来，随着我国社会的经济、政治和文化生活的急剧变革，以及中国特色社会主义社会的不断建设，过去长期形成并已经定型的马克思主义文艺理论模式和新时代新的实践、新的要求越来越不相适应，从解决中国文艺的现实实践和未来发展问题出发，需要中国化的马克思主义现代文论对此作出新的阐释和解答。因此在新的历史条件下，中国化马克思主义文艺理论需要有一个新的大发展，需要重新建构具有新内涵的文学理论体系，使得马克思主义文艺理论不仅成为中国现代文学理论的有机部分，其精髓还要成为中国未来文学精神的主导要素。笔者依据当前国情，对马克思主义文艺理论中国化多层面、多维度的发展路向和发展趋势作一个粗略的前瞻性展望，这也是当下马克思主义文艺理论中国化继续发展的路向探讨。

一是密切结合中国当代文艺和文艺理论发展的实践问题。如何使马克思主义文艺理论进一步在新时期"中国化"，使马克思主义文艺理论与新时期、新世纪的文艺实践相结合，这是新的时代语境中马克思主义文艺理论中国化最迫切

需要解决的难题，其关键之处是要找到马克思主义文艺理论与新时期中国文学实践之间新的"结合点"。

当下，我们虽然仍然肯定马克思主义文艺理论作为指导思想的主导地位，但社会和文艺发展发生了急剧变化，具有在全球化、市场化、信息化语境下建设中国特色社会主义文艺理论的新的时代特征。一方面，生活方式、价值观念、审美标准都发生变化，出现了新的文化矛盾和精神问题，产生了新的文艺价值观、文艺作品和文艺思想，对原有马克思主义文艺理论提出了巨大的挑战。另一方面，国外各种思想观念、文艺理论和流派思潮重新涌进中国，各种外来价值观念、文艺理论都有进一步中国化的倾向。在这种情境下，我们需要重新思考马克思主义文艺理论中国化问题。马克思主义的基本文艺理论要想与当前中国文艺实践进一步相结合，成为中国特色社会主义文艺的指导思想，那么首先要理清目前及未来中国文艺发展所面临的实际问题。只有找到中国当代文艺实践发展中的真正"问题"，才能准确把握马克思主义文艺理论中国化与文艺建设的新结合点。当前及未来一段时间中国文艺发展的现实语境产生了一系列与"中国"当代文艺理论发展相关的问题，如全球化与文化霸权、文化殖民主义问题，市场经济、大众文化、消费主义与新理性、人文精神问题，网络化、虚拟化与文学现实性问题，现代性、后现代性、解构主义与中国文艺古典传统问题，等等。"一个文化母体所产生的理论，不容置疑地具有自己的独特性和原创性，而任何一种理论的孕育和提炼，又都与生存于那个文化母体中的最深层、最活跃的现实实践息息相关。"① 所以，我们当前要紧密结合当代中国文艺创作实践，着力强化问题意识与当代意识，把一系列真正由现实文艺生活所产生的、迫切的重大理论问题，纳入马克思主义文艺理论中国化的视野中，积极地加以探索解决，从中推论出应有的科学结论。

二是重新认识马克思主义文艺理论的基本精神和体系。中国特色社会主义理论体系，是不断发展的开放理论体系。马克思主义文艺理论中国化，虽经过百年历程，但仍在探索之中，面对新形势，我们需要深入客观地总结百年、特别是近三十年的成果，要用冷静地审视和反思马克思主义文艺理论中国化的进程，要努力在内容和形式上创造中国化马克思主义文艺理论的新形态。

20世纪中国所传播、接受和理解的马克思主义文艺理论，大多是从日本和苏俄辗转传入。经过二次传播，再由中国人根据本国实践进行阐释和解读出来的中国化马克思主义文艺理论，其中的部分内容已与马克思主义创始人的文艺思想有着明显的差异。而且由于时代距离和国情差异，我们还不是完整、本原地传播马克思主义文艺理论，而是从中国紧迫的革命现实需要出发，遵循中国

---

① 许明：《从纯粹形而上的建构到对审美器物的重视——中国美学的突围》，《理论学刊》，2012年第9期。

传统文论的思维习惯和思维定势，沿着现实性、实用性、乃至政治功利性的方向，对马克思主义文艺理论作了有局限性的开掘、发展和创造，这也导致存在着一些误读、附加甚至歪曲的可能性，如政治优先论、英雄完美论、阶级典型论，对大众趣味的妥协和迁就，对人性、人情、人道主义的否定和排斥等。当下，我们要重新阅读和理解元典意义上的马克思主义文艺思想，就要正本清源，还原它本身的内容和精神，去掉误读、附加和扭曲，排除长期以来形成的公式化、定型化和凝固化理解对我们的思想干扰，这是在当代社会发展马克思主义文艺理论所应有的内在逻辑和执著要求。

当前中国马克思主义文艺的发展，一方面要坚持继承马克思主义的基本精神，另一方面强调推进理论创新，使创新后的中国化马克思主义文艺理论能够指导中国当代文艺发展的实践。比如，我们可以深入挖掘马克思主义理论前期被遮隐的关于以人为本和人的自由、全面发展的思想，将之应用于解释和解决当代文艺理论所面临的重大问题。

三是吸收当代全球优质的文艺理论成果和资源。我们要汲取 20 世纪以来经过实践检验的文艺理论成果，包括西方马克思主义文论和其他文论的理论成果，为马克思主义文艺理论体系注入新的活力。西方马克思主义者身处当代西方社会，能够敏锐地了解当今国际社会发生的新变化、新问题，他们的文艺理论能够帮助我们深刻认识当代西方社会政治和文艺的特征、功能和本质。也就是说，西方马克思主义、新马克思主义的理论成果，"是马克思主义西方本土化的研究成果，是对马克思理论的发展和丰富，是一种当代理论形态的阐释和建构，对深入领会马克思主义文艺理论有借鉴意义，"[1] 同时，对于建设具有中国特色的马克思主义现代文论也有着重要的借鉴意义。

四是继续促进马克思主义文艺理论与中国传统文论中优秀因子的沟通与融合。中国传统文论有着丰厚文艺思想遗产，对于建设中国特色社会主义文艺理论体系，是一个重要的理论来源。中国传统文论通过几千年来的文艺实践和文艺理论批评，逐步形成稳定、独特的理论话语体系，在世界古典文艺理论和文艺思想格局中成就卓然，我们要在批判中继承其中有价值的文艺理论因子。正如西方马克思主义文艺理论，通过对西方文论传统的梳理，重新对马克思主义文艺理论进行阐释。我们要从对中国传统文论的梳理和建构中，创造出一种对于马克思主义文艺理论具有中国特色的阐释模式，使之民族化、本土化。

20 世纪初马克思主义文艺理论传入中国，其与中国传统文论的自发融合便已开始，目前，通过努力倡导"建设有中国特色的马克思主义文艺理论体系"，这种融合已发展到自觉状态：一方面，马克思主义文艺理论改变、改造了我国

---

① 范玉刚：《马克思主义文艺理论中国化路径探析》，《湖北大学学报》（哲学社会科学版），2008年第 11 期。

传统文论，推动了传统文论的现代转型；另一方面，中国传统文论的优秀因子，也浸润到马克思主义文艺理论中，使马克思主义文艺理论打上了中国化、民族化的独特烙印。因此，批判性继承富于诗性感悟方式的中国传统文论，并推动其与极富逻辑思辨传统的马克思主义文艺理论的创造性融合，不仅是我国当前文论建设的重要急迫任务之一，还是中国特色社会主义文论的未来发展方向之一。

展望中国特色社会主义文艺理论建设的未来前景，我们仍然需要大力倡导和弘扬马克思主义文艺理论，使之在文艺实践和理论建设中处于主导地位。马克思主义文艺理论作为中国百年现代文论的世纪主流，在批判性汲取中国传统文论优秀因子的过程中，已经很大程度地实现中国化了，从某种意义上讲，百年历史的中国化马克思主义文艺理论也可被视为中国传统文论的现代形态。而且，马克思主义文艺理论起源于西方，和各种西方文论之间有着天然的亲和力和融洽度，从而更容易和西方文论进行对话和沟通。此外，马克思主义文艺理论的实践品格，也会使其在今天和未来的中国文艺活动中有着旺盛的生命力。所以当今和未来的中国特色社会主义文艺理论建设，其主流应该在马克思主义文艺理论的总体框架下，结合中国文艺实践问题，展开中西文论的创造性融合，那么中国现代文论建设将走向更加辉煌灿烂的前景。

（本文责任编辑：任天）

威廉·莫里斯、弗里德里克·杰姆逊和乌托邦问题

■ 托尼·帕克尼[*]

（英国兰卡斯特大学）

王斌 译

【内容摘要】 托尼·帕克尼把威廉·莫里斯有关社会主义乌托邦的著作《乌有之乡的消息》，与美国马克思主义文化批评家弗里德里克·杰姆逊的著作综合起来进行研究，他试图呈现出发生在莫里斯和杰姆逊之间的第一次全面的理论碰撞。作者认为乌托邦虽然失败了，但是乌托邦在失败的过程中却创造了独特的艾伦的形象，她本身成为了一种杰姆逊式的乌托邦理论，我们围绕她来讲述一个开放且没有结局的故事，为即将到来的时代提供一种探索性的类比。

【关键词】 乌托邦；《乌有之乡的消息》；威廉·莫里斯；弗里德里克·杰姆逊

在这篇文章中，我将把威廉·莫里斯有关社会主义乌托邦的著作《乌有之乡的消息》（1890/1891），与美国马克思主义文化批评家弗里德里克·杰姆逊的著作综合起来进行研究。在杰姆逊从文学体裁和政治问题这两方面对乌托邦进

---

* 托尼·帕克尼是英国兰卡斯特大学英语系高级讲师，他是研究雷蒙德·威廉斯和威廉·莫里斯的专家，是《威廉·莫里斯研究》杂志的编委，曾经是兰卡斯特绿党成员。研究兴趣包括威廉·莫里斯、乌托邦和现代主义文学等。

行长期思考的过程中，几次论及莫里斯的伟大著作。当然杰姆逊对莫里斯的论述是顺便进行的，他并没有将莫里斯当做一个长期的关注对象来进行研究。我将重新回顾杰姆逊对《乌有之乡的消息》所做的简略论述，也将呈现出我所认为的发生在莫里斯和杰姆逊之间的第一次全面的理论碰撞。

对19世纪的文学体裁所产生的主要变化进行研究，是乌托邦研究的老调重弹。在一些经典文本中，比如托马斯·莫尔的《乌托邦》和弗朗西斯·培根的《新亚特兰蒂斯》，乌托邦就存在于人们当时所处的时代，它只是位于世界的一些遥远的角落，因此从空间旅程上抵达乌托邦是一项史诗般的伟业。从19世纪开始，乌托邦变成了人类社会的一种未来的政治可能性：它存在于人类自身的社会空间中，但是还没有实现，因此从时间旅程中抵达那里也是一项伟业，比如莫里斯所描述的威廉·盖斯特之梦，就将他从后维多利亚时代的伦敦带到了22世纪的英格兰。

乌托邦的旅程变成了一个时间问题，而不是空间问题，只有在一个完整的历史时期中这一点才有意义，在这一时期乌托邦变成了某种现实。从政治上来说，我们可以通过群众运动，而不是凭借类似于在某处无意中发现的那种有待证实的可能性来建构这一现实。因此，时间旅程促使威廉·盖斯特从《乌有之乡的消息》第一页中所描述的尚未健全的社会主义联盟会议，转向了遥远未来的完全形式化了的后革命社会；他与迪克·哈蒙德一起完成的简短的伦敦之行，使其亲身经历了新世界，随后在大英博物馆中他遇到了老哈蒙德，后者向他介绍了新共产主义秩序的社会基本准则，以及它最初是如何变成现实的一些情况。因此，莫里斯的乌托邦看起来完美地符合了这一新的文学体裁。

在乌托邦刚刚获得了时间旅程的意义之后，威廉·盖斯特就被推向了更为重要的空间旅程：沿着泰晤士河上溯130公里，从汉默史密斯宾馆来到位于英国乡村深处的凯姆斯科特庄园。很明显，这是对一种老式乌托邦航行模式的继承。

历史看起来已经被甩在了身后。盖斯特在第二次——空间而不是时间——探索中的作为将会异乎寻常的剧烈。盖斯特向上前进的时候，他在伦尼米德遇到了年轻的女人艾伦，随后她追随盖斯特共游泰晤士河，并将自己与这些访问者连在一起，共同走进她的世界。这篇文章余下的部分将对莫里斯乌托邦的结构性自我分裂的意义进行思考；将对从一个完全意义上的19世纪模式到更早的乌托邦模式的继承过程进行思考；将对这一过程中艾伦这一形象的产生过程进行思考。

弗里德里克·杰姆逊最臭名昭著的论断是：乌托邦注定要失败，它远离一个新社会所能实现的任何令人满意的充分表征，最终它所能做的仅仅是呈现出我们生存于其中的社会的一些局限。这一论断既被认为是一种中立的解释性立场，又被看做一种乌托邦书写的伦理学。第一，作为一种解释性的论断，杰姆逊认为无论乌托邦将其完美的社会制度构想得多么复杂，无论它所试图呈现出的那一世界的物质细节是多么地诱人，它总是会被缺陷和矛盾击中。相比较于乌托邦对新世界的本质所做的描述，乌托邦想象的这些结构性局限，更能为我们呈现出其自身的历史瞬间和思想中存在的束缚。

但你可以看到，这一立场是如何迅速地转变成一种乌托邦阅读的伦理学的。某些人——也就是分析家——不得不积极地说明这一问题：一种很明显的完全合乎逻辑的表征性表层，事实上以一种有趣而又不被人察觉的方式破裂了。正如杰姆逊自己给出的解释："理解乌托邦话语……需要从过程、能力、阐释、生产的角度来进行把握，需要坚决或明确地拒绝那些对于乌托邦的更加传统和常规的认知：将乌托邦看做是完全的表征；乌托邦是对这个或那个理想社会所'认知到'的幻觉"。① 因此，乌托邦必须要采取一种异乎寻常的强有力的方法才能进行阅读或阐释。乌托邦阅读的"生产者"伦理将会成为乌托邦书写的特征；乌托邦的创造者不应追求纯粹的表征，而应积极探索他们的理想世界的局限和缺陷，这些观点仅仅前进了一小步——他们不应该只是等待杰姆逊式的分析家单独前行，彬彬有礼地为他们做出贡献。

于是，乌托邦的书写伦理变成了一种新型的文学体裁史。从前，从托马斯·莫尔开始，经过爱德华·贝拉米再到欧内斯特·卡伦巴赫的《生态乌托邦》，乌托邦都是一个幼稚的、傲慢的文学体裁，它认为自己能够从每一个细节上完美地描绘出一个美好的社会。然而，在一些重要的历史关头，出现了转向杰姆逊式的自我意识的倾向。乌托邦立刻意识到了自己的脆弱，严密表述和完全表征的不可能实现，以及政治性表述在事实上的不受欢迎。因为一个经过充分描绘，没有缺陷、矛盾或变化可能性的社会，很快就会像手套一样自我翻转，变成一个糟糕的社会。汤姆·莫伊兰在其杰作《不可能的需要：科幻小说和乌托邦想象》② 中重述了作为一个术语的乌托邦的历史，并揭示出一个新的题材是怎样发生突变的，或者是他所称的"批判的乌托邦"是怎样在 20 世纪 70 年代成为现实的。

我对杰姆逊在论及《乌有之乡的消息》时所提出的乌托邦思想进行了回顾，在这一过程中我特别关注了他的精神分裂结构：从 19 世纪的时间旅行乌托邦到更加经典的空间旅行乌托邦的反转是如何实现的？如果我们能够将此后莫里斯在第二次乌托邦旅程（泰晤士河之行）中所设定的事实，与杰姆逊对乌托邦注定会失败这一观点的坚持，通盘进行考虑，那么我们就会用非常怀疑的眼光来重新审视发生在河流旅程之前的一切事情，这将会论及此书前半部分已经涉及

① Fredric Jameson, *Ideologies of Theory Essays 1971－1986 Volume 2：The Syntax of History*, London：Routledge，1988，pp. 80－81.

② Tom Moylan, *Demand the Impossible：Science Fiction and the Utopian Imagination*，London：Methuen，Inc. 1986.

到的，一个已经改变了的伦敦幻象。相比较于后19世纪资本主义的贫民窟，现在已经变得宽敞、舒缓、绿色，具有合作性的花园城市的新伦敦当然更好。在莫里斯对邻近的新世界的描述中，乌托邦的解释者哈默德对他的访问者说："我老了，或许已经失望了"。① 这是一个隐晦但特殊的评论，我想说如果乌有之乡的良心和历史的严肃支持者也失望了，那么乌托邦确实是遇到麻烦了。

让我们回想一下此书的副标题"一个静止的时代"，杰姆逊写道："在经过通向自由的自我的剧烈斗争（即使只是发生在想象中，目的是摆脱无所不在的消费资本主义对我们的心灵和价值的影响）之后，它突然出现，并反对通向其他激进叙述空间的所有期望，过去的生活和传统上受关注之事的所有特质也未曾沾染过它，精神只是停留在新近的寂静中喘息，它太虚弱，太新，在一个经过改造的世界中，除了无力的凝视之外，什么也做不了"，② 当然，除此之外，威廉·盖斯特并没有只是停留在平静的翠绿的伦敦充满感激的喘息，相反，他踏上了第二次乌托邦之旅，这是一次空间而不是时间的旅程，是一次通向艾伦而不是迪克、克拉拉、鲍勃或安妮的旅程。根据赫伯特·马尔库塞和欧内斯特·布洛赫非常独特的乌托邦理论，我将其与另一条道路进行对比。对于马尔库塞来说，乌托邦在本质上既是一个回忆的事情，又是一个记忆的事情，也是对一种幸福（这种幸福曾经存在于我们的婴儿期）状态所进行的社会性还原。事实上，这也是由莫里斯所美化了的伦敦的本质。此书在一开始就告诉我们，迪克的衣服"作为一套服装而言，非常贴近14世纪的生活场景"，此后不久，盖斯特就宣称："我真切地感觉到自己好像就生活在14世纪"。③ 我们通过走近资本主义来超越资本主义，重返马尔库塞关于14世纪的回忆，它表征了维多利亚中世纪的全部精髓。

但是14世纪的文献并没有影响到艾伦，从开始踏上泰晤士河的旅程之后，整个中世纪的规范就从书中消失了。从一开始，艾伦就注定会默默无闻，她也注定会突破盖斯特长久以来所坚持的所有模式。"奇怪"这一词语就像形容词"14世纪"一样一直伴随着她，并成为此书前半部分所描绘的主要对象——"她的奇怪而野性的美"，"这个奇怪的女孩"等等。盖斯特非常有效地界定了一些方式，书中艾伦使得尚未被限定的新事物具体化了："在那个被重塑的世界中，艾伦是我所见到的人之中最为陌生的一个，她与我所想象的完全不同。比如，美丽而聪慧的克拉拉，并不是一个非常可爱而自然的年轻小姐；比起我在

威廉·莫里斯、弗里德里克·杰姆逊和乌托邦问题

---

① William Morris, *News from Nowhere*, edited by David Leopold, Oxford University Press, 2003, p. 50. Future page references to this edition are incorporated in my text.

② Fredric Jameson, *Archaeologies of the Future*: *The Desire Called Utopia and Other Science Fictions*, London: Verso, 2005, p. 279.

③ William Morris, *News from Nowhere*, edited by David Leopold, Oxford University Press, 2003, p. 20.

其他时代所了解的那些极具特点的典型人物，其他的女孩看起来也没有什么过人之处。但是这个女孩……在所有的方面都散发出一种奇特的趣味；因此我很期待接下来她会说些什么，或做出什么举动来震惊和愉悦我。"①

艾伦的形象并没有落入我们所熟知的文学或社会典型的窠臼，她总是与那种激进的新兴力量的精髓联系在一起。盖斯特注意到"她美丽、雅致，还充满着力量"，② 书中她的每一个细小的姿态都散发出活力。在她的生命中，上述活力绝大多数都体现在性上。艾伦自己也承认，她经常会"灾难性的撩拨男人的心"，③ 但是在书中上述骚动可以公开化，演变成新的性格。如果说马尔库塞式的记忆为书中伦敦那一章节提供了恰当的理论解释框架，那么我认为欧内斯特·布洛赫就是那个在泰晤士河上游向艾伦乞援的理论家。对于布洛赫而言，乌托邦是一个"地平线"，而不是一个现实的在场，它是一个还没有被把握的"尚未"或者"还没有"，而不是一个虽然失去但可以恢复的普鲁斯特式的记忆。

因此，《乌有之乡的消息》中被我称作"艾伦文本"的那部分内容，有效地消解了对花园城市伦敦的幻象。莫里斯的作品也隐晦地接受了新共产主义社会的第一个构想已经（正如杰姆逊所预测的那样）失败的事实。艾伦的神秘力量标志着莫里斯作品的转折时刻，用杰姆逊的术语讲，这一转折是从一个乌托邦表征的具体规划转向"过程、阐释和生产"的乌托邦，也是用新的开放性来面向非表征性的未来和布洛赫式的"尚未"。没有任何肯定的内容有权强加给艾伦式的乌托邦，我们在上述章节中也没有发现任何制度性建设的内容。相反，她代表了一种可以消解已经盛行的东西的纯粹否定性的力量，德里达的概念"涂掉"（sous rature）可以标识这种力量，却没有一种肯定性的（因而也会同样脆弱）表征能够取代它。在各种各样的批评家讨论这一问题很多年之后，如果说威廉·盖斯特是一个魔鬼的话，那么艾伦本质上也是如此。

在乌有之乡中，艾伦关于自己的长远未来所讲述的全部内容都是与生物性而不是社会性相关："我将会有孩子，也许在死之前会有很多好孩子"。④ 然而，我们，作为在后现代社会中这一文本的读者，在汤姆·莫伊兰将那些称为"批判的乌托邦"经历了剧烈的转变之后，我们可以对艾伦的未来说出更多的东西。从某种意义上来说，艾伦从反方面影响了盖斯特，这个年轻人大约"沉迷于面向他们来创造'我'的故事——正如我知道你所做的那样，我的朋友"，⑤ 我将会用同一种方式来与她发生争论。因为《乌有之乡的消息》

① William Morris, *News from Nowhere*, edited by David Leopold, Oxford University Press, 2003, p. 157.

② Ibid., p. 174.

③ Ibid., p. 162.

④ Ibid., p. 167.

⑤ Ibid., p. 162.

并没有超越自身文本的边界来叙述她的未来，所以我将采用作为最近的乌托邦的后现代读者可以使用的那种叙述范式来讲述一些关于艾伦的故事。正如我们现在所看到的那样，与其他那些我们所熟知的，也源于乌有之乡的文学和社会"类型"相比，她那令人震惊的新奇性显得截然不同；但事实上，这恰恰意味着她来源于一些仍未被创造出来的文学类型，同时这也反映出她源于《乌有之乡的消息》所坚持的遥远的乌托邦或科幻小说式的未来，并开启了一个能够被接受的空间。

让我们用当代最新的乌托邦理念，来勾画乌有之乡中艾伦在未来可能会呈现出的样子。可以肯定的是，她将扮演一个意义重大的政治角色，而不仅是一个母亲的角色。她这样一位孤独而年轻的乌托邦者感觉到了其社会所面临的政治危险性：它与自己的历史割裂了，她主张"如果我们不明白社会是什么，而只是了解先前阶段性的历史，我们可能会被一些通向变化的念头吓住，许多事情看起来太过美妙而不能抵制诱惑，太过兴奋而不能抓住，此外还充斥着灾难、欺骗和肮脏"。① 面对这一威胁，艾伦不得不采取一些措施，她在各章节中所构建的叙述策略表现出了一些进步：从兰尼米德小屋的与世隔绝转向凯姆斯科特教堂宴会上年轻的乌托邦者之间的重新聚合。艾伦认识到与她的文学进行重新融合的必要性，我认为这一过程会延伸到我们对她所能想象的程度，就像欧内斯特·卡伦巴赫的《生态乌托邦》一书中的维拉·奥尔文一样，她作为由女性所主导的生存主义党的领导人，发起重构新社会的运动。

当艾伦在瓦林福德与盖斯特重聚之后，盖斯特很快就意识到她已经猜到自己的身份是时间旅行者，但问题是她怎么会如此机敏？一个推测性的假设（我认为我们只应在心中实验性地坚持一或两个瞬间），就如迪克·哈蒙德先于鲍勃所说的那样："有羽毛的鸟聚在一起"。② 从遥远的未来，而不是最近反乌托邦历史的视角来看，可能她也是一个时间旅行者。在最近的乌托邦作品中，我们很明确地发现了一些涉及到上述叙述范式的例子，比如乔安娜·罗斯的作品《女性化男人》③ 中的珍妮特·艾维森，在从瓦尔威星球返回地球的旅程中，她在一个由男性统治的暴虐世界中极力宣扬乌托邦价值。我们希望可以避免这样的事情：艾伦被一些未来的乌托邦者送回到 24 世纪而不是 22 世纪的前身。在24 世纪，莫里斯的"强力驳船"已经被威尔斯式的时间机器所取代，而在较早的 22 世纪，与一贯的趋势进行斗争的行为还非常活跃。

但是，我们还有一个看起来可能更加真实，也适用于我们的新范式。对于艾伦而言，在乌托邦的世界中她并不是孤身一人，正如我们看到她对盖斯特所

---

① William Morris, *News from Nowhere*, edited by David Leopold, Oxford University Press, 2003, p. 167.

② Ibid., p. 19.

③ Joanna Russ, *The Female Man*, Massachusetts: Beacon Press, 1975.

说的那样："我们——我们之中的一些对这些事情感兴趣的人——有时会详尽地讨论这件事"。① 因此在后革命社会中仍然存在一些艾伦主义者——在这一问题上，维克和他的辛迪加精神（源于厄休拉·k·勒·奎恩在他的名著《一无所有》中的描述）提供了一个有益的类比——那些在 20 世纪 60 年代的社会运动中涌现出的，所有乌托邦主义者中的最富有和最聪明的人。根据勒·奎恩的描述，在卫星安纳瑞斯上发生的奥迪恩无政府主义革命的故事非常老套；尽管很多价值仍然存在，但是一群心胸狭隘的知识分子和政治上的一致主义现在已经主导了曾经的无畏文化。年轻一代深受理论物理学家维克的影响，在这样一种庸俗主义思想的制约下，维克变得焦躁不安，他开始重新与故乡乌拉斯星球进行联系（乌拉斯仍然是一个野蛮的阶级分化的资本主义社会），并在阿瑞纳斯创立了辛迪加精神来宣扬其新的社会主张。

在维克的研究机构（事实上由萨博尔进行严密而庸俗的掌控）和莫里斯所描绘的哈默史密斯宾馆这两者之间，我们可以发现一些相似之处。我不认为编织工鲍勃，仅仅凭借他对数学的热情，就有可能成为拥有维克般水准的理论物理学家；可以确定的是鲍勃和伯菲的那些焦躁不安的充满着智慧的好奇心，会被起决定作用的反智的迪克·哈蒙德进行严厉的审查。很明显，艾伦拥有的知识储备和个人精力足以支撑她成为其所属时代的维克，她也可以在社会骚乱（也就是此书开篇中所描绘的，社会主义联盟会议上四个无政府主义者所表征的那种社会骚乱）背景下的那个没有一丝平静的世界中重起作用。一句话，她不得不把注意力从性转向政治领域，用她的能力来应对"灾难性的困难"。如果还存在其他的艾伦主义者的话，那就意味着维克式的辛迪加精神正在孕育之中，它将会创造出一个足够强大的知识和政治的蒸汽机头来重振乌有革命，他们会专注于社会中各式各样的不满，老式的爱发牢骚的人，顽固的不合作者，运用方法来推动他们加入到新的社会主义文化革命中来，而不是任由他们退回到资本主义。

艾伦是莫里斯文本中的一个开放空间，未来都可以进入这一空间，同时，艾伦也是一个拥有生成能力的领域，她可以在同代人（他们落入了她所创造的故事中）中推动多种新的叙述；她甚至与我们这些后现代的读者一样。我没有像卡伦巴赫的维拉·奥尔文，罗斯的珍妮特·艾维森或勒·奎恩的维克一样，围绕艾伦提出任何明确的叙述。就艾伦来说，它们不应是关于乌托邦叙述的简单的纯准则；借用杰姆逊的术语，乌托邦并不是一个已经实现的表征，艾伦意义上的乌托邦是一种能力、过程或生产。在《乌有之乡的消息》中乌托邦失败了，弗里德里克·杰姆逊认为它注定如此；但是乌托邦在失败

① William Morris, *News from Nowhere*, edited by David Leopold, Oxford University Press, 2003, p. 165.

的过程中却产生了非常特殊的艾伦，她本身成了一种杰姆逊式的乌托邦理论，我们围绕她来讲述一个开放且没有结局的故事，为即将到来的时代提供一种探索性的类比。

译者简介：王斌，南京大学文学院 09 级文艺学博士生。

（本文责任编辑：尹庆红）

将宪章派诗歌星座化：杰拉德·麦西、瓦尔特·本雅明与弥赛亚主义的用途

■ ［英］迈克尔·桑德斯[*]

（英国曼彻斯特大学艺术、语言与文化学院）

姚建彬译

【内容摘要】通过将宪章派诗人杰拉德·麦西的作品与本雅明的作品予以星座化，不难发现，麦西对于历史所持的救世主式洞见预见了本雅明自身的救世主信念的多个方面。他作为一名诗人的职责就是创造一种"星座化"，即一种有意义的时间（过去和现在的）联合。这一联合使得那些分散的"弥赛亚时间的碎片"聚集拢来，从而赋予现在以足够的力量，去"冲破历史的连续统一体"，并且开辟全新的、公正的社会秩序。对于本雅明和麦西两人来说，在对于革命的弥赛亚特质的信仰和对于人类力量的信奉之间并没有矛盾。这两个作家都在寻求可选择的暂时性的表达方式，这种短暂性有能力救赎过去和现在，这种可选择的暂时性只有通过借助当下对"同质的、虚空的时间"的否定才能够获得。他们两人都坚持要求集体性人类力量的必要性。就绝对的断裂而言，两者都想象弥赛亚式的变化。在一定意义上，他们作品中的弥赛亚主义都萦绕着千禧年主义的幽灵。麦西作品中的弥赛亚冲动象征着革命期望的在场，千禧年则通过将这些期望延迟到某个非特指的未来时间，从而给麦西提供了一种应对历史失败的途径。

---

* 迈克尔·桑德斯，英国曼彻斯特大学艺术、语言与文化学院高级讲师，研究方向为英国 19 世纪写作，近年致力于宪章派诗歌研究。

【关键词】宪章派诗歌；星座化；杰拉德·麦西；本雅明；弥赛亚主义

思考不仅同各种思想的流动密切相关，而且同它们的停止互相关联。正是在思考突然从一种孕育着多种张力的结构中停止的地方，它对这一结构产生猛烈的冲击。借助这一冲击，思考结晶为单子。只有在遇到作为单子的历史主题的地方，历史唯物主义者才会对它进行研究。在这种结构中，他辨认出了事情的救世主式中断的迹象，或者，换言之，在为受压迫的过去而斗争的过程中的革命良机。他之所以察觉到了这一迹象，是为了从历史的同质进程中鼓噪出一个特别的时代——从这个时代中鼓噪出独特的人生，或者说从毕生的事业中鼓噪出独特的事业。①

在瓦尔特·本雅明的《历史哲学论文集》中，他持有和马克思主义批评家们一样的观点，宁愿将历史"星座化"，而不是"讲述"历史，其所采用的方式就是将受到威胁的过去与同样受到威胁的现在建立有意义的关系。② 本章既是对本雅明的方法的补论，也是对它的例证，因为我们在这一章里试图用这种方法，将宪章派诗人杰拉德·麦西的作品同本雅明本人的作品予以星座化。③ 本章将会阐明，麦西对于历史所持的救世主式洞见预见了本雅明自身的救世主信念的多个方面。比如，我们将通过对比二者的观点，揭示资本主义现代性的"同质的、虚空的时间"，以及"当下"（"现在的时间"，Jetztzeit）可能引起激烈反应的潜能。④ 此外，这一章还将阐明：像本雅明一样，麦西认为过去和现在都包含着"时间的索引"。这索引指的是救赎。因此，他作为一名诗人的职责就是创造一种"星座化"，即一种有意义的时间（过去和现在的）联合。这一联合使得那些分散的"弥赛亚时间的碎片"聚集拢来，从而赋予现在以足够的力量，去"冲破历史的连续统一体"，并且开辟全新的、公正的社会秩序。⑤ 最后，本章也会探讨社会转变的诗学，尤其强调对于时间的理解和政治活动之间的各种形式。

1828 年 5 月 29 日，杰拉德·麦西出生于赫特福德郡的特岭。他父亲威廉是个文盲，母亲玛丽则是个半文盲。他的工作生涯和诗歌职业都开始得较早。

---

① 瓦尔特·本雅明：论文第十七《论历史哲学》，见《阐释》（枫丹娜出版社，1992），第 252—253 页。以下所有出自该书的引文都取自这个版本，而且我在援引时会提及单篇论文，例如，瓦尔特·本雅明：《论文第四》。

② 瓦尔特·本雅明：《论文第十八 A》。

③ 本章稍早前的草稿，曾经在英国维多利亚研究学会的一次会议上宣读过。我非常感谢在那次会议上得到的诸多建议、评价和忠告。我还要感谢西蒙·邓提斯教授鼓励我继续麦西和本雅明之间的比较。

④ 瓦尔特·本雅明：《论文第十四》。

⑤ 瓦尔特·本雅明：《论文第十六》。

八岁的时候，他被送进了当地的一家缫丝厂；大约十年之后，他（通过征订的方式）出版了《特岭农家少年的诗与歌谣集》，这标题有点荒谬可笑。① 1848年，麦西通过加入乌克斯桥青年改良协会，参与到宪章派运动之中。在该协会里，他遇到了约翰·贝福德·勒诺。勒诺于 1849 年创办了《乌克斯桥自由精神》，这虽然是一份短命的激进派刊物，仍然得到了宪章派的主流报纸《北极星报》的称赞。② 事实上，在 1849 年至 1851 年间，麦西成为了在《北极星报》的诗歌专栏上发表作品最多的宪章派诗人。此外，在 1850 年全年，他的诗歌在《红色共和党人》和《人民之友》——这两份杂志均由 G.J. 哈尼主编——以及《库柏杂志》（由托马斯·库柏主编）上刊印并反复出版，使得麦西成为了欧洲大陆 1848 年发生的系列革命之后最重要的宪章派诗人。

到 1850 年的时候，因为同哈尼结下的友谊的缘故，麦西担任了兄弟民主人士协会（一个由英国人和流亡人士——主要是德国人和波兰人，以及社会主义者组成的组织）的委员会的一名执行委员，并且担任《红色共和党人》（该刊物发表了马克思和恩格斯合著的《共产党宣言》的第一个英译本）编委会的秘书。与此同时，麦西还卷入了基督教社会主义运动，受雇为在职裁缝协会（WTA）秘书，以此获得报酬。③ 然而，麦西的那些基督教社会主义运动的雇主们，却不高兴看到他同"红色共和党人"有来往，因此建议他在在职裁缝协会与《红色共和党人》之间做一选择。麦西虽然"选择"了受雇于在职裁缝协会而拿报酬，为《基督教社会主义者》撰稿，但是使用了班迪拉和阿芒德·卡瑞尔等笔名，继续为《红色共和党人》撰稿。④

1851 年，麦西出版了其一先令版的诗歌集《自由的诸种声音与爱情抒情诗》，获得了激进的新闻媒介上的普遍好评。⑤ 第二年，他短期出任《自由星报》（其前身为《北极星报》）的文学编辑。然而，1852 年年底，麦西中断了同宪章派的积极联系。之后，他开始追求以诗人、记者、作家和演说家为生。作为一名诗人，他的《贝布·克里斯特贝尔谣曲及其他抒情诗集》（1854）获得了评论上和商业上的成功，一年之内卖出了 5000 本。他在新闻界获得的合约包括：其一是担任《爱丁堡新闻》为期两年（1855—1857）的编辑，另一个是出任《雅典娜神殿》的诗歌评论，也为《一年四季》、《妙语》、《卡瑟尔杂志》、《笨拙》工作。1861 年，迫于家庭问题和经济问题，他申请王室专款补助金，得到了卡莱尔、拉斯金、勃朗宁、丁尼生、萨克雷和兰多尔的支持。自 19 世纪

① D. 萧：《杰拉德·麦西：宪章派、诗人、激进派和自由思想家》，巴克兰出版有限公司，1995年，第 16—24 页。
② 同上书，第 26—29 页。
③ 同上书，第 31—39 页。
④ 同上书，第 47 页。
⑤ 同上书，第 51 页。

60 年代末叶以降，麦西愈益致力于研究唯灵论（spiritualism），并且开始了对各种古代宗教和神话的长期研究。①

事实上，对于任何有关其诗歌的理解而言，麦西的历史境遇都具有关键意义，因为麦西本人在他诗人生涯的后期，也就是在《诗集》中，认为自己这些作品的风格是"1848 年的呐喊"（"Cries of 1848"）。② 一如我稍早前指出过的那样，麦西是在 1848 年参与宪章派运动的。这一年，正是欧洲大陆发生革命、在英伦诸岛到处都有"扰攘和骚乱"的年份。③ 于是，他进入了有组织的激进政治。这一政治与同一段时期的革命乐观主义和对反动派的警惕是相一致的。同样地，当宪章运动的分裂昭示着其作为大众政治运动的崩溃时，麦西就与之脱离了。④ 随着这场运动在兴奋与绝望之间摇摆，随着激进的期望转变为教条的顺从，宪章派从 1848 年到 1852 年间经历的情感强度，在麦西诗歌提升了的唯情论（emotionalism）中找到了其必然的结果。

而且，正是历史条件的这种基质和它那些随之而来的情感的矢量，激发了为麦西的诗学和政治学两者都巩固了基础的弥赛亚主义（messsianism）。弥赛亚主义——其通常都出现在那些历史转折关头——是一种非常复杂，有时候甚至自相矛盾的精神和情感结构。它表达了对现存社会秩序（这个需要救赎的、不敬神的世界）所持的一种批判性态度，并且确信：一个真正公正的社会将最终被建立起来。尽管弥赛亚主义以社会批判和社会正义两者为己任，但是弥赛亚主义不仅能招致并维持政治上的退隐，也能引发尚武好斗的精神。同样，人们也可以要么以希望的名义，要么以绝望的名义指控它。这些背谬之处（好斗的希望对退隐的绝望）可以追溯到弥赛亚主义中一个基本的二律背反（antinomy），它与人类的能动作用（agency）这一问题密切相关。在弥赛亚的传统之内，一方面的意见坚持认为，弥赛亚一个人就可以带来救赎；然而，另一方面的意见则坚称，正是人类的活动引发了拯救的时代。在这样的时代，弥赛亚的到来是作为拯救已经来临的后验（a posteriori）标志。⑤ 因此，弥赛亚主

① D. 萧：《杰拉德·麦西：宪章派、诗人、激进派和自由思想家》，巴克兰出版有限公司，1995 年，第 57—125 页。

② G. 麦西：《我的抒情人生：新旧诗集》，凯根、保罗和腾奇出版社，1889 年。除非另有说明，所有源自麦西著作的引文，均出自这个版本。我在本章的正文中给出了在宪章派出版物中刊发的这些诗歌的出版细节。应该指出的是，在这些诗歌的早期版本和后来的版本之间存在很多差异（有一些意义重大，而另外一些则不那么重要）。对于那些同本章的内容直接相关的差异，我将要么在正文中予以指出，要么以脚注的方式加以说明。

③ 约翰·萨维尔：《1848：英国与宪章派运动》，剑桥大学出版社，1990 年，第 218 页.

④ 要了解有关 1848 年以后的宪章派之衰落的简明叙述，请参看 E. 罗伊尔：《宪章派运动》（第二版），朗曼，1986 年，第 48—53 页。要了解有关宪章派之分裂的更加详细的叙述，请参看 M. 泰勒：《恩斯特·琼斯、宪章派运动与 1819—1869 年的政治传奇》，牛津大学出版社，2003 年，第 137—194 页。

⑤ E. 雅各布森：《不敬神者的形而上学：瓦尔特·本雅明和格肖姆·肖莱姆的政治神学》，纽约：哥伦比亚大学出版社，2003 年，第 6 页。

义包含着对于历史之中的人类能动作用和人类对于历史的责任这两种既积极又消极的观点。说到同被拯救的世界的本质之关系，弥赛亚主义也展示了同样的不确定性。例如，在《拯救的碎片》中，苏珊·A. 韩德尔曼指出了由弥赛亚主义的各种有恢复作用和天启的形式所想象的极为不同的理想国家。

> 拯救观念中的恢复倾向展望着过去的条件的回归，人们是把它当理想来记住的。这一理想就是大卫王的国度和第一圣殿的时代……但是乌托邦的倾向却向前推动，展望一种未来的国度，这是一种尚不存在的状态。①

然而，应该加以强调的是，上述这些悖论只有在对弥赛亚传统予以批评性反思的层次上才是明显的。在弥赛亚主义之内，这些悖论却是和平共处的。的确，很可能恰恰是同能动作用有关的弥赛亚主义激进的不确定性，将它的历史化合价（valency）赋予了自身。简言之，弥赛亚主义作为统一的历史进程的构成性元素，而不是作为冲突性的推动力，既让历史的主体感受到希望也感受到绝望，既感受到乐观也感受到悲观，既感受到有力也感受到无力。在这些推动力对这一进程的理解中，它们威胁着要困扰这同一主体。而且，我们也许可以将弥赛亚主义理解为这样的进程，历史的主体借以从希望转向绝望，而不需要放弃前者，除了回顾，甚至也许不需要意识到这一变动。

要理解弥赛亚主义对于麦西的吸引力并不困难。首先，他是由一位信奉加尔文教的母亲所养大，对那些宗教的比喻和弥赛亚主义的节奏早已十分熟悉，这足以向他提供许多个形象。他就用这些形象来想象并描绘激进的社会变化。②其次，弥赛亚思想的这一分支实际上赋予人的活动以宣召弥赛亚的力量，给予政治活动以作用和目的，在社会动乱时期尤其如此。与此同时，在政治和平的那些时代，与弥赛亚思想相伴的趋势（将"一切历史的责任赋予弥赛亚"）则提供一种慰藉的乐观主义。③这或许会让人联想到：弥赛亚主义的中心矛盾（能动作用问题），与面对着宪章派运动的未解决的策略性困境相类似。就这种情形而言，弥赛亚主义将不仅从心理学上，而且从情感上来说都是为人熟知的（这样就使它自身成为了诸政治难题的"符码转换"的便捷载体），而且它也足以掩盖存在于宪章主义者自身头脑中的这种激进的不确定性。同样，从结构上看，弥赛亚主义的"恢复的"和"天启的"诸形式类似晚期宪章运动之内的两种主要倾向。从本质上说，土地计划也许可以被视为恢复性的，而新兴的共和主义

① S. A. 韩德尔曼：《救赎的碎片》，布卢明顿：印第安纳大学出版社，1991年，第516页。韩德尔曼在弥赛亚主义各种有恢复作用的形式和天启的形式之间所作的区分，受到了她所阅读的格肖姆·肖莱姆著作的启发。

② D. 萧：《杰拉德·麦西：宪章派、诗人、激进派和自由思想家》，第19页。

③ 雅各布森：《不敬神者的形而上学》，第25页。

的/社会主义的趋势也可以被视为是天启的。① 最后，对于作为犹太教弥赛亚主义突出特征的集体救赎的强调，为宪章派运动提供了进一步的认识论上的统一。②

本雅明的全部作品包括有关弥赛亚主义的两个主要反思：《神学－政治学片论》（1921）和更加为人熟知的《历史哲学论文集》（1940）。我对这些作品的主要兴趣源自它们对于同救赎相联系的力量与时间之间的联系所作的分析。尽管在《神学－政治学片论》中，本雅明的主要关切点是在召唤弥赛亚过程中的人类能动作用的作用；然而存在着一些与弥赛亚时间的本质相关的影射性暗示。本雅明在一个地方提出了如下论题：

> 上帝的王国并非历史动力的目的因（telos）；也不可能将它设定为指向一个目标。从历史上看，它不是一个目标，而是一个终结。③

这就是说，在其知识发展的早期阶段，与其说本雅明是将救赎视为历史的完成，不如说是将其视为历史的取消。在此，历史不是一种未来的状态，毋宁说它同暂时性的彻底悬置密切相关。

显而易见，到《历史哲学论文集》问世的时候，本雅明不仅将弥赛亚主义理解为对于人类关于暂时性的诸种观念的再度秩序化，而且也意识到了这些概念对于人类能动作用发挥深刻影响的诸种方式。《历史哲学论文集》的第十四篇论文，以其将"资本主义现代性的'同质的、虚空的时间'同'当下'或者'眼下的时间'（它充满了'弥赛亚时间的瑕疵'）予以对照"而知名。一如本雅明清楚地指出的，不只是进步的观念无法同'虚空的时间'的观念相剥离，而且对于后者的批判是对于前者进行批判的一个必要条件。特里·伊格尔顿争辩说，对于本雅明而言，"虚空的时间"就是商品的时间，因而这种认同就允许我们持有这样的理解："虚空的时间"就是没有未来的时间。④ 在"虚空的时间"中，未来仅仅是对于现在的一种强化的重复——未来一直就只是"改良的"，而不是"崭新的"——目的是为了适应资本主义现代性的信条中那些最有启迪作用的规定。

175

① 有关宪章派的土地计划，请参看马尔考姆·蔡斯：《人民农场：英国的激进平均地权论，1775－1840》，牛津：克拉伦登出版社，1988年。

② 伊曼纽尔·列维纳斯指出，犹太教没有等同于个人救赎的基督教概念。因此，犹太教弥赛亚主义就以整个社会的集体救赎为目标。E. 列维纳斯：《弥赛亚式诸文本》，见于《艰难的自由：犹太教论集》，阿斯隆出版社，1990年，第59－96页。J. F. C. 哈里森指出，作为与个体救赎相反对的集体的观念，也是千禧主义的突出特征，见《第二次来临：流行的千禧主义，1780－1850》，凯根、保罗和腾奇出版社，1975年，第8页。

③ 瓦尔特·本雅明：《神学－政治学片论》，见于雅克布森：《不敬神者的形而上学》，第20页。

④ T. 伊格尔顿：《瓦尔特·本雅明，或通往革命批评》，维索，1981年，第29页。

与这种不真实的未来相反，本雅明设想了一种真实的历史的过去。他的第二篇论文提出了一系列非常重要的主张：

> 过去自身携带着时间索引，它经由这一索引而同救赎相关。在过去的几代人和现在的一代人之间存在一份秘密的协议：我们的到来是最被期待的；如同在我们之前的每一代人一样，我们这一代人也天生被赋予了微弱的弥赛亚力量——过去对其有所要求的一种力量。[1]

首先，过去看起来似乎也包含着"时间索引"（"弥赛亚时间的瑕疵"）。这一索引象征着救赎力量的在场。其次，过去与现在之间存在着一种"秘密的"关系，它以每一代人之中"微弱的弥赛亚力量"的在场为基础。最后，因为历史的弥赛亚救赎必须既包括过去，也包括现在，所以前者也就对后者拥有"要求"。过去的一代人对现在的一代人有要求，这种观念包含着对于直线发展的、单向性时间的一种含蓄拒斥，从而开启了过去与现在之间适宜的相互关系的可能性。

本雅明在其他的地方强调，在目前的政治斗争中，过去能够成为一种强大的、激发性的力量。例如，他的第十二篇论文就提出，"被奴役的祖先们"（"enslaved ancestors"）的形象比"被解放的子孙们"（"liberated grandchildren"）的形象有更强大的力量。对于本雅明来说，历史记忆（或者纪念）本身就能够把握那些"弥赛亚时间的瑕疵"。这些瑕疵点缀着过去。为了创造"弥赛亚或许会由此进入的"入口门或者窄门，历史记忆（或者纪念）还能将这些瑕疵同现在的"微弱的弥赛亚力量"熔铸在一起。[2] 与试图要消灭过去，并且否定未来的"虚空的时间"不一样，历史记忆表达了一种要将过去和现在带入有意义的联盟中的欲望，从而为救赎创造条件，救赎被想象为时间的终结而不是未来的创始。

我们在麦西 1848 年以后创作的宪章派诗歌中也可以发现类似，然而并非等同的"星座化"进程。像本雅明一样，麦西也主要将革命视为暂时性的转变（往往同革命联系在一起的诸种政治的和社会的变化，被视为这种先在的、基本的转变），通过用当下取代"同质的、虚空的时间"而表现其特征。本雅明和麦西两人都认为过去具有"时间索引，前者经由后者指向救赎"，而且两人都强调"记忆"作为增强现在的"微弱的弥赛亚力量"手段的重要性。不过，麦西和本雅明在有关未来的问题上的看法只有一部分是相同的。在这个问题上，本雅明的怀疑主义同麦西更加积极的态度形成了鲜明对比。麦西主张通过一种关于未来的观念体现救赎的可能性。这反过来解释了他们关于革命的可能性的迥然有别的观念：本雅明认为革命的可能性是"事件的弥赛亚式终结"，而麦西则将其

---

[1] 瓦尔特·本雅明：《论文第二》。
[2] 瓦尔特·本雅明：《论文第十八 B》。

视为可救赎的未来相等的弥赛亚式开始。

因此，麦西的诗歌不仅试图描绘出过去、现在和未来之间的关系，而且试图为这三种时间状态建立起有政治意义的联盟。在麦西的作品中，《三种声音》（该诗最初发表于 1850 年 2 月 2 日的《库珀杂志》第 5 期上）最为清楚地体现了这种星座化。[①] 这首诗为每一种时间状态都安排了三个诗节。因此，整首诗就是试图来比喻（从字面和诗意角度而言都是如此）过去、现在和未来之间的多种关系。它从一个绝对非英雄似的过去写起，将其描绘为一个充满压迫的场所，并且通过如下一系列悲愁而嘈杂的声音描绘出它的特征：

> 如同来自死海的一声巨响，
> 一切都被笼罩在忧郁里：
> 心的碎裂，镣铐的啷当、人的哀号，

---

① 麦西：《我的抒情人生：新旧诗集》，第 268—270 页。在《库柏杂志》版中，正文所援引的诗行是这样写的：

> Like a sound from the Dead Sea shrouded in glooms,
>   With breaking of hearts, chains clanking, men groaning,
> Or chorus of ravens that croak among tombs,
>   It comes with a mournful moaning
> Crying, 'Weep!'
> . . .
> ' Tis the voice of the Past—the dark, guilty past,
> Sad as the shriek of the midnight blast.

其他的变化包括："流泪地"和"恐惧地"的单一（与三个一组相对）的重复；用"奔涌的眼泪，洗刷掉红红的血迹"取代"眼泪……恐怖的血迹"；采用了"自由地生存！—然后为他人的自由而劳动"，而不是"做自由人；然后为他人的自由/劳动，劳动，劳动"。麦西也对最后的诗节作了许多细小的改动，以下是这节诗：

> There cometh another voice sweetest of all,
>   Cheerily, —
> And the heart leapeth up to its god—like call,
>   Merrily, —
> . . .
> To the voice of the Future, the sweetest of all,
> That makes the heart leap to its god—like call:
> Brothers, step forth in the Future's van, —
>   For the worst is past, —
>   Truth conquers at last, —
> And a better day dawns upon suffering man
>   Hope, hope, hope!

> 或者 坟墓间呱呱乱叫的渡鸦的合唱，
> 最悲痛的呻吟与它相伴而至：
> "哭泣，哭泣，哭泣！"
> ……
> 这是过去的声音：黑暗、恐怖的过去，
> 一切都像夜半爆炸引起的尖叫那样悲伤：

过去的声音召唤它的聆听者们（被称为"伙伴们"，意味着团结是建立在共同的经济与政治处境的基础之上的）痛楚地回想起曾经遭受的冤屈和经历的苦痛，重复着它的命令"哭泣，哭泣，哭泣！"然而，这首诗也提出这种可能性，这些回忆的行为或许也会提供救赎的基础——"洗刷可怕的污迹的眼泪"。

第二诗节描写的是现在，尽管它开头的两个词"另一个声音"暗示着差异，但是起初强调的重点则落到了存在于现在和过去之间的种种连续性上。现在也被赋予了情感上、肉体上的痛苦的特征，它的声音是这样发出的：

> 泪汪汪，泪汪汪，泪汪汪，
> 奴隶制的苦难从内心折磨着，
> 恐怖，恐怖，恐怖，

说话的对象（"伙伴们"）也依旧没有改变。不过，这一诗节暗示了现在与过去在许多重要方面都存在差别。最为重要的是，积极的鼓励代替了消极的回忆。例如，在过去曾经看见"伙伴们，听，/直到泪汪汪的双眼闪闪发亮/"的地方，现在看到的是"伙伴们，听，/直到热切的双眼闪闪发亮/"（着重号是我加的），整首诗也从消极的悲观主义转入了明确的决心。不仅是命令本身从"哭泣，哭泣，哭泣！"变成了"劳动，劳动，劳动！"，而且"劳动"一词在本诗节内的含义也发生了改变：当这一重复手法连同"煤矿、铁匠铺、织布机"初次出现的时候，它的经济含义是主要的。但是，每一次这个词被重复的时候，与其说它指的是经济活动，不如说是政治行动，从而指的是社会关系的转变：

> 做自由人：然后为他人的自由劳动，劳动，劳动！

第三诗节聚焦于已经转变了的未来之上，它是通过一系列的声音被描绘出来的：

> 传来了另一个最愉快的声音，
> 愉快地，愉快地，愉快地！

我的心一听到这动人的召唤就为之雀跃，

在我们周遭弹奏他们最快乐的音乐：

这个意象既让人回想起第一诗节中所使用的那些不和谐声音的意象，也对其进行了弥补。换句话说，这里所描绘的未来存在于同它自己的过去的限定性关系中。此外，这一未来存在于同这首诗中所描绘的现在的复杂关系中，因为它能够赋予现在以灵感，而且它通过这样的灵感，确保了其自身的实现：

未来的声音，所有声音中最愉快的，

让心儿一听到它动人的召唤就为之雀跃。

希望，希望，希望！

欢欣鼓舞地在前面迈步，

奴役已经消失，

劳动终于

将进入人类共同的兄弟情谊，

希望，希望，希望！

《三种声音》这首诗为我们提供了一个从政治上将过去、现在和未来予以有意义的星座化的例子。在这种星座化过程中，过去和未来二者都能在现在之中拥有能动作用。这三种时间状态被认为包含着一连串似断实连的阶段，同时每一个阶段都能够既转变它自身，又能够改变它相邻的阶段。

这种时间概念在这首诗的形式和内容两方面都得到了表达。就形式方面而言，三个诗节体现了三种不连续的时间状态，同时，每一种声音的命令（"哭泣"、"劳动"、"希望"）在结构上又出现了"有差异的重复"，对于每一种声音的反应（"含泪的"、"热切的"、"愉快的"）则伴随着"伙伴们，听"这句诗的完全重复，具体表现了连续性原则。历史既被视为一个目的论的进程，也被视为一个唯意志论的过程。[①] 过去是现在的条件，从而现在是未来的条件。然而，过去对于现在的影响是多价的：虽然过去的不平等与苦难的确是在现在中被再生产出来的，但是对于过去的苦难自觉而哀痛的看法（或者回忆）不仅能够改变它们的意义，而且也能改变它们的结果。

因此，存在这样一种看法。按照这种看法，现在也许反过来组织了过去，前者是后者的产物。类似的复杂性也伴随着现在与未来的关系。未来是在现在之中被创造出来的。因此，从一定意义上说，未来就是现在自身结构的一部分。在另一种意义上，未来是作为现在之外的一种独立状态而存在的。不过，正是

---

① 在这首诗中，就历史的进程拥有一个预期目的这个范围而言，它是目的论的，但它也是唯意志论的，这是因为这一目的的实现最终取决于人的行动。

在这第二种状态中，未来能够给人以鼓舞。这就是说，重新组织现在，并且因此而对未来自身进行预组织。按照这种时间模式，尽管现在提供了关键的时刻，但是过去和未来两者都不能被忽略。从观念上来看，正如在这首诗中表达的，三种时间状态以一种联合的方式连贯起来。此联合目睹现在将它自身转变成（当然也是通过）有能力拯救过去的苦难之未来。不过，麦西的诗歌也为这样一种担心所纠缠：这样的联合或许将证明是不可能的。

麦西的表述非常简单。他用一种双重的字眼来描绘现在：他既把现在描绘成压迫和支配的场所，也将其描绘成抵抗和变革的场所。正是在这一时间状态之内，与它同它之前及后续的时间状态之间所产生的这种多重关系，赋予了麦西的诗歌一种独特的活力。意味深长的是，麦西将现在构建为一个支配的场所，但其重心却落在了空间而不是时间上。例如，他在《战斗的召唤》（起初以《召唤人民》为题，刊载于 1850 年 6 月 29 日的《红色共和国》第 1 卷第 2 期上）一诗中写道："在整个宝贵的土地上，没有哪一个点，/不曾烙下可诅咒的暴政的痕迹"。[1] 同样，在《全体享有的土地》一诗中，在一种将压迫与剥削的经济、政治和性的维度连接起来的形象中，现在是从空间上的支配方面而为人所理解的。

> 凝视你被奴役的地球母亲；
> 那阔佬的娼妓和奴隶！
> 你的地球母亲，是她生养了你，
> 你却仅仅认为她是一座坟墓！[2]

不论从字面上和隐喻上看，坟墓都为麦西诗歌创作生涯中的这一时期提供了中心意象。坟墓意象之所以被赋予了如此显著的地位，是因为它提供了作为否定而存在的工人阶级的典型形象。从威廉·本博的《全国大假日》以降，由其不在场所界定的这种工人阶级生活的概念，长期以来为工人阶级的激进派提供了其社会分析的理论和主题。[3] 这是麦西在《阿纳特玛·玛琅纳塔》（发表于1850 年 10 月 19 日第 1 卷第 18 期的《红色共和国》）中广泛使用的主题：[4]

---

① 麦西：《我的抒情人生：新旧诗集》，第 228—232 页。在《红色共和国》中，此处所援引的诗行写作："在这如花的国度，没有哪一个点，/暴政的残贼手腕不曾抵达那里"。

② 麦西：《我的抒情人生：新旧诗集》，第 232—233 页。

③ "多年以来，人民什么事情都没有为自己做。他们甚至都不曾存在过，因为他们不曾享受过生活。他们的存在一直就是被他人所享受的；就他们自己而言，他们一直就是虚无（non−entities）。……工人能够说他过的是什么生活呢？除非当他一点点地憔悴下去，胃囊空空、四肢疲惫地为了他人的生活而劳作时，他活着。……工人的存在是一个否定。"威廉·本博：《全国大假日，以及工人阶级大会》（本博，无日期［1832］），第 4—5 页。

④ 麦西：《我的抒情人生：新旧诗集》，第 243—245 页。

爱是一切生命的王冠，但是你却没有佩戴；

自由，人性的胜利，而你却不拥有；

美丽为所有人摆出盛宴，而你却不能分一杯羹；

在《更好的人才配上帝之国》里，他将这一主题简洁地总结为："准备死？准备活！/我们不知道什么是生活。"① 这样一来，坟墓就象征着"生命中的死亡"的累加意象。对于麦西来说，这个意象构成了在占优势的政治和经济条件下的工人阶级的生存之本质。

尽管为暴政所支配，现在还几乎不曾被描述为绝望的转折点，（颇有意义的是，表现了关于现在的最冷酷洞见的两首诗《阿纳特玛·玛琅纳塔》、《继续希望，永远希望》②)③记录了一位活动家对于"人民"日益增长的绝望感，以及他同"人民"的疏离；"人民"对于自由已经不再感兴趣。这在很大程度上要归因于这一事实：现在也被描绘成拥有各种各样恢复力量的时间。这是因为，假如现在在麦西的诗歌中被标记为否定的话，那么它也掌管着它自己的转变的钥匙，这就如同《这个世界充满了美》（发表于 1850 年 4 月 6 日第 14 期的《库柏杂志》）一诗的第五诗节所清楚地表述的那样：④

我们听见了要面包的呼喊，周围充溢着微笑；

富足慷慨的山谷因人类夸耀果实而为之脸红。

那该是一个多么快乐的世界，财富为大家享有，永远如此，

它的土地要人劳作，它的财富被挥霍，

这个世界充满美，一如上述那些世界；

而且，倘若我们尽了我们的职责，它或许还会充满爱。

这个诗节不仅清楚地将现在描绘成一系列匮乏——缺少面包，缺少劳动力，缺少财富——而且也把这些匮乏同大自然的富足形成鲜明对照。上面所引用的这些诗行的含义非常清楚：不足和匮乏产生于现存的政治及社会安排，而并非有缺陷的自然秩序的产物。再一次，这些诗行的政治含义也可以看得一目了然：体面的生活标准的实现，将要求改变这些现有的社会及政治结构。

麦西的诗歌在一种变化的观念和一种更具千禧年色彩的愿景中摇摆，前者要么将变化视为现在之内的某种实际的东西，要么将其视为现在之内的某种潜

---

① 麦西：《我的抒情人生：新旧诗集》，第 271—273 页。

② 后面这首诗最初刊载于《乌克斯桥的自由精神》中，并且分别于 1849 年 9 月 8 日和 1851 年 5 月 3 日两次在《北极星报》上重印过。

③ 麦西：《我的抒情人生：新旧诗集》，第 267—268 页。

④ 同上书，第 273—278 页。

在的东西；后者认为，变化来自于在时间之外所发生的一种奇迹般的干预。正是前一种变化观——将变化视为有时限的，并且在现在之中发生的——主导着《人民的出现》（最初刊载于《乌克斯桥的自由精神》，后来在 1849 年 4 月 7 日的《北极星报》和 1850 年 7 月 20 的《红色共和国》第 1 卷第 5 期上都重印过）一诗的最后一个诗节。①

> 啊，它必定要来到！暴君的王位
> 正摇摇欲坠，因为我们的热泪已将它摧毁
> 地球上的强者们依靠过的这柄剑
> 已遭腐蚀，我们最优秀的鲜血在其上 结痂
> 给理智者们以空间！让开
> 你们这些强盗统治者！——不再犹豫！
> 你们无法阻止开创日！
> 世界继续前进，光明日渐强大
> 人民的出现正在来临！

此处所描绘的图景同《战斗的召唤》一诗形成了对照。在《战斗的召唤》中，尽管诗人将变化描绘成是潜伏的，然而在现在之中也是莫名其妙地不能实现的：

> 不朽的自由！我们看见它矗立着
> 好似早晨刚刚从天空登临山顶
> ……
> 啊！何时你会从人民的里拉上
> 奏响 快乐的断弦？

这两首诗之间有一个显著的注意的区别：后面这首诗赋予了空间之于时间的特权，尽管是抽象地构想出来的。因此，不管怎么样看起来，对空间的这种强调都不利于这首诗所表达的政治抱负。在麦西的诗歌中，改变了的时间看起来比改变了的空间更加容易想象得到：它确定无疑地宣布"自由"在时间中的实现，然而却发现"自由"在空间中的实现几乎是不可以想象的。

麦西认为，想象并描绘改变了的时间而不是改变了的空间要更加容易。这一事实也许有助于解释：过去和未来为什么能够在他的诗歌中扮演十分重要的角色。一如早前已经指出的那样，麦西诗歌中的过去，为其诗歌中的现在和未来两者都扫清了障碍。过去获得这一功效的方法是，为受支配的现在提供另一

---

① 麦西：《我的抒情人生：新旧诗集》，第 226—228 页。《红色共和国》重刊的版本中有一句诗写作"国王们、牧师们，和统治者们"，而不是"你们这些强盗统治者！"

种选择。辉煌的过去与沉沦的现在之间的鲜明对比，为许多宪章派作家提供了一个主题。就这一普遍规则来说，麦西当然没有例外。《斗争之后》一诗的开篇诗节，用自然进程的比喻——秋叶的脱落——突出了动态的过去与静态的现在之间的对比。这一比喻将政治活动的疏离感予以具体化：

> 如今我们已所剩无几，老朋友，
> 为的是鼓舞爱国者的心灵。
> 我们曾在那里下跪的祭坛，老朋友，
> 变得荒芜寒冷了；
> 他们在英勇的往日感受到的信念，老朋友，
> 现在已经缺乏生气。[1]

然而，诗中所传达的这种哀歌风格在麦西的诗歌中极为罕见，因为他的诗通常强调的是过去的角色，并视之为现在能够实现的供选择的、积极的价值观的源泉。在《战斗的号角》一诗中，麦西乞灵于"快乐的英格兰"（第三诗节）和失落的黄金时代（第九诗节）等概念，将其描绘为衡量被支配的现在的尺度。不过，麦西认为反抗暴政的遗产是过去最有价值的方面。在他看来，正是"抵抗的"而不是"被奴役的"祖先的形象，将会最好地激发宪章派运动的积极性。

麦西的作品中所描绘的过去的这些抵抗行为，等同于本雅明所指的"弥赛亚时间的瑕疵"，而且麦西在他诗歌里聚集和专注的，恰恰就是"微弱的弥赛亚力量"的这些实例。[2]《战斗的号角》的第六诗节为这种集中提供了一个非常出色的例子：

> 我们健壮的先祖们的灵魂在哪里？
> 他们振起于往昔的暴政并紧抓住自己的权利。
> 伟大的灵魂们一直就在这里，因为自由之火
> 活在他们的骨灰中，将大地之心包裹；
> 强大的死者们安眠四周，
> 他们的名字令我们周身战栗，如诸神在天空中一般；
> 生命从他们的尘埃制造的圣地上雀跃而出：
> 他们的功绩光辉四溢，到处都有生机，
> 但我们却成了他们要我们承担的信任的叛徒。

---

[1] 麦西：《我的抒情人生：新旧诗集》，第254页。

[2] 就两者都是由"压缩行为"产生的范围而言，韩德尔曼将单子（或获得的星座化）比作本雅明式的记忆。这一"压缩行为"释放出了一种在其他情况下无法得到的意义。《救赎的碎片》，第172页。

尽管这节诗以辉煌的过去与沉沦的现在的对照开始，但是这里的风格远远不能说是哀歌式的，因为麦西并不希望描绘一个同现在严密地隔绝开来，从而不能复原的过去。毋宁说，麦西关心的是将过去和现在星座化，以便在现在之中恢复过去的价值观。毫无疑问，这一诗节中充满了关于永久存在的力量的各种形象。不过，此力量仅仅间歇性地在现在之中发挥出潜力（"自由之火／活在他们的骨灰中"，"生命从他们的尘埃制造的圣地上雀跃而出：／他们的功绩光辉四溢，到处都有生机"）。此外，麦西以一种醒目的本雅明式的预期，承认过去对于现在的"微弱的弥赛亚力量"所提出的要求，批评现在的一代人背叛了他们英勇的先祖们遗赠给他们的信任。

对于麦西来说，政治上的挑战在于要找到一种方式，使眼前的一代人成为过去的"弥赛亚力量"的传导体。他认为能够完成这一任务的正是记忆（在本雅明的意义上，被认为是"回想"）。在麦西看来，记忆不仅仅是对于过去的事件或者英雄的回忆。毋宁说，它更是对于存储在过去之中的政治能量的再现，从而创造了一种局面，其中那些"英勇的死者……"的名字"……令我们战栗"。现在的一代人作为过去的政治能量不折不扣的传导体的这一意象，也出现在《人民的出现》一诗中。麦西在其中写道："他们活生生的思想的闪光／照耀了我们周身，脑和胸"。在麦西的诗歌中，特别突出的正是过去与现在的连接的这种直接性，因为麦西通过一种使徒般的承续形式，描绘了革命传统的重生。同样，在《我们的先烈们》（发表于 1850 年 12 月 14 日第 1 期的《人民之友》）①中，被杀戮的人垂死的呼吸似乎马上就灌注到了现在的一代人的肺腑中：

> 他们都走啦！
> 然而，这死得其所哉，放弃
> 英勇的复仇的呼吸，
> 用生者去创造英雄，

同样，先烈的坟墓的意象经常出现在麦西的宪章派诗歌中。在《战斗的号角》、《人民的呐喊》、《战斗之后》以及《它必将以正义告终》这些诗中②，先烈的坟墓同时也是过去的政治失败的象征（作为一个回忆的焦点）和现在的政治灵感的源泉。在麦西的诗歌中，坟墓作为一个中心比喻的意义，是通过象征性地比喻政治状态而得以强调的。比如，在《战斗的号角》中，"暴政"不仅仅是被描绘为已经将"我们充满生机的希望与坟墓联姻"（在发表于《红色共和国》的版本中，作"将我们充满活力的思想与黑暗的坟墓联姻"），同时这首诗

---

① 麦西：《我的抒情人生：新旧诗集》，第 255—256 页。
② 同上书，第 264—266 页。

也向读者们发问："哦！多久你们才会使自己的心成为它（自由）活生生的坟墓？"

由此看来，坟墓毫无疑问是麦西作品中一个多义的意象。作为劳工阶层生存的"生命中的死亡"状态的象征，和革命的死亡的字面上的表述，麦西笔下的坟墓就是本雅明笔下的"同质的、虚空的时间"——资本主义现代性无生命的现在，它没有政治变革的可能性——的对等物。不过坟墓也被既描绘成一个阈限的（liminal）空间，也被描绘成一个极限的（terminal）空间；还被描绘成革命的能量或许可以通过它得到传播的入口。就这后一方面的意象而言，它被赋予了末世论的规划的特征。这种规划取自基督教。在基督教中，基督的复活和第二次来临是被当作革命本身的"两种类型"来使用的。就其本身而论，麦西作品中后一种意义上的坟墓，按照本雅明的阐述，就是"弥赛亚或许会经由其进来的窄门"的对等物。

然而，尽管过去为当前的斗争提供了灵感的来源，但是它最终证明无法救赎现在。按照麦西自己的历史逻辑，他将受支配的现在理解为先前失败了的解放斗争的结果。因此，过去的失败和现在的绝境（impasse）就提高了未来在麦西的诗歌中的重要性。一如我早前指出的那样，正是麦西对于具有救赎功能的未来的信念构成了他的时间政治学同本雅明的时间政治学之间最明显的差异。本雅明对于具有救赎功能的未来信念的主要反对意见是，它是建立在"历史的进步"的观念之上的。这种观念导致了一种轻率的乐观主义和在历史变革的假定动因中的一种衰弱无力的沾沾自喜。就政治上而言，这种变革是灾难性的。① 在此，旨在阻止纳粹兴起的德国左派的失败，赋予了本雅明的思想以特质。此外，也许第二国际在第一次世界大战爆发之际的投降也渗透进了本雅明的思想之中。本雅明将德国左派的这种失败归因于"政客们对于进步所抱持的顽固信念"。这种信念与他们的如下信仰联系在一起：他们已然代表着一如"历史的进步"（参看《论文十》、《论文十一》）所允诺要到来的未来。对于本雅明而言，这种未来观念只能够产生有关现在的灾难的强化的说法。② 在本雅明的分析中，隐含着对于历史的平稳展开的批评，即对于从一个历史时代向下一个时代浑然衔接（而且毫无痛苦）的过渡。③ 在他看来，对于救赎性未来所持的这种观念最终会否定人类的力量。历史不仅会像人们要求的那样到来，从而就免除了对于人类行为的需要，而且历史的含义也将会在它的实现之中被揭示出来。与这种观点相反，本雅明坚持认为，集体的人类行动是必需的，它既是历史的创造

将宪章派诗歌星座化：杰拉德·麦西……与弥赛亚主义的用途

① 瓦尔特·本雅明：《论文第十二》、《论文第十三》以及《论文第十八 B》。

② 特别请参看本雅明在《论文十九》中对于科利的"新天使（Angelus Novus）"的阐释。

③ 爱德华·伯恩施坦的《进化的社会主义》（1899）就具体反映了德国社会民主党内部的这种"修正主义"倾向。有关此倾向的更为充分的讨论，请参看 D. 麦克莱伦：《马克思之后的马克思主义》（第二版，麦克米伦，1980），第 20—56 页。

者也是其意义的创造者。"不是人或者人类，而是斗争的、被压迫的阶级自身，就是历史知识的保管员"。①

麦西的诗歌偶尔也会表现被本雅明所谴责的浅薄的乐观主义；这种乐观主义断言，人们预期的历史结局是不可避免的，一如《继续希望，永远希望》一诗最后的诗节中所表现的那样：

> 继续希望，永远希望！在最黑暗的夜晚之后
> 到来的是，充满爱的生命的、欢笑的早晨，
> 继续希望，永远希望！充满光明的春天，
> 用她丰富的装饰，永远装点古老的冬天，
> 继续希望，永远希望！那个时间必将到来，
> 那时人对人的关系将会是朋友和兄弟；
> 因此，这古老的世界将成为幸福的家园，
> 从而地球上一切家庭都会彼此相爱！
> 继续希望，永远希望。

这一诗节描绘了一个将与现在彻底不同的未来，但是其中很少有对于人类能动作用的意识。取而代之，该诗节存在过度的有关大自然的比喻（它们都具有相伴而来的政治上的模棱两可），因为这首诗虽然断定社会变革是值得期望的，但是并没有预见确保社会变革的途径。对于人类能动作用的同样不充分的这种意识也渗透在《劳动的骑士制度》一诗中。② 像《三种声音》一诗一样，这首诗试图使过去、现在和未来实现在政治方面形成具有意义的关联。然而，不同于《三种声音》的是，《劳动的骑士制度》一诗将"美"，而不是记忆，认同为能够将过去和现在连接在一起，并且能够将现在转变成未来的力量。正如在《继续希望，永远希望》一诗中那样，社会变革是通过神灵的、外在的干预，一如美（"大地的加冕的奇迹！"）将现在转变成了一个极度丰裕而和谐的世界。

不过，麦西的这些诗歌并非典型之作。而在别的地方，麦西的诗歌则揭示了具有救赎功能的未来作为使现在的牺牲和痛苦变得有意义的一种手段的必要性。这种观念，在《今天和明天》一诗中得到了最为有力的表达。在这首诗中，头五个诗节不仅仅呈现了失败的过去和胜利的未来之间的对立——按照《三种声音》一诗的风格，假设在两种时间状态之间存在着至关重要的、相互的联系——现在的斗争是胜利的未来的必要前提，而且对于支撑当前的斗争来说，这样一种未来观也同样是不可或缺的：

---

① 瓦尔特·本雅明：《论文第十二》。

② 麦西：《我的抒情人生：新旧诗集》，第278—281页。

一浪接着一浪，潮水仍继续汹涌前奔；

我们爬行，像珊瑚一样，一个墓穴接着一个墓穴，

铺就了一条通向太阳之路；

我们被驱赶回来，因为我们的下一场斗争

要借助更新的力量，

在先锋今天宿营的地方，

后卫明天将在此歇息！①

    这五个诗节也描绘了这样一个意象：现在是如何可能不仅仅投射到它所偏爱的未来之中，而且也会与之联系在一起："对于许多人而言，一个欲望的天堂/我们的渴望打开了入口"。②

    在《人民的出现》、《战斗的召唤》、《斗争之后》和《三种声音》之类的诗歌中，这一救赎的未来被描绘成一个目的论过程的顶峰，通常被比拟为人类潜能的完满实现。在《人民的出现》一诗中，麦西写道："人民将要书写历史的篇章/更加忠实于我们的人性"。然而，这一点不应该同支持"进步"（本雅明意义上的）这一概念相混淆。麦西的诗歌很少描绘从现在到未来的严丝合缝的转变。取而代之的是，他的诗歌强调了断裂和不连续性。不过，在现在和未来之间存在由被比视为基督教天启的比喻所提供的桥梁。例如，在《战斗的召唤》中，麦西（间接提到了《马太福音》第 27 章第 51 节）写道："地震在众庙宇内闪现，摧毁宝座和强权"。同样地，在《人民之友》中刊出的《我们的烈士》毫不犹疑地将革命等同于（基督教的）救赎；那些倒下的革命的步兵，被描绘成"恰在他们站立的地方遭到谋杀！/被谋杀，像基督一样，为了正义"，因而他们在肉体上遭受的折磨重复着基督的苦难：

    双手痛苦地紧握！

    看他们！点数他们的伤口！哈！现在

    光荣就在那里，

---

① 麦西：《我的抒情人生：新旧诗集》，第 281—283 页。

② 此处所引述的麦西的诗句，预见了弗朗茨·罗森茨威格的作品，此人对瓦尔特·本雅明具有重要影响。在其对本雅明的《神学—政治学片论》的讨论中，埃里克·雅克布森认为本雅明（在罗森茨威格的影响下）尤其对内在于人类的活动中的强力感兴趣。这强力开辟了一个入口，救赎通过它得以进入。《不敬神者的形而上学》，第 31 页。

在痛苦之犁的火冠缝合每一撮眉毛之处。①

尽管，本雅明和麦西或许会对于救赎性的未来之可能性看法不一致，但我想表明的是，这种不一致纯粹是与术语有关的分歧。这两个作家都在寻求可选择的暂时性的表达方式，这种短暂性有能力救赎过去和现在。同样地，两人都赞同这种观点：这种可选择的暂时性只有通过借助当下对"同质的、虚空的时间"的否定才能够获得；而且，反过来，这一否定取决于用过去的"微弱的弥赛亚力量"加强现在的"微弱的弥赛亚力量"的星座化。二者都坚持要求集体性人类力量的必要性，并且，就绝对的断裂而言，二者都想象弥赛亚式的变化；这种变化仍然是从历史的进程内部，而且是作为它的一个结果（绝非是不可避免的）产生出来的。②

对于本雅明和麦西二人来说，在对于革命的弥赛亚特质的信仰和对于人类力量的信奉之间并没有矛盾。不过，在一定意义上，这两位作家作品中的弥赛亚主义都萦绕着千禧年主义（mille narianism）③ 的幽灵。弥赛亚和千禧年之间的关键差异在于（就这两个字眼在此处被运用的意义上而言）：我们可以把前者视为拥有欲望和力量，而将后者视为仅仅由欲望组成。本雅明的《历史哲学论文集》表明，他意识到在历史条件的压力之下，弥赛亚能够被千禧年所取代。他对于社会民主党的众多失败所作的分析，的确可以视为仅仅是对这种取代及其后果的说明。不过，麦西并没有自觉地在他的诗歌中将弥赛亚和千禧年作区分。这是麦西所处的历史格局的一种功能，因为他的宪章派诗歌起初是在当下的证据确凿的转折关头（1848 年的革命浪潮）创作的；其诗歌的反响（强烈程

---

① 将行动主义者的各种痛苦与基督的苦难等同起来的这种描写，也出现在《最具有王者气度的国王们》（起初刊登在 1850 年 2 月 23 日第八期的《库柏杂志》上，标题为《最高贵的王冠》，后来又重刊于 1850 年 6 月 21 日的《北极星报》上），见《我的诗歌人生》，第 266—267 页。同样大胆创新的是，麦西在《全体享有的地球》一诗中，悄悄地将上帝说成是革命的鼓动者：

> 于是上帝说道：你们使我疲倦
> 　　　用你们的祈祷，并且浪费你们短暂的岁月；
> 　　　永恒的真理你们无法明白
> 　　　谁在哭泣，泪水遮盖了你的视线！
> 　　　徒劳地 你们等待而且守望天空
> 　　　没有更好的幸运会就此降落；
> 　　　竖起你们的双膝，我命令你们起来，
> 　　　并且宣布这地球属于全体。

② 尽管本雅明将这一变革描绘成"事件的弥赛亚式终结"，而麦西强调的则是或许可以被描绘为"存在的弥赛亚式开始"，然而这并不应该容许混清这一事实：两种描绘都准确无误地提到了暂时性的激进转变。

③ 有关"千禧年主义"及其同 19 世纪上半叶的激进政治之间关系的更为充分的讨论，请参看哈里森的《第二次来临》，和 E. P. 汤普逊的《英国工人阶级的形成》（哈蒙兹沃斯：企鹅出版社，1980），特别是后者的第 II 章讨论"绝望的锡利亚主义"的部分。

度有变化）此后持续了许多年。同时，麦西从事诗歌创作的时候，正经历着深刻的历史失败，他的诗歌在有些地方对此也有所理解。他的作品中的弥赛亚冲动象征着革命期望的在场，千禧年则通过将这些期望延迟到某个非特指的未来时间（或者，在唯灵论的情形中，是未来的政府），从而给麦西提供了一种应对历史失败的途径。[①]

《继续希望，永远希望》提供了千禧年诗歌最为清晰的范本，使得我们可以辨别出千禧年主义和弥赛亚主义之间的关键区别。或许，这首诗最为人瞩目的特点是，它所表现的时间视域的狭隘性。它主要关注的是现在，过去仅仅是作为诗中的说话者及其聆听者之间间接的私人性过去而出现的。这首诗中没有体现出对于集体的历史的意识。此外，尽管在第三和第四诗节结尾处的几行诗给它的读者们描绘出了一个被救赎的未来，其正在到来（应该到来），但是它并非产生于现在之中。因此，《继续希望，永远希望》为它的读者们提供了一个被救赎的未来，这未来从实质上说同现在没有联系，而且这现在跟过去不存在极为重要的联系。

这种断裂感从时间延伸到政治。这首诗强调了行动主义者的孤独。明显缺少任何更为广泛的运动，增加了他的"孤独"——"你必须在冷漠而卑鄙的人之中艰苦地工作，/却没有一个人回应你的想法或者爱你"。这首诗由于麦西对诗意的"我"的非个性运用而强调了其孤立感。上帝——这首诗中所描写的终极胜利的保证人——以同样的方式存在于同运动分离的状态之中（"上帝在一切之上"），而且他不再等同于《我们的先烈们》、《全体享有的地球》、《它将以正义而告终》这些诗中所宣称的："让我们的上帝显现吧/在我们的生活中、作品中，以及我们为人类的斗争中"。同样显著的是，人们渴望的转变是在没有天启或断裂的情况下获得的。与其说是鲜血，不如说是眼泪标志着斗争的场所；它本身被用抽象的术语加以系统阐述，就像"谬误"与"真理"之间的一场竞争，"来自头脑中的谬误必将被根除，/真理将从这眼泪浸染的尘埃中开花"。

在他为自己的《历史哲学论文集》所作的引导性概述中，本雅明指出，"必须创造三个契机，使之渗入唯物主义历史观的基础之中：历史时间的不连续性、工人阶级的摧毁力量、被压迫者的传统"。[②] 恰恰是头两个契机的缺席，以及第三个契机的削弱的在场，将《继续希望，永远希望》中的千禧年同麦西的弥赛亚诗歌区别开来。千禧年主义对力量的危机予以编码，它既被比喻为剧烈的断裂的缺席，也被比喻为"同质的虚空时间"伴随而来的在场，它阻碍了政治变

---

① 有关后宪章派时代的激进主义和精神论之间关系的进一步讨论，请参看罗吉·巴罗的《独立的诸精神：从 1850 年到 1910 年的精神论和英国的平民》，卢特里奇，1986 年。

② 援引自 R. 沃琳：《瓦尔特·本雅明：救赎的美学》，纽约：哥伦比亚大学出版社，1982 年，第261 页。要了解"被压迫者的传统"，请参看 W. 本雅明：《论文第八》，以及伊格尔顿：《瓦尔特·本雅明，或通往革命批评》，第 48 和 73 页。

将宪章派诗歌星座化：杰拉德·麦西……与弥赛亚主义的用途

革。在这一危机的压力之下，人们期望的社会变革变成了个人希望或幻想的事情（而不是成为集体规划的目标），《继续希望，永远希望》一诗的第三诗节就是对此所作的例证：

> 然而从地球真正的寒冷中，
> 我的灵魂警惕着正在来临的事情，多么欣悦
> 温暖的朝霞洒满整个理想国；①

首先，与之相对照，弥赛亚是由所有这三个契机的在场而体现的。麦西坚持认为，创造过去、现在和未来的有政治意义的联盟极为必要，它证明着"历史时间的不连续性"。其次，尽管麦西将过去和现在加以星座化，目的在于使过去的那些抵抗行为重新起作用，并且使之与当前的诸种斗争融为一体，这种方法证明了"被压迫者的传统"；然而他对于武力和天启意象的运用，则清楚地承认了"工人阶级的毁灭性力量"。最后，在麦西的诗歌中，坟墓意象充当了有关弥赛亚的浓缩的比喻：同时表达过去的抵抗和现在的暴力；在这样做的过程中，它创造了诸种时间格局，它们将会拉开被救赎的未来的帷幕；在那里，一如麦西在《红色共和国》中提醒他的读者们的那样，人民"将会书写未来的篇章，/对于我们人类来说更为真实"。②

（本文责任编辑：张永禄）

---

① 这最初是《继续希望，永远希望》一诗的第二节，参看《自由的诸种声音及爱情诗》，第29页。
② G. 麦西：《人民的出现》，见于《我的抒情人生》，第226页。

欢迎来到真实的荒漠

■ 斯拉沃热·齐泽克[*]

（伦敦大学伯柏克学院）

于琦译

【内容摘要】 "9·11"袭击巨大冲击力在于它使好莱坞影视中的灾难变成了真实，因为它比任何真人秀更真实。这一事件的真正教训是认识到美国的和平是立基在别处的灾难之上的。美国要摆脱恐怖阴影，就必须破除人为的封闭世界，使自身从外部世界隔离开的幻幕中走出来，接受处于真实世界的事实，完成从"此类事件不应在这里发生！"到"此类事件不应该在任何地方发生！"这一迟来的转变。

【关键词】 "9·11"袭击；现实；幻幕；真实世界

美国的终极偏执狂幻想是，某人住在消费天堂加州的一个悠闲小镇，却突然开始怀疑自己生活在一个虚假的世界，身处一个让他以为是真实世界的舞台景观中，周围的人其实都是巨型表演中的演员和群众演员。最晚近的一个例证是彼得·威尔（Peter Weir）的《真人秀》（*The Truman Show*，1998，又译

---

* 斯拉沃热·齐泽克（Slavoj Žižek，1949— ）斯洛文尼亚人，当代著名哲学家、左翼知识分子、精神分析学家、马克思主义者与文化批评家，卢布尔雅那大学高级研究员，著作等身。现任职于伦敦大学伯柏克学院。

本译文系译者担任的国家社科基金项目"齐泽克对当代资本主义的文化批判研究"（11XWW005）与中国博士后科学基金项目"齐泽克批判全球资本主义的理论关键词研究"（2013M531161）之阶段性成果。

《楚门的世界》），由金·凯瑞（Jim Carrey）饰演男主角，该小镇职员逐步意识到自己生活在一个 24 小时不间断的电视节目中：整个小镇就以一个巨型摄影棚为基础，摄像机无时无刻不在拍摄。比这部电影更早的是菲利普·迪克（Philip Dick）的小说《混乱时代》（*Time Out of Joint*, 1959），20 世纪 50 年代后期，在加州某闲适小镇寻常度日的主人公逐步发现整个小镇都是虚假的，目的就在于使他感到满足。在《混乱时代》与《真人秀》中具有如下潜在的体验，在某种程度上，晚期资本主义消费主义的加州天堂的超现实是非真实（irreal）、非实体性的，被剥夺了物质性的惯性。

因此，不仅仅是说，好莱坞展现了被剥离物质分量与惯性的真实生活的假象——在晚期资本主义的消费社会中，"真实的社会生活"自身也莫名其妙具有舞台表演性质，我们的邻人在"真实"世界中成了舞台演员和群众演员。再次重申，资本主义重实利的尘世化（despiritualization）世界的终极真相正是"真实生活"本身的去物质化，是其向幽灵式表演的逆转。克里斯托弗·伊舍伍德（Christopher Isherwood）等人以汽车旅馆为例来解释美国日常生活："美国的汽车旅馆是非真实的（unreal）！……它们被特意设计成非真实的……欧洲人讨厌我们是因为我们已退居到广告之中，就像退居洞穴思考的隐士。"彼得·斯洛特迪耶克（Peter Sloterdijk）的"球体"（sphere）观念在此已经完全实现，因为巨大的金属球体把整座城市包裹起来并加以隔绝。许多年前，《萨杜斯》（*Zardoz*, 1974）或《我不能死》（*Logan's Run*, 1976）等一系列科幻题材的电影已预测到今日的后现代状态，其方式是借助把幻想扩展到社群本身，描述一群与世隔绝、生活在无菌世界中的人渴望物质性真实世界的体验。

沃卓斯基（Wachowski）兄弟的大片《黑客帝国》（*Matrix*, 1999）把这一逻辑推向高潮：我们所有人体验和了解的物质现实均属虚拟，是由一台与我们相连的巨型电脑操控和整合出来的；当男主角（基努·李维斯饰）在"真实"世界中醒来，看到满眼一片荒凉，到处都是燃烧过的瓦砾——芝加哥经历全球大战后的景象。抵抗力量首领墨菲斯（Morpheus）此时不无反讽地问候他："欢迎来到真实的荒漠"。纽约在"9·11"时所发生的不正与此类似吗？纽约市民被引入"真实的荒漠"之中——对我们而言，受到好莱坞的恶劣影响，当我们看到正在倒塌的双子塔景象和镜头，所想到的无外乎灾难大片中最扣人心弦的一幕。

当听到爆炸如何完全出人意料，不可想象的事情是如何发生等等，我们就会立即联想到 20 世纪初另一场决定性的灾难，泰坦尼克号沉没：一样令人震惊，只不过意识形态幻想早就预留了震惊的空间，因为泰坦尼克是 19 世纪工业文明力量的象征。此类爆炸不也一样吗？

不仅媒体铺天盖地地始终向我们灌输恐怖主义威胁；这一威胁很显然也得到了力比多投资——回想一下《逃离纽约》（*Escape from New York*, 1981）和

《独立日》（*Independence Day*，1996）等系列电影就够了。所发生的不可想象的事情因此正是幻想的对象：在某种程度上可认为美国得到了它所幻想的，而这是最令人意想不到的。

确切地说，我们此时面对的正是大灾难原初的真实，不应忘记的是决定这一看法的意识形态的与幻想性的坐标。如果说世贸中心塔楼的倒塌有什么象征意义的话，那不太关乎旧式的"金融资本中心"的观念，而毋宁说双塔所代表的是虚拟资本的中心，是与物质生产领域无关的金融投机的中心。爆炸的震惊性影响，惟有如此才能被解释清楚，必须置之于反对分割数字化的第一世界与第三世界"真实的荒漠"边界的背景中来理解。再清楚不过的是，我们生活在一个封闭的人造世界，它产生了如下观念，某个不祥的行为者始终在威胁着我们，要把我们彻底毁灭。

结果就变成，被怀疑为爆炸幕后主谋的奥斯马·本·拉登不就是大部分007电影中欲毁灭世界的犯罪高手恩斯特·斯塔夫洛·布隆菲尔德在真实生活中的翻版吗？在此我们不应忘记的是，好莱坞电影对此紧张过程的惟一显现在于，詹姆斯·邦德洞悉对手的秘密领地、锁定其紧张劳作（提取毒品并打包、制作将摧毁纽约的导弹）场所的时刻。该犯罪高手擒获邦德后，通常会让他参观一下自己的地下工厂，这不正是好莱坞与社会主义现实主义对工业品骄傲地展示最近似的一面吗？邦德的干预所起的作用，当然就是引燃这些产品的导火索，以使我们在"工人阶级正在消失"的世界，重新披上日常的伪装。纽约双塔大爆炸，不正是威胁外界的暴力转向我们自身的表现吗？

美国式生活的安全空间正经受如下体验，它受到恐怖主义袭击者这一外界（the Outside）的威胁。恐怖分子既冷酷无情又胆怯懦弱，既聪明狡猾又原始野蛮。无论何时，只要我们碰到此类纯粹邪恶的外界，都要勇敢地践行黑格尔式教益：我们应该在纯粹的外界中辨别出自身本质的凝缩物。因为在过去五百年中，"文明的"西方世界（相对的）繁荣与和平是对"野蛮的"外界施加暴力与破坏的结果：从征服美洲到刚果大屠杀罄竹难书。尽管听起来残忍和冷漠，但我们比以往任何时候都应清楚地认识到，这些爆炸的实际功效远比真实更具象征性。美国只是尝到了世界上随处可见的一种滋味而已，从萨拉热窝到格罗兹尼（车臣共和国首府），从卢旺达、刚果再到塞拉利昂。如果把纽约的狙击手和轮奸事件补充进来，那人们立即会联想到十年前在萨拉热窝发生的一切。

从电视屏幕上看到双塔倒塌使我们认识到"电视真人秀"的虚假成为可能：即便这些表演是"真的"，也只是人们的表演——无外乎他们的自我表现。小说中标准的免责声明（"故事人物纯属虚构，如有雷同实为巧合"）也适用于现实肥皂剧的参与者：即便他们是在自我表现，我们所看到的角色也只是虚构的。当然，对"回归真实"可进行不同的扭曲：乔治·威尔之类的右翼评论家会立即宣称美式"历史假期"（holiday from history）的终结——现实的冲击把自由主义宽容态度的孤立之塔与文化研究对文本性的集中讨论彻底粉碎。现在，我们面对真实世界中真实的敌手被迫还击，……然而，向谁还击？不管做出何种反应，都无法击中正确的目标，使我们彻底满足。美国攻击阿富汗这一笑柄无疑只是夺人眼球：如果世界最强大的国家想毁灭农夫靠贫瘠的山冈活命的最贫穷的国家，这岂不是无力付诸行动的终级案例？

在此证实了"文明的冲突"这一观念有着部分真理，同时也见证了普通美国人的震惊："怎么可能？这些人竟如此不尊重自己的生命！"这一震惊不正揭示出如下令人悲哀的事实吗？我们这些第一世界的人发现，想象一个使人随时准备牺牲生命的公共的或普遍的原因也正变得越来越困难。

爆炸发生后，塔利班的外交部长甚至也声称他能"感受到美国儿童的痛苦"，他不正由此确认了这一比尔·克林顿式短语的霸权性意识形态作用吗？美国作为安全天堂的观念当然是一个幻觉：在爆炸之后，一个纽约人评论说今后再也不可能在本市安全漫步了，这句话蕴含的反讽在于，在爆炸之前很久，纽约街道就以充满危险臭名昭著。如果说还有什么值得肯定，那就是爆炸引发了一种新的团结意识，出现了年轻的非裔美国人帮助犹太老人横穿马路的现象，这在袭击发生前是不可想象的。

在爆炸刚发生的那几天，我们就像身处一段奇特的时光，介于创伤性事件及其象征影响之间，如同我们被深割了一刀尚未感到痛楚的短暂时刻：它仍在那里，使我们看到事件如何被符号化，何为其象征功效，以及那些行动由此如何变得正当化。甚至在这些最紧张的时刻，这一联系也属偶然而非自发的。早已存在不详的预兆；爆炸次日，我收到某学刊编辑的信息，提到将发表我讨论列宁的一篇更长文章的事情。我被告知编辑部已决定推迟发表，原因是他们认为在袭击后立即发表有关列宁的文章不太合适。这不正道出了随后不祥的意识形态再言说吗？

然而，我们尚不清楚爆炸在经济、意识形态、政治以及战争方面将产生的影响，但有一点确定无疑：仍自视为排除了此类暴力的一座孤岛、只在电视屏幕的安全距离之外观察此类事件的美国，目前终于直接涉入这种暴力。于是另一个选项在于，美国人是决定加固其"领土"还是要冒险从中走出来。

美国可能继续坚持其方针，甚至强化这一态度，"为何发生在我们身上？此类事件不可能在我们这里发生！"——这会导致对外界威胁更大的敌意，简言之：以爱国主义的方式行事；美国将最终从把它从外部世界隔离开的幻幕中走出来，接受已身处真实世界的事实，完成从"此类事件不应在这里发生！"到"此类事件不应该在任何地方发生！"这一迟来的转变。美国的"历史假期"是虚幻的：美国的和平是建立在别处的灾难基础之上的。爆炸的真正教训就在于此。

译者简介：于琦，男，1974 年生，山东菏泽人，文学博士，上海交通大学人文学院博士后，广西师范大学国际文化教育学院副教授。主要学术领域为文化研究与政治哲学等。

（本文责任编辑：任天）

欢迎来到真实的荒漠

小说的音乐化：作为音乐—文学媒介间性的特殊例子

——《小说的音乐化：媒介间性理论和历史研究》绪论

■ 维尔纳·沃尔夫 [①]

（奥地利格拉兹大学英语系）

李雪梅译　杨燕迪审校

【内容摘要】本文是《小说的音乐化：媒介间性理论和历史研究》一书的绪论部分。媒介间性是当代文学与文化批评中的关键词之一，作为媒介间性研究内容之一的小说音乐化现象长期以来未得到足够的重视。该书在布朗与薛尔的文学与音乐研究成果基础上，进一步梳理相关概念，提出一定程度上适用于一般的文学媒介间性（与音乐的）研究的理论和方法，并以英语文学作为研究对象，进而考察小说音乐化现象的文化与美学功能。作者在绪论中阐明了将小说的音乐化现象作为音乐—文学媒介间性特殊例子的立场，以及研究对象、范围、意义和目的。

【关键词】小说；音乐化；媒介间性

什么？不允许也不可能用乐音来思考，用思想来演奏音乐？如果真的

---

① 维尔纳·沃尔夫（Werner Wolf）教授，1955 年生于慕尼黑。现任奥地利格拉兹大学英语系主任，媒介间性研究中心主任，是国际文字与音乐研究协会（WMA）创始人之一，《AAA 杂志》、《文字和音乐研究丛书》、《奥地利英语研究丛书》、《媒介间性研究丛书》的主要编辑人之一。主要研究领域包括：审美错觉，文学理论（尤其是文学自我指涉性与叙事学）；文学的功能；18 至 21 世纪英国小说；18 和 20 世纪戏剧；文学与其他媒介间的关系，特别是音乐与视觉艺术。主要专著有：《法国 18 世纪的情感剧》、《小说的音乐化：媒介间性理论和历史研究》等。

是这样，我们艺术家处于什么样一个窘迫的境地啊！多么苍白的语言，比语言更苍白的音乐啊！

(路德维希·蒂克，《颠倒的世界》中的"交响乐"，274)

小说的音乐化……很大程度上是指结构方面的。冥想贝多芬。意境的变化，闯入性的连接部……转调，不仅仅是一个调性到另一个，而是从一种情绪到另一种情绪。陈述主题，而后发展……悄然裂变转型，直到变得很不一样，但依然可以具有身份的统一性……把这些用到小说中，如何可能？

(阿道斯·郝胥黎，《点对点》，301)

让叙事散文像音乐一样——可以听世人所知这个疯狂的领域内最野心勃勃的努力乔伊斯的《尤利西斯》中最卓绝，极巧妙地《塞壬》捕获了耳朵而其中的赋格却是如此滑稽迂腐实际上，这只是个笨拙的玩笑恰证明，此事不可为。

(安东尼·伯吉斯，《拿破仑交响乐》，"致读者"，349)

"媒介间性"（Intermediality），即多种表达媒质在人类艺术作品中的交合使用，已经成为当代文学和文化批评的关键词之一。越来越多的研究成果证明了人们对这个领域的高度关注[1]。因而"媒介间性"这个词将有可能成为批评领域发现的又一时髦术语，因为它多少有点新鲜，有点迷人的"理论化"色彩（至少对某些读者来说）。然而媒介间性远不只是如此，对这个概念的日渐重视也可由很多更为重要的原因得到说明。

首先，媒介间性研究是对"互文性"（20世纪70年代出现）研究兴趣自然而然的延续（事实上，媒介间性常被认为是互文性的一个特例）。这两种研究其实都与我们时代更为广阔的文化语境相关，在这个语境中，可以看到反本质主义倾向与对"封闭"研究的质疑：也即强调卷入多元话语的意指过程，强调话语的交流与联系而非本质特征与逻各斯中心的差异，以及重视长期以来颇受关注的各种"他者"。最近的一些研究也显示出同样的趋势：在文化研究的支持下，日显突出的"跨学科"得以尽显身手，而媒介间研究也将有助于"跨学科"的研究。就文学与其印刷媒介的传统关联而言，"媒介间性"研究更深远的目标是可能（再次）证实文字这种媒质的灵活性、开放性和适应性。因为在与当前非印刷媒介的激烈竞争中，有研究者担心文学的媒质将败北。

最后，在近期一些媒体和艺术本身的发展中，还可以看到一个重要的原因。除了对文学的职业兴趣与对音乐个人爱好的结合，这一原因也是本研究最重要

小说的音乐化：作为音乐—文学媒介间性的特殊例子

---

[1] 著作及文章题目中出现"媒介间性"一词的包括：Hansen—Löve 1983，Prümm 1988，Eicher/Beckmann 编 1994，Zima 编 1995，Wolf 1996，Wagner 编 1996，Müller 1996，Helbig 编 1998；媒介间性研究目前趋势概述，亦可参阅 Lagerroth/Lund/Hedling 编 1997。

的动机。事实上，我们的时代，尤其是后现代主义时代，具有非常明显的媒介间性趋势。以至于我们可以在当代文化历史的文化特点中，加上另一个与语言学转向、"元文本"转向部分相关的另一个转向——"媒介转向"[①]。多媒体网络空间中近乎完美的现实幻景营造是最新最引人注目的，当然，这并非媒介转向的唯一例子。在视觉艺术中也可以看到跨媒介边际的作品，如前卫艺术的"装置"，或者介于画与雕塑之间一些比较温和的试验性合成（参阅 Traber 1995 和 Brüderlin 1995）。

然而媒介间性的历史，远不只是这过去的几十年。尤根·穆勒（参阅1998）在对"媒介间性"作为一个诗学和理论概念的历史综述中，指出"媒介间性"的观点可追溯到亚里士多德，以及"诗如画"（ut pictura poesis）的古典概念。至于更晚近的历史中，我们可能会想起跨绘画与雕塑媒介界限的巴洛克错视画（trompe l'oeil）技术、浪漫时期的总体艺术品（Gesamkkunstwerk）或者现代主义音乐化绘画中的试图融合多种艺术，如本书封面所复制的画，乔治·布拉克的"向巴赫致敬"（Hommage à Bach）（1912）。

对于语言文字艺术来说，媒介间性也是个值得注意的现象。同样地，后现代主义文学中融入了其他媒介（因素）的试验特别突出，例如小说中的电影脚本，就像在戴维·洛奇的《换位》（1975）或萨尔曼·拉什迪的《撒旦诗篇》（1988）中一样，但这只是漫长历史中最晚近的一个时期。在历史层面上，文学中媒介间性的一个极佳的例子，就是由来已久的"读画诗"（ekphrasis）现象，这个现象最近得到的关注也在日渐增多[②]。当然，有研究者可能会指出，（舞台上的）戏剧与歌剧从本质上就一直是多媒介的艺术形式。

在与其他媒介或艺术的关系中，文学与音乐的联系尤为久远。然而，这并不意味着音乐与叙事文学的关系也同样古老，特别是本研究所关注的课题：音乐化小说。事实上，人们可能首先就会怀疑到底有没有"小说的音乐化"这回事。抒情诗，其名字便能够让人联想到乐器（译者注：lyric 的词根"lyra"，是古希腊的里拉琴），也许应另当别论。在很多诗歌中，与歌曲的古老联系依然存在。人们普遍认为音乐元素如声音、旋律和节奏在抒情诗中具有重要作用[③]。

---

① 也可参见 Ansgar Nünning 的评论，认为"呈现跨媒介的事物"（intermedialisierung）是当代英国小说最突出的特征之一（1996：232）。

② 参阅 M. Smith 1995；对瓦格纳的研究与介绍；或 Claus Clüver（参阅1999），他在更广义上使用这个词。

③ 参阅下文对"抒情诗"的定义，以及"作为抒情诗主要特征的音乐实质"。选自《新普林斯顿诗歌与诗学百科全书》（*The New Princeton Encyclopedia of Poetry and Poetics*）（1993：714 f.）中 William Johnson 的"抒情诗"条目：所有抒情诗不可化约的主要因素［……］组成这些的是与音乐形式共有的一些因素产生的。虽然抒情诗不是音乐，但在声音模式上，基于歌曲规则的线性方式的格律和韵律是音乐的表征。或更远地来说，是运用韵律与谐音以近似于咏唱或音调的变化。因此，抒情诗保留了它的旋律源头的结构或实质性的证据，并且这个因素作为诗歌抒情性的范畴原则存在。

以上所述可能都可以说明，为什么在美学理论中经常强调诗歌的音乐性，为什么18世纪及其之前的时代诗歌被称为音乐的"姊妹艺术"之一①。在一些作品中，这种现象从诗的题目便可了然，如泰奥菲尔·戈蒂耶的"白色大调交响曲"（1853），艾略特的《四个四重奏》（1944），或者保罗·策兰的《死亡赋格》（1952）。但是可以将一部小说看做交响乐吗？或者小说的篇章听起来能像赋格吗？

尽管看上去很牵强，但这正是安东尼·伯吉斯与詹姆斯·乔伊斯所宣称的。前者含蓄地把他的小说名为《拿破仑交响曲》（1974），后者则明确表达自己的观点：《尤利西斯》（1922）中著名的"塞壬"插曲是"用卡农形式写的赋格曲"（书信选集，129）。郝胥黎的小说《点对点》（1928）也与此相似：除了题目上显而易见的音乐术语，在那个著名的段落（上文的第二题辞中引用了一部分）中更为明显：虚构的小说家菲利普·寇勒斯，勾勒了他的"小说音乐化"（301）的美学计划——一个显然与郝胥黎自己的小说有着元小说关联的计划。乔伊斯、郝胥黎和伯吉斯的观点并非绝无仅有，属于少数，却非常重要。很多小说作者都声称他们的文本与音乐之间存在着相似性。

这种宣称的有效性可能会遭到严厉的质疑，而且也确实一再地出现这种情况，甚至连伯吉斯自己也置身于怀疑者之列（见他的有关乔伊斯的"塞壬"的批评文章，如上面引用的第三题辞）②。毕竟小说不能简单地成为音乐，文学的"音乐性"在文学批评话语中通常被误用，它仅仅是一个有疑问的隐喻性褒义词。因此不足为奇的是，激进的怀疑者质疑谈论"文学的音乐化"、文学（更别提小说了）与音乐在任何方面有相似的可能性。其中比较有名的怀疑者是法国的英语文学权威让－米歇尔·拉贝特。在他对"塞壬"插曲试图进行非音乐的阐释时，意味深长地名之曰：《塞壬的沉默》，文中舍弃了他认为"随意"的"所有的音乐术语"，批评"音乐化"的概念，因为他认为，"没人会认同这个术语"。

因此，我们显然面对着两种相互矛盾的论调：音乐化小说的存在与音乐化小说的不可能。站在某一方强权的立场上简单地否定另一方，这当然是解决矛盾的简单方法：要么基于术语混乱而抹杀文学音乐化的整个事情；要么回避文学音乐化可能性的所有问题，以想当然的态度来面对，可能是以作者们在两种艺术的结合上是否成功来判定。然而这两种方式都过于肤浅，因为他们都忽视了自己所反对的观点里面暗含着的潜在事实，即使这个观点看上去似乎太激进或过于幼稚。也许更为明智的做法是对双方的观点都加以严肃对待，而这也是

---

① 参阅，如约翰·弥尔顿的颂诗"庄严的音乐"（At a solemn Musick），在这里，"音声与诗行"被称为是"一对幸福的海妖"／"天生和谐的姊妹"。

② 类似的悖论，或者说是不完全严肃的否认，可以在他对读者总结自己其他主要（部分）音乐化作品中看到，如《莫扎特与狼帮》（*Mozart and the Wolf Gang*）（1991，参阅第146页）。

本研究的起点。

　　仔细考查这些直接反对音乐化小说可能性与意义的批评，引出一个最基本的理论问题：如果有可能，首先是在多大程度上（叙事）文学能够获得或至少暗示出音乐的特性？也许认同"音乐化"的大概含义是可能的，毕竟，一种建立在可信的标准基础之上的认同，可以允许在一定的条件下使用这个术语。

　　无论如何，应该考虑这样一个历史事实：不管成功与否，作家们确实曾经努力将音乐作为一种形塑性因素融入小说的意义之中。如果我们反过来慎重考察这些努力，即使是那些不太有说服力的小说音乐化的试验，都能够对我们启发良多，特别是在功能与历史分析层面。考察这样的试验，确实可能从独特的作者与作品得到有价值的信息。而且，当音乐－文学媒介间性出现得相对频繁而且出现在重要作品中，我们可能会得到一个对时代美学或文学风尚的有趣洞见。小说在所有主要的文学形式中，好像是不大能够音乐化的，因此在小说这个文类中，与音乐的关系不被看好，因而那些不顾小说文类与媒介上的困难而做出的尝试，必然具有某些特殊的信息价值。

　　从上文可以得出以下两个论点，它们将在本书的研究中进一步展开：（1）文学的音乐化，特别是小说的音乐化概念也许可以相对清晰地、作为音乐－文学媒介间性特殊例子来界定；（2）这个概念有助于描述一些文学文本及其美学与文化语境，也为之前已经建立的应用提供了标准。

　　当然，作家和批评家都已经严肃地对待音乐－文学"媒介间性"问题。就研究方面来说，对文学和音乐关系的考察出现了完整的研究支流，到目前为止，已有好几十年的历史了。它涵盖了（部分）原先叫做"比较艺术学"的批评领域、然后是"跨艺术研究"①，还有近期的新创词——"歌诗学"（melopoetics）②、"读乐诗"（melophrasis）③研究或对音乐－文学"媒介间性"的考察。本书很大程度上受益于这些不管是在何种名义下展开的研究，特别是

（左侧页边）马克思主义美学研究

200

---

　　①　研究中这两个词（"interart"和"interarts"）都在用。

　　②　这个词是 Lawrence Kramer 创造的（参阅 1989：159），并被其他学者使用，特别是 Scher（参阅1992：xiv，以及 1999）。尽管与"音乐－文学媒介间性研究"对比，该词具有简洁的优势，但其构词成分中的两个方面易引起误解，因此不适合于本研究：首先是将音乐缩减至"旋律"（相当于我们所谓的"歌"），其次是给人的印象是文艺美学研究。

　　③　这个词是 Rodney Stenning Edgecombe 创造的（参阅 1993）。乍一看，从其来源来看似乎是"读画诗"不错的对应词，但仔细斟酌，这个词显出很大缺点，因而对本研究也没有太大作用：与 Kramer 的"歌诗学"类似，不适当地将"旋律"作为音乐的专属形式；并且因使用"phrasis"（"表达"）这个构词成分，"读乐诗"像是将音乐－文学媒介间性研究局限于本书将描述的媒介间"主题化"。至少在传统意义上，读画诗主要指文学与绘画间有限领域的媒介间性。（然而，需注意的是，"读画诗"含义近来已从视觉艺术作品的言辞表达扩展到包括音乐在内的任何"用非一言语符号系统创作的虚构文本"），既然"读乐诗"是由"读画诗"衍生来的，那么这个词也是如此了。［Clüver 1997：26，也可参见 Clüver 1999］）

本领域的先驱如卡尔文·布朗和斯蒂芬·保罗·薛尔[①]的研究。当然同时也从很多其他研究中得到重要的启发，其中包括文化研究、部分叙事学研究，更不用说劳伦斯·克莱默尔（参阅，例如，1990）的将叙述学方法运用到音乐领域的研究。应该特别指出的是约恩·纽保尔（参阅，1997）耐人寻味的与我自己的研究互补的研究方法[②]。

　　上述研究令人印象深刻的是，至少有五个重要方面在不同程度上被忽略了。前两个是与理论相关的问题，即（一）术语不精确，例如关于"以文述乐"（verbal music）的概念，以及与之相对的"文字音乐"（word music）和"结构/形式"或其他对音乐进行类比的概念[③]；（二）迄今为止对这个问题还不满意的答案：首先是什么时候我们可以说这是一部"音乐化"的文学作品[④]？第三个相对被忽略的问题是：（三）对纳入研究范围中的文学素材的选择：诸多关于"文学音乐化"的讨论专属于抒情诗，因此对小说音乐化的尝试研究被降到次要地位——假设小说[⑤]可以被讨论。最后一些问题是：（四）一种特定的"原子论"；（五）文学实践中许多关于音乐—文学关系讨论的可悲片面性。就"原子论"而言，可以说虽然已经做了很多对单篇作品、个别作家甚至某个时代的有价值的研究[⑥]，但几乎还没有对音乐作为一种对（叙事）文学的形塑性影响进行历史性的综述，特别是在英语文学中[⑦]。至于刚才说到的片面性问题，特别是在那些学者处理音乐化的"技术"问题时，可以看到他们忽略功能层面的倾向[⑧]。这样一来，到目前为止都还没有对英语文学中特别有趣的问题进行集中的研究：关于各种文学音乐化（更别提小说了）试验实现了哪些功能，以及是否可以在历史过程中发现这些功能一定的延续性[⑨]。

---

　　① 参阅，除了 Calvin S. Brown 的《音乐与文学》（1948）作为开创性的并且依然非常重要的著作，还有 Brown 1970，1984 和 Scher 1970 等。

　　② 我也想提及 Petri 1964；Guetti 1980，Barricelli/Gibaldi，1982；Huber 1992；以及 Gier/Gruber，1995。

　　③ 关于盛行的术语不精确与混乱的例子，如可以将 Scher（1970）的与"文字音乐"（word music）形成对比的"以文述乐"（verbal music）这个词，与 Fischer（1990）的不同使用方式相对照，在赍这里，其用法与在布朗和薛尔那应被称为"文字音乐"的一致。

　　④ 首先，仍未有足够的努力去回答这个问题，见 Peacock 1952/84 与 Cupers 1981；亦可参见 Wolf 1992a：213—217。

　　⑤ 参阅 Peacock 1952/84，Frye1957，Winn 1981，Barry 1987，Edgecombe 1993 和其他一些文章。

　　⑥ 对 20 世纪的研究，参见 Aronson 1980，对浪漫时期的研究，如 Barry 1988 或 Naumann 1988 和1990。

　　⑦ 在这个范围内，Jean—Louis Cupers 的"文学的音乐般的历史……在很大程度上仍然是一片未知的领域"（1981：278），与 Müller 最近的观点"媒介的媒介间历史……还有待书写"（1997：296），依然是有效的。

　　⑧ 这种偏见在该领域的开拓性研究（否则将是有价值的）之一中已经可以看到，即 Horst Petri 对文学中形式与结构上对音乐类比的分析（参阅 Petri 1964），在如 Kolago 1997 中也是如此。

　　⑨ 德语文学中，Martin Huber 杰出的专著（1992）已经在某种程度上涵盖了这方面的研究。

综合一些实际的考虑，上述的批评盲点很大程度上激发了本书的写作目的和兴趣。出于实际的考虑，显然必须对庞大的音乐－文学媒介间性领域进行实质上的界定。我将重点集中在（叙事）文学上也是出于个人能力的考虑。从概念上来说媒介间性研究综合了两个学术领域，然而大多数学者（我自己也是）都是只专于一个领域，第二个领域只是业余的。暂时按照薛尔所说的，一部艺术作品中出现的音乐和文学，大致可以区分为三种可能的一般模式：音乐和文学的"混合"形式（如在歌剧中）；及表面上看来两种不搭界的形式：一个是文学呈现在（in）（通过表现，或者转化为）音乐（就像在标题音乐中）中，另一个，相反的例子，音乐出现在（in）文学中（通过表现或者"翻译"成这种媒质）。这些一般模式中，最后一种更容易被像我这样不是音乐学者的文学学者接受。事实上，因为音乐化文学经常是文学作者（如托马斯·曼、德·昆西、詹姆斯·乔伊斯、弗吉尼亚·伍尔芙和其他人）作为一个"纯粹"业余爱好者对音乐阐释的结果，并且首先依然是文学，因此文学学者能够驾轻就熟的也正是这种媒介间形式。

为了填补目前研究的空白，本书将主要着力于小说。小说作为一种类型，与音乐的媒介关联到目前为止很少被注意，并且注意到的层面远远少于诗歌。也就是说，除了举例说明一般的媒介间现象，关注点将是小说中音乐的媒介间在场，即，关注长篇小说或短篇故事中显示出的音乐"转换"成叙事文学迹象。然而我希望本书对许多问题的讨论还有更深的思考：揭示音乐－文学媒介间性研究一般意义上的关联。这些关联最明显的可能主要还是在理论方面，在这里，"小说"和"文学"有时可以通用。

从文学－中心或小说－中心的观点来看，本书的兴趣领域将主要是延续、增加我之前在这个课题的研究，部分是对之前成果的修订。理论部分（第2－5章）围绕以下几个问题：在何种程度上，文字（文学）文本与音乐这两种媒介能够相容？在多大程度上一部文字艺术作品能够允许二者的媒介间融合？什么是音乐化小说或文学？与"媒介间性"其他方面相比，如何辨识和界定音乐化小说或文学？可以区分出什么样的音乐－文学媒介间性形式？这些源于对音乐－文学"媒介间性"特殊例子考虑的定义和类型学，某种程度上，也可以用于一个更广泛的目的：作为对"媒介间性"一般理论所做的有益探索。

历史部分（第6－13章）将致力于叙事文学中的媒介间性历史。更准确一点来说，是对从浪漫主义开始的小说音乐化的重要尝试，以及18世纪比较美学领域中关于这种尝试前历史的相关论述做出大致的梳理。而选择英语（包括盎格鲁－爱尔兰）文学作为研究对象，原因之一是目前的研究内容不能膨胀到不适当的范围，二是因为英语文学本身能够为本研究提供非常形象的例子。正是在这种语境下，这里从一开始就必须马上做出进一步界定，强调本书的重点是对从德·昆西到后现代主义的一些文本例子的阐释，以及这些文本中可能出现的功能特征，而不是对英语文学历史中音乐化小说的逐一列举，更不用说对其他的文学了（虽然有时对非英语文本的参照可能有助于历史描绘的完整性）。

译者简介：李雪梅，1978 年生，女，福建省莆田市人，文学博士，现为上海音乐学院艺术学博士后。主要从事中国现代文学与艺术研究。

（本文责任编辑：任天）

小说的音乐化：作为音乐—文学媒介间性的特殊例子

身为公共知识分子

——刘康*教授访谈

■ 贾 洁 **

（上海交通大学人文学院）

【内容摘要】本访谈围绕刘康教授的几个主要研究方向"中国当代传媒文化研究"、"国家形象建设研究"及"马克思主义美学研究"展开，探讨在当代中国语境下，如何成为一名具有行动力的公共知识分子。

【关键词】公共知识分子；刘康；当代传媒

贾洁：近些年来，你一直致力于中国当代传媒文化研究和国家形象建设研究。我想先跟你谈谈传媒文化这一块。在你与詹姆逊和李泽厚的一次对话中，李泽厚先生讲到在中国的现代化道路中，"如何更好地控制、改善大众传媒，不使它们完全被资本支配，是一个重要问题"，我想李泽厚先生之所以这么说，是因为他看到了西方国家传媒文化的弊端。这应该也是你们三人的一个共识。不过，众所周知，西方国家中也有在资金运作上不受商业资本支配的媒体，比如奉行独立、公正、诚实的英国广播公司 BBC，在民意调查中它的公信力堪称世界传媒的楷模，但却爆出了一起骇人听闻的事件，BBC 已故著名主播吉米·萨维尔身陷性侵未成年人丑闻，而 BBC 高层参与了对事件的掩盖。你怎么看这

　＊ 刘康，男，美国杜克大学教授，上海交通大学致远讲席教授，主要从事中国传媒文化、马克思主义文化理论与美学等方面的研究。

　＊＊ 贾洁，女，1981年生，上海交通大学人文学院博士后，主要从事西方马克思主义美学研究。

件事？

刘康：世界上的传媒一般来讲有三种体制：一种是商业传媒，一种是公共传媒，还有一种是官方传媒。美国的传媒几乎都是第一种，商业的、民间的、私立的、独立的传媒。欧洲的传媒跟美国的不太一样，有不少是属于第二种公共传媒，比如英国的BBC。英国的每个家庭或企业都必须定期付费收看和收听BBC的节目，以确保它有足够的运行资金，从理论上来说，BBC为公众服务，只对公众负责。第三种官方传媒是完全由政府拥有的、受政府控制的传媒。

BBC相对来说是一个比较权威的媒体，当它出现了丑闻，肯定要给公众一个交代，要进行调查。前段时间我在英国访问BBC和英国其他的一些媒体，他们对媒体监管有很多争论。英国有一些议员认为要对媒体进行规划和规范，但媒体本身都表示反对。BBC享有一部分政府的拨款，它有一个监管委员会，委员会的成员是由政府任命的。虽然BBC的这个监管委员会有政府的成分，但它发布新闻评论等等，这么多年来都没有受到政府的干预，如果现在要控制它，它就会有很大的反弹。

现在比较麻烦的问题是网络媒体的出现，也就是社交媒体（Social Media），中国的说法叫自媒体。它对中国的影响，现在还难以预见。因为在严格意义上，中国还不存在美国那种完全独立的主流媒体，也不存在公共媒体的说法，中国媒体的声音比较一元化。我认为，这个网络媒体将来会对中国社会的发展起到一种先锋的作用。中国的改革，下一波可能涉及政治和社会领域，这个媒体的作用也会越来越突出。

贾：在中国，政府对传媒握有宏观调控的能力，而商人们仅将传媒视作营销的手段之一。中国媒体的公信力让人有些担忧。比如，在西方人眼中，他们可能觉得中国媒体特别是中国主流媒体对本国的报道过于正面，也就是你论文中提到的"外宣"模式。你觉得中国当代的这些传媒该如何扩大自己的公信力呢？

刘：中国传媒的公信力与西方传媒的公信力在性质上是不一样的。西方传媒的公信力在于它的第三方立场，它不代表公权力。美国人的说法叫"第四领域"，也就是说传媒针对的是公权力或者说政府的权力、商业权力以及民意（public opinion），这不代表传媒可以凌驾于这三者之上，它是介乎于这三者之间的，然后它建立自己的一个独立的立场。而中国不是这种情况，中国媒体的公信度，应该说权威性，是建立在代表公权力的基础之上的，它是公权力的耳目喉舌，从这个意义上讲，它是有公信度的。这就是为什么新华社、人民日报发表一篇社论文章，大家都会很认真地对待的原因。

中国原先是一个高度集中的一元化的社会，媒体的权威性不容挑战。改革开放三十年，现在社会已经开始多元起来。但中国现代社会的四大领域，政治、经济、社会、文化的发展不是整齐划一的，换句话说，彼此之间并不太和谐。

互联网上时常有些令人大跌眼镜的爆料。所以在这种情况下，中国的媒体，应该说尤其是传统的主流媒体要面对的问题是必须重新建立起权威性。这跟公权力对媒体的态度是有关系的，当然，公权力最大的考虑是维稳。不过，维稳有多种方式，社会开放也是一种维稳。

中国媒体现在面临的是，是走一个开放的、现代的、成熟的、多元的媒体发展的道路，还是继续保持一个高度维稳的、高度紧张的状态。我觉得大势所趋，十八大之后已经看出了端倪。首先，给大家印象最深的是新的最高领导班子先从话语、美学的层面做了很多新的举动，比如说话要说实话，讲话不要念稿子；习近平的夫人彭丽媛被称为第一夫人、公益形象大使；等等。这些都是前所未有的。总的来看，我对中国媒体的改革还是比较乐观的。

贾：我想知道你在多大程度上相信中国的主流媒体能较公正客观地履行自己的社会责任？你发现没有，有些时候，把体制内部的那些黑暗面扯出来见阳光的举动往往是一些非媒体人或非著名媒体人，并且大多首先发布自互联网，这是一个有意思的现象。

刘：中国的媒体现在越来越有专业素养。你说的一些非媒体人和非著名媒体人，实际上他们很多都是体制内的，利用体制外的渠道发布信息，比如网络媒体的渠道，这可以被理解为新媒体的东西。现在我们有了网络媒体，它对传统主流媒体提出的挑战实际上是意义深远的。网络媒体对传统主流媒体的最大挑战首先就是公信力，网络媒体的爆料比较大胆，速度快，现在网络媒体先爆料，传统主流媒体再跟进的事情常有发生。代表民意也好，反映事实也好，这就严重挑战了传统主流媒体的权威。体制上的一些限制也使主流媒体陷入某种尴尬，它要网络化，最大问题就是怎么使自己的立场趋于多元，这是一个痛苦的过程。中国的改革很有意思，基本上来说是一个自下而上的改革。1978 年，安徽凤阳小岗村的几位农民冒着极大的风险搞自留地，跟几十年的人民公社机制对着干，拉开了中国改革开放的序幕。然后邓小平才大胆地改革开放，摸着石头过河。现在改革开放已经到了一个新的阶段，我个人的看法是，互联网，比如微博，有点儿像当年的小岗村，它说不定就能推动中国发生一个更大的变化。新媒体是不是当年的小岗村，我们拭目以待，我希望它是，但还要看新领导人采取什么样开明的政策。

贾：近年来，你研究的第二大方面是关于中国国家形象的研究。在我看来这是一个元问题。2009 年《纽约时报》采访你时，你曾说："中国就像一个吃了很多激素的青春期少年，成长速度太快，显得比例失调，手脚很难协调。" 2011 年我在美国访学时，印象最深的就是它的秩序井然。因为在国内，比如坐地铁、乘电梯之类常都是争先恐后的，让人受不了。俗话说，细节决定成败。一个国家的日常形象是不是更应该下大力气来改善呢？

刘：中国是一个比较粗放的国家，经济上已经开始从粗放型转向集约型。

在国家形象方面，也应该有一个改变，改变粗放的、不关注细节的、单向宣传的这么一种形象。其中最重要的一点是对外单向宣传这种宣传方式急需改革。首先观念上要改革，才能有体制上的改革。现在有很多有识之士都在提倡变宣传为传播。中宣部的英文名称中 propaganda 换成了 publicity，publicity 这个词的意思是公共关系，它是一个面向社会的、商业的概念。从 propaganda 到 publicity，体现出从意识形态治国到经济治国的转变。但公权力不应该跟商业的力量合在一起，这个时候就要考虑一个更合乎世界潮流或现代化规范的翻译了，一般来说可以用 communication 这个词。从历史的角度来看，政府必然要有一个跟民众沟通的机构。

中国的国家形象指的是中国的国际形象，这个形象它不仅仅是政府的事情，也是社会的事情，是全民的，比如你说的乘地铁这些都是社会问题，单靠政府行为是难以维持一个好的国家形象的。

贾：说到国家形象，我忽然想起荣获诺贝尔文学奖的作家莫言的作品《红高粱》，1987 年张艺谋导演了同名电影，影片于 1988 年获柏林国际电影节最佳故事片金熊奖。曾经有一位教过我的老师说，该影片之所以能获奖，主要是因为它向西方展示了中国极为原始的蛮荒形象，符合西方人对中国的想象。当然，这是他的看法。莫言获诺贝尔奖的消息让我们很激动，但是诺贝尔奖委员会陈述的颁奖原因，莫言"用魔幻般的现实主义将民间故事、历史和现代融为一体"，听上去似乎没有那么让人激动。你觉得呢？

刘：那是翻译上的一个错误，我们可以把诺贝尔颁奖词准确的英文表述找出来：Mo Yan had received the Nobel Prize in Literature for his work "with hallucinatory realism merges folk tales，history and the contemporary"。Hallucinatory 翻译成"魔幻搬的"是有问题的，magical realism 是魔幻现实主义，所以 hallucinatory realism 译成迷幻的、臆想的、癔症式的现实主义可能更确切。他们认为莫言写的东西有神经病的感觉，很情绪化，跟马尔克斯不一样。马尔克斯写的故事虽然很古怪，但叙事口吻或者说叙事话语是中庸而平和的，很客观。

莫言的这种情绪化的写作是一种很西化的东西，他比较聪明的地方在于没有完全照搬西方文学。比如莫言非常佩服福克纳，福克纳有一个"约克纳帕塔法世系"，莫言是创了一个"高密东北乡"，加进了很多民俗文化。应该说诺贝尔奖的评委们对莫言的作品还是比较了解的。莫言的长处在于他把西化的东西吸收了，内在化了，能和本土的东西结合。可以说，他是西方现代主义的中国化，这是莫言很独特的一面。莫言不是唯一的，还有比如余华也很典型。

贾：对，莫言获诺贝尔奖当晚，你发出了一篇评论，认为莫言获奖，因为他不太"中国"。他的作品写的是中国人和中国故事，所透出来的是通过西方话语过滤的普世价值。你还在文中列举了一些很"中国"的优秀作家，指出他们的作品难以被西方人理解，因此不太可能获奖。你的结论是：中国特殊论与西方主导的普世价值之间的矛盾与冲突，应该努力化解。中国应更开放地与普世价值对话，并积极参与建构人类的共同价值。你能更具体地阐释一下这个结论吗？

刘：我们现在公认的普世价值就是西方的价值。首先，批判普世价值是一个很愚蠢的做法，其中根本的主导思想是防止西方的和平演变。但我们生活在现代社会，不能忘了一个基本前提，这个现代社会是西方主导的，如果没有西方的现代化，也就没有我们的现代社会。我们都在享受着西方主导的现代社会带来的科技和经济上的好处，比如电脑、电话、媒体这些，全都是西方发明的，那文化价值观也是一样。我们千万不能走回"中学为体、西学为用"的老路，这个观念很荒谬。就像反对现代化一样，少量的穆斯林原教旨主义者就这么干。中国是一个大国，是全面拥抱现代化的。所以反对普世价值是极其荒谬的。

普世价值应该拿出来当一个重要的话题，展开全面的讨论。如果说普世价值是西方的说法，那么我觉得应该可以建构一个人类的共同价值，也就是说，中国需要跟普世价值进行对话。中国诸子百家的观点，包括现在的和谐社会、美丽中国，都是很好的可以跟世界对话的观点。

贾：顺带问你一个问题。在该评论中，你提到，虽然诺贝尔文学奖近来颁给了世界各地的很多作家，然而除了此前的中国，也基本没有颁给伊斯兰世界的作家，因为西方价值观和穆斯林价值观的矛盾是难以调和的。从你的微博中，我了解到你的母亲也是一位穆斯林。对于伊斯兰原教旨主义被定义为恐怖主义这件事，你有没有自己的想法？比如，英国马克思主义批评家伊格尔顿的祖父母辈都是爱尔兰人，因此伊格尔顿实质上对爱尔兰共和军是抱有某方面的同情的。他在他的近作《论罪恶》中谈到恐怖主义，他这样写道："将伊斯兰恐怖主义定义为罪恶，是拒绝承认令人激怒的现实的表现。到现在才采取某种政治行动试图缓和他们的激怒，等于亡羊补牢、为时已晚。恐怖主义现在已经有了它自己的致命的动力。要注意，悔恨失去的和解机会与将对手当做是无理性的可被动摇的乌合之众来对待是两码事。对于后一种观点的拥护者来说，解决恐怖主义暴力的惟一方法是更多的暴力。"

刘：这个事情，我是这么看的。在中国这样一个文明古国，大部分中国人都不是一神教的信徒。虽然一神教的三大教，基督教、犹太教、伊斯兰教在全世界有压倒多数的信徒，拥有占支配地位的话语权，但起码中国并不受他们的话语权控制。所以从这个角度来说，中国有一个第三方立场，能够看清一神教内部矛盾给人类带来的困扰。一神教的发源地在中东，一神教的宗教已经相互斗了几千年，除了宗教的恩怨，也有现实的恩怨，产生了所谓的恐怖主义和反恐怖主义。现在的中东仍然是世界矛盾的一个焦点，不过中国基本上不在它的范围之内，因此中国可以保持比较淡定平和的心态，跳出来看这个问题。这跟伊格尔顿他是爱尔兰人的后裔的情况不一样，他是跳不出来的。中国对待这个问题可以超脱一点。对于中东的冲突，过去几十年，中国一直是回避的态度，现在应该有一个超脱式的介入。

贾：在你的《文化·传媒·全球化》一书中，有一段话是这样写的："当代西方思想界的一个重要倾向，就是以反意识形态和反极权主义为标榜，抹煞社会发展的总体性关系，从而抹煞、回避、解构历史。"不过这是你写于1994年的一段话。自从本世纪初"9·11"事件发生以后，"总体性"似乎不再像上世纪末那样不被接受，因为事实的情况是一种新的资本主义的宏大叙述对阵中东伊斯兰教。请问你怎么看"总体性"这个问题？

刘：上世纪末流行的后现代思想跟全球化存在一种共谋关系，就是都提倡非中心这样一个观念。尤其在金融化的时代，比如经济的全球化生产，采取的是经济外包的分工方式，投资也是如此，比较分散。这种情况下，就出现了一种思潮，认为总体性的东西不需要了。这实际上是一个幻觉，在现实政治发生重大矛盾的时候，"总体性"就又突显出来了。现在的世界格局，是不是两极对立，目前还看不明白，伊斯兰的势力没有那么大，而西方的发展已经很成熟了，再让它突飞猛进地发展也不可能。出现了所谓的金砖四国和五国这些新兴的发展国家，给世界格局带来了越来越多的不确定性，对西方国家的"总体性"也带来了很多挑战。我觉得"总体性"总是不断地在受到质疑。我们怎么来理解总体性？我觉得最重要的是宏观把握现代性。如果现代性是一个总体的话，那么西方和伊斯兰世界的对立、中国的崛起，都可以在"总体性"这个框架下得到一个比较深刻的、全面的认识，否则会迷失方向。尤其是在认识中国的时候，不把握现代性，很可能迷失方向。

贾：伊斯兰原教旨主义目标明确，更多针对的是西方发达国家。至于中国，有人担心，达赖喇嘛十四世圆寂后，支持他的势力会发展成为针对中国的恐怖主义。2011年我到过华盛顿，在华盛顿的一家书店里，翻到一本刊物上对达赖的推崇性报道。记得小布什访华曾在清华大学做演讲，宗教信仰自由是他演讲的主题之一。为什么在西方人眼中，中国如此地缺少宗教信仰自由呢，难道是因为马克思主义在中国是占主导地位的意识形态吗？

刘：这跟马克思主义没有太大关系。前面我也提到了，中国从来就不是一个一神教的国家。一神教从中东延伸到欧洲，由于现代化的原因在世界上享有支配地位，很多文明都是一神教的文明。但东方文明都不是一神教，佛教、印度教都不是一神教，中国的宗教观念更加世俗化，从来没有一个强大的一神论的宗教机构。马克思主义是现代化运动中的一个思潮，应该说对中国以及很多非西方国家的现代化运动起到了非常积极正面的推动。

我的看法是，从历史发展的进程来看，马克思主义对中国或其他发展中国家的正面意义是不容抹杀的。没有马克思主义对中国现代化的这么一种主导作用，中国的现代化也许不是现在的局面，这可以参照印度做一个对比。中国这个民族需要一个凝聚力，马克思主义给中国提供了强大的凝聚力。要注意的是，马克思主义跟宗教是两码事，它不是一个宗教，跟中国人有没有宗教信仰或者信仰什么没有太大关系。宗教信仰不是一个政府或制度所能阻止的，东欧、苏联就是最明显的例子，在那些国家共产党执政了多年，但他们的宗教信仰依然强大。

贾：你的《马克思主义与美学》一书的中译本于今年年初出版，在中文版前言中你指出，"西方马克思主义者对现代化的道路问题很苦恼，陷于西方资本主义和苏联模式之间。他们批判西方和苏联模式，找寻现代性道路之间的区别，但没有成功。最后他们发现了毛泽东。他们认为经济决定论、国家主义是导致斯大林模式走向僵化的原因，所以他们从文化、审美、意识形态等精神层面来找寻出路。就这样，西方马克思主义者们找到了毛泽东。"你的意思是，毛泽东成了西方马克思主义转向文化或美学层面的推手吗？

刘：毛泽东是推手之一。阿尔都塞曾经说得很明确，他认为对西方马克思主义影响最大的三个人是列宁、葛兰西和毛泽东。所以毛泽东是进入西方马克思主义视野的一个主要人物，他们在毛泽东那里得到了很多的启发。对西方马克思主义来讲，毛泽东的作用跟列宁和葛兰西的作用应该是可以相提并论的。

贾：西方马克思主义自上世纪以来从经济政治层面转向了文化层面，而中国马克思主义在否定"文革"、经济改革开放之后，又继续重新追随西方马克思主义的这种转向，最起码国内的所谓学术马克思主义者是这样的。就中国马克思主义而言，你认为在经历了这次跌宕后，有没有发生某些变化呢？

刘：西方马克思主义对中国的发展是非常有利的。比如我们比较关注法兰克福学派对当代资本主义形态的分析和批判，它从政治和社会层面思考问题，我们也在重新或进一步阐释这些问题。哈贝马斯现在越来越受到重视，他解读的是现代社会的问题，比如他的交往行为理论、公共领域理论等等，因为中国现在也进入到了现代化的高速发展的阶段，所有现代化国家所面临的问题中国都有，所以他的理论会在中国引起一定的反响。哈贝马斯是马克思主义的传人，看问题总的来说比较深刻、比较尖锐、比较透彻。我始终认为在思想和理论界，马克思主义的观点和方法是一个无可取代的强大的思想力量或者说动力，用它来解释和剖析现代资本主义社会行得通，剖析中国社会也行得通。不过，现在国内有把马克思主义研究神学化的倾向，这个现象需要反思。

贾：在《马克思主义与美学》一书的附录部分，你说，希望中国知识界能够就信息时代的意识形态创新或建设的问题，来一场百家争鸣。请问你本人心目中的"意识形态创新或建设"的蓝图是什么样子的呢？

刘：对于意识形态的创新和建设，我认为目前我们应该好好讨论一下普世价值。什么是我们的核心价值观，什么是我们人类的共同价值，都是迫在眉睫地摆在我们面前需要加以讨论的话题。大概很多年前，我就在关心这个话题。不过当时中国还处在一个经济主导的发展阶段，所以不太合时宜。现在越来越合时宜了，我觉得是时候提上议事日程了。这是历史发展的潮流，就像潮汐，挡也挡不住。中国已经走到了这个阶段。

贾：我注意到你早期侧重文学美学和马克思主义研究，之后侧重文化研究，这当中转变的契机是什么呢，是不是也是受到西方马克思主义的影响呢？

刘：当然，但不只是西马的影响。我们这一代人对马克思主义的感受特别深刻，无论是熟悉感还是现实感。这样在学术上会形成一个支撑，觉得马克思主义的立场和角度就应该成为观察问题的一个立场或角度。

贾：西方马克思主义者，特别是英国的霍加特、威廉斯、伊格尔顿等人，都在某种程度上倡导一种大众文化的解放。伊格尔顿认为马克思主义批评家的首要任务，是积极投身并帮助指导大众的文化解放。如关注文化和教育设施的改造、大众日常生活（从公众话语到家庭"消费"）的质量等等。我个人认为您目前所做的工作是具有该层面的意义的，你觉得呢？

刘：是不是大众的文化解放，尚未可知。我不太想用"解放"这个说法，虽然思想解放还是需要的。我觉得更准确的说法是"开放"。开放是一个信念，最后成了我们这一代人的信念，或者说我们中国人的信念。一个开放，一个改革，先有开放，再有改革，一直都是这样。

贾：我还注意到你非常重视和强调实证研究，你在你的论文《西方左翼知识界的危机》中批评齐泽克，指出齐泽克在其成名作《意识形态的崇高客体》中，用拉康的观点来解释意识形态，但他的论述一开始就有修辞空洞化的表现。他的论述在自己编织的逻辑圈子里绕来绕去，显得颇有道理，一旦离开这个逻辑圈子，涉及真实的社会，就讲不出什么道理了，完全无法用实证和经验的证据来判断其普遍意义。实证研究固然有其可圈可点之处，但会不会容易陷入经验主义的窠臼？

刘：实证研究它是西方社会科学的一种主要研究方式。社会科学有一些理论预设是值得怀疑的，但不能因此否定它，认为它的研究不是面向社会的一种有效的研究方法。虽然你怀疑它的理论预设，但你要思考怎样让你的人文关怀能够和社会科学的方法结合起来，而不是一味地排斥。齐泽克研究精神分析，他是纯粹思辨的一种思维方式，虽然他也介入大众文化，但他的思维方式一成不变，到最后就不是一种开放的思维方式。

人文学科也好，社会学科也好，都应该是开放的，从而达到一种跨学科的融合，这是可以做到的。比如，你说韦伯是一名社会学家，还是一名人文学者？马克思是一名人文学者，还是一名社会学家？没法说得太清楚。

贾：实证型的文章相对而言比较实用易懂。相反，学术界也存在一股故弄玄虚的蒙蔽主义之风，执著于理论文章的深奥和晦涩。不知你怎么看待这一现象?

刘：这都是假大空的习惯造成的。假大空的好处是可以唬人，多拿项目，但它不解决任何的实际问题。假大空的文风是上行下效的，如果政治话语有假大空的倾向的话，学术话语就自然会受到它的影响。不太受影响的，譬如经济学会好一些。因为它必须拿数据来说话。当然，经济学的术语很多，也不够通俗，很多经济学的问题不是那么容易弄懂的。经济学的通俗化，这么多年来一直是领先的，但也有假大空的问题。除了经济学，其他很多专业假大空的习惯都特别兴盛，尤其是人文学科。文史哲里面连史学都有假大空的毛病，不是真正地在研究历史，这是很可惜的。对于这个问题，中国的学术界当然也需要进行反思。

贾：你认为在中国语境下，如何才能做好一名公共知识分子呢？

刘：我觉得不存在公共知识分子和非公共知识分子的说法，这个说法有些问题，我不太认可。公共知识分子是美国人的概念，因为美国有学院派的专业人士（academic professionals），指的是大学或科研机构的专业工作者。其中有些人经常在媒体上露面，发表一些关于社会问题、政治问题等等的言论，提出来以影响大众，于是他们便借用了欧洲的知识分子（intellectual）的说法。知识分子这个词本身就包含面向大众、关怀社会的意义。一般来说，中国人的知识分子的倾向比较明显，千百年来有一个源远流长的士的传统。所以现在跟着美国提出公共知识分子的概念，我觉得没有必要。

怎么当好一名真正的知识分子，就是不要总局限在自己的学术圈子里。如果你乐于待在书斋里面做学问，那么可以好好地当一名学术的专业人士，确实有些人是这样的，我对他们也很尊重。现在中国的大学和科研机构越来越学美国，在科研成绩上进行量化考量，这个可以理解，因为大学的行政管理比较容易操作，但是不是影响了知识分子整体的面貌，应该说还是有些影响的。所以中国的学术圈面临着一个困惑，就是不知道怎样做好一个知识分子。

具体来讲，真正的知识分子需要具备三点条件：第一是自由，特别是他的想象力要自由；第二是独立；第三是批判精神。这三点缺一不可，不管他是站在马克思主义的立场，还是站在自由主义的立场，还是站在其他什么立场，都应该做到这三点。像鲁迅和胡适，一个站在比较左的立场，一个站在比较右的立场，他们都是真正的知识分子。不过，其实中国目前也出现了各种各样的人物，知识分子还是表现得较为丰富多彩的。

贾：我想西方的公共知识分子，不是人人都深谙辩证法的思想。但在中国不同，这一思想很大程度上是深入中国公共知识分子的骨髓的。最后我想请教你，这种辩证思想的泛滥会不会在某种程度上遏制了中国公共知识分子的行动力呢？

刘：辩证法是思维的方式，而不是一个投机的立场。不能浅薄地认为辩证就是左也可、右也可，正也可、反也可。辩证就是思辨的、辩论的，从辩论中始终要寻找一个明确的立场，也就是说要从中找到一个解决问题的方案。譬如，20世纪70年代末80年代初开始的思想界的大讨论，就具备这一特点。目前是互联网占支配地位的时代，其特点是商业化、平民化、低俗化，鱼龙混杂。在这样的局面下，社会精英、文化精英如何奋起，是知识分子面临的一个重大考验。

（本文责任编辑：尹庆红）

213

朱莉亚·克里斯蒂娃谈
米哈伊尔·巴赫金[*]

朱莉亚·克里斯蒂娃谈
米哈伊尔·巴赫金[*]

■ **朱莉亚·克里斯蒂娃**[**]

（法国巴黎第七大学）

周启超译

【内容摘要】卡米尔·艾里—穆阿里受《对话·狂欢·时空体》杂志编辑部委托，在巴黎对朱莉亚·克里斯蒂娃进行采访，谈话的内容主要涉及克里斯蒂娃接受和在西方传播巴赫金思想的缘起，讲述了巴赫金对其影响，以及给出了巴赫金的学术价值和现实意义的基本评价。她认为巴赫金对于欧洲是一场真正的革命。在研究和介绍巴赫金的同时，她也将巴赫金"写入"她自己的那些思索的语境。巴赫金提出的对话、对话主义、互文性、他者和无意识等概念一直在发挥重大影响。巴赫金不仅仅是一名专家，更是一位创造者，充满灵感的创造者，富有神采的创造者。他是文学中两大新的重要的维度之源头：一是"他者"之维度，二是体裁的历史与演变之维度。存在着两种巴赫金的遗产：一方面是文化学的与符号学的遗产，另一方面是狭窄的意义上的文学的遗产，即围绕着对话主义这一概念与这一概念之变体——互文性而得以建构起来的那份

---

* 本文原载《对话·狂欢·时空体》（俄）1995年第2期。1995年2月底3月初，卡米尔·艾里—穆阿里受《对话·狂欢·时空体》杂志编辑部委托，在巴黎对朱莉亚·克里斯蒂娃进行采访，后据录音译出这篇访谈。

** 朱莉亚·克里斯蒂娃，巴黎第七大学语言学教授。其知识履历横越哲学、语言学、符号学、结构主义、精神分析、女性主义、文化批评、文学理论和文学创作等多个领域，是后现代主义思潮重要代表性人物。朱莉亚·克里斯蒂娃也是《马克思主义美学研究》的编委。

遗产。

【关键词】巴赫金；朱莉亚·克里斯蒂娃；他者性；巴赫金遗产

卡米尔·艾里－穆阿里（以下简称卡）：克里斯蒂娃女士，您表达了这样的一个愿望：要稍稍超出由《对话·狂欢·时空体》杂志的那些问题所划定的话题范围，而来谈谈一些更为广泛的问题。因此，我准备了几个补充性的问题，这些问题，——以我之见——会使您实质上并不离开巴赫金这一主题，而在您对言语与文学的那些思索之总的语境之中来考量这一主题。这样，且以杂志编辑部的问题来开始吧：您是在何时第一次听说巴赫金及其著作的，这是如何发生的呢？您对巴赫金的学说之最初的印象是怎样的呢？

朱莉亚·克里斯蒂娃（以下简称朱）：我最初通读巴赫金的文本，是在保加利亚，是在 60 年代。那时，他的两部书——《陀思妥耶夫斯基诗学问题》与《弗朗索瓦·拉伯雷的创作》——刚好面世，保加尼亚的知识分子们一时简直是被这两部著作的出版而震慴了。直接地使我了解到巴赫金著作的，是我的朋友茨维坦·斯托扬诺夫与特翁乔·热切夫，他们两位都是索菲亚文学批评界的著名人物，况且，第一位——一个铁杆"西方派"，第二位——则是一个亲俄派，"斯拉夫派"（众所周知，这类辩论仍然还在时不时地激荡着东欧的知识界）：这样一来，巴赫金乃是一场真正的革命——不论是对于形式主义的追随者，还是对于已然开始对西方的结构主义发生兴趣的那些人。我那时是一个大学生，对我来说这可是一个新发现……而当我来到法国——那是 1965 年底—1966 年初，——我看出，巴赫金在这里全然不为人知，顺便说一句，总体看来在整个西方都还不为人知。在这之前不久，由于茨维坦·托多罗夫的努力，一部俄罗斯形式论学派论文集的译本刚好出版，而我心里则有这样的一份感觉：这可是落后于时代的事儿了：要知道我，一如那个在保加利亚的整个知识分子界，——对它我在这里已经提及——当然认为形式主义是一个重要的流派，可是我现在已将它看成是某种意义上已经走过的阶段。当我见到热拉尔·热奈特与罗兰·巴特的时候，他们问起我：我的研究兴趣在什么领域，我提到了他们完全不了解的巴赫金这一姓名。然后，在频繁的围绕巴赫金的交谈之后，巴特提议我在他的研讨班上做一个以巴赫金的创作为题的报告。于是，题为"巴赫金：话语、对话与小说"的那篇文本就这样诞生了，起初这篇文本是在巴特的研讨班上被宣读，然后则被刊发在《批评家》这一杂志上（我在小说《武士》里描写了同巴特的这一见面①）。在我看来，这是将巴赫金介绍给西方读者的最初的尝试。后来，我把这篇文本收入《符义解析学》这部文集。我看出，我的任务就在于来"介绍"巴赫金，同时也将他巴赫金"写入"我自身我本人的那

---

① Julia Kristev, *Les Samourais*, Paris：Fayard，1990.

些思索的语境。由此而生发出这样一种必要性：要继"对话"与"对话主义"之后来引入某些新的概念，譬如，"互文性"这一概念，这一概念，——我觉得，——它是在发展巴赫金的某些思想；由此还生发出这样一种必要性：要揭示出那种对心理分析之援引——在我看来，乃是不可或缺的援引——的位置与样式，这一援引使得深化"他者"这一主题成为可能：不仅仅是那种在个性之间的交际之中被启用的"他者"，——这一点当然也重要——，而首先还是在"他者性"（alterite）这一涵义上，——那种为意识所内在地具有的他者性，而意识会打开"另一个场景"，逻辑的另一种类型——无意识。

卡： 那么，在您看来，巴赫金在言说"他者"之时，他究竟是在意指什么呢？当他写出"他者的现实性"，有没有就在这里，在他的笔下，已经出现对于心理分析之中类似的术语之使用的某种呼应，——甚至也把这些情形考虑在内：人们时不时地将沃洛希诺夫与梅德维捷夫的那几部不无兴味的专著之著作权归结到他巴赫金头上，而他巴赫金对心理分析乃是持有公开否定的立场？总的说来，熟悉您近些年来的创作，——在那里，文学文本与来自诊所实践的情形，往往受到平行分析，——的读者们，想必会很有兴趣地获悉，现如今您是如何确定巴赫金与心理分析之间的距离的呢？

朱： 我恰恰认为，这一距离是颇具实质性的。我简直是从一开始就往自己对巴赫金的接受之中带进了预先设计好的"工作性的"曲解。我觉得，巴赫金之原初的"他者"——这仍然还是黑格尔的意识中的"他者"，而完全不是心理分析中已被分裂的"他者"。我呢，从自己的这个方面，有愿望想听到的他并不是那个作为"个性之间的""他者"，而是那个作为一种维度，——那种在意识之现实性的内部去打开另一种现实的维度——的他者，也就是说，我仿佛是把"黑格尔式的"巴赫金给翻转过去，而由他来做出了一个"弗洛伊德式的巴赫金"。自然，弗洛伊德对黑格尔是欠债的，可这是一笔极为间接的债。弗洛伊德毕竟不是一个黑格尔主义者。巴赫金则在很多方面继承着黑格尔。他是讲辩证法的，况且他仿佛还是"开放的"；也许，基于这一缘由，巴赫金的"他者"通过由弗洛伊德的 Unheimlich——"躁动不安的怪癖"对"非我之他者"的替代，而得以有富有成效的发展，这种他者活在我的身心，但在这种情形下又有别于我。这样一来，——我以为是这样的，——巴赫金的学说中最有价值的东西不但不会干瘪，而是相反，会获得新的重要的意义。不，巴赫金原本就是远离心理分析的。顺便说说，真的要说巴赫金身上有什么让我觉得不是很亲近，而是大相径庭的东西，就是这样的问题……您已经提及被署上沃洛希诺夫与梅德韦捷夫名字的那两本书。有人这样认为，——并且我也曾不得不关注这一点——：那些著作乃是巴赫金的"伪书"，它们是受到巴赫金之授意而写成的，或者就是巴赫金所写的。这可是对心理分析的一种极其幼稚的、堪称退化的批评。如果它的作者——果真就是巴赫金，那么，这就是他身上让我觉得格格不入的东西。

卡：杂志编辑部的下一个问题是：近些年来，在你对巴赫金的接受上发生了什么变化？近些年里你已经完全不再研究巴赫金了——果真如此吗？

朱：从先前所述可以清楚地看出，在许多方面，正是巴赫金使得我有可能超越我愿将之称为形式主义与结构主义之局限性的那种东西。首先，要归功于这一点：他这人乃是文学学中两大新的重要的维度之源头：第一，这是"他者"之维度——将"他者"作为一种与结构有内在关系的声音，这就使得结构成为双重性的（考虑到对话主义）；第二，这是体裁的历史与演变之维度，这使得有可能来思索——譬如，作为一种现象的长篇小说，——这一现象产生于狂欢节的传统与经院哲学的传统、与中世纪游吟抒情诗人的传统以及其他的传统之交织点。当年，我研究与法国文学传统中长篇小说这一体裁的孕生有关联的那些问题之时，我曾提出这一类的诠释，我觉得，这一诠释源自巴赫金。那是在我潜心于自己的博士论文的研究过程之中发生的，那部论文专门探讨很少有人问津的一个作家安托万·德·拉·塞勒（Antoine de la Sale）及其长篇小说《小让·德·圣特》（*Le Petit Jehan de Saintre*）。这个文本（的价值），远远低于比拉伯雷的作品，可是，基于其幼稚性，这个文本使得有可能来直观地梳理出两个特征，——我觉得，巴赫金已经勾勒出的那两大特征：第一，这是各种不同的表述类型——巴赫金说的是"声音"——在长篇小说文本内部的交织；其二，这是另一些修辞类型——狂欢节、街头的粗话、商贩的叫卖声、训导性的话语、游吟抒情歌手的诗——对于长篇小说之建构所作出的贡献。至于那种让我马上就觉得有必要继续往前走（并不是意味着，巴赫金所建构的有什么"缺陷"，要知道，时代无疑不允许再往前走，况且，一般说来，我一向认为来谈论我们的先驱之"缺陷"乃是不合适的；要不是他们，又有谁会给我们照明道路呢？）的东西，——在我看来，这正是很有必要的事，——也要对那种与文本的关系是外在性的"他者"（exteriorite par rapport au texte）领域继续加以勘察。我是借助于对"另一个场景"——那个场景处于无意识（l'inconscient）领域，另一些逻辑类型在那里发挥作用——的发现，——正如我已经说过的那样，来对"他者"这一维度加以勘察。至于说到外在性这一问题，那么，我是从这样的一个立场来对之加以研究的：文学的经验，当然，已经被关联于文学体裁的历史（巴赫金让我们确信这一点），可是，它并不是在较小的程度上属于存在（l'Etre）——那种存在并不是历史；也并不属于"一时的"（La temporalite）——那种一时的并不是时间的流动。这一问题将我引向弗洛伊德与海德格尔，我现在以我自己专有的路径在对之加以发展。在这个意义上，也许可以说，就其本身而言的巴赫金现如今确实没有占据我的身心。可是，基于我在继续提出并研究的乃是那些发源于他所探询的问题，那么，是可以来谈论我对巴赫金之继承性的。

卡　：我现在把下面的一些问题来分分类吧。它们是这样的：您会如何来界定巴赫金的活动之意义与实质呢？在巴赫金所写的著作当中，您最看重的是哪一部呢？巴赫金的影响更多的是在西方的语文学与文化学之中，而不是在哲学中被感觉到——此说是不是正确？在您看来，这种境况的原因何在呢？

朱　：我并不是无所不知的"巴赫金学专家"，因而，有可能，我并不是对巴赫金的所有著述都熟知。可是，我不认为，就巴赫金而言可以来谈论一个专家—技匠之贡献，即便的确是无法否认：他这人具备深厚的语文学修养。我觉得，巴赫金身上主要的东西——在于他是一位创造者，充满灵感的创造者，我甚至想说，是富有神采的创造者。巴赫金那种以丰富的想象力而杰出的文字，——我曾尝试将这种文字译成法语，这种文字是很难承受科学的理性化的——当年曾经震撼我，直到如今还在令我感到震撼。在由俄文译成法文之际，——你知道，——他巴赫金之思考的行程，距笛卡尔主义是多么的遥远。在翻译的过程之中，必须传达出巴赫金的语句之全部的复杂性，同时还要使之成为比较准确的译文，将之传递给西方读者。将前者与后者兼容起来，乃是一件困难的任务。要是来抽象地概述一下，那么，巴赫金之主要的东西——在我看来，——这就是将黑格尔哲学的灵感——包括其对辩证法的着魔，对"他者"主题的着魔——移植到修辞学的、体裁的界面上来。对于对话主义、对于双重性的发现，从另一方面——则是对于狂欢思想的建构；长篇小说理论与力图对于始自古希腊时代的体裁演化加以思考这一尝试，——这，也许就是最为主要的东西；至于说，最为完美的著作，直到现如今我还是认为就是那两本书，当年还在保加利亚就曾令我震撼的那两部书。

至于说，在我们当代哲学中巴赫金的影响实际上感觉不出来——是的，这样说没错。我要补充的只是——在我看来，存在着两种巴赫金的遗产：从一方面去看，这是文化学的与符号学的遗产，尤其是洛特曼的著作与俄罗斯所得以实现的那些文化问题上的理论著作之特定的部分整个儿都是与这一份遗产相衔接的，——西方的符号学家们恰恰是关注这一份遗产。从另一方面来看，则有另一种，比较狭窄的意义上的文学的遗产，围绕着对话主义这一概念与这一概念之我的变体——互文性——而得以建构起来的那份遗产。它恰恰已成为一匹简直具有普适性而无所不在的"战马"：不论是在法国，还是在美国，没有一所大学里，在各种文学批评领域里不久前发表的那些著作与文章之中，没有一篇对互文性这一概念不曾加以采用。况且是冠以种种可能的名目：除了互文本，现如今还有"次文本"，还有"超文本"……也就是说，常常是无序而紊乱的但却毫无疑问是丰富而多种多样的创作，就是在这个土壤上而得以展开的。而作为一个哲学家巴赫金不曾被接受，首先就是由于其"不纯粹"：要知道他不曾写下一部完全意义上的哲学作品，不曾诠释他人的著作，不曾留下学说：他总是立足于另一类文化事实，尤其是文学事实。另一个原因在于，当代西方哲学

——如果再一次进行十分抽象的概述——是行进在两条不同的道路上的。第一条——这是逻辑实证主义的道路。第二条——乃是那种美国人将之称为"欧陆的"哲学，这种哲学继承着黑格尔或现象学。巴赫金呢，不能被列入这两个流派之中的任何一家。基于以上所述的这一切，可以理解：巴赫金何以主要是作为一个文学学家而被接受的。

现在，我来谈谈时尚这个话由。我不清楚，是否有可能在这里将时尚的效果同深刻的影响区分开来——常常有的情形是，这两者总是被紧密地纠结在一起，我希望，这正是这样的情形。诚然，在这一情形下应该明白：如果基于这一点也可以来谈论时尚，那么，这并不是在习惯的意义上：一种现象——譬如说——凭借大众传媒信息而得以大批量地复制：巴赫金的思想只为很小的圈子里的人们——一些力图在通往意义与语言之真理的道路上有所推进的人们——所熟知。而这一倾向，在这个宇宙——文辞概括地将之称为西方——里，在这个主要是买卖与娱乐的世界里，乃是非常有限地被呈现出来的。我们在这个世界里，——乃是少数，"幸运的少数"，代表着时尚之精英层的少数，不过，我认为这些精英层乃是最为重要的……如果要说得更为严重一些，那么，我认为，本义上的"巴赫金学"在我们这里是没有的，一如完全意义上的巴赫金之继承人、"正统的信徒"、追随者是没有的。当然，这一浪潮曾触及到我们，摇撼了我们，但我们力图所做的与其说是"成为忠实的信徒"，不如说是去继续"摇撼"。因而，立基于忠实而眼看着就要退化成对使徒行传之爱好的那种视界，乃是举凡认真仔细地阅读了巴赫金之人所格格不入的。而要是一个人，一个对于狂欢文化有过思考之人，一个对于那些与狂欢文化有关联的思想有过宣扬之人，让那些以一个维度看世界的学生们——独白主义者——那些人会急匆匆地忘掉狂欢化的意义——环绕在自己身边，那就不可思议了；要知道，狂欢化，实质上就是一种教唆——将文化看成为叛逆。顺便说一说——我不知道，读者是否对这件事情感兴趣——，我当年曾为另外一个在我看来是对巴赫金思想之不可思议的诠释所震惊，那一种诠释是几年前来到我们学校的一位俄罗斯研究者提出来的。他认为，巴赫金有关民间文化的思想——本质上是马克思主义的、共产主义的。此时正值"公开性"时代、大规模的反极权主义的争鸣热火朝天的年代。这位研究者有这样一种感觉——巴赫金在谈论狂欢的、民间的文化之际，只不过是力图调整自己的定位而同共产党的宣传——只是认可民间文化的那种宣传——保持同一个调门。他似乎是以某种"共产化"的方式而力图将陀思妥耶夫斯基与拉伯雷"降格"到民间文化的水平上，消融于大众之中。但是，我们这些人当年对这一切的接受却完全是另样的，因为在西方恰恰存在有能力复活的民间文化。这既不是官方的、教条的文化，也不是平民的、市民的文化，而正是在该词之强有力的涵义上的——作为持续不断的反抗——的文化。因而，我当时十分、十分震惊：这位研究者居然可能有这样的比附。这似乎是一种反使徒行传，看来，一个人感觉到有必要对"巴赫金崇拜"作出反应，有必要说出"小心！"，但在这一情形下没有避免对问题之过分局限的视界；这不是这种崇拜的反面吗？当然，我们之间有许多隔阂，我只举出一个例子。但是，我还是要再一次强调，我们任何时候也不曾在巴赫金有关民间文化的论断中看出某种对于共产主义宣传的暗示。

卡：您可否更详细地讲一讲您的研究、您现如今的思考之基本的方向？很长时间里，你曾一直在建构"文本"概念，并且在打磨——如果可以这么来表述的话——研究文本与理解文本的工具。可是，近来您却越来越频繁地认为"经验"这一概念最重要，甚至有时候以第三人称的形式来提及自己是一个文本研究者，譬如，不久前在斯德哥尔摩诺贝尔奖委员会的会议上[①]（具体说，是指您在那里回答约瑟夫·布罗茨基）这究竟意味着什么——进行总结？剧烈地变更航向？请您讲讲这方面的情况。我想，杂志的读者们对这方面是会感兴趣的，即便您稍稍离开巴赫金这一主题。

朱：我愿意以下面的方式来回答。您所说的一切——是我对文本的思考之可能有的那些延续之一——这思考本来就源自巴赫金的著作，虽然后来这思考可能同他分离了。如今，在经历如此充实而丰富的道路——结构主义、修辞学、文体学领域里的研究、对文本之内在关联性的探察——之后，在所有可能有的文本间的关系都已得到考察之际，——是呀，在某种意义上是可以进行总结了。但这完全不是为了放弃、中断这一思考，而是相反，乃是本着对这一思考加以拓展这一目标，从此不仅仅要把文学作为文本，而且也要把文学作为经验（l'experience）来加以考察。在这种情形下必须要着手予以考察的基本层面将是——主体性与存在。这两个层面决定着两个不同的路向，在我看来，应当将这一问题上之进一步的思考导引到这两个路向。

且让我从主体性开始。在这里必须作出解释：在那些不熟悉弗洛伊德遗产的理论家笔下，"主体性"时常被称之为意识之级，而在最好的情形下——也是被称之为意识之自我辩护（auto—justification de la consience），或者是行为中的消极性（negativite en action）。这里说的可不是这个。弗洛伊德的经验挤压了意识，将意识由中心位置挤开，意识是在经验之后得到认可。我觉得，当马拉美谈论"主体之言语消失"（la disparition elocutoire du sujet）的时候，他指的正是这个，——这一点时常被错误地诠释为主体性之抽空。而这恰恰是在意味着，在意识之主体的内部有空间被洞开，在那里有逻辑的另一些类型在发挥作用：那种在梦中发生的最初的过程，凝结，易位（被相应地等同于隐喻与明喻）；但还有——在更深的层面上——，感觉性的表现，情感接受的机制，迷恋

① Julia Kristeva. "Monstrueuse intimite. De la Litterratura comme experience" // L'Infini, NO48, hiver 1994，pp. 5561.

与陶醉（pulsions），等等。涵义之现象学的视野在这里陷入被挤压的状态，新的视野——它接近于梅洛—庞蒂所称之为"主体的实体"或者"世界的实体"（la chair du monde）——得以洞开。全部问题就在这里。我觉得，如果不去关注意识的这一昏厥，不去关注意识之向潜意识，向感觉性、向感知性的"滑落"，就不可能继续提出文学文本的问题。我论普鲁斯特的那部著作①就是本着这一目标：要传达出这一立体的——如果你愿意，也可以说——纪念碑式的主体之维度，这一主体，与其说是在历时性的框架中发挥作用，在述语性的结构中展开涵义，宁可说这是在"往深处伸展"。

与此相平行的是，同历史关联着的整个问题丛将我引向存在这一课题，海德格尔曾因此而指明了这一课题，但是，看来最好恰恰是在文学经验中来听取它——这是由于文学经验会"走向"时间之外（le horstemps）与无涵义（le nonsens）。现代文学经验（不过，也有宗教的、神话的经验）的许多例子都指明这样的一些维度——时间之外的与无涵义的维度——在其中运作的频繁性与重要性。在这里，我不由得想起阿尔托与乔伊斯这样的作家的创作（而由宗教领域——则是祷告、诅咒、无声嗫嚅、言语模拟那类的举动）。所有这些现象，可以凭藉心理分析的钥匙而得到诠释，而在诠释者的想象中引发那种同抑郁状态、同精神变态以及诸如此类的症状的比较；但是，它们也可以——如果站在另样的视角上来看——促成对语言实践这个问题的提出，语言实践乃是先在于形而上学的；也可以促成——形象地说——乔伊思身上的狂欢同赫拉克利特之关联这一问题的提出：仿佛是要做出一个穿越整个形而上学的跳跃，而将某种现代文学经验同非形而上学的语言操练——为古希腊的特定时期所典型的那种语言操练——联结起来。我觉得这些问题是重要的。我呢，毋庸置疑，并不是企图无论如何也要将巴赫金列入他对之不曾感兴趣的领域，或者，他并不需要了解的领域。可是，我认为，我正是以这样的方式在继续由他开头的对话，并且，我也认为，将他的思想移植到一些新的客体上——带有对新的、当代的问题之思虑的新的客体上，乃是可行的。

但是，顺便说说，还有一个方面，由于同这个方面的关联，巴赫金具有相当迫切的现实意义。这是"景观社会"与由它所产生的"虚拟"（le faux）问题。心理分析家现在在谈论所谓个体之"虚拟的自身"（fauxself de l'individu）。我们在这里，在西方，尤其是通过电视要与整整一连串具有生物学性质的、科学性质的、法律性质的问题打交道，在这些问题上，一些政治权力的杠杆时常得以发挥作用，它们经常使我们遭遇那些可以界定为"不真实"的东西。这"不真实"常常是以与话语相对立的图像、画面的形式呈现出来。当然，图像负载着丰富的信息材料，也不值得去惧怕它，而将之看成某种鬼域。

---

① Julia Kristeva. Le Temps sensible. Proust et l'sxperience. Paris：Gallimard，1994.

可是，有一点是清楚的：它也负载着"假冒伪装的虚像"，负载者面具。双重性、多声部——它们在这里参与——会迹近于不真实，迹近于"虚拟的自身"。这不仅仅对于整个社会——这个社会建立在大众信息传媒手段之垄断的基础之上，这个社会将"画面流"铺天盖地地灌入我们的眼帘——那些画面一个冲洗另一个，而未留下多少有点价值的剩余——而言是正确的。这在个人的经验之范围里也会发挥作用的。从心理分析的沙发上时常会传来人们——况且是最为清醒地思考着的人们——的抱怨：他们简直弄不清楚：他们是谁。他们仿佛是在"派遣"人物为代表，而登上他们自己的活动——其中有激情的、爱情的活动，虽然更常见的还是社会的与职业的活动——的舞台。这是一些没有作者的演员。这里所产生的问题——"画面"与"虚拟的自身"之关联——同巴赫金就双重性与面具而提出的问题可能是相契合相呼应的。我觉得，他在这里曾感觉到某种东西，那种东西原初就已经被植入现代文化之中，可是直到 20 世纪末才成为特别的现象，它带有创造的潜能；这样，虚拟的、伪装的、假象、面具——所有这一切都能成功地被体现出来，并且似乎还能成为未来的意义之担保。可是，现如今呢，我们像是走到了这样的境地：面具之潜能，"虚拟的自身"之潜能，已然被穷竭了。面具之下，什么也没有了。全部的多面性与多态性都烟消云散，就像那一团尘云，也许，正是在这里应当看出对于意义而言的特定的形式在衰亡的标记。如果继续我们的追问——在这"虚象"之下的真相究竟是什么？——那就可能面临这样的情形：通过这一切，我们在经历形而上学枯竭的关头，在经历也许是它的最为危机的阶段。怎样的一个搏击可以使得我们，——不，不再重新跌入我们的陈旧的"真理"，而是去找到新的关联（articulation）？对于这个，我们尚不清楚，全部问题的症结正在这里。但是，也许，正是从这一新的问题来看，并在它的影响之下，巴赫金有朝一日是会被人们作为一个对景观、面具，"虚像"加以勘察之思想先驱来看待的。我清楚，现如今占据主导的是另一种接受：民间文化的辩护士，这一辩护士以这一方式在激活对于个人的作品的解读：将那些作品"接入"狂欢传统，"面具的辩证法"在那里发挥作用。可是，要是仔细而创造性地重读巴赫金著作中那些与之相应的地方，那就很难不得不提出这样的问题：面具是如何被耗尽的，与之相关联的那些现象之未来的发展是怎样的呢？

卡：如果您允许，我提出最后一个问题：我觉得，自从 1966 年论巴赫金的那篇文章发表以来，您在基督教上的眼光经历了相当大的演变，变得更为复杂，更加敏锐了。您今天能否十分坚定地谈谈作为独白性话语的基督教话语？记得，您当年曾把基督教话语同巴赫金的对话主义对立起来。那么，现在呢？对于将巴赫金看作是一个"地下的"基督教思想家这一观点，您又是怎么看的呢？

朱：我那时的看法——乃是争论的表现，就像所有的争论那样，它是片面的而不完全是正确的。其实，在这里批评的对象——与其说是具有这一现象之全部复杂性的基督教，不如说是一定的且已完全被简化了的基督教的意识形态——（在我们这里被称之为 ideologie saintsulpicienne 那种东西），这种意识形态将复杂性降格为一组"圣徒的"画像。也就是说，人们容易将三位一体之整个进程、将它在东正教与天主教神学里的不同变体、将那些比对话主义与不可避免的激情与复活之狂欢形象还要复杂得多的宗教制度上的形式，变成为教条，而赋予它们独白性的意味，——要是采用巴赫金的术语来说。我曾批评的正是这些制度上的形式。但是，您的问题促使我指出某种——以我之见——在现如今是非常重要的东西：有必要重新审读宗教传统，尤其是基督教传统，为的正是要去看出去理解这一复杂性。因为在这里有可能出现的情形是：一种机制将得以运作起来，要对之加以解释，即使是对话主义，也还是不够的。要知道，这可并不简单地是那种非"单一价的"逻辑，而是——如果是严肃认真地着手考察三位一体——一种多元的（已经不是二元的）逻辑。这一逻辑构成那种将东正教同天主教区分开来的真正的类型：用拉丁文与之对应的词语来说，就是 filioque 与 per filium。各种不同的彼此对应的组成部分之位置，在第一种情形中与第二种情形中并不相吻合：这样，在一种情形中（东正教信徒那里），要求的是将圣子与圣父证为同一（因为圣灵是由圣父经由圣子而降临下凡的），而这就会限制主体之自治；而在另一种情形中（天主教信徒那里），圣父与圣子之原初就是平等的（圣灵是经由这两者而降临而下凡的），这就相反而会促进主体之自治[①]。如果我的这一诠释是正确的，那么，也许就该在这里去寻找直到我们这个时代都可以被观察到的思维方式、精神气质、心理状态、行为特性之诸种类型的根基。情况正是这样的：从一方面看，是在西方的个人主义（带有其长处与短处）之昌盛，从另一方面来看，则是在东正教世界里个体化（l'individuation）所遭遇的种种困难，它们——譬如说——在民族主义的形式中（不是"我"——"一个"，而是"我们——总是——大众"），在社会向越来越明显的黑手党般的帮派结构之偏离之中，在对于没有贪赃受贿的自由的企业活动之无能之中，以及其他的层面上得以体现出来。然而，有一点是明白的，基督教之宗教逻辑——这可是一个非常不简单的问题。因而，我在想，只有那些同时承受到结构主义、后结构主义的灵感之启示，况且采用心理分析——带有其对主体之复杂而精细化的理解之心理分析——的成就的那些著作，有可能对隐藏于信仰立场之中的，尤其是基督教的信仰立场之中的极为丰厚的内涵，去进行更多的烛照，更为深刻的阐明……巴赫金在这里又有何相干呢？他这人呢，——恐怕应该这样来说才是——曾与某种制度上的教条主义进行斗争——我们且假定地将之称为陀思妥耶夫斯基——波别多诺斯采夫的教条主义，——

223

---

① Julia Kristeva. Soleil noir. Depression et melancolie. Paris：Gallimard，1987.

这种教条主义曾将自身同那些宗教制度确证为一，而完全拆毁了（或者——怎样来表达才合适呢——袒露出，稍稍揭开）有更多的黑格尔主义色彩的基督教观。因为会自然地想到，"狂欢的场景"，那种毫无疑问可以回溯到梅尼普讽刺与拉丁传统的"狂欢场景"，并未失去同基督教的那些激情之关联。要知道，在信仰的进程中，所有这些复本，这些与对基督的神圣化相伴随的复本："人—神"，"生—死"，"圣子之复活—与圣灵之连结"，——所有这些，并不是封闭的一对东西，它们具有多声部性，它们处于运行之中。故而，在这里也可以来谈论潜在于巴赫金思维中的那种神秘的基督教视界。我呢，也许，在允许自己作出这样的诠释之时，有点儿偏袒自己了。可是，我想再一次强调，这一诠释只是在持以综合的视界之际，才有可能得以实现：对于文本之内在的建构之深刻的透视（结构主义的贡献），后结构主义（尤其是带有对巴赫金的遗产之采用的后结构主义），特别是从心理分析的领悟这一角度对于主体性的揭示，"展开"（depliement）。

译者简介：周启超，男，中国社会科学院外文所研究员，博士生导师，《外国文学评论》副主编，中国巴赫金研究会会长，主要研究领域为巴赫金研究、比较诗学等。

（本文责任编辑：张永禄）

齐美尔"距离"观念的多维向度[*]

■ 杨向荣[**]

（湘潭大学 艺术学院）

【内容摘要】在齐美尔的现代性美学思想中，"距离"是一个相当重要且十分关键的概念。距离作为一个现代性问题，它不仅仅体现在社会学视域中，同时也体现在审美视域中。在对现实生活的距离体验中，现代人实现了对物化生存的批判和对自我的审美救赎。

【关键词】：距离；现代性；社会学；美学

在齐美尔的现代性美学思想中，"距离"是一个相当重要且十分关键的概念。不少齐美尔的研究者都注意到，距离在齐美尔的社会学思想中具有极其重要的地位。然而，大多数研究者都忽略了齐美尔"距离"的美学内蕴。在齐美尔那里，距离不仅仅具有社会学内蕴，而且还具有丰富的美学内蕴。对齐美尔的"距离"概念，斯温杰伍德曾有过这样的论述："齐美尔的'距离'概念既是社会学的，又是美学的：因为只有通过背离文化对象，主体才能把握现实。……对齐美尔而言，审美及其在社会生活中的作用的概念有赖于距离和透视，

＊ 此文为国家哲学社会科学基金项目《齐美尔与法兰克福学派文艺理论的关联研究》（10CZW007）、湖南省教育厅重点项目《文学与图像关系研究：基于学理层面的考察》（11A126）、湖南省哲学社会科学基金项目《基于"语图"艺术史的图文关系研究》（12YBA298）阶段性成果。

＊＊ 杨向荣，1978 年生，男，汉族，湖南长沙人，湘潭大学艺术学院教授，文学博士，中国社会科学院文学所博士后，主要从事西方美学与艺术理论研究。

有赖于一种确保文化对象保持审美价值的对象化过程。"① 斯温杰伍德的话很好地概括了距离的内在本质。套用斯温杰伍德的分析框架，我们认为，距离作为一个现代性问题，它不仅仅只体现在社会学视域中，同时也体现在审美视域中，也正是如此，齐美尔的美学也被冠以一个独特的名称——"社会学美学"。

距离：现代性的考察

"距离"作为一个概念，本义是指时间或空间上的相隔。就这个概念的最一般语义层面而言，距离无处不在无时不在。但是，经过齐美尔的创造性的界定和解释，"距离"成为一个描述现代性特征的特殊概念，它从许多方面有效地描述并解释了现代性问题。

齐美尔的"距离"概念是在一种什么样的背景下被提出来的呢？笔者认为，提出"距离"概念的一个大的背景是前现代社会向现代社会的转变。在传统的以情感为联系的前现代社会中，距离在人们的生活中显得无足轻重，但随着现代社会的出现以及全球化的到来，个体之间的关系较之以前变得更为紧张与微妙，在这种情况下，"距离"也就成为一个现代性问题，并在现代社会中日益凸显出来。

我们知道，在传统社会，由于交通工具的落后，人们出门旅行相当困难，距离在人们的交往中便显得特别真实。在传统社会，人们的生活局限于一个狭小的空间内，人与人之间的交往也仅仅限于相互之间亲疏关系的远与近。对此，我们可以从鲍曼关于"远"与"近"的论述中得到说明：

> 附近，即就在手边，通常是平淡无奇、再熟悉不过的；有些人每天都会看见，有些事情每天都会处置，它们已经跟我们的习惯紧密相联，成了我们日常生活的一部分；"附近"是一个使人感到宾至如归的地方，在这里人们很少会感到迷失，很少会感到不知该说什么或怎么做。相反，"远处"却是人们很少涉足或从不涉足的空间，这个空间包含有人们不了解的东西，人们不存希望，也觉得没有去关心的义务。发现自己置身于"遥远的"空间是一种令人紧张不安的经历；冒险去"远方"意味着到某人视野之外，意味着感到别扭及不得其所，意味着招惹麻烦和害怕受伤。②

在鲍曼那里，"远"与"近"意味着确定性与不确定性，自信与犹豫之间的

① 转引自周宪：《20世纪西方美学》，南京：南京大学出版社，1999年，第42页。
② ［英］齐格蒙·鲍曼：《全球化：人类的后果》，郭国良等译，北京：商务印书馆，2001年，第12—13页。

对立。一方面，在远处意味着处于麻烦之中，因为它需要个体的机灵、机敏以及勇气，需要学习个体在别的地方不熟悉的陌生规则，有时要通过危险的尝试，甚至要付出昂贵的代价来掌握它们。另一方面，在近处却表明胸有成竹。近处的问题凭借平时养成的习惯就足以应付，而且因为它们是习惯，所以有无足轻重之感，且毫不费力，也不会导致个体的焦虑和担忧。鲍曼对"远"与"近"的论述其实就是对传统社会中"距离"观念的一种讨论。传统社会中人们的生存是与赋予他们生存的村庄、土地和一系列自然环境联系在一起的，人们的生活局限于一定的范围之内，并对超出个体视野的远方有一种本能的恐慌。

在某种意义上，"远"与"近"也就是距离的拉近与疏远。距离的拉近使传统社会中人与人之间的关系变得亲昵，它使人们对既定生活模式感到稳定和安全。而距离的疏远却使生活变得极为不确定，它意味着生活超越了个体的生存，到远方去也就暗示着个体的生存将要受到威胁与挑战。正是因为在传统社会中个体对不可知的远方有一种恐惧，所以时空距离在传统社会中也就变得格外真实。虽然在前现代社会，个体受时空距离的阻碍而不能自由地相互来往，但这并不影响前现代时期个体之间的相互来往，相反，个体很少受这种时空距离的影响，在交往中更能做到将心比心，他们对彼此双方的信任以及信赖程度都是现代人所不能相比的。滕尼斯在《共同体与社会》中将前现代社会称为"共同体"，即乡村的世界，它是个体之间联系紧密的社会，而"社会"，即都市的世界，是指分裂了的现代性社会。"共同体"的观念使人有强烈的归属感、邻近感和总体感，而"社会"则意味着碎裂、异化和距离。滕尼斯认为现代"社会"的出现导致了共同体的衰亡，因而使个体之间的距离被凸显了。[①] 滕尼斯的话意在表明：在前现代时期，个体是与某一个社会阶层、某一个封建联盟或者某一个行会组织绑缚在一起的。而现代"社会"摧毁了传统社会中的这种单一性，导致个体与周遭事物的分离："社会"一方面使个性得以自立生存，并给予其无可比拟的肉体与精神的活动自由；而另一方面，"社会"又赋予生活的实际内容至高无上的客观性。

对此，齐美尔早有感悟。他指出，在物物交往的前现代社会，人与被交换物之间存在着一种相互依存的关系，但到了现代社会，现代性摧毁了人与人、人与物之间的直接性，个体之间的直面交换关系被货币交易所取代，个体与他者及被交换物之间的联系也被瓦解，货币在人与人之间"培育出一种距离，由此它将昔日的人与局部因素之间的亲密联系变得如此相异，以至于今天我可以呆在柏林，接受来自美国铁路、挪威抵押款和非洲金矿的收入。"[②] 非但如此，货币的距离化作用使个体和他的财富彼此相隔遥远，以至于双方都可以在最大

---

① [德]滕尼斯：《共同体与社会》，林荣远译，北京：商务印书馆，1999年，第52—54页。
② [德]齐美尔：《时尚的哲学》，费勇等译，北京：文化艺术出版社，2001年，第95页。

的程度上遵照自身的规则各行其是。从齐美尔的话中不难看出，现代性导致了传统距离观的现代转变，传统社会对空间的依赖，对物理距离的强调在现代社会中变得式微，这正如鲍曼所言："在我们生活的这个世界上，距离好像变得没有太大的意义。有时候，它的存在似乎只是为了被人们消除。空间仿佛是在不断地诱使人们去轻视、驳倒或否定它。空间已不再是一个障碍物——人们只需短暂的一瞬就能征服它。"① 可见，全球化的发展使世界变得越来越小，人类生活的空间也变得越来越广阔，时间与空间也不再像前现代时期那样处于相互支撑中。在这个世界上不再存在天然的边界。无论何时，无论身处何地，我们都不能不确信我们也可能在别处，"远"与"近"的区分在现代社会中也变得极为模糊。

　　全球化使现代世界成为一张彼此关联的大网，传统的物理距离在现代社会中淡化或不复存在。但问题是，在物理距离淡化或消失的同时，个体心理上的距离却并没有随着物理距离的淡化而消失，反而在现代性语境中日益凸显出来，成为现代人生存的新障碍。齐美尔认为，货币在现代社会的发展，以及它对现代社会生活风格的介入，无疑使人与人之间的联系大大加强，个体也获得了内在心灵的空前解放和极大自由，然而这种自由的反面却是个体之间心理距离的日益增大，其后果是人与人之间的冷漠、矜持与无情，以及个体对富有独特性和差异性的事物的感觉日趋萎缩。我们越来越感觉到：在现代性社会，我们足不出户就可以到世界各地旅游观光。我们可以通过网络急驰、奔走或迁移，在电脑屏幕上捕获和编辑来自地球另一边的信息。但我们在每个地方逗留的时间却不会比一般的游客长久，而这些地方也不足以让我们产生宾至如归的感觉。面对传统物理距离的淡化与现代心理距离的凸显，齐美尔深感忧虑。他认为外在的物理距离被征服得越多，现代个体的内在心理距离就会越大。因为内在关系中距离的日益拉大和外在关系中距离的日渐缩小，必然会导致现代人为了凑近那些曾经离他比较远的圈子而越来越远离同他最亲近的圈子。个体"以前无意识地、本能地做出的事情后来出现时都带上了清清楚楚的可计算性，以及支离破碎的意识，起初需要小心翼翼和自觉努力才能获得的东西，在现代变成了机械式的例行公事、本能的理所当然的东西。故而相应的，在这里最遥远的东西离人近了，付出的代价是原初和人亲近的东西越来越遥不可及。"②

　　全球化的到来以及现代社会时空的压缩使得人们能够不断征服那异己的"远方"，人们之间的交往也变得越来越简单和快捷，但传统的物理距离所带来的并不是人与人之间关系的更为亲密，相反却使人与人之间的距离无限拉大，使现代人相互间的感情变得越来越疏远。这种疏远意味着心理距离已经取代时空距离而成为困扰现代人交际的重大问题。它表明，"距离"已成为一个现代性

　　① ［英］齐格蒙·鲍曼：《全球化：人类的后果》，第77页。
　　② ［德］齐美尔：《货币哲学》，费勇等译，北京：华夏出版社，2002年，第387页。

的问题，成为现代个体不可逾越的交际障碍。

距离：社会学的考察

我们在前面提到，齐美尔的"距离"概念既是社会学的，也是美学的，而我们下面的讨论也将沿着这两个方面展开讨论。

从社会学的角度来看，距离是现代个体生存的前提，也是个体在现代社会中得以保存自身的策略。齐美尔对现代个体之间距离的加深且越来越缺乏沟通可能性深感忧虑，但同时他又认为，虽然心理距离在现代社会中不断扩延，但对于身处现代大都市中的个体而言，这种距离又必不可少。在齐美尔那里，货币在现代都市个体之间树立了一道屏障，然而这道屏障对于现代生活却相当重要，"若无这层心理上的距离，大都市交往的彼此拥挤和杂乱无序简直不堪忍受。当代都市文化的商业、职业和社会交往迫使我们跟大量的人有身体上的接触，如果这种社会交往特征的客观化不与一种内心的设防和矜持相伴随的话，神经敏感而紧张的现代人就会全然堕入绝望之中。"① 可见，在现代都市中，成熟的货币经济要么公开地、要么隐蔽地在个体与个体之间塞入了一种无形的、发挥作用的距离，它对我们现代文化生活中过分的拥挤和摩擦是一种内在的保护与协调。

对齐美尔而言，大都市的特点就是人与人之间的距离感的体验。阿迪蒂认为，对齐美尔而言，现代文化的日益理性化，在其最广泛的意义上，势必会导致社会结构中"距离"现象的增长。② 可见，距离既是现代文化日益理性化的必然结果，也是现代个体生存的必需前提，是个体在现代社会中得以保存自身的策略。齐美尔认为，一方面，生活从各方面向个体提供各种各样的刺激，这些刺激仿佛将人置于一条溪流里，个体几乎不需要自己游泳就能浮动；另一方面，生活由越来越多非个人的以及取代了真正个性色彩和独一无二的东西构成，个体为了保存其最个人的精髓，不得不强烈地呼唤个性和夸大个体因素。③ 对现代都市生活中自我意识的强调和个人因素的夸大，就是通过创造一种与他者的距离来保存自我的独特性。对此，弗里斯比分析说："对个人内在生活的强调，与齐美尔保护个体性的意图以及后来——随着与对主观文化和客观文化之间必然扩张的裂痕的日趋容忍——重新构建个体性的意图非常吻合。"④

因此，距离在齐美尔那里成为了一种现代性的救赎策略，现代大都市中个体之间的心理距离是现代社会中个体面对物化现实的必然对策。要求在距离中维系

---

① ［德］齐美尔：《货币哲学》，第388页。

② J. Arditi, "Simmel's Theory of Alienation and the Decline of the Nonrational", *Sociological Theory* 14. 2 (July 1996): 99.

③ ［德］齐美尔：《时尚的哲学》，第198页。

④ ［英］弗里斯比：《现代性的碎片》，卢晖临等译，北京：商务印书馆，2003年，第82页。

与他者的关系，是社会实用性交往和纠葛过于繁复的结果。用弗里斯比的话说，则是：

> 在极端形式下，随着新鲜或不断变化的印象而来的诸多感觉的持续轰击，产生了神经衰弱人格，它最终不再能够处理这些纷至沓来的印象和冲击。这导致了在我们自身和我们的社会及物质环境之间创造距离的努力。虽然齐美尔认为这种距离是现代特有的"一种情感特征"，但它的"病理学上的变形就是所谓的'广场恐怖症'：害怕太近地靠近对象，它是感觉过敏的产物，任何直接的和有力的干扰都造成痛苦。"这是"被现代生活——我们对它已日趋冷漠——的外在性所压抑的现代感觉"的极端形式。城市生活，作为由货币经济导致的社会关系客观化的一种极端形式，要求个体与其社会环境保持一种距离。①

从弗里斯比的论述中可以发现，齐美尔所言的"心理距离"，其实就是"广场恐怖症"及"都市敏感症"的一种极端形式，它在现代都市中表现为一种对周围环境完全冷漠的态度，一种在腻烦生活态度中表现出来的冷漠形式。对此，刘小枫在《现代性社会理论绪论》中有着全面的概括："在齐美尔看来，距离心态最能表征现代人生活的感觉状态：害怕被触及，害怕被卷入。但现代人对于孤独，既难以承受，又不可离弃；即便是异性之间的交往，也只愿建立感性的同伴关系，不愿成为一体，不愿进入责任关系。现代社会生活的质态是感觉性的，其实质在于：心理性的浮游不定的孤独个体感觉，如今被视为确定牢固的生活，齐美尔把这种感觉称为'现代美感的个性主义'。事实上，距离感的基础是个体身体的不可重复和独一无二性，时装模特与观者在时装表演的时间中交流的是个体身体的感觉，美感的个体主义的实质正在于此。"② 一方面，距离导致都市个体间的冷漠和相互设防，人与人之间的关系变得相当生疏，然而，正是这种心理距离的存在，可以使我们在过于理性化的现代环境中，获得一块主观性的安全岛，一块秘密的、封闭的隐私领域。因此，都市社会中的心理距离所带来的个体向内心的退缩，实际上是齐美尔所描述的对于现代性后果的一种抵制策略，而这种策略的关键就在于要求我们将外在世界当做内在世界去体验。将外在世界视为内部世界加以体验，这也与现代社会的转型密切相关。随着前现代的阶层社会转变为现代的、按功能区分的社会，现代人不再能牢固地定位在社会的单一子系统中，相反，现代人失去了家园，而且永远地在存在意义上失去了家园——无论他们发现自己此刻置身何处，也无论他们碰巧在做什么。

① ［英］弗里斯比：《现代性的碎片》，第96—97页。
② 刘小枫：《现代性社会理论绪论》，上海：上海三联书店，1998年，第334—335页。

他们在任何地方都是异乡人，尽管他们努力改变，但仍到处事与愿违。在现代社会中，没有一个地方可以让他们真正有家的感觉，这些地方也不可能给予他们家的身份。在这种情况之下，齐美尔所指出的个体救赎策略——回归个体内在世界——就变得相当重要起来。齐美尔实际上是有意要表现与现实保持距离的某种情感格局。在现代社会中，个体与事物的实在总有一定的距离，实在似乎总是在遥远的地方向我们说话；个体不可能直接触摸到现实，个体一旦触摸现实，现实立即就会退缩回去。

至此，我们可以对距离的社会学内蕴稍加总结。首先，"距离"是一个形容主体与客体关系的富有启发性的概念。现代性规划高扬了外在的客观文化，客观文化的发展使工具理性获得了统治性地位。工具理性的横行使现代人由对价值的追求转向对手段的追求，而对手段的过分追求又使得现代社会人与人之间的感情联系变得越来越薄弱，使得现代个体之间变得愈来愈难以沟通。由此可见，齐美尔是将距离视为客观文化与主观文化之间的一种二元对立。在这个意义上，我们可以认为，个体与社会的距离在齐美尔那里也就是反对和批判启蒙现代性的一种审美现代性。其次，距离是个体面对强大的物质（客观）文化所采取的一种应对策略。客观文化对主观文化的压制所引发的个体的内撤，强调与外在客观文化保持一种距离，其实就是齐美尔对现代社会的日益客观化所开出的一个药方。成熟的货币经济对现代社会的全面侵入，不可避免地导致个体的内在心灵及自我个性被忽视，个体与社会之间出现了一种紧张：一方面，日益理性化的外在物质世界完全忽略了个体的内在心灵的成长，从而使个体的内在精神生命受到威胁和压制；而另一方面，个体的内在心灵世界又在不断地成长，要力争保持自身的自由与自在。在这种紧张中，现代个体就不得不远离日益发展壮大的客观文化而以求自保，"每一天，在任何方面，物质文化的财富正日益增长，而个体思想只能通过进一步疏远此种文化，以缓慢得多的步伐才能丰富自身受教育的形式和内容。"[①] 现代文化出现了悲剧，客观文化对主观文化的压制不但使得个体的自我日益沦丧，而且还产生了精神危机，遭遇到了前所未有的精神上的生存困境。一方面是物质财富的不断增长，另一方面则是主体精神日益受到前者的排挤与压制。因此，要有效地保持心灵或精神的丰富性和多样性，最有效的策略就是进一步地疏远外在的物化（客观）文化。这种"疏远"就是一种距离的描述，而且是一种动态的描述。"疏远"要求主体远离和摆脱那个日益物化的社会现实，返归自己的主观精神世界。这恰如阿多诺所言，"艺术的社会性主要因为它就站在社会的对立面。……艺术的这种社会性偏离是对特定社会的特定否定。"[②] 在工具理性横行的现代社会，审美现代性作为启蒙

---

① ［德］齐美尔：《货币哲学》，第 363—364 页。
② ［德］阿多诺：《美学理论》，王柯平译，成都：四川人民出版社，1998 年，第 386 页。

齐美尔「距离」观念的多维向度

现代性的对立面，它必然要求对工具理性化的物化现实进行批判。这种批判在现代艺术中体现为主体及其艺术必须站在生活的对立面，与生活意识形态保持一定的距离，而不能沉沦于生活的无聊与平庸。只有通过这样一种疏离的距离策略，主体才能最终保持自身精神的丰富性和充实性，才能不被那日益增长的物化世界所征服。齐美尔的方案也许并不是一个积极的行动方案，但却是在特定的现代性条件下，个体所能采取的某种必需的应对策略。

距离：美学的考察

在齐美尔的社会学分析中，一直存在一个美学维度，恰如他自己所言，对生活断片的社会追问不仅仅只是一种伦理的追问，还是一种美学的追问。① 弗里斯比也发现，在齐美尔的在许多文章中论述了当代审美主义导致个体与现实的距离这样一种趋势，"齐美尔倾向于将这种距离与现代货币经济以及城市生活联系起来。一方面，现代货币经济以及城市生活导致各种社会关系的客观化，同时，它也导致对一种美学距离的需求。……这样一种美学距离不仅仅表明齐美尔通往研究客体方面的特点，而且也构成了他自己对客观文化的所导致的物化的一种回应。"② 刘小枫在比较齐美尔与贝尔和阿多诺时也对齐美尔的审美主义进行了深入地分析。刘小枫认为，贝尔认识到了审美现代主义的生活基础，但是他却没有把生活样态和质态的审美性与作为文体（艺术、文学、哲学）话语的审美性区分开来，并没有用审美性来描述和界定现代日常生活的质态和形态。与此相反，齐美尔关注的则是现代性的生活感觉，其目的在于把握现代性的个体生存感，这种把握正凸显出了一种审美性：

> 对于齐美尔来说，感觉层次上的变迁，可用审美性来描述，因为，审美范围已然从个别的、思想性的形态扩张为社会形态。齐美尔提出的"社会学美学"概念，在古典社会理论中是具有独创性的，它包含着丰富的义涵。这种问题的提法与阿多诺的审美现代性问题的提法完全不同，差异主要在于：阿多诺的审美现代性理论更多的是一种审美主义的话语，齐美尔的"社会学美学"则并不旨在为审美性辩护。……区分作为话语的审美主义与日常生活样态及质态的审美性，具有极端的重要性。在此语境中，"美学"的概念必须予以修正：首先，它并非指艺术和美的学科，而是社会生

① K. P. Etzkorn ed. , *Georg Simmel* , *The Conflict in Modern Culture and Other Essays* （New York：Teachers College Press，1968）74.

② D. Frisby, *Sociologyical Impressionism：A Reassessment of Georg Simmel's Social Theory* （London：Heinimann Educational Books Ltd，1981）87—88.

存之感觉学。①

从刘小枫比较中可以看出，齐美尔的社会学已不再是传统意义上的社会学，而是将强调的重点由社会学转向了美学，而且，齐美尔美学也不再是传统意义上的美学，而是一种审美感觉学。对此，维塞也认为，齐美尔的社会学"具有巨大的审美魅力，就这一方面而言，我甚至愿意称这种社会学是唯美家的社会学、文化沙龙的社会学。"② 显然，在齐美尔那里，现代生活的审美化更多地体现在日常生活的感觉之中。或者我们可以说，齐美尔的社会学应称为"美学社会学"或者"审美感觉社会学"。

换言之，审美感觉社会学其实就是强调一种社会分析的美学维度，或者说一种美学视角，戈德柴德在评价齐美尔的《货币哲学》时指出，齐美尔的这部著作并不存在伦理理想，而是存在着审美理想，而且正是这种审美理想决定了齐美尔关于现代生活的整个理解。③ 伯林格在评论《货币哲学》时也认为，齐美尔的这本书可以视为一种阐述型美学理论，甚至是演绎现代艺术理论的一本不朽著作。④ 可以认为，齐美尔在 19 世纪末 20 世纪初——当时社会学学科还处于萌芽状态——就实现了社会学学科的美学转向。正是基于这么一种社会分析的审美维度，齐美尔的"距离"观念就不仅仅只是局限于社会学层面，而更主要是涉及到美学和艺术层面。如果说社会学意义上的"距离"更多是从日常生活与都市心理体验的层面上展开讨论的，那么美学意义上的"距离"则是从现代生活审美体验的层面上展开的。在齐美尔那里，距离不仅是现代个体在都市生活中对自我的不可重复性和独一无二性的强调，它也是现代生活的一种审美维度。而这一审美维度主要体现于齐美尔所强调的通过"距离"来实现对日常生活的批判与审美超越中。

弗里斯比在《现代生活的审美》中指出，在齐美尔眼中，"'现代人们对碎片、单一印象、警句、象征和粗糙的艺术风格的生动体验和欣赏'，所有这些都是与客体保持一定距离的结果。"⑤ 在《社会学的印象主义》中又说，距离成为现代生活的审美维度，"这意味着我们可以通过与客体保持距离来欣赏它们。在其中，我们所欣赏的客体'变成了一种沉思的客体，通过保留的或远离的——

齐美尔"距离"观念的多维向度

① 刘小枫：《现代性社会理论绪论》，上海：上海三联书店，1998 年，第 306 页。

② 转引自弗里斯比：《论齐美尔的〈货币哲学〉》，阮殷之译，见齐美尔著：《金钱、性别、现代生活风格》，顾仁明译，上海：学林出版社，2000 年，第 232 页。

③ D. Frisby, *Sociologyical Impressionism*：*A Reassessment of Georg Simmel's Social Theory* (London：Heinimann Educational Books Ltd, 1981) 85.

④ D. Frisby, "The Aesthetics of Modern Life：Simmel's Interpretation", D. Frisby ed., *Georg Simmel*：*Critical Assessments*, Vol. Ⅲ（London：Rouotledge，1994）54.

⑤ D. Frisby, *Simmel and Since*：*Essays on Georg Simmel's Social Theory* (London：Rouotledge，1992) 138.

而不是接触——姿态面对客体，我们从中获得了愉悦'。……它创造了对真实存在的客体及其实用性的'审美冷漠'，我们对客体的欣赏'仅仅作为一种距离、抽象和纯化的不断增加的结果，才得以实现'"。① 从弗里斯比的论述中可以看出，个体与客体保持距离，不仅仅是个体面对客观文化的压力所采取的必然姿态，同时也是个体面对现代生活所持的一种审美立场。如齐美尔自己所言：现代人的艺术感受在根本上是强调距离的吸引而不是接近的吸引。② 因此，现代社会生活的审美，在很大程度上就是通过创造距离而得以实现的，而通过这样一种审美维度来审视生活，从而可以使个体超越现实生活的平庸与陈旧，获得对生活的诗意发现，并实现个体的自我救赎。

与生活保持一定的距离，以实现对日常生活的审美发现与超越，这种思想在齐美尔早年撰写的《1870 年以来德国生活和思想的趋势》一文中就有所体现。在该文中，齐美尔写道："为了体验个别现象的所有全部细节和它的全部真实，就必须在一定程度上撤离此现象，甚至要对这些现象进行一种转化，不再对其应有本质做出纯粹反应，以便从一个更高的视角来重新获得更全部、更深刻的真实。"③ 但齐美尔在这里还只接触到了距离这一思想，并没有对之进行全面的深入阐述，他强调对现象的撤离也是当时他所主张的研究思路的一种反映。齐美尔现代性研究的出发点是从看似表面的、最不实在的碎片入手，来揭示其深刻内蕴。齐美尔认为，生活的细节以及碎片化的现象最有可能与其最深奥和最本质的东西相联系，要把握这些内在本质，就不能停留在现象表面，而必须撤离现象，深入到现象的深层面。正因为如此，当齐美尔关注一个人，一个生活断片或一种生活情绪时，他总是力图通过对现象的远离，来获得对现象内在深刻性的感知。戴维斯认为，齐美尔关于具体的社会碎片的分析，是希望展现"与生活分离"这样一个主题，这一主题贯穿于对各种各样的社会现象或形式的分析中，如忠诚、社交和冒险等等。④ 而时尚与冒险也正是现代都市人对距离的一种审美化体验。也正是在对现实生活的距离体验中，现代人实现了对物化生存的批判和对自我的审美救赎。

（本文责任编辑：任天）

① D. Frisby, *Sociological Impressionism*：*A Reassessment of Georg Simmel's Social Theory* (London：Biddles Ltd, 1981) 88.

② D. Frisby, *Simmel and Since*：*Essays on Georg Simmel's Social Theory* (London：Rouotledge, 1992) 138.

③ G. Simmel, "Tendencies in German Life and Thought since 1870", D. Frisby ed., *Georg Simmel*：*Critical Assessments*, Vol. I (London：Rouotledge, 1994) 24.

④ M. S. Davis, "Georg Simmel and the Aesthetics of Social Reality", *Social Force* 51. 3 (March 1973)：324.

对同一性的否定和抗拒

——阿多诺批判理论中的生存论解读

■ 沙家强*

（河南财经政法大学 文化传播学院）

【内容摘要】阿多诺的批判理论充满了对当下人的生存状态的终极关怀，他试图通过绝对的批判来建立一个没有任何压抑的个性解放的社会，以实现人的本真生存方式，这是一种典型的生存哲学，即批判性生存论。在阿多诺所批判的意识形态、工具理性、文化工业、海德格尔本体论等对象中，这里无不渗透着"同一性"阴灵，这种"同一性"正构成了对个体生存的无形钳制，阿多诺对此进行了勇敢的斥拒与对抗。阿多诺自始至终以对同一性的批判为主线来建构他的生存哲学，即非同一性生存哲学。非同一性生存哲学是对任何同一性的具体的否定性反思，强调以"星丛"之态来建构多元共生的非同一性生存方式，进而开创人之可能的全面的生存和未来，以求真正实现现代人的解放和进步。无疑，反同一性成为阿多诺哲理运思中的鲜明主题，其切入要害的批判强烈地震惊着整个传统哲学，这种震惊给人一种崇高感。

【关键词】同一性；非同一性；批判；生存论

就内涵而言，生存论应是指对人的现有非本真状态进行批判和反思，它在审视人的生存活动的过程中，实现生命的自我审判，从而建构本真的生存方式。

---

* 沙家强，1975 年生，男，河南固始人，文学博士，河南财经政法大学副教授，主要从事文学评论和文艺美学研究。此文系 2012 年河南省哲学社会科学规划项目（项目编号：2012CWX013），以及河南省"十二五"教育规划课题（项目编号：[2011] －JKGHAD－0388）的阶段性成果。

毋庸置疑，阿多诺理论思想充满了对当下人生存状态的关注，其触动人们心灵深处的正是这种以"否定性思维"为标识的批判性生存论。本文主要集中于阿多诺的三个代表性文本即《启蒙辩证法》、《否定辩证法》和《美学理论》，并且以《否定辩证法》为核心，进行文本"症候"性分析，来阐释其独具特色的生存观。纵观阿多诺所攻击的对象诸如"启蒙理性"、"文化工业"、"海德格尔本体论"、"奥斯维辛"纳粹暴力等，这里无不渗透着"同一性"阴灵，这种"同一性"正构成了对个体生存的无形钳制，阿多诺对此进行了勇敢的斥拒与对抗，这是对"非同一性"异质体生存的终极关怀，体现出浓厚的人学之思。

一、同一性的至上性对生存个体的整合

阿多诺首先对传统的形而上哲学进行了批判，从中让我们认识到了同一性整合生存个体的本质。其中，他对海德格尔本体论同一性神话隐性本质的揭露使我们深刻地认识到，同一性在隐秘地奴役着鲜活的个体。

（一）同一性抹平多样性和差异性

首先，传统理性隐藏着"同一化"精髓。究其传统理性整合个体、抹杀多样性的原因，阿多诺认为在于传统理性已成为绝对的同一性，理性这种封闭的逻辑体系是对人的批判的反思意识的扼杀。再往深层次上说，这些传统理性体系将概念先验化，也就是阿多诺称之为的"概念拜物教"，这种"拜"最终会使概念清除掉非概念物以一种绝对的统治形式成为至上的同一性。但问题在于"概念不能穷尽被表达的事物"[1]，在用概念表达事物的过程中，总是会存在概念之外的"非概念的东西"，所以作为概念的思想就意味着同一，这种同一性却是以其纯粹的形式内在于思想之中，它以同一化的强制力量在吞噬着"非概念性的东西"。这里就揭示出了虚假同一性的危机：它往往诱使思维满足于事实，服从既定的状况。在这里，同一性很显然指向传统唯心主义认识论，就是自柏拉图的理念论及以后笛卡尔、康德、黑格尔等为代表的传统唯心主义认识论，其中黑格尔的负负得正的逻辑正是一种更狡猾的"同一化的精髓"，这种"精髓"就是一个由概念生成的封闭的逻辑体系，这也正是阿多诺批判黑格尔同一性辩证法的症结所在。同时，阿多诺也批判了康德所建立的关于人的形而上学，认为康德的自由意志具有资产阶级的同一性质。原因何在？阿多诺认为，就在于这些传统理性具有同一性本质，一旦被绝对化，就会变为绝对统治，继而成为评判一切的价值标准，这无疑会取消他物的反思和批判意识，对生存个体就是一种吞并和压制。

---

① ［德］阿多诺：《否定辩证法》，张峰译，重庆：重庆出版社，1993年，第1页。

面，文化工业通过娱乐活动进行公开的欺骗，这些文娱活动牢靠地在生活中支配着人们的活动。人们在娱乐中全身心得以放松，头脑中什么也不思念，忘记了一切痛苦和忧伤，忘掉了真实的现实的困境，陶醉到虚假的外在的幻觉中的东西去。问题的关键是，娱乐实质上就是一种逃避，但是不像人们所主张的逃避恶劣的现实，而是逃避对现实的恶劣思想进行反抗。自然地，娱乐剥夺了大众的反抗潜能和反思能力，从而有效地整合了社会。于是，大众文化实现了对大众的全面操纵。可以说，文化工业充斥着生活的各个层面，几乎支配着社会生活的一切领域，当它从欺骗大众到操纵人类时，这其中文化工业就已成为欺骗大众的意识形态。

在阿多诺看来，纵观启蒙的发展史就是制造彻头彻尾地浸透了工具理性的异化世界的历史，是同一性滋长和蔓延的历史。照应现实，以文化工业为代表性的经济繁荣的表象下，隐藏着的是阴谋和对生存个体的欺骗和异化，发展到极端就是同一性暴力的发生。20世纪三四十年代，人类的最大的惨剧即第二世纪大战对生命的疯狂屠杀发生了，这是一种典型的同一性暴力，其中奥斯维辛集中营的血腥杀戮对犹太人来说无疑是永远的伤痛。

三、同一性暴力对生命的冷漠与扼杀：奥斯维辛死亡之思

回归到阿多诺本人的生活时代，我们可以寻觅到他隐秘的哲理思渊。他是在进行经历惨绝人寰的人类大屠杀后对人本身切己的生存境遇的反思，是对蔑视人存在的纳粹暴行的控诉，尤其是在奥斯维辛之后进行的死亡之思是如此令人震撼，一切的文明和美质在奥斯维辛的死亡面前显得那么毫无意义。可以说，奥斯维辛的伤痛以及由此所引发的死亡之思才是他一系列惊世骇俗的哲理运思的渊源。

（一）以与写诗决裂的执著来对抗对生命的冷漠

阿多诺在对奥斯维辛事件进行痛苦的思考中，提出一个几乎令全世界为之震惊的命题："在奥斯维辛集中营之后你不能再写诗了"[①]。诗最终像纳粹样被送上了审判台。奥斯维辛对于幸存者是个巨大的苦难，制造这种苦难的人无疑是个罪人，而这些人对这种灾难是愤怒还是麻木？所以阿多诺提出了这样一个诘问："在奥斯威辛集中营之后你能否继续生活，特别是那种偶然地幸免于难的人、那种依法应被处死的人能否继续生活？他的继续存在需要冷漠，需要这种资产阶级主观性的基本原则，没有这种基本原则就不会有奥斯威辛集中营"[②]。

---

① ［德］阿多诺：《否定辩证法》，第363页。
② 同上书。

很显然，作为活着人往往是以冷漠的姿态目睹着灾难的发生，甚至没有反思。更可悲的是，在奥斯维辛之后的现实生活中，"思想家和艺术家时常描述一种不是身临其境、不是在表演的感觉，仿佛他们根本不是他们自身而是一类旁观者"①，也就是说他们以"旁观者的状态"而不是深入到苦难生活之中进行创作和表演，这种姿态与以一定"审美距离"而保持"旁观的姿态"的诗一样，表现出对奥斯维辛灾难的麻木，对每一个人生命的冷漠，而实质上这种所谓"诗"一样的审美姿态相对于人类的苦难来说就是一种无人性的野蛮行径了，这还谈什么"写诗"？如果真要写诗的话，那就是一种软弱。到此为止，我们可以看到，阿多诺极为反对写诗，这是一种基于深重苦难意识的悲愤的决裂，而在他的内心深处则是对奥斯威辛灾难的沉痛反思，是对现实世界中每个鲜活生命的尊重，也是对海德格尔死亡之思的反驳。

（二）以对抗先验的死亡哲学来关注人的实存

海德格尔运用现象学研究方法对"存在"本身进行还原，视存在为提前来到的死亡，为此他提出了一个著名的哲学命题："向死而生"。他这里意思是指：此在这种整体存在，并不是一种活的存在，而是一种苂临着死亡的存在，活着本身也就在死去。一句话，此在总是已经在一种向死存在中存在着。但在面对奥斯维辛的死亡事件时，这种死亡观显得很空洞。在奥斯维辛集中营，人已不是有生命的人，而是作为试验品的物，那种所谓的对先验生命延续的信心在他们还活着的时候就已消失了，这还何谈生前的勇敢和死亡之后的生命？"社会的变化已使人们丧失了据说一度使得死亡对他们来说是可忍受的东西……"② 在残酷的现实面前，人们连最宝贵的东西都丧失了，就不再相信死亡就是与生命相通约的延续，对死也就无所谓怕，最终人也走向了绝望，更谈不上对自由生命的筹划。由此可见，阿多诺对海德格尔这种虚无的死亡之思进行了勇敢的拒斥，他清醒地认识到奥斯维辛实质上是对生命的野蛮剥夺，可以说是对"存在"本身的切除，他关注的是现实中活生生的人，是在对奥斯维辛的血腥屠杀的控诉中，把人从神话的天空中拉回到大地上，这不能不说是对人实存的生命最真诚的关怀。

阿多诺进一步思考，造成奥斯维辛灾难的真正哲学源头，就是法西斯主义所利用的传统同一性思想，"奥斯维辛集中营证实纯粹同一性的哲学原理就是死亡"③。由此可以看出，阿多诺的奥斯维辛情结是与他反对的绝对同一性哲学观密切相关的。所以，究其终极目标而言，阿多诺否定的辩证法要做的正是要回到现

① ［德］阿多诺：《否定辩证法》，第363页。
② 同上书，第370页。
③ 同上书，第362页。

实的主体与客体，拯救非同一之物，撕碎海德格尔存在哲学的神话面纱，建构真正平等合理的由主体与客体所组成的星丛世界，以此来彰显异质体的主体性特征。

四、由"同一性"到"非同一性"：异质体主体性的彰显

当阿多诺力图击碎禁锢在人们头上的枷锁，摧毁一个个奴役人的至上性的神话时，一个个鲜活的各具特质的生命个体就展现在我们眼前，并且整个人类也呈现多元共生的理想状态。这可以从阿多诺否定的辩证法的基点—"非同一性"这一核心范畴中解读出来，非同一性是对同一性的对抗，相对于主体来说，阿多诺是在关注非同一之物的生存权利，是对特殊性的差异个体生命力的还原，进而试图建构一个平等、开放、多元和自由的理想世界。因此，当下解放差异、为非同一性的异质体的生存进行辩护就显得日益紧迫而必要，打破整合了的封闭体系，让不同的特殊体因彰显出主体性而重新激荡生命的张力。

（一）"非同一性"以批判的反思彰显异质体的生存意识

阿多诺的否定哲学所秉承的是一种"瓦解的逻辑"，所以其所谓的否定强调的是绝对的否定。具体而言，阿多诺把自己的哲学看作是"批判的反思"，就是"矛盾地思考矛盾"，而矛盾就是"从同一性方面来看的非同一性"①。也就是说，阿多诺的否定辩证法是立足于人生存的、批判同一性的非同一反思意识，在对传统理性及文化工业进行无情批判后，他企图利用艺术来彻底否定和抗议资本主义的异化现实。所以，由"同一性"到"非同一性"，就是力求建构出人的合乎人性生存的蓝图，即始终保持着对压制人的同一性有着自觉的批判和反思。就"非同一性"本质内涵而言，它不是一种外在的说"不"，也不是一种简单的拒绝和破坏，而就是"异"，就是矛盾，即非同一性就是揭示同一性幻象掩盖下的真正矛盾，它使矛盾成为持久关注的对象。所以非同一性是基于同一性自身逻辑中的非同一性和差异性，即矛盾统一之中不可调和的差异性。一句话，非同一性是同一性中的异质性，它是一种客观的矛盾，是一种对碎片和断裂的正视。所以，基于非同一性的否定的辩证法是对社会主体生存中的深层矛盾差异的自觉，这种自觉必然会让个别性的特殊体从同一性的桎梏中解放出来，并以对同一性的永远抵抗的勇气来争取获得合乎人道的生存空间，从而建构一个合理的平等开放的生存体系。

（二）"非同一性"建构开放多元的星丛生存体系

"非同一性"的具体表现形态就是阿多诺所强调的"星丛（condtellation）"，

① ［德］阿多诺：《否定辩证法》，第3页。

他借用"星丛"这个范畴来强调对异质的关注，打破普遍对特殊的压制、存在对存在者的统领这种强制性关系，让异质性处于一种互不干涉的呈现鲜活生命力的自由生存状态，也就是"那种无中心和无等级的非架构状态"①。我们可以看出星丛呈现出无中心的动态特征，这里非同一性的异质体势必会以矛盾的形式共存，从而形成了多种成分并列的"星丛"。很显然，概念的星丛彰显的是平等开放自由的多元共生的生存理念，它消解权威，取消经典，颠覆中心，所有的异质体共处于一个四通八达、纵横交错的体系之中。可以想见，在这个体系中，它追求的是人的内在的自我解放，这里没有种族性别的偏见，无雅俗高下的区分，更无奴役压制的关系，而是一种全新的伙伴的关系，所有都一律平等，都处于同一平面的平等的关系之中。实质上，概念的"星丛"仍然遵循的是非同一性哲学，消解绝对的同一性根源，也就是以非同一性批判社会中虚假的同一性，这是对异质生存的极力维护。一句话，"星丛关系是平等的有差别的共在"②，在这个体系中各主体的主体性获得自由彰显，各主体间差异互动，平等相处，建构了人的合理生存本身，也促成了人的流变生成、动态、开放的生存之态但是，在现实同一性的压制下，这种理想生存之态是很难寻觅到的，或许具有不和谐性品质的现代艺术才是生存个体理想的栖居之所。

（三）异质体的主体性在现代艺术中获得自我拯救

阿多诺对"非同一性"的价值诉求，就艺术而言，就是以现代艺术来拯救已处于危机的人性，即通过现代艺术来表现人的心灵世界，拯救人类精神理性，来改变人性已经沦落的状况。第一，阿多诺认为，现代艺术的否定性是对既存现实的否定和批判。阿多诺的艺术观是他的非同一性真理观在艺术哲学中的体现，"艺术作品在本质上是否定性，因为它们受到客观化法则的制约；也就是说，艺术作品消除或扼杀其客观化的事物，将其从直接性和现实生活的关联中强行分裂开去"。"现代艺术的否定性，这委实是现代艺术的发展方向"③。这样，艺术作品就势必存载着批判性的否定力量，否定性乃现代艺术的本质特征，这具体表现在现代艺术形式上具有明显的不和谐性和破碎性特征，内容上是反艺术，是对苦难意思的表达。第二，现代艺术的主体性是拯救人的心灵、恢复人的本性的有效途径。"艺术是一种存在，由于其构形本质而成为精神性的了"④，在艺术的存在世界里，存在着一种主体精神的张扬，即从现代艺术的不和谐和对苦难的表现中，可以看到人类对自身处境的焦虑和绝望。事实上，这

---

① 张一兵、胡大平：《西方马克思主义哲学的历史逻辑》，南京：南京大学出版社，2003年，第373页。

② ［德］阿多诺：《否定辩证法》，第234页。

③ ［德］阿多诺：《美学理论》，王柯平译，成都：四川人民出版社，1998年，第233页。

④ ［德］阿多诺：《美学理论》，第163页。

不是一种不作为的绝望，而是一种以这种方式来抵抗现实，这种抵抗的艺术实质上是对个人主体性的诉求，其中隐含着一个充满生命激情的人在祈望人的主体性能得到救赎。基于此，现代艺术是主体在"震惊"后的顿悟，是在绝望中拯救自我，是否定既成现实、拯救人的心灵、恢复人的本性的有效途径。由此艺术通过"内在批评"来唤醒人的真实灵魂，激发人的创造力，使人恢复"自主性"，走向"内在的自然"。

结论：令人震惊的批判性生存论

综上所述，在阿多诺所批判的意识形态、工具理性、海德格尔本体论、奥斯维辛灾难背后的谋划等对象中，这里无不渗透着"同一性"阴灵，而这种"同一性"正构成了对个体生存的无形钳制，阿多诺对此进行了勇敢的拒斥与对抗，这种抗拒深刻地触及了它们的本质根源，即源于统治和压抑的"同一性"。所以说，阿多诺自始至终以对同一性的批判为主线来建构他生存哲学，而反同一性就成为阿多诺哲理运思中的鲜明主题。更为鲜明的是，阿多诺以极具穿透力的视角对当代资本主义社会——一个已经陷入"总体性"危机的全面异化的病态社会——进行批判：曾经是人类文明核心的启蒙理性已变成了对人自身的奴役，曾经给人带来娱乐的文化工业产品以其欺骗性和操纵性在隐秘地吞噬着人性，以"同一性"思想为核心的传统形而上学理论在整合和抹杀着差异体，更为可怕的是奥斯维辛的死亡更确证了"同一性"原则对生命的冷漠和蔑视。于是，形而上学终结了，道德伦理丧失了，人类找不到生存之基，甚至处于空前的绝望心态，这就是人所面临的极具危险和恐怖的边缘状况，它不能不让人们感到"震惊"。这正如雅斯贝尔斯认为哲学产生的重要根源在于——人被抛于"终极境况"之中产生的"震惊"感那样，阿多诺的批判性生存论无疑让人对其自身的生存境遇感到"震惊"：人类已处于失去自我本真的边缘境况。震惊之后，我们突然获得一种澄明的顿悟感：我们要为争取自己本真的生存状态而不断地奋争。在此，笔者认为这种震惊感本身就是一种极具特色的生存性"启蒙"。无疑，阿多诺的生存哲学对我们建构理想的生存方式提供了可借鉴的见解，为我们改造世界提供了有价值的参考。但在当今消费欲望盛行的时代，我们还能保持着这种"觉醒"的状态吗？还能一如既往地以批判性思维来筹划未来之生存吗？或许，这些问题值得我们每一个人去认真思考。

1920 年代上海/海上的反/乌托邦小说

——文学城市空间的"情感结构"及辩证诠释

■ **陈建华**[*]

（香港科技大学人文学部）

马克思主义美学研究

/

246

【论文摘要】本文是读了詹明信关于"乌托邦"作为"方法"的论说之后一些想法。主要是回顾晚清至 1920 年代上海这一"冒险家的乐园"所产生的乌托邦与反乌托邦的文学建构，以两篇短篇小说——周瘦鹃 1921 年《留声机片》和茅盾 1929 年《创造》——为例。在解读城市与乌托邦不同空间交互作用的文学表现时，笔者试图运用雷蒙·威廉斯所说的"情感结构"（the structure of feeling）的理论，旨在揭示政治现实、社会机制与意识形态如何透过文学语言、风格及美学程式显示特定时代、集体与个人经验的印记。这一文学乌托邦的历史经验或许能在当下全球境遇中提供某种资源。

【关键词】乌托邦；反乌托邦；情感结构

一、前言

颜健富《"小说"乌托邦》一文对于晚清时期"乌托邦"观念的输入及其小

---

* 陈建华，男，香港科技大学人文学部教授，复旦大学、哈佛大学文学博士，主要从事中国近现代文学研究。

说再现的情况作了详实的爬梳。[1] 托马斯·摩尔的 *Utopia* 一书早在 1901—1902 年严复在翻译亚当·斯密《原富》时已被介绍到中国：

> 乌託邦，说部名。明正德十年英相摩而妥玛所著，以寓言民主之制，□至之隆。乌託邦，岛国名，犹言无此国矣。故后人言有甚高之论，而不可施行，难以企至者，皆日此乌託邦制也。

甲午、庚子之后，以乌托邦为题材的小说风起云涌。如梁启超《新中国未来记》、吴趼人《新石头记》，更有直接以之命名的如《乌托邦游记》、《乌托邦那个之豪杰》等，包括"政治小说"、"理想小说"、"科学小说"等类型。国人遭受心理创伤，又面临列强瓜分的危机，皆属空前，因此在诉诸革命、改良的同时，藉乌托邦的表现作自我疗伤，也对中国的未来设计蓝图、寄托希望。颜健富指出："晚清小说的乌托邦以'拯救中国'为主旨，设法替摧枯拉朽的中国指陈出路，因而具有反转现实的功能"。在此意义上晚清乌托邦小说似合乎詹明信关于中国现代文学"民族寓言"的论断。

这正决定了中国"第三世界"生产"乌托邦复制品"的角色。"乌托邦"观念来到中国经由翻译过程，充满在地主体与"他者"的张力，其间误解、商榷、挪用处处在是，如梁启超、严复等人用"华严界"来翻译莫尔的 Utopia，含有佛学的视域及其内涵。确实乌托邦想象在中国具有顽强的生命力，在政治层面上成为世界上各种政治模式与社会理想的镜像舞台。如果套用霍布斯鲍姆关于法国革命与英国革命的"双轮马车"负载着世界革命的比喻，那么晚清时期知识界围绕着中国到底应当取法法国、美国式的"民主"制抑或是英国、日本式的"君民共主"制已经争论不休。辛亥革命一举推翻帝制，然而议会民主制度徒存躯壳。鉴于从慈禧到袁世凯的旧势力，思想界发生强烈反弹，于是发生五四新文学运动，而"十月革命一声炮响，给中国送来了马克思主义"，使反传统激进主义如虎添翼。此后社会主义、共产主义运动前赴后继，而"乌托邦"无论作为社会思潮还是文学表述，就贯穿这一条"红线"而言，多少带有马克思主义色彩，尽管那终究是中国式的马克思主义。

这一部我们耳熟能详的中国现代史，近二三十年来被不断"重写"。这一"重写"在全球化大环境中，在"社会主义"政治机体的前提之下以"告别革命"的方式在进行着的。然而令人瞩目的是，在现代文学史的"重写"方面，一大片"被压抑的现代性"浮出了地表，即一向被革命"正典"所删除的"通俗"文学得到了"正名"，且登堂入室，升入了文学的历史殿堂。此即二三十年来在学界形成的所谓"双翼齐飞"说，即现代文学由"五四"与"通俗"所组

---

① 颜健富：《"小说"乌托邦——论晚清文学的结构性书写》，《汉学研究》，第 29 卷，第 2 期。

成，缺一不可，而这"通俗"文学的生产大本营就是上海。

"通俗"文学被称为"鸳鸯蝴蝶派"，像周瘦鹃属于"礼拜六派"被概称为"旧派"。用毛话语来说他们在政治上文化上属于"旧民主主义"的范畴，但是今天他们与"新民主主义"等量齐观，在当下的中国现实里"旧民主主义"反而被召唤到了历史的前台，其历史使命好像还没有完成。这一现象向我们提出了处于半殖民"第三世界"的社会发展阶段以及无产阶级、资产阶级的历史功能的问题，这也跟当下发展中的全球与"中国特式的社会主义"有关。

从通俗文学的基本状况来看，如《礼拜六》杂志以"消闲"为标榜，为都市大众主要是工薪阶层舒解现代性的心理压力，同时打造都市时尚，与国产电影工业联手，共同推进都市主义的发展，与外来好莱坞式的消费文化形成互动而竞争的形态。通俗期刊与报纸副刊与印刷资本主义相依存，作者们也卖文为生，视读者为衣食之源。通俗文学生产的背后是"自由贸易"的一套价值系统，鼓吹"核心家庭"作为社会结构的基本单元，对大众作一种以商业诚信与传统人际伦理为基础的道德启蒙，很大程度上是以英美工业社会为楷模的一套价值系统。但另一方面这种"第三世界"的重商主义与民族主义有着千丝万缕的联系，也担负着民族国家主权独立的议题，因此在很多方面，如爱国、批评政治当局及军阀、买办，反映下层民间痛苦等，与五四新文化运动是重合互动的。这就是为什么像包天笑、周瘦鹃在 1936 年与鲁迅、茅盾等人联名发表《文艺界同人为团结御侮与言论自由宣言》，进入全面抗战时，这些通俗文学的社团宣布自我解散。与"新派"不同的是，通俗文学持"新旧兼备"的调和立场，即以传统文化为本位来融会外来文化，实际上也是民族资产阶级的文化保守性格的体现。

1920 年代初上海文坛发生"礼拜六派"与"文学研究会"之间新旧文学之争，由周瘦鹃与沈雁冰（即茅盾）分别领头。争论的焦点是语言。旧派主张"新旧兼备"，文言与白话可以并存，在独尊白话的"国语运动"与"新文学运动"强势冲击下处于防卫的态势。但实际上争论还涉及如何对待新旧观念、中西文化、大众启蒙与创作自由等问题。周说："小说之新旧，不在形式而在精神"，[①]认为即使使用新式标点符号，运用新理论，不一定就等于是"新"，是否新还得取决于内容，即使用文言也可"精神上极新"。他在《说消闲之小说杂志》一文中鼓吹小说的"消闲"功能，[②] 明确说他办的杂志以《海滨杂志》（*The Strand Magazine*）或《伦敦杂志》（*The London Magazine*）为楷模，所谓"大抵以供人消闲为宗旨，盖彼邦男女，服务于社会中者，工余之暇，即以杂志消闲，尤嗜小说杂志"，"营销辄数十万"。这不仅表明他相信市场机制，主

---

① 鹃：《自由谈之自由谈》，《申报》1921 年 5 月 22 日，14 版。
② 瘦鹃：《说消闲之小说杂志》，《申报》，1921 年 7 月 17 日，18 版。

张商业竞争，也包含着他们这一派尊重读者，以大众主体代言的姿态。他还提出："小说之作，现有新旧两体。或崇新、或尚旧，果以何者为正宗，迄犹未能论定。鄙意不如新崇其新，旧尚其旧，各阿所好，一听读者之取舍。"[①]

茅盾则宣扬一种代表历史进步与人类普世分享的"文学"，特别崇尚以科学观察和写实为基础的欧洲"自然主义"文学理论，所谓"现代文学都不免受过自然主义的洗礼，那么，就文学进化的通则而言，中国新文学的将来也是免不得要经过这一步的。"[②] 也就是说中国文学应当走西方人走过的路，甚至提倡"欧化语"来改造本土语言的语法结构。王晓明指出"文学研究会"具有以自我为中心来统一文坛、轻视艺术自主等特征。[③]而茅盾和郑振铎更为激进高调，把"文学革命"当做整体改造社会与民众的手段，要将"文学民众化"，所谓"民众的赏鉴力本来是低的，须得优美的文学作品把他们提高来，——犹之民众本来是粗野无识的，须得教育的力量把他们改好来。"[④]郑振铎说："我们觉得中国的一般民众，现在仍旧未脱旧思想的支配；……要想从根本上把中国改造，似乎非先把这一班读通俗小说的最大多数的人的脑筋先改造过不可。"[⑤]在他们眼中"通俗"文学受了"拜金主义"的毒，也代表旧文化，正迎合了"粗野无识"的"民众"的口味，有碍于思想统一，因此要彻底铲除。这些通俗作家被骂作"恶魔"、"该死"，被郑振铎骂作"文丐"、"文娼"。总体上通俗一派的世界主义不像"五四"式那么明火执械，而更像是暗渡陈仓，尤其在都市物质文化的层面上反映了碎片、表像等特征，经由本土文化的"程式"（conventions）的吐故纳新，便于本土读者的消化吸收，同时也试图消磨外来文化的棱角。作为这一世界主义与"五四"的根本不同之处，在于拒绝代表科学、进步的"宏伟叙事"，而以个人与家庭为基础，某种意义上将"同一、空洞的时间"内化，蕴涵着文化抵抗的方式。从这一境遇中看，鸳蝴派对于文言的坚持，不光是对于传统文化的"乡愁"的表征，其运用文言本身即是一种延续本土传统的实践。

二、新旧风格的文化政治

在詹姆逊的论述中"乌托邦"是个重要而富于活力的关键词，与文学形式的辩证诠释密切相关，最近他把乌托邦作为"方法"是个新的提法。显然在当前全球境遇里"空间"成为中心课题，如所举的布莱希特关于好莱坞的表述，

---

① 鹃：《自由谈之自由谈》，《申报》1921 年 3 月 27 日，14 版。

② 《一年来的感想与明年的计划》，《小说月报》，第 12 卷，第 12 期。

③ Wang Xiaoming, "A Journal and a 'Society': On the 'May Fourth' Literary Tradition," *Modern Chinese Literature and Culture*, Vol. 11, No. 2 (Autumn 1999): 28.

④ 《小说月报》，13 卷 8 号。

⑤ 西谛：《民众文学的讨论·编者按语》，《文学旬刊》，第 26 期。

某种意义上可借来观察民国时代上海"冒险家的乐园"。把角度捻得更小一点，如"新世界"、"大世界"之类的大型"游戏场"，给市民提供消闲娱乐的空间。《礼拜六》杂志在开张之始，其主编王钝根标榜其中的"新奇小说"，作为一种周末消遣，是"轻便有趣"的，要比"戏园顾曲"、"酒楼觅醉"及"平康买笑"更为健康而省俭。他强调小说趣味，意在与其他娱乐样式的竞争，又说这是更为健康的，不无"寓教于乐"的意味。但在代表"新文学"的茅盾等人看来，《礼拜六》杂志遵奉"拜金主义"，引导读者无视黑暗现实，制造麻醉大众的鸦片。与此相反，如下面例举茅盾的《创造》，营筑了一个革命群众运动、代表民族解放的乌托邦空间。

把乌托邦作为"方法"含有如何阅读城市空间的话题。中国历代文化经典的注疏与读解形成源远流长的诠释学传统，偶尔涉及城市。朱熹谈到《诗经》的研习方法："读诗正在于吟咏讽诵，观其委曲折旋之意……且如人入城郭，须是逐街坊、里巷、屋庐、台榭、车马、人物，一一看过方是。"①到了现代城市展开其日常的风景，令人眼花缭乱，如果打开创刊于1917年由天台山农主编的《大世界》这份游戏场小报，一日两版，一版刊登每日电影、戏剧、魔术、歌舞等各种节目单，另一版是文章，分成十余个专栏性的"世界"，如"言论世界"、"娱乐世界"、"滑稽世界"、"欢喜世界"、"散花世界"、"十洲世界"、"香艳世界"、"珠玉世界"等。内容有文坛掌故、海外奇谈、翻译小说、外国电影等，语言形式包括诗词歌赋、白话小说等。这份小报五光十色，犹如娱乐世界的万花筒，但并非一味追求享乐，如"言论世界"也偶有提倡国货或批评陈独秀"非孝"之类，切入时事或思想的议题。各个"世界"专栏有其自己作者群与读者对象，也体现特定的文体、风格与趣味。

《大世界》为"游戏场"的消费服务，却富于"世界"意识，属于文化现代性的一个链接，城市空间的一个消闲文化的橱窗，蕴含着威廉斯所说的"情感结构"，固然离不开文化生产机制与意识形态，但首先与"形式"、在通俗文化中更与大众喜闻乐见的"程式"（convention）有关。所谓"感觉""尤其是意识形态与关系的有效因素，并非情感与思想对抗，而是作为感受的思想和思想的感受"。②"情感结构"也离不开文化的"整体"，而历史经验仍然活跃在现下的生活之流中，但威廉斯则强调一定时间与阶级的历史经验。威廉斯的"情感结构"的意涵复杂而丰富，学者认为"恰恰旨在给世界恢复经验的范畴，作为它的多样变迁的社会史的一部分。"也有学者认为这一点说明"情感结构"根植于马克思主义的英国传统，表明威廉斯归根结底是一个英国式的"文化主义者"，

---

① 《诗传遗说》，载徐乾学等辑：《通志堂经解》，台北，大通书局，1969年，印影康熙19年刻本，卷一，第9976页。

② Raymond Williams, *Marxism and Literature*, New York, London: Oxford University Press, 1977, pp. 132-133.

与具有抑制个人经验倾向的欧洲结构主义者及意识形态的构成保持距离，虽然这也意味着他作为人文主义者与社会主义者之间的某种吊诡：一方面他强调个人的自由作用，另一方面也意识到个人经验总是受到政治上文化上的制约。[①]

有趣的是除"大世界"外，"新世界"游戏场也发行《新世界》小报，由郑正秋主编，也有各种"世界"栏目，如"快活世界"、"邮电世界"、"怪异世界"等，与《大世界》相似又有区别。比较而言《新世界》的编辑方针更具西化新潮的特征，编者如朱瘦菊、但杜宇与郑正秋在20年代初都转向推动电影工业的发展。对于两张小报的不同"世界"图景不做详论，下面举周瘦鹃与茅盾为例说明在"风格"与"情感结构"方面的竞争。在新旧文学之争中，周瘦鹃的短篇小说《留声机片》遭到茅盾的批评，被认为在思想与艺术上都缺乏诚意与良知的作品。以下从"乌托邦"角度对这篇小说作些分析，并取茅盾后来所作的短篇《创造》加以对照，侧重点是小说所表现的女性与私密、公共空间的关系。占据着两篇小说中心的是"小家庭"这一城市空间的缩影，而显示了一"旧"一"新"之间的乌托邦或反乌托邦的狂想。周瘦鹃正是"小家庭"的热烈鼓吹者，在1932年《新家庭》杂志的创刊《宣言》中赞美"家庭，甜蜜的家庭。"且说"你要慰安，给你慰安；你要幸福，给你幸福。你可安然做这小天国中的皇帝，决没有人来推翻你"。[②] 的确在他大量的言情小说里，无论悲欢离合，天老地荒，无不围绕着处于现代转型中的男女个体对于美好真情及小家庭生活的向往，及在都市环境中的各种人伦关系，然而这些小说也折射出半殖民都会的复杂思潮，包含传统与现代、民族主义与爱情至上之间的矛盾。另一方面茅盾则遵循五四以来"娜拉"主义的路线，在20年代末共产主义运动遭到挫折之时，更迫切地企图打破妇女的"小家庭"梦想而把她们动员到"革命"的历史洪流之中。

三、《留声机片》：女性痛苦与娱乐的反讽

通俗文学中也有不少乌托邦主题的表现，如张春帆的长篇小说《紫兰女侠》在1920年代末《紫罗兰》杂志上连载。描写清末一群爱国女子帮助孙中山反清革命，她们坚持女子贞操、以中医治伤等，正表现"旧派"的文化特色。另外她们不赞成孙中山的暴力革命，在革命成功后全身而退，接受了某富翁的捐款，在江苏北部的海边建设一个环境优美的"模范港"，作为她们未来生活的福地，

① Granme Turner, *British Cultural StudiesL：An Introduction*，New York，London：Routledge，1992，p. 58.

② 《〈新家庭〉出版宣言》，《新家庭》，1卷1号 。

这些都具有乌托邦色彩。①周瘦鹃的《留声机片》却是一篇反乌托邦的作品，就叙事形式而言糅合了写实、寓言和抒情的多样元素，是一篇结构完整、令人感动的小说，与茅盾所说的"记账式"风牛马不相及，当然与其主张的自然主义也大相径庭。小说的故事颇为简单：一名叫情劫生的年轻人在情场失意离开上海，来到了太平洋上的"恨岛"。可他忘不了他的情人林倩玉，与他青梅竹马，情投意合，听父母之命嫁了别人。八年后，情劫生弥留病榻之际，想对倩玉有所交待。于是找来岛上的百代唱片公司为他录音，录了音后他死去。倩玉听到了这段录音，伤心欲绝，她天天播放，直至郁郁而死，躺在仍然转动着的留声机旁。②讽刺的是，尽管周氏的故事聚焦在留声机这"现代"的科技上，其风格却频频回眸顾盼文学传统。首先对男女主角的命名隐寓着中国言情小说源远流长的谱系，情劫生按照佛义解释，注定遭受情劫的轮回，而林倩玉则跟《红楼梦》的林黛玉几近雷同。内中才子佳人式的伤感、"为情而死"的哲学意涵，跟17世纪以降在江南城市盛放的情色文学和爱情论述的传统遥遥相应。周氏是苏州人，继承此一文士文化自然不过。③情劫生与林倩玉自由相恋，由于家长的反对而劳燕分飞，这样的故事流行于1920年代初，对于当时青年男女颇具普遍性；这篇小说情劫生珍藏着的林倩玉的情书，以及她婚后生活不幸福而仍旧深爱着的情节显然有着周氏自己与初恋情人紫罗兰的"影事"。

"留声机本是娱乐的东西"，小说一开场即端出有关娱乐的主题，然而悲剧的结局却让人跌破眼镜——女主人公倒毙在播放中的留声机旁。所谓：

> 那一支金刚钻针着在唱片上，忒楞楞地转，转出一片声调来。《捉放曹》咧，《辕门斩子》咧，《马浪荡》咧，《荡湖船》咧，使人听了都能开怀。……谁也知道这供人娱乐的留声机片，却蓦地做了一齣情场悲剧中的砌末，一咽一抑的呕出一派心碎声来。任是天津桥上的鹃啼，巫峡中的猿哭，都比不上他那么凄凉悲惨，机片辘辘的转动，到底把一个女孩子的芳心也轻轻碾碎了。

尽管周瘦鹃因主张小说的"消闲"功效而引起争论，这一番将"娱乐"变作"情场悲剧"的说白，不啻有意挑战并颠覆了自身的语码。事实上整个故事

---

① 参陈建华：《革命与形式——茅盾早期小说的现代性展开，1927—1930》，上海：复旦大学出版社，2007年，第80—90页。

② 周瘦鹃：《留声机片》，《礼拜六》，第108期。

③ 韩南（Patrick Hanan）：*The Chinese Vernacular Story*，Cambridge：Harvard University Press，1981，pp. 79—80。夏志清："Hsu Chen—ya's Yu—li hun：An Essay in Literary History and Criticism,"载Liu Ts'un—yan编 *Chinese Middlebrow Fiction：From Ch'ing and Early Republican Eras*，香港：中文大学出版社，1984年，第201—202页。

所显示的，他在游戏于习以为常的文学套式时，却向壁虚构，为一对失恋情人营造孽海情天的时空，展示了本土苦痛现实与全球娱乐机制之间的吊诡张力。留声机片作为一个听觉传媒的道具、现代科技的指符，对于陷入痛苦家庭生活的林倩玉，足以充当慰藉其孤寂的良伴，却成为复制与加剧痛苦的帮凶。作者在形式上制造起伏和转折，游走于传统和创新之间。故事的悲剧收场，使私人空间及留声机——日常城市生活常见的玩意儿——蒙上了鬼魅的阴影，也给这一爱情悲剧涂上诡异的色调，遂使耳熟能详的叙事套式变得"陌生化"起来。

这短篇出现在新旧嬗变中的社会转型时期，西式的自由恋爱和婚姻在年青人当中广为传播，实际上自由选择婚配对象的理想却被司法制度及滞后的文化观念所牵制。直至1930年，情投意合的情侣在经济上和法律上无法摆脱父母对婚姻的安排。[①]在20世纪初，小说诸如符霖的《禽海石》、吴研人的《恨海》开始聚焦于父母之命与年青一辈的进步价值观之间的紧张关系。[②]林倩玉和情劫生正好属于这新的世代，在社会风气开放的空气里成长，受到个体情感及自由婚姻等西方观念的熏陶。学者普遍认为周瘦鹃的爱情小说大多揭露旧式媒妁婚姻的罪恶，[③]可是《留声机片》含有一个微妙的差别：它的重心有所转移，不单只描写家长专制所引起的悲剧，更触及都市新式"核心家庭"自身的脆弱与危机。

林倩玉出身于有产家庭，受过教育，又嫁给一个体面的男子。然而她过着灵魂和肉体分裂的痛苦生活：外表上屈从命运，内心里对情劫生仍忠贞不二。在周氏的小说里的女性无论顺逆，不外乎"贤妻良母"的模型，体现其核心家庭的伦理观以及对于现代城市生活的憧憬。1910年代周氏撰文在赞美"华盛顿妻子"和"华盛顿母亲"，[④]至1932年创刊《新家庭》杂志，那是以西方杂志《妇女家庭杂志》（*Ladies Homes Journal*）、《家庭良友》（*Women's Home Companion*）、《现代家庭》（*Modern Home*）为蓝本的刊物。他的娱乐取向与民国时期的国族主义和个人消费主义的意识形态之间或相得益彰，或貌合神离，使我们不难理解周氏在《〈新家庭〉出版宣言》里强调日常生活中舒适家庭的重要性。[⑤]所谓"家庭乐趣"这一概念植根在资产阶级意识里，具有特殊的历史涵意。[⑥]可是周氏的家庭价值观却是自相矛盾的，比如说，在林倩玉的个案中，他说：

---

① 戴伟：《中国婚姻性爱史稿》，第384页。

② 韩南：《序言》，*The Sea of Regret*（《海上花》英译本），Honolulu：University of Hawaii Press，1995，第1—17页。

③ 魏绍昌：《周瘦鹃》，《我看鸳鸯蝴蝶派》，第83页。范伯群：《周瘦鹃和礼拜六》，《民国通俗小说—鸳鸯蝴蝶派》，台北：台北国文天地杂志社，1990年，第156—159页。

④ 周瘦鹃：《华盛顿之妻》及《华盛顿之母》，《妇女时报》，1913年10月，第11期。

⑤ 周瘦鹃：《〈新家庭〉出版宣言》，《新家庭》，第1卷，第1期。

⑥ Witold Rybczynski，*Home：A Short History of an Idea*，New York：Penguin Books，1986。

> 伊的嫁与别人，并不是有意辜负他，只为被父母逼着，委曲求全，不得不这样混过去。伊原打定主意，把自己分做两部，肉体是不值钱的，便给伊礼法上的丈夫；心和灵魂却保留着，给伊的意中人。

并非偶然，几乎与《留声机片》发表的同时，周瘦鹃在《我的家庭》一文中隐约透露了他的不幸初恋，与小说里男女主人公的遭遇相似。作为有妇之夫他不讳言其感情另有所属，而若隐若现地散见于他的作品里的"紫罗兰"似乎就是指那个初恋情人。周氏一向宣扬"高尚纯洁"的爱情，然而当他的罗曼哀史不断流播时，他的爱的世界变得飘摇起来，置身于感情与伦理的冲突之中，蕴含了某种中产阶级意识的两难困境。林倩玉的疯狂而香消玉殒的结局，质疑了"贤妻良母"的范式和"小家庭"的理想，也隐含了矛盾的性别政治：一方面女性的闺阁空间被资产阶级意识所编码，可另一方面这样的家庭理想却伴随着作者的终身痛楚而暗潮汹涌。情劫生这一角色也充满矛盾。作为一个自我放逐的情人，与周氏的创作经历相对照，意味着他的爱国情怀的褪色。1915 年，针对丧权辱国的二十一条签约，周氏义愤填膺写了有名的中篇《亡国奴之日记》，其中悲剧的主人翁自国土沦入敌国之手以后，逃遁到太平洋上的岛屿，倾诉其满腔忠诚。[1] 情劫生远离故土，同样来到太平洋孤岛上，对周氏而言更是个政治倾向的转折，可跟他对民国政治的失望连系起来。1920 年代上半叶他编辑《申报·自由谈》时，几乎每日在时评专栏中指着总统、军阀及国会议员的鼻子骂，抨击他们祸国殃民的行径。

在情劫生来说，对国家的疏离尚在其次。在太平洋孤岛上他面对世界，更具讽刺的是与文明的秩序相疏离。从晚清以来有关"岛"的知识往往由报纸、期刊和文学翻译所传播，关系着对异域风情的想象和本土身份的焦虑。同样的，在当时的小说如曾朴的《孽海花》之中，海的形象也牵连着中国人对全球及地区的地缘政治的想象。在运用"恨岛"来形容遗憾与悔恨时，周氏妙想天开地把整个世界变为一个"情场"——失恋者以苦为乐的乐园。在这意义上，有关"情"的本土论述被"普世化"，而"中华民国的情场失意人"被聚焦于这一微型世界的舞台中心。"恨海"即"情场"的意象让人联系到吴趼人的代表作《恨海》，这故事讲述他的爱的劫难如何透过全球资本主义的现代科技复制成文化产品，带着他魂归故园，加剧了当地的悲剧，使他的情人更为伤心欲绝。

在描述绝望的恋人的同时，叙事者的犬儒口吻中那岛屿变成一幅巨型俱乐部的讽刺画，邀请读者进入环球经济和离散的空间：

> 这恨岛直是一个巨大的俱乐部，先前有一二个慈善家特地带了重金，到这

---

① 周瘦鹃：《亡国奴之日记》，《瘦鹃短篇小说》，上海：中华书局，1918 年，卷 1，第 59—62 页。

里来，造了好多娱乐的场所，想出种种娱乐的方法，逗引着那些失意的人，使他们快乐。虽也明知道这情场中的恨事，往往刻骨难忘，然而借着一时的快乐，缓和他们，好暂忘那刻骨的痛苦，也未始不是一件好事。至于文明国中的一切公益事业，岛中也应有尽有，并不欠缺。这所在简直是一个情场失意人的新伦敦、也是一个情场失意人的新纽约。[①]

　　本来这个小岛由"青天碧海，瑶草奇葩点缀成了一个世外桃源"，加上这个犹如迪斯尼乐园的"巨大的俱乐部"，不难想象，对于那些情场失意者不啻是个疗伤的天堂。然而作者似在戏弄读者的美好期待，继续告诉我们，岛中居民约有十万人左右，来自美英法德诸国，及欧美邻近的国家，包括少数非洲黑人和美洲红种人，"内中男女七八万人都是各国失意情场的人，其余是他们的家人咧、婢仆咧，和一般苦力。就这婢和苦力中间，也很有捱过情场苦味来的。"事实上这是个幻想世界跟现实的"文明国"相差无几，像伦敦、纽约一样，被资本主义的社会机制所主宰，那一二个好心的"慈善家"以"重金"投资建造了好多娱乐场所，并想方设法用种种方法给居民带来了快乐，实际上是通过失意者的情感消费来获得赢利。情劫生要求百代唱片的一个"分公司"为他录制唱片，即是一个细节。唱片公司的"工师"来帮他录制，当然是收费的。情劫生特地关照他还有三千块钱，除了支付唱片制作的费用之外，作他的丧葬及其他之用。这一细节有现实根据，1910 年代上海就有"法商东方百代公司"（Pathé Orient）的分公司，且推出新型"金刚钻针"留声机，更坚固耐用。[②]周瘦鹃自己乐此不疲，说到《留声机片》的创作灵感："近癖留声机，朝夕得暇，每以一听为快。机片转处，歌乐齐鸣，几疑身在梨园中也。日者谋草说部，思路苦涩，适闻留声机声，忻然若有得。走笔两夕，遂成一篇，题曰'留声机片'。抒写哀情，差能尽致。于以知小说材料不患枯窘，端赖吾人之随时触机而已。"[③]说这篇小说得自神来之笔，可见他的得意情状。

　　想想也可怕。大多数失意人荷载着心灵的创伤，尽管岛上风景如画，享乐设施齐备，却难以遮掩他们内心愁云密布的风景。小说里反讽处处在此。他们逃避痛苦而来到岛上，如情劫生的故事一样，造成他们爱情悲剧的各有家庭社会的原因，不同程度受到现实的压迫，但随同他们一起的还有婢女仆人及苦力，在他们的小世界里，仍然维持着阶级秩序。更惨的是多数婢女仆人及苦力也在恋爱上遭受失败，来到岛上仍然不得不服从阶级的压迫。同样在岛上有白人、黑人、黄种人等各种肤色的民族，也有着种族之间高下的差别。情劫生因为信

① 周瘦鹃：《留声机片》，《礼拜六》，第 108 期。
② 参葛涛：《百代浮沉：近代上海百代唱片公司盛衰纪》，《史林》，第 108 期（2008 年）XX。
③ 鹃：《自由谈之自由谈》，《申报》，1921 年 4 月 24 日，第 14 版。

仰基督教而放弃了自杀的念头，遂使他有别传统小说里"为情而死"的才子类型。他心地善良，孑然一身，与一个哑巴孩子为伴，临终时给了三百块钱，回报他的侍候。他对林倩玉也不抱怨恨，每每望洋兴叹，心念她"身体可好，可能享受夫唱妇随的真幸福"。但上帝并没有给他带来心灵上的宁静，却一味守着他的情殇而不能摆脱。显然在岛上他不快乐，从不涉足娱乐场所，八年后郁郁以终。

当林倩玉收到唱片之后，故事进入高潮，焦点由男主角转移到女主角，错综复杂的冲突终于爆发了。最后镜头在她的闺房里，留声机正播放着，她倒在留声机旁。这里呼应了小说的开首，以留声机片来比喻林倩玉的心。当她听到情劫生的临终之言，她的心确实破碎了：那唱片仍旧漠然地在唱盘上转动着，然而好像她的心，被金刚钻针头碾碎。这不仅是个巧妙的比喻，联系故事的结构，这结局给处于公私空间夹缝里的女性身体添上了新的意义。

林倩玉对自己辜负了情劫生深感悔恨，读者不难看到她的破碎的心就如留声机片一样的脆弱，从而质疑她的家庭空间的安全性。她的心碎是精神上的，却被突如其来的外来的风暴所击碎。她的婚姻不完美，但她逆来顺受，像一般的城市核心家庭，既免除了传统大家庭的麻烦，也无须在社会上谋生，她能享受她的闲暇与私密空间，保持失恋的秘密，沉醉于甜蜜的初恋的回忆中，她的丈夫经常外出，如影子般只在她疯掉的时候才出现。留声机能为她解闷，或许只是一个摆设，然而留声机片却是流动的，它由情劫生寄来，在他录制过程所涉及的外在关系，牵涉到环球资金和现代科技的力量，情殇的记忆被工业技术复制成一件文化产品，也是一件被打上了资本烙印的商品。当它经过现代交通而来到她那里，他的身体在空间上和文化上被卷入内外相交织的权力网络。久经压抑的爱情被激活，遇到宣泄的窗口而一发不可收，同时她本来脆弱的心灵、隐秘的空间一旦与象征着现代机制与权力的外在世界遭遇，她的整个世界撕裂了，所有内在的问题曝现出来，日常的小玩儿变成了可怖的器具，旋转的留声机片作为碾碎心灵的意象显出特别诡异的特质。

从社会寓意的角度看，《留声机片》显示了当时历史条件下中产阶级个人处于内外、新旧的夹缝中的窘境。在发表这篇小说三个月后，周瘦鹃所主编的《申报·自由谈》开辟《家庭周刊》，后继以《家庭月刊》，数年间刊登了大量以主张"模范""小家庭"为中心的论述，代表了旧派以为维多利亚式资产阶级社会为蓝本的发展愿景。但《留声机片》却折射出周氏内心的挣扎，如林倩玉的爱情与婚姻的不幸似乎意味着某种先天不足，在本土的政治经济环境里个人自由的实现困难重重。她的留声机片一样的脆弱的心的意象，以女性的闺阁如坟墓作为悲剧的结局，揭露了她内在的不安和动荡的同时，也让我们从内而外——从她的破碎的心——来张望外在的世界。虽然情劫生逃离本土，生活在伦敦、纽约般的新世界里，但在快乐的消费主义统治底下，充斥着剥削与不平等，他得不到心灵的归宿。同样对于周瘦鹃来说，他所代表的个人的声音极其微弱，不仅其"消闲"主张遭到民族主义者的打击，《留声机片》中娱乐与死亡相伴，也不无自我揶揄的成分。事实上当周氏与他的同仁们在津津乐道都市"小家庭"之时，内乱无已，民族革命运动不断高涨，他们也不得不亦步亦趋。

小说里男女主人公看似软弱，但那种基于个体爱情、讴歌私密空间的美学表现正是现代主义的精髓。这篇小说可看作是传统"为情而死"的爱情故事的现代改版。两人通过死亡而获得精神的合一，犹如《孔雀东南飞》里坟墓旁的两个树，其枝叶在空间里连接为一体。情劫生别无选择，不得不通过商品和机械的帮助，使他的心灵回到家园和心爱者身旁，如此藉之坚持纯情，面对外在的压迫保持其坚韧，也属一种抗争。《留声机片》遭到茅盾斥责，且不论其"记账式"或"描写"的理由，它出现在新旧文学论争之际，明显留下抗拒以白话与科学写实主义为新潮标识的印痕。这篇小说是周氏形式上不断实验的产物，不受所谓客观写实的局限，而运用奇幻寓言的想象，语言上保持抒情传统，不像他的某些作品过于煽情或滥用典故，而反讽成分的加入更显得有所节制，其中交汇古今中外多种文学与文化资源，演化为一种杂体小说，一种集合着全球视野与在地政治的文学现代性，在这方面用欧美的形式和美学来衡量其优劣是完全不恰当的。

四、《创造》：女体消费与乌托邦空间

1927 年"大革命"国共决裂以后，茅盾撤离前线，从武汉回到上海，开始埋首写小说。他的三部曲《蚀》惹来钱杏邨等左翼人士的尖锐批评，指控他不够革命，散布堕落和悲观主义来讨好小资产阶级。茅盾以有名的文章《从牯岭到东京》来回应。一边为自己的精神不振道歉，另一边争辩说革命作家不能忽视小资产阶级及都市读者，应当为他们提供革命的精神食粮，把他们争取过来。[①] 这一点十分有趣，当时茅盾对革命产生幻灭，与组织失去联系，以卖文为生，当然要考虑消费市场。先前他曾介绍过无产阶级文学理论，当时文坛也正流行"无产阶级文学"，不过一旦付诸创作实践，只有写他所熟悉的生活才能得心应手。不无吊诡的是这与他当初批判的周瘦鹃他们走到了同一条道上，面对相似的读者市场。不愧是革命的茅盾，以《蚀》三部曲及《虹》等属于"革命加恋爱"的类型打入文学市场，小说里孙舞阳、章秋柳、梅行素等"时代女性"，一个个在革命的洪流里，举手投足，顾盼生姿，尤其是她们在性观念方面自由而开放，当然要使林倩玉一类女子相形失色，给少男少女读者吹来了解放之风。20 年代末在北伐革命的反帝声浪中，上海文坛也迅速变化，与世界现代

① 茅盾：《从牯岭到东京》，载唐金海等编：《茅盾专集》，第 1 卷，第 342、345 页。

主义文学的接轨变得眼花缭乱起来，茅盾与左翼的"革命加恋爱"小说较多受了苏俄的影响，接踵而起的"新感觉派"则吹来了日本与法国文学的浪漫新风，此时周氏的言情小说几乎停产，多半是他的维多利亚式的文学楷模突然失去竞争力的缘故。

茅盾的文学起跑另有障碍，即小说形式问题。他曾经大谈特谈西洋小说理论，但临到他自己要写小说，像大多数中国作家一样，落笔之际就不期然的会受到文学传统的牵制，这里那里显出旧文学的套路或修辞。对于批判过周瘦鹃的茅盾来说，面临着如何创"新"的焦虑。挑战是多方面的，他不缺少创作冲动与生活经验，但必须被纳入自然主义的叙事模式，又要体现其政治议程，因此说这样的小说创作是概念先行似不为过。据茅盾的说法，从五四运动到五卅运动，中国思想界经历了从"个人主义"到"集体主义"的转向，《创造》中的女主角娴娴作为女性寻求解放的代表，也体现了这样的转向。这是他初次尝试写短篇，且自视为得意之作。娴娴这一新娜拉的形象满足了他在国共合作流产以后的需要，使他恢复了"革命"信念。当娴娴被革命所物化，茅盾本人及其现实主义小说被套上了一个"神秘的历史框架"。①在余下的讨论，我会在1920年代有关新旧文学争议的脉络之中分析《创造》。如果以周瘦鹃的《留声机片》作为映照之镜，我们可以看到有关性别、性及城市文化的语码被"革命"的机制所操控与取代，娴娴是如何反转了"贤妻良母"的家庭主妇的类型，以及茅盾是如何施展叙事策略来赢取都市文学市场的。

众所周知，易卜生《玩偶之家》中的娜拉作为自我解放的模范影响了五四一代。像娜拉一样，娴娴为了争取个人自由而离开了丈夫和家庭，虽然结局的处理比易卜生来得温和：不是坪地一声关门后出走，娴娴悄悄从家里溜出来。然而这里不存在娜拉出走怎么办的问题，娴娴离开了思想上落后的丈夫而加入了热火朝天的革命运动。颇似《留声机片》中的林倩玉，娴娴的形象塑造中展开也内外空间的狂想，只是她响应了集体斗争的号角的召唤，投入了一个寄托着茅盾的东山再起的革命的乌托邦空间。

故事发生在某个早晨上海一个中产家庭的卧房里，随着叙事者摄影机般的移动镜头，我们可以看到晨曦中展现的各种景象，包括床上的一对夫妇，美丽的富于肉感的妇人引起窥视癖式的好奇。女主角健康的肉体和摩登的外表，浓郁熏染着城市文化的语码。这一连串的开幕镜头，营造了一个似模似样的富有城市生活风格的室内场景，可当我们看下去，则引入婚姻关系的尖锐冲突之中。

夫妻之间思想上的鸿沟是在空间的层次上逐步展开的。男主角君实是个文

---

① 在谈到茅盾的历史小说时，王德威清楚地说明"神秘的历史框架"（mystical frame of History）如何在文学的论述和叙事结构之中作为无所不在的媒介。参见 Fictional Realism in 20th—century China：Mao Dun, Lao She, and Shen Congwen, New York：Columbia University, 1992, pp. 30—35.

化上保守的爱国主义者，多半得自于晚清改良派的父亲的遗传。按照他父亲的安排，君实先得学习新知识，完成学业，再找一个理想的女子作终身伴侣，带着她环游世界，生儿育女，然后自 40 岁起为国家服务。在这样的人生蓝图里，妻子须合乎双重要求：作为贤内助，她须乐意而娴熟地打理日常家务，另一方面却又指望她能跟上时髦的社会潮流，在众人眼中是个有内涵的妻子。的确君实就是按照他父亲的愿望而"创造"了娴娴，她也正是这样的一块"璞玉"，被打造成一件精品，但是当她一旦成为新女性，与外界的接触愈多，她就愈受到进步社会潮流所鼓舞，结果她受了马克思主义的影响，却从家庭的樊笼中逃脱出来，并投身于革命运动。

在叙事策略方面茅盾采用一种心理写实主义，主要通过阅读君实的心理状态，主人公的第一人称的口吻常常混合着第三人称叙事，实际上狡狯渗透着作者的评论。觉察到娴娴近来与他离异的一举一动，在不断回顾他的整个"创造"她的过程中，自怜中夹杂着大男子主义的恼恨，他想弄明白他和娴娴之间到底发生了什么，却始终不明白女性的自我追求，也不明白自己已跟不上时代的潮流。同时对于娴娴则以白描、对白和特写的叙事手段，很少让她自己说话。当故事到达高潮，男女主人公的权力关系倒转了过来，读者在鄙视君实的同时认同着娴娴的反叛，分享着她的革命价值观。她跟读者的距离变得更近，而君实则因为他的自怨自艾或陈旧迂腐而难于讨人喜欢。讽刺的是，读者对娴娴的认同，更多的是由于一种她的天真性格与令人诱惑的肢体修辞的效果，并非因为得到她的思想上的吸引或说服。

在他早期的革命加恋爱小说里，茅盾都费尽心思的要借着恋爱和女体来表现革命的自然化性质。如反映北伐革命的《蚀》三部曲所示，他雄心勃勃地要把革命叙事成为历史必然进步的比喻，而那些女主人公受一种进化的时间意识的支配，在历史进步的召唤下热情追随革命，但在她们"时代女性"的集体性格中常常吊诡地伴随着躁动不安的欲望，既以模特儿般的魔鬼身材迷倒周遭的男生，也善于舍取自如，置他们于股掌之上，然而一旦她们受到自怜自爱的当下意识的驱使，欲望战胜了历史意志，革命也随之陷入了混沌。《创造》紧接着多次尝试之后出现，在茅盾看来标志着一次成功，使因为表现了娴娴的"现在"哲学与革命方向的同一性，然而此一成功，大部分是仰赖作者在修辞上对娴娴的欲望的操控所致。[①]

娴娴的性格之所以引起读者的认同，大部分由于叙事机制在描绘性别角色、私人及公共空间、性和政治讯息方面运用了修辞上转移与取代的效果。她的内在心理的描写付之阙如，而以她的活泼而肉感的外观来充填。正当君实为着自

---

① 有关女性身体及时间意识的现代框架之间的关系，参见陈建华：《革命的女性化和女性的革命化》，《"革命"的现代性 — 中国革命话语考论》，上海：上海古籍出版社，2000 年，第 286—333 页。

已创造的失败而屡感挫折、并失去读者的同情时，叙事者在不断暗示，君实在私密空间的"思想斗争"中远非娴娴的对手。一系列空间的比喻暗示君实已经丧失家庭里的主导权，唯一留给他的空间是南窗下的书桌。她训导君实："过去的，让它过去，永远不要回顾；未来的，等来了时再说，不要空想；我们只抓住了现在，用我们现在的理解，做我们所应该做。"①此时"创造"者的角色不无反讽地反转过来，这样一种活在当下的哲学，充盈着她对革命的盲目热情及其未来救赎的期许，仿佛是未卜先知，却有欠说服力。这声音是外加的，跟一个城市的职业妇女的性格实在相差得很远，事实上体现作者的革命议程。

当君实意识到房间变成了"娴娴的世界"，他感到她已经从他"思想内精神内"的"拥抱"跳脱了出来：

> 思想上的不同，也慢慢的来了。这是个无声的痛苦的斗争。君实曾经用尽能力，企图恢复他在夫人心窝里的独占的优势，然而徒然。娴娴的心里已经有一道坚固的堡垒，顽抗他的攻击；并且娴娴心里的新势力又是一天一天扩张，驱逼旧有者出来。在最近一月中，君实几次感到了自己的失败。他承认自己在娴娴心中的统治快要推翻……②

在这出家庭喜剧里，"斗争"的比喻带有戏谑，却点出了作者一向所持的新旧之间不容含糊的斗争哲学。娴娴的身体被呈现为一个"战场"，意味着布尔乔亚的私领域被乌托邦式的革命空间所取代。

茅盾所用的女性的"心"的意象与《留声机片》里林倩玉的心形成一个有趣的对照。林倩玉的心被描绘成感性的、脆弱的、家庭生活面临外在势力威胁的表征。当娴娴从她的丈夫的意识形态的占领中取得独立时，意味着在外来的新的社会理论的武装下变得心如铁石。更抽象的来说，她的心被视为文化的战场，当中旧的势力被新来者——马克思主义——驱逐出来。由此，借着这新的势力她成功冲破家庭的枷锁，全身投入外在的革命空间。

在《创造》的最后部分，故事到达了高潮，读者欣赏娴娴的充满活力的身体和追求自由的灵魂，并深信君实活该为他的男性沙文主义和保守主义受罪。读者早已从空间的暗示和比喻得知娴娴追加成功地推翻了父权秩序并把家庭转化为自己的空间；现在作者似乎画龙点睛地凸现她的革命主体性。娴娴似乎看出了君实的心思，半开玩笑半认真地说：

> 不用胡思乱想了！你原来是成功的。我并没走到你的反对方向。我现

---

① 茅盾：《创造》，载《茅盾专集》，第8卷，第23页。

② 同上书，第7页。

在走的方向，不就是你所引导的么？也许我确是比你走先了一步了，但我们还是同一方向。①

正如题目《创造》含有创造者与创造物之间反讽意味的对换：娴娴成了教育者和创造者，君实随之而成为她的创造物。她已经居高临下，代表着革命"方向"发言，家庭的私密空间的墙壁被拆除，向集体的意志开放。娴娴随即又回到她自己，再次活脱一个淘气的主妇，身体政治继续在生效："娴娴又压在君实的身上了。她的绵软而健壮的肉体在他身上揉矸，笑声从她的喉间汩汩地泛出来，散在满房。"借着施展这些女性的情色母题，茅盾把他的乌托邦愿景挪移到读者的性幻想里头。

在新旧文学的论战背景底下，我们可以看到《创造》蕴含着家庭价值的嘲讽，让革命的意识形态暗渡陈仓，通过对于城市文化的重新编码，藉以推翻中产阶级家庭生活的理想。虽然如此，我们无法确定这隐含的革命讯息实际上有多少被 20 年代末的城市读者所接受。恐怕有许多人只把它看成一出有趣的家庭喜剧，其中不无他们所欣赏的中产阶级生活情调、性别问题及性挑逗元素。

五、小结

周瘦鹃从事大众文化生产，遵奉商业路线，关注大众日常的物质欲望，他所主编的《紫罗兰》杂志典型地体现了这些特点。他不鼓吹革命，而主张在现存资本主义体制里进行日常点滴的改良。那种和资本主义商品化密切关联的"消闲"文学很可能像詹明信所批评的，商品本身是一种"物化"，而那种"物恋化"（fetishist）的"消闲"就难免是一种"伪意识"（false consciousness）。②但《留声机片》却触及大众文化的深层情感结构，反映了资产阶级个人空间的某种困境，其发展不仅先天不足地受到传统制度与文化的抑制，那个太平洋孤岛作为纽约或伦敦的都市乌托邦，建立在阶级差异与资本剥削之上，情劫生在那里也没有找到心目中的乐园。这篇小说揭示了年青一代的情感悲剧，不啻是留声机片这一娱乐符指的反讽，作为文学商品却在性质上恰恰走向商品文学的反面，因此也很难说是一种迷醉大众的心灵鸡汤。

1927 年国共合作破裂后，共产主义运动继续发展而转向发动和组织群众运动，茅盾的《创造》表明他在一度情绪低落之后重新坚定了他的革命信念，而小说中的娴娴则象征着相应革命号召的群众一员的符指。其实在北伐战争中妇

---

① 茅盾：《创造》，载《茅盾专集》，第 8 卷，第 22 页。

② Frederic Jameson，"Pleasure：A Political Issue," in *Formations of Pleasure*，London：Routledge & Kegan Paul，1983，pp. 2—4.

女即构成极其重要的群众力量。《创造》回顾晚清以来改良主义者为女性设计了未来中国的社会角色的定位，却与资产阶级"小家庭"一起被历史所埋葬，从而表明女性必定加入革命的结论。不无吊诡的是，《创造》本身产生于当时印刷资本主义的运作机制，在叙事采用合乎城市女性的口味与典律而旨在达到内在颠覆个人与家庭价值的策略，实际上使女性成为一个被"物化"的所指。这一点在后来的长篇小说《虹》得到进一步证实，女主人公梅行素从内地来到上海，加入革命运动，也接受了马克思主义的武装。她一再受到都市物质的诱惑，为了与进化历史保持同一方向，要克服自己身上的"女性"与"母性"成为她的行动指南。如果参照《共产党宣言》中："代替那存在着阶级和阶级对立的资产阶级旧社会的，将是这样一个联合体，在那里，每个人的自由发展是一切人的自由发展的条件。"那么茅盾这么处理女性，显然与马克思的论述有很大出入。

在五方杂处的半殖民上海，革命与共和、世界主义与社会主义等意识形态交汇其间，如鲍绍霖《文明的憧憬》一书指出，清末以来世界上各种政体与社会模式引起不同的中国想象和实践。[①] 20 世纪中国的乌托邦文学再现极其丰富，为未来中提供了多元的资源。"马克思主义与将来"需要回顾现代中国的历史，也包括对于马克思主义的中国理论与实践的反思。如本文所言，在半殖民"第三世界"的中国，无论都市大众文化与"无产阶级"革命文化都表现出自身的特点，而把它们所谓文化整体来思考或许是我们的基本任务。

（本文责任编辑：贾洁）

---

① 鲍绍霖：《文明的憧憬：近代中国对民族与国家典范的追寻》，香港：香港中文大学出版社，1999 年。

舌尖上的罪恶

——《酒国》的生态批评

■ 范永康[*]

（曲靖师范学院人文学院）

【内容摘要】《酒国》不仅仅是一部反腐小说，它还蕴含着鲜明的生态意识和生态关怀。小说大量地描述了人类虐杀和虐食动物的图景，刻写出饕餮者的贪婪与麻木的普遍情绪，从"饮食文化"这个特殊的角度，批判了人类对动物的侵凌和对自然的破坏，反思了人类纵欲主义、享乐主义、利己主义、物质主义的生活和消费方式的危害性，具有独特的生态警示意义。

【关键词】《酒国》；虐食；生态警示

《酒国》主要讲述的是省人民检察院的特级侦察员丁钩儿到酒国市调查一个腐败的吃婴儿案件，但最终失败的故事。显然，小说的主题是批判官僚腐败的，对《酒国》这部作品的研究和批评也大都以此为切入点。但是，莫言对此却说了一段意味深长的话："《酒国》里的象征意义还不光是指腐败现象，也描写了人类共同存在的阴暗的心理和病态的现象，对食物的需求已远远超出了身体需要的程度。人的食欲是对大自然的一种强烈的破坏力量，因此《酒国》的故事不应单从浅层去理解。"[②] 那么，莫言未经言明的《酒国》的深层意蕴到底是什么呢？我以为，便是小说的生态意识和生态关怀，既包含对人类中心主义的批

---

　* 范永康，1972 年生，男，安徽芜湖人，文学博士，曲靖师范学院人文学院教授，从事文艺学研究。本文为 2012 年云南省哲学社会科学创新团队"民族文化与文艺理论研究"建设资助项目。

　② 莫言：《碎语文学》，北京：作家出版社，2012 年，第 51 页。

判，对人与动物乃至自然关系的全新思考，也包含对人类贪欲的揭露和控诉。

一、人类虐杀和虐食动物的残酷图景

小说中的酒国市堪称"酒城"，这里到处都是酒徒、酒宴、酒店、酒厂。在这里，历史是"酒历史"，文化是"酒文化"，教育是"酒教育"，经济是"酒经济"，政治是"酒政治"，一句话，"酒"成为酒国的主宰和灵魂。值得注意的是，既然喝酒，就得有下酒菜，就得有丰富多样的美食，于是，"以酒为龙头，带动了特种服务业、饮食业、珍贵畜禽饲养……"① "站在驴街，放眼酒国，真正是美吃如云，目不暇接：驴街杀驴，鹿街杀鹿，牛街宰牛，羊巷宰羊，猪厂杀猪，马胡同杀马，狗集猫市杀狗宰猫……数不胜数，令人心烦意乱唇干舌燥，总之，举凡山珍海味飞禽走兽鱼鳞虫介地球上能吃的东西在咱酒国都能吃到。"② 在酒国，实际上已经形成了两个世界：一边是酒国人花天酒地的天堂；一边是动物界任人宰割的地狱。

从采购、饲养、研究，到宰杀、烹制、销售，酒国人对动物的虐杀和饕餮已经形成一大产业。莫言以其特有的冷酷笔调在《驴街》、《烹饪课》、《采燕》等篇章中，详细地描述了人类杀驴吃驴、烹调鸭嘴兽、采集燕窝的残酷场景，令人触目惊心、不忍卒读。

小说大篇幅地描写了人类对动物施加的暴行，以杀驴和吃驴最为典型。酒国有一条非常有名的驴街，不到驴街就等于没来酒国。驴街长约二里，饭店酒馆九十家，杀驴和吃驴的智慧在这里集了大成。驴街杀驴历史悠久，从明朝即开杀，至今不绝。"清末这驴街上有一家驴肉馆，烹炒的驴肉最香，他们的方法是：在地上挖一个长方形的坑，上边盖一块厚木板，木板的四角上各有一圆洞，把驴子的四条腿下到圆洞里，驴子就无法挣脱。然后用滚水浇驴，刮尽驴毛。食客们要吃驴身上哪块肉可随意选，选定后即下刀割取。有时把驴肉卖光了，驴还在苟延残喘。"③ 但是，据美食家们说，这种活剐驴肉的味道并不理想。烹饪学院副教授、特食研究中心主任、李一斗的岳母，从科学的角度证实了这种说法。她认为，家畜遭杀前精神上的巨大压力会影响肉中糖原的含量，由代谢差造成成品后的香气差。因此，有经验的屠夫总是喜欢采用闪电般的动作结束动物的生命，借以提高质量，改善口感。于是，"驴阎王"孙秃头发明了一种槌击式杀驴法："秃头提着一柄血迹斑斑的橡木槌走到驴腚后，抡起来，在驴蹄与驴腿的结合部敲了一下，那头驴便一屁股坐在地上。他挥动木槌，又在驴的额

① 莫言：《酒国》，北京：作家出版社，2012年，第319页。
② 同上书，第144页。
③ 同上书，第356页。

头上敲了一下，那头驴便彻底放平了，四条腿挺得笔直，像四根棍子一样。……秃头拖过一只铁盆，放在倒地驴的颈下，然后持一把虎口长的小刀，挑断了驴颈上的血管子，紫红色的血喷到盆里……"① 何其干净利索，又是何等的残暴和血腥！

驴街上一尺酒店的镇店之宝便是"全驴宴"，驴被千刀万剐之后，各个器官都成为盘中美食。冷盘有：驴肚、驴肝、驴心、驴肠、驴肺、驴舌、驴唇……热菜有：红烧驴耳、清蒸驴脑、珍珠驴目、酒煮驴肋、盐水驴舌、红烧驴筋、梨藕驴喉、金鞭驴尾、走油驴肠、参煨驴蹄、五味驴肝，等等等等。以公驴和母驴的性器官为原料的"龙凤呈祥"更是驴菜极品，显示出最高的吃驴智慧。在酒国，"吃动物"已经成为一门学问，一种文化，一面映射出人性恶的镜子。

"数百年来，咱驴街结果了多少驴的性命，实在无法统计，可以说咱驴街上白天黑夜都游走着成群的驴的冤魂，可以说驴街上的每一块石头上都浸透了驴的鲜血，可以说咱驴街的每一株植物里都贯注着驴的精神，可以说咱驴街的每一个厕所里都蓬勃着驴的灵魂，可以说到过驴街的所有的人都或多或少地具备了驴的气质。"② 在驴被大量杀戮、吞噬之际，人性已经走向了兽性，作者在此已经无法抑制对驴的同情，对人的憎恨，他要为驴伸冤，替驴请命。

二、饕餮者的贪婪与麻木

孔子说："饮食男女，人之大欲存焉"。告子曰："食色性也"。鲁迅先生也曾明示，"一要生存，二要温饱，三要发展"。人活着，首先要解决的是吃喝问题、温饱问题。然而，改革开放富起来的酒国人及酒国客人则有了更高的追求，即"吃好喝好"。他们要"吃出名堂吃出乐趣吃出瘾"，"喝出名堂喝出乐趣喝上瘾"。在他们看来，吃喝并不仅仅是为了维持生命，而是"要通过吃喝体验人生真味，感悟生命哲学"；吃喝"不仅是生理活动过程，还是精神陶冶过程、美的欣赏过程"。披着文明外衣的酒国人，特别是酒国官员，现在已经欲壑难填、贪婪成性了。

一匹小黑骡子在拉货的过程中，由于难承其重，跌断了一条腿，发出痛苦的嘶鸣。唤来的不是"白衣天使"，而是两名"白衣厨师"，活活地割下它的几只骡蹄，去红烧了招待市里下来视察的领导，"明天市里领导来矿上参观，矿长下死命令要我们好好招待，鸡呀鱼呀不稀罕，正发愁呢，就听说骡子断了蹄。"③ 在官员的贪欲面前，黑骡子的生命不值一提。在酒国，蟋蟀要被捉来油

① 莫言:《酒国》，第 356 页。
② 同上书，第 145 页。
③ 同上书，第 128 页。

炸，稻米最好在鸡头里种植，总之，吃得越新越好，吃得越奇越好。正如酒博士李一斗所总结的："饮酒饮食都是一种食痴成癖、喜新厌旧、喜欢冒险、寻求刺激的行为。许多所谓的美食都是背叛传统、蔑视定法的结果。吃腻了雪白清香的豆腐就吃生满霉斑的臭豆腐，吃够了肥美鲜嫩的猪肉便吃腐烂猪肉里孳生的蛆虫。"① 人类在饮食方面已经远远超出正常的生理需求，正在走向变态、病态。

莫言运用艺术夸张的手法，将酒国官员的贪欲和人类饮食的变态逻辑演绎到顶峰：酒国人开始烹制婴儿，张罗起"吃人"的宴席了。他们为什么要吃小孩呢？"小妖精"一语道破天机："道理很简单，因为他们吃腻了牛、羊、猪、狗、骡子、兔子、鸡、鸭、鸽子、驴、骆驼、马驹、刺猬、麻雀、燕子、雁、鹅、猫、老鼠、黄鼬、狷狸，所以他们要吃小孩，因为我们的肉比牛肉嫩，比羊肉鲜，比猪肉香，比狗肉肥，比骡子肉软，比兔子肉硬，比鸡肉滑，比鸭肉滋，比鸽子肉正派，比驴肉生动，比骆驼肉娇贵，比马驹肉有弹性，比刺猬肉善良，比麻雀肉端庄，比燕子肉白净，比雁肉少青苗气，比鹅肉少糟糠味，比猫肉严肃，比老鼠肉有营养，比黄鼬肉少鬼气，比狷狸肉通俗。我们的肉是人间第一美味。"② 至此，酒国官员已经从"吃野兽的人"完全变成"吃人的野兽"了。

在吃人的酒国，从官场到民间，到处都弥漫着对于被吃者生命的漠视和麻木不仁的情绪。作家在《肉孩》和《烹饪课》中为我们提供了两个特写镜头。金元宝和他的老婆给儿子洗澡、换衣、喂奶，表面上是一幅温情脉脉的亲子图，实质上却是一场惨绝人寰的卖子交易、吃人交易。将小孩洗得干净一点、怕擦破了皮、换上一套新衣服、喂一顿营养丰富的乳汁，其实只有一个目的，就是要卖一个高的等级，好的价钱。在金钱和贪欲面前，最可宝贵的父子和母子亲情荡然无存，已经完全被异化了。第二个特写镜头是李一斗的美貌岳母讲授红烧婴儿的烹调方法。在她看来，人类对于被吃的对象，哪怕是自己的同类，自己的骨肉，也不必有怜悯之心："她首先特别明确地强调，厨师是铁打的心肠，不允许滥用感情。我们即将宰杀、烹制的婴儿其实并不是人，它们仅仅是一些根据严格的、两厢情愿的合同，为满足发展经济、繁荣酒国的特殊需要而生产出来的人形小兽。它们在本质上与这些游弋在水柜里待宰的鸭嘴兽是一样的，大家请放宽心，不要胡思乱想，你们要在心里一千遍、一万遍地念叨着：它们不是人，它们是人形小兽。"③ 宰杀和红烧婴孩的课堂教学是在客观的、冷静的、科学的氛围中进行的，偶或也传出轻松的笑声，师生之间已经达成一种默

---

① 莫言：《酒国》，第 317 页。

② 同上书，第 107 页。

③ 同上书，第 227 页。

契，那就是对生命的亵渎，对人性的践踏。

三、《酒国》的生态警示

与麦尔维尔的《白鲸》、福克纳的《熊》等小说相比，莫言选择了"饮食文化"这个特殊的角度，来揭示人类对动物的侵凌和对自然的破坏；从熟视无睹的日常题材中去反思和批判人类"自作孽不可活"的生态犯罪，自有其特殊的生态警示意义。

首先，人类虐杀、虐食动物，必然会遭到它们的反抗和报复，必须要重新审视人与动物、人与自然之间的关系。《采燕》篇中燕妮的小叔叔采燕身死的故事便蕴含了此象征意义。燕窝本是金丝燕唾液的结晶，"据观察者报告，雄燕在吐涎成巢的过程中不眠不食，头颅连续摆动数万次一巢始成。艰难困苦，胜过呕心沥血。"[1] 燕妮的父亲和叔叔从事的就是神秘而惊险的采燕工作。他们用竹竿架设天桥，攀爬至岩洞的穹窿，往往弄得啼燕翻飞，巢倾卵碎。一天，小叔叔在割取一只特大的白燕窝时，遭到了强烈的抵抗，"燕窝里的大燕子飞出来了，它们表现的特别英勇，不顾死活地用身体去碰撞他的脸，一次一次又一次。"技艺非凡的小叔叔终因体力不支，与燕窝一起坠落，肝脑涂地。这和《白鲸》中的捕鲸人亚哈最后同白鲸莫比·迪克人鱼双亡的情节有异曲同工之妙，向人类昭示了人对动物的屠杀，对自然的掠夺，必然会遭到惩罚，必然会导致双毁的悲剧命运。长期以来，人类将自然界、生物界作为自己攫取的对象、"可蹂躏的俘获物"，将自己置于食物链的顶端，将与自然对立、自我放纵的人类中心主义推行到极致，以致种种环境疾病、生理病变、生态灾难接踵而至，给人类自身造成极大的痛苦和折磨。现在，批判人类中心主义，重建人与生物、人与自然的和谐关系，倡导众生平等、互爱互助的生态伦理已经到了刻不容缓的地步了。

其次，人类的纵欲主义、享乐主义不但破坏自然生态，也会导致自身精神生态的恶化，必须重建一种与人类的生态安全、社会责任和精神价值相适应的健康的生活方式。以酒国官员为代表，酒国人吃烦了鸡鸭鱼肉，开始吃各种野生动物，吃驼蹄、熊掌、猴头、燕窝；吃烦了野生动物，又开始吃婴儿，集体变成了吃人的野兽，已经道德沦丧，人性泯灭，精神变态了，最终只能走向自我毁灭。且看奥维德在《变形记》里记载的一则古希腊神话：

忒萨利亚王子厄律西克同放肆地砍伐橡树，即使橡树流血也不为所动。他的名字的希腊文含义是"掘地者"，据说与他掘出森林的树根以扩大耕地

---

[1] 莫言：《酒国》，第 260 页。

有关。神对他的惩罚是：使他永远不觉得饱，使他的欲望无穷无尽且越来越强。从此以后，他的生活就只剩下一个目的——满足欲望。他白天吃，晚上吃，梦中还在吃，愈吃得多，肚子里愈空虚。他的饥饿的肚皮就像无底洞一样。他吃尽祖先储存的所有粮食，吃光了所有家产，连女儿也卖了换来吃的。最后，他实在找不到任何可吃的东西，只好用牙咬自己的肉，用自己的身体来喂养自己。①

酒国人乃至全人类如果继续沉迷于纵欲主义、享乐主义、利己主义、物质主义的，奢侈的，高消费的生活方式，必然会重蹈厄律西克同的覆辙。当今，"越来越多的人已经认识到，高消费的物质生活既不可能持久地延续下去，也不可能给人带来真正的幸福和安宁，反而会制造心理疾病，社会灾祸和生态危机。"② 欲望动力批判、消费文化批判已经成为生态批评的热点议题，而这也正是莫言《酒国》的深刻内蕴之一。

（本文责任编辑：张蕴艳）

---

① ［苏］M. H. 鲍特文尼克等编：《神话辞典》，黄鸿森等译，北京：商务印书馆，2008年，第107页。

② 佘正荣：《生态智慧论》，北京：中国社会科学出版社，1996年，第215页。

血缘观念与悲剧

——电影《赵氏孤儿》的悲剧性研究

■ 王 斌[*]

（南京大学文学院）

【内容摘要】《赵氏孤儿》是一部有关血缘的悲剧影片。中国传统的血缘观念分为天然血缘关系和象征性血缘关系两种，当这两种血缘关系所代表的利益发生冲突的时候，天然血缘关系具有优先性。影片的主人公程婴颠倒了这两种血缘关系之间的先后次序，牺牲了自己的儿子（天然血缘关系）来维护赵氏孤儿（象征性血缘关系），这一选择不仅造就了影片的悲剧性，也表征了一个中国式悲剧的典型范式。影片在前、中段试图引入西方的博爱和宽恕等理念以弱化中国传统文化中血脉相连的仇恨观念，但这一意图似乎并没有获得大多数观众的认同，因此影片在结局时段又回归到了传统意义上的复仇路径。这一前后价值的反复不仅造成了影片自身的悲剧，也折射出我国文化在徘徊中前进的现实。

【关键词】悲剧；血缘；天然；象征

电影《赵氏孤儿》改编了我国历史上一个著名的故事：晋国大臣屠岸贾谋害忠臣赵盾一家，正在赵家出诊的医生程婴受赵家儿媳庄姬的委托救出了赵氏孤儿，但是迫于屠岸贾全城搜捕的严峻形势，他不得已牺牲了自己的妻儿来换取赵氏孤儿。后来，程婴精心安排大难不死的孤儿在屠岸贾家中长大，并认其为义父。影片的结局是程婴向孤儿揭开了他隐藏二十年的秘密，并用自己的生

* 王斌，1979年生，男，汉族，山东青岛市人，南京大学文学院文艺学2009级博士研究生。

命帮助孤儿杀死了将其一手养大的屠岸贾，实现复仇。影片延续了我国传统戏剧中大团圆式的结尾方式，元凶得到了惩治，无端被害的人沉冤得雪。这样一个相对圆满的结局使我们很难将其归为一个真正意义上的悲剧。但如果我们仔细分析一下剧中主要人物之间的关系、行动动机和价值选择，就会发现其中的悲剧性元素。

一

威廉斯认为对悲剧的考察应该"回到经验事实本身，根据变化中的习俗和制度本身来理解各种不同的悲剧经验"。[①]《赵氏孤儿》是一部悲剧电影，片中几乎所有人物的爱恨情仇都与血缘制度或者习俗有关。因此从我国传统的血缘观念出发，通过分析主要人物之间的血缘关系，比较他们的行动动机之间的差异性，是研究影片悲剧性的合理路径。看过影片的人都知道，影片最关键的节点是主人公程婴主动选择牺牲自己的儿子，来拯救与自己没有血缘关系的赵氏孤儿。究竟是什么原因促使程婴在完全有机会免除祸患的时候毅然决然地选择了牺牲？这一选择与他的悲剧性之间存在何种关系？要解释这些问题都要涉及悲剧人物的行动动机和我国的血缘观念。

黑格尔认为悲剧人物的行为动机，在意志领域有几个出发点："首先是夫妻，父母，儿女，兄弟姊妹之间的亲属爱；其次是国家政治生活，公民的爱国心以及统治者的意志；第三是宗教生活"。[②]而在我国的文化语境中，这三种关系都可以归为一种关系——血缘关系。我国古代社会的血缘关系分为两种：一种是天然血缘关系，这是人们以婚姻（子女）为纽带而结成的亲属关系；另一种是象征性血缘关系，这是模仿天然血缘关系而在人们之间形成的一种观念性的契约关系。黑格尔所提到的悲剧人物的三种动机与两种血缘之间的关系是：一、天然血缘关系是结成亲属关系的前提条件；二、宗教生活中无论是神与教徒之间的关系，或者是教义支配之下的教徒之间的关系，都属于象征性血缘关系的范畴。三、国家政治生活屋檐之下的君主与臣民之间，各个封建等级之间的关系也是一种象征性的血缘关系。比如电影的主人公程婴是赵家的门客，他与赵家存在一种象征性的血缘关系，也正是这种关系为程婴的悲剧埋下了伏笔。

与此同时，我们还需要考察一下两种血缘关系的文化渊源。张光直在谈到我国古代社会政治状况的时候，开宗明义地指出"以血缘纽带维系其成员的社会集团左右着政治权利，这是我国古代国家最显著的特征"。[③]也即是说，天然

① 王杰、肖琼：《现代性与悲剧观念》，《文学评论》2009 年第 6 期。
② ［德］黑格尔：《美学》第 3 卷（下），朱光潜译，北京：商务印书馆，1981 年，第 284 页。
③ 张光直：《美术、祭祀与神话》，沈阳：辽宁教育出版社，2002 年，第 3 页。

的血缘关系是我国古代社会的主导关系。自秦朝开始，我国疆域的面积急剧扩大，郡县制也开始取代分封制。相对于国家的庞大规模，单纯以家族成员为主体对国家进行直接治理就变得不可能实现，所以统治者不得不用倚重大量与自己没有血缘关系的"外人"来治理国家。这样一来，失去了血缘连结的纽带，如何确保臣下对自己的忠诚，成为摆在统治者面前的难题。在这种情况下，多数统治者除了选择主动联姻，与重要盟友结成天然血缘关系的手段之外，还采取与大臣和人民结成象征性血缘关系的方法来维护统治，具体方法大致可以分为三种：一是结为异性兄弟或收为义子，比如朱元璋就把大将沐英收为义子。二是赐姓，唐太宗李世民就赐名将徐世勣姓李，将其在名义上归入李家。三是塑造和推广全民之间血脉相连的观念，树立起"家天下"的意识形态。伏尔泰在谈到我国的政治情况时就说："中国人的幅员辽阔、人口众多的帝国已经治理的像个家庭，国君是这个家庭的父亲，40 名公卿大夫则被视为兄长"。[1] 由汉代董仲舒提出并影响我国几乎整个封建社会关系的"三纲五常"理论，就将君臣关系与夫妻关系、父子关系相提并论，从而隐晦地将没有血缘联系的君臣关系描述成拥有血缘联系的家庭关系，并提升到天理的高度。这样做的目的是试图用家庭成员之间的亲情来维持下级对上级的忠诚。后来这种思想的影响越来越大，以至于几乎整个封建等级体系都被纳入其中。

在两者之间的关系方面。天然血缘关系拥有现实的婚姻（子女）作为基础，具有相当的稳固性，它也是人的行动动因的根本出发点。而象征性血缘关系是从天然血缘关系中生发出来的社会关系，它在人的行动动机中居于次要地位。两者之间的关系，正如斯图亚特·霍尔在批判拉克劳时所说的那样"x 如 y 一般运作，被简化成了 x＝y"。[2] 象征性血缘关系总是如天然血缘关系一般运作，而这并不意味着它等同于后者。换句话说，象征性血缘关系并不甘于次要地位，它总是试图模仿天然血缘关系，但因为缺乏实际的婚姻（子女）的支撑，而只能构成一种想象性的亲属关系。因此，即使它竭力试图模糊两者之间的差异，也永远不会获得后者所具有的合法性。

二

我国传统的血缘观念蕴含着悲剧的因子。人与人能够建立起实际天然血缘关系（婚姻关系）的数量总是有限的，数量少则可以兼顾；而不同等级之间的象征性血缘关系则可以更加广泛的建立，数量多则难以顾忌。因此，在现实生

---

① ［法］伏尔泰：《风俗论》，梁守锵译，北京：商务印书馆，1994 年，第 87 页。

② Hall Stuart, "Cultural Studies: Two Paradigms", see in Storey John ed., *What is Cultural Studies?: A Reader*. London: Arnold 1996, p. 31.

活中当两种血缘关系所代表的利益发生冲突的时候，人们通常会选择舍弃象征性血缘关系来维护天然血缘关系。在我国传统悲剧中，主人公在遭遇到类似冲突的时候，通常会选择颠倒两者之间的主次关系，牺牲天然血缘关系来维护象征性血缘关系，由此种选择所引发的痛苦和矛盾也构成了中国式悲剧的主要范式。

我们可以通过比较《赵氏孤儿》中主要人物之间的血缘关系和行动动因，来分析影片主人公程婴的悲剧性。下述图表展示了剧中主要人物之间的关系，以及他们的动机选择和血缘关系：

人物	天然血缘关系	象征性血缘关系	行动动机
公孙杵臼		赵家	为赵家舍弃生命，救护赵氏孤儿，象征性血缘关系优先。
赵氏孤儿	赵家	屠岸贾	杀死屠岸贾，天然血缘关系优先。
庄姬	赵氏孤儿	程婴	让程婴冒着生命风险救助赵氏孤儿，天然血缘关系优先。
屠岸贾		赵氏孤儿（仇家之子）	不忍心加害赵氏孤儿，象征性血缘关系优先。
程婴	儿子	赵家	用儿子的生命来换取赵氏孤儿，象征性血缘关系优先。
	儿子	赵氏孤儿	收养赵氏孤儿，同时鼓动赵氏孤儿为赵家和儿子复仇，天然血缘关系优先。
	儿子	屠岸贾	为了替儿子复仇，投身为屠岸贾的门客，最终实现复仇，天然血缘关系优先。

一方面，从人物选择的横向比对来看。作为赵家下属兼友人的公孙杵臼，牺牲自己的生命来救护孤儿，履行对赵家的忠诚；屠岸贾顾忌"亲情"而没有对赵氏孤儿痛下杀手，他们两人没有面临两种血缘关系所代表的利益之争，因此他们都不具有悲剧性。庄姬在面对两种血缘关系的冲突时，选择牺牲象征性血缘关系（程婴）来维护天然血缘关系（赵氏孤儿），她做出了合乎常理的选择，并且在孤儿刺杀屠岸贾为赵家复仇之后，所有的冤屈都获得了伸张，因此她的悲剧性是较弱的。与上述人物的选择相比，程婴的悲剧性最为突出，程婴作为赵家的门客兼家庭医生，他与赵家存在象征性血缘关系，在亲生儿子和赵氏孤儿只能二保一的情况下，他牺牲了儿子来救赵氏孤儿。也即是说，在两种血缘关系所代表的利益发生冲突的时候，他颠倒了两种血缘关系的先后关系，

做出了异于常人的选择。可悲的是，程婴为之付出最多心血和牺牲的赵氏孤儿，恰恰是在他的鼓动和帮助下，杀死义父屠岸贾（象征性血缘关系）为家人（天然血缘关系）报仇。也即是说，程婴所竭力维护的人，恰恰是在他支持下违背了他最初的价值选择。

另一方面，程婴的悲剧性还在于他自身前后选择之间的矛盾。在面临两种血缘关系所表征的利益发生冲突的时候，他的价值选择前后矛盾，这种矛盾撕裂了他的人格，也加剧了他身上的悲剧性。这主要有五个表现方面：一、程婴舍弃亲生儿子来换取赵氏孤儿，牺牲天然血缘关系来维护他与赵家的象征性血缘关系。二、作为赵家继承人的赵氏孤儿与程婴之间也存在象征性血缘关系，程婴选择牺牲儿子来保全孤儿。在这一抉择中，他与赵氏孤儿的象征性关系要先于他与儿子的天然血缘关系。三、程婴在说服赵氏孤儿复仇的时候，其主要依据是屠岸贾杀死了与孤儿有着天然血缘关系的赵氏全家，并完全漠视屠岸贾与孤儿之间的象征性血缘关系，这里程婴抉择的依据是天然血缘关系的优先性。四、程婴是屠岸贾的门客，他们之间存在象征性血缘关系，同时屠岸贾又是杀害他儿子的凶手，程婴鼓动孤儿为自己的儿子复仇，在这里他显然倾向于用天然血缘关系压倒象征性血缘关系。五、程婴在帮助赵氏孤儿完成复仇后，徘徊在生与死的边缘，在他的"选择性"幻象中出现的不是主人赵盾一家，而是在街头等待他的妻儿，可见存在天然血缘关系的亲人才是他的终极追求。显而易见，程婴在第一、二两种情景下所作出的价值选择与后面三种价值选择之间是相悖的。

另外，程婴的选择直接造成了儿子的死，他后来所做的一切几乎都是为了儿子复仇。在片中我们看到，儿子的死给程婴留下了无尽的感伤，以至于他把留有孩子印记房子封闭起来，为了留住美好生活的记忆；为了免睹物思人徒增伤感；更为了维持复仇的火焰。这种痛苦也驱使着他苦心积虑地将孤儿养大，在有机会毒死屠岸贾的时候选择了放弃，他几乎是推动着老年无子的屠岸贾将赵氏孤儿收为义子，期待着有一天让屠岸贾承受义子"反水"所带来的痛苦，这几乎也是程婴所能够想到的对屠岸贾最严厉的惩处。从某种意义上来说，赵氏孤儿最终成功刺杀屠岸贾，不仅是为了赵家，更是为了枉死的程子复仇。但即便罪魁屠岸贾得到报应，仍然无法使枉死者重生，程婴选择了近乎自绝的方式，来与妻儿在幻想中会面。

从以上三个方面，我们可以看出程婴身上所蕴涵的悲剧性。从横向来看，他人选择合乎常理凸显出程婴的不合常理或崇高。就其自身来看，前后选择之间的自我违背也不断撕裂他的内心。另外，程婴在做出舍弃儿子的选择时内心不断犹豫、挣扎，在此之后又不断反复和痛苦，这其中所蕴含的张力也加深了他的悲剧性。

三

《赵氏孤儿》是一部新版的历史题材影片，它的创新之处在于：导演试图用西方文化中的博爱和宽恕等价值来消解我国文化传统中血脉相传的复仇观念。但是在某种意义上，这些外来价值与我国传统文化中根深蒂固的血缘观念相互冲突，导演在这两种价值之间的徘徊反复也造成了影片自身的悲剧性。

一方面，这种悲剧体现在一些情节安排上，庄姬死前对程婴说"不要告诉他父母是谁，也不要告诉他仇人是谁，让他去过普通人的生活"。这是一个母亲对儿子的爱，她不想孩子背负过多的仇恨和责任，希望他能够平静地生活，为此她甚至愿意宽恕仇人屠岸贾的原罪。再如屠岸贾似乎隐约觉察到了赵氏孤儿的身份，在战场上也已经做好了借刀杀人的准备，但是孤儿绝望的呼喊，还是唤起了他心中那段试图埋没的"父子亲情"，经过一番艰难的思索之后，他还是毅然决然的出手搭救。影片中类似的情节所传达的思想，突破了传统悲剧中血缘关系与人物行动动机之间的窠臼，将人与人之间在日常生活中的情感摆放在了突出的位置，并试图用这种情感来消解因血缘所引发的仇恨。从积极意义上来说，这是对纪君祥版《赵氏孤儿》片面宣扬的忠义和复仇理念的颠覆，也是试图从文艺思想上来卸除我们观念中所背负的历史重担，这也是影片最大的积极意义所在。

如果剧情按照这一价值进行发展，赵氏孤儿在面对屠岸贾——天然血缘关系的仇恨与象征性血缘关系的亲情——的双重身份的时候，慷慨谅解他的历史原罪应该是一个恰当的选项。如此一来，《赵氏孤儿》可能变成一部只拥有少数观众的"艺术片"，而不会成为一部拥有大量观众的"悲剧史诗大片"。最终导演还是遵从传统，安排赵氏孤儿完成复仇，舍弃象征性的血缘关系的"亲情"，重返天然血缘关系的复仇。这样的结局也直接否定了影片前、中段的价值选择，从而造成了影片自身价值连贯性和统一性的缺失，也使得观众茫然无所适从。因此，导演在价值选择方面所表现出的"程婴式"的徘徊和自我违背，造就了这样一部"夹生饭"式的影片，也在一定程度上造成了影片自身的悲剧。

引发这种悲剧的原因在于，在我国当下的文化语境中，人们之间相互宽恕的力量还不足以完全压倒为亲人复仇的情感。我国从原始社会走向奴隶社会的一个标志性转变就是血缘关系被提高到了至高无上的地位，"天下为家，各亲其亲，各子其子，货力为己"① 成了广为接受的社会伦理，后人从先人那里继承的不仅是财产和荣誉，还有为其洗刷冤屈的责任。两千年来我国社会文化始终根植于血缘连结的家庭之中，血缘和家庭的观念根深蒂固性。从对家庭的小爱

① 姬昌等：《五经》，北京：北京出版社，2009年，第184页。

到对社会的博爱，从血脉相连的仇恨到主动宽恕的理念，至少到当下还没有获得压倒性的社会认同。

从哲学层面来讲，博爱和宽恕涉及到人与人之间的关系问题，在广义上也属于笛卡尔所提出的"如何认知他者"的命题，这一命题直到现在仍然没有获得彻底的解决。当前西方文化中"市民美德的基础是我们在自然状态下所体验到的相互同情；这种同情以移情想象为基础"，[①] 也即是说，人们之间建立起道德感的基础是想象。通常这种想象往往与宗教信仰联系在一起，从而为博爱提供了一个可能但是不怎么牢固的根基。而从我国封建社会的文化史来看，宗教并没有获得至高无上的地位，李泽厚认为我国封建社会的主导思想学派——儒家学派讲究的是一种"实践理性"，即"把理性引导和贯彻在日常现实世间生活、伦常感情和政治观念中，而不做抽象的玄思"。[②] 也即是说，我国文化中对主体与他者之间关系的理解要拘泥于具体的现实关系。从我国文化的视角看来，通过虚无的想象来突破主体与他者之间的障碍，远不如直接的血缘连结来的简洁明快。因此，尽管我国也有类似的博爱观念，比如"老吾老，以及人之老，幼吾幼以及人之幼"，[③] 但这只是一种道德的要求，历代先贤并没有给出形而上的解释，所以它的影响就难以越过血缘和家庭所构筑的藩篱。

另一方面，我国文化中根深蒂固的血缘观念也造成了影片的悲剧性缺少了一份升华的力量。悲剧主人公选择走向死亡是现实生活中罕见，而艺术中常见的情节，其中总是隐含着主人公对某些价值的否定、对更高理念的渴求，是一个由低级向高级的超越和升华的过程。这样的情节非常典型的出现在西方影片《角斗士》中。角斗士在受尽世间甘苦和命运的捉弄之后，"选择"看到天国的光辉。主人公用死亡来开启天堂之门，埋葬现世的痛苦，从而完成对自己的救赎，这是一种否定之后的肯定。人在世间受尽磨难重，洗脱原罪之后重回天堂符合基督教的基本教义，因此这样的结局在宗教氛围浓郁的西方社会获得了广泛的认同。类似的情节也出现在《赵氏孤儿》中，影片在前期着力描述了程婴对新生孩子的爱，为了挽救赵氏孤儿而不得不牺牲自己孩子时所表现出的悲痛和决绝。可以说，程婴主动选择牺牲儿子的性命来换取"正义理念"的施行，但是在完成复仇、正义获得伸张之后，在生死恍惚的那一刻，在没有任何外力压迫，可以袒露内心的时刻，他最牵挂的还是与他血脉相连的妻儿。也即是说，程婴牺牲了他所为珍爱的价值来维护次要价值，而在此之后，最核心的价值却永远也回不来了。纵观程婴一生所追逐的价值变化，其实是一个螺旋重复的过程，缺少了意义的发越，类似于一只落在高山上的飞鸟，俯冲到山谷转了一

---

① ［英］特里·伊格尔顿：《审美意识形态》，王杰等译，桂林：广西师范大学出版社，2001年，第13页。

② 李泽厚：《美的历程》，天津：天津社会科学院出版社，2001年，第80页。

③ 陈戍国：《四书校注》，长沙：岳麓书社，2004年，第179页。

圈之后又回到了原点，并且这个原点还丧失了原有的时间性。

纵观整部影片，无论是情节还是思想，都充斥着矛盾、断裂的现象，这种现象很好地反映了当前我国社会文化的现状：传统思想与外来文化之间激烈碰撞，文化在挫折中探索，思想在徘徊中前进。如何突破传统文化的束缚，建立起有别于西方的当代文化都需要后来者的努力。

（本文责任编辑：于琦）

"拥抱"全人类的交响曲

——浅析贝多芬第三、五、九交响曲

■ **潘卫国**[*]

（上海交通大学人文学院）

【内容摘要】 贝多芬在作曲上的成就是西方文明中最更要的文化贡献之一。贝多芬只在内心挣扎驱动之下作曲，而他每一首曲子问世都强迫着听众们提高自己的鉴赏力。了解贝多芬的音乐最经典是他的九部交响曲，这九部交响曲反映了贝多芬从早期到晚期的生命的轨迹。本文以贝多芬的第三、五、九交响曲为例分析他的作品所体现出的正直、善良、仁慈、博爱的高尚品德。贝多芬把交响曲转变成哲学法典与个人抒怀，进而从理想化的自我层次升华为拥抱全人类。

【关键词】 贝多芬；英雄交响曲；命运交响曲；第九交响曲

"贝多芬在作曲上的成就是西方文明最重要的文化贡献之一。他可能是唯一永受世人推崇的作曲家。他对当代音乐的冲击力非常巨大。贝多芬不但为音乐指出一条新的道路，也发掘了人类心灵最深邃的一面。"[①] 贝多芬出生在 18 世纪，是海顿和莫扎特的继承人，但他也是 19 世界音乐家们用来衡量自己的标杆。很多作曲家，如柏辽兹、瓦格纳、布拉姆斯都认为贝多芬是他们的学习榜样。18世纪末，社会对其成员的关系面临转变，法国革命击破了贵族势力，自由之风

---
* 潘卫国，1953 年生，男，上海市人，上海交通大学人文学院教师，从事欧洲古典音乐教学研究。

① 乌里希：《音乐欣赏》，台北：全音乐谱出版社，1980 年，第 155 页。

席卷欧洲，平民开始获得自由。对音乐家来讲，贝多芬是第一个获得自由者，所以贝多芬是新世纪第一位独立的作曲家，他的所有作品都是自由孕育出的艺术结晶。贝多芬只在内心挣扎驱动之下作曲，而他每一首曲子问世都强迫着听众们提高自己的鉴赏力。贝多芬音乐带来的是无与伦比、举世共赏的宏伟与壮丽之美。

一、贝多芬的音乐创作生涯

"看着吧，总有一天他会震撼全世界。莫扎特在听到贝多芬十七岁创作的音乐预言道"。[1]贝多芬（1770－1827）生于德国波恩，祖父是莱茵城宫廷的指挥，父亲是合唱队员。1784 年贝多芬受聘为中提琴手和大键琴手，有时也作宫廷风琴助手。1790 年和 1792 年，海顿赴伦敦经过波恩，对贝多芬印象极深，并收他为学生。贝多芬跟海顿的学习并不成功，在跟几位有名望的作曲家学了一两年之后，他就不再拜师。他尝试作曲，并且发明了一套非常可贵的自我批评的方法。人们开始欣赏推崇他的作品，他的室内音乐也经常在贵族圈中表演。1800 年，贝多芬 30 岁，他发现自己听力开始下降，这对音乐家来讲是非常致命的打击。贝多芬意志消沉，自杀的念头出现在他的脑海中，然而不久他意志开始坚强，决心要主宰自己的命运，继续作曲。贝多芬和前辈比起来不算多产的作曲家，但数量并不能成为比较的尺度。他的每一部作品都独立而自成一格。许多作品都经过反复修改，在做到尽可能完美才公开发表。罗曼·罗兰曾对贝多芬音乐中那种伟大而神奇的力量作过非常精辟的评价，他生动地描述道：贝多芬的音乐"不是抽象的睿智，这是输血，是依靠他音乐的奇异力量送到我血管的血液……通过脉管浸透肢体的每个地方，成为我的血肉，我的思想。"[2]贝多芬最突出的特点是他每一部作品都具有强烈的个性。他的作品都表现出贝多芬的性格，喜爱他的听众很少会认错他的作品，他们在曲式、内容、节奏和其他效果上的自成一格，贝多芬在这方面的成就几乎可以说是空前绝后的。

二、贝多芬的《英雄交响曲》

《英雄交响曲》也就是第三交响曲，其创作的动机完全来自贝多芬正在饱受煎熬又渴望新生的灵魂，来自贝多芬对战胜命运的英雄的自我期盼。贝多芬还没有写出第九交响曲前，英雄交响曲是他最喜爱的一部，这部交响曲直接表现了贝多芬音乐的本质：对英雄主义，死亡、命运、意志、悲剧等问题的哲学思

① 约翰·布罗斯、查尔斯·维费思：《古典音乐》，北京：旅游教育出版社，2012 年，第 156 页。
② 李凌：《音乐札记》，太原：山西教育出版社，1990 年，第 20 页。

考。贝多芬最初将该作品题献给拿破仑·波拿巴 。贝多芬敬佩法国革命的理想，以及为他们实现的拿破仑，当拿破仑在 1804 年 5 月加冕自己为法国皇帝时，他把标题改为"英雄交响曲"纪念一位英雄人物。《英雄交响曲》是贝多芬在交响曲创作历史上的转折性作品。它规模宏大、充沛有力、情感丰富、结合了诗意和力量，极具独创性。他具有浓厚的贝多芬英雄主义精神，被公认是贝多芬经典代表作之一，并被认为是浪漫乐派的创始作品。乐曲一开始一个冲锋号的主旋律把我们带到了场面恢弘的战场。罗曼·罗兰对此有精彩的描述："这是一幅庞大的壁画，在这里，英雄的战场扩展到宇宙的边界。而在这神话般的战斗中，被破碎的巨人像洪水前的大蜥蜴那样重又长出肩膀；意志的主题重又投入烈火中冶炼，在铁砧上捶打，它裂成碎片，伸张着，扩展着……不管这伟大的铁匠如何努力熔接那对立的动机，意志还是未能获得完全的胜利……被打倒的战士想要爬起，但他再也没有气力；生命的韵律已经中断，似乎已濒陨灭……我们再也听不到什么，只有静脉的跳动……突然，命运的呼喊微弱地透出那晃动的紫色雾幔，英雄在号角（法国号）声中从死亡的深渊站起。整个乐队跃起欢迎他，因为这是生命的复活……"①《英雄交响曲》第二乐章葬礼进行曲显得深广宏大，悲而不伤，行进的步伐一步步更为坚实。这里我们听到更多的是人民对英雄的回忆，对英雄的赞美诗。第三乐章是急速的诙谐曲，仿佛是英雄的复活，被埋葬的英雄再度苏醒了，充满着生命的活力。表现了死亡与悲伤都不能动摇贝多芬的信念。乐曲的最后乐章有着强烈的戏剧性，主题音乐来自贝多芬 1795 年写的一首乡村乐曲，曾被用在其创作的乐曲《普罗米修斯》的创造中。在声势浩大的快速乐句的引子后，弦乐呈示主题并加以不断发展，显示出英雄无限的热情与力量，而每一次变奏都汇聚着更多的英雄力量，更多的激情、更强烈的生命冲动。结尾出现急落、沉寂、爆发、最后所有铜管强奏犹如巨浪涌起，胜利的颂歌赞美英雄已完成其圣神的使命。贝多芬出白纯粹的个人动机写了这部交响曲，献给"永恒"和"人类"。听众从中可听到作曲家本人的心声、愿望、激情和世界观。作者更是以自由与革命的英雄主义精神鼓舞人们为理想而奋斗，同时也显现了贝多芬自由、平等、博爱的思想品质。《英雄交响曲》从音乐史上来分析不仅是贝多芬音乐创作上的转折点，更是交响乐创作史上的转折点。

三、贝多芬的《命运交响曲》

《命运交响曲》，即《第五交响曲》，贝多芬创作于 1806 年至 1807 年，此时是它的创作黄金时期，同时他耳疾的病魔也越来越严重，命运再次考验贝多芬

---

① 肖少杰：《贝多芬古典音乐全辑》，公安部华盛出版社，2002 年，第 3 页。

的意志，但是他最后勇敢面对病魔，"我要扼住命运的咽喉"。法国大文豪维克多·雨果曾经说过"音乐能尽难言之言，能发难抑之声"。①《命运交响曲》第一乐章三个主题，贝多芬都用了四个音，乐曲一开始连续不断的"当当当当"的敲击声，我们仿佛看见了狰狞的死神在肆无忌惮地狂笑，紧张的气氛始终贯穿着整个乐章。英雄快要窒息，一点也没有反抗的能力。紧接着圆号吹出了命运变化的旋律，引出了充满温柔、抒情、优美动听的主题。整个乐章的紧张气氛在再现部双簧管独奏时才稍加松弛。《命运交响曲》第二乐章是抒情的慢板，偶尔也有一些高潮出现，因此避免了被动软弱之美。音乐一开始有如一首抒情诗，舒缓的乐句似乎是一位母亲对受伤孩子的抚慰。小提琴悲弱的呻吟，让人感受到贝多芬似乎放弃了与死神的对抗，无奈地接受了现实……随着铜管热情豪迈具有号召力的旋律庄严响起，英雄不屈不挠的斗争信心再次战胜了命运，接着音乐气势不可阻挡，显示出战胜黑暗的坚强意志和必胜的信念。第三乐章是诙谐曲式，但是毫不幽默，它充满了对美好未来的期盼，在这里英雄的乐观主义体现了其顽强的生命力。我要战斗，我不是命运的奴隶！中间段大提琴和低音提琴的喃喃自语增加了不安的气氛。英雄踏着牺牲者的血迹一步一步向命运之神逼近，不断积累着力量和勇气，牢牢地扼住了命运的咽喉。如果说《命运交响曲》代表贝多芬战胜命运的看法是正确的，那么第四乐章则是最好的证明。乐曲一开始如同山洪暴发一般的音乐，法国作曲家柏辽兹说这简直就是勇士奥赛罗的"恐怖的暴怒"。"命运"泻下威力无比的火山岩浆洪流，在终结的凯旋门前辉煌地结束了这部悲壮的交响曲。"贝多芬一贯热烈的音乐表达了所有的极端情绪，从最为凄悲的抑郁到最喜悦的欢庆"。②约翰·布理斯这句话为贝多芬的《命运交响曲》做了很好的诠释。乐曲尾声最后三十小节不断重复着C大调主和弦，象征着贝多芬告诉听众个人意志已绝对战胜了死亡。

四、贝多芬的《第九交响曲》

在第一交响曲到第九交响曲之间的 25 年间，贝多芬的交响曲经过了完全蜕变。紧张、冲突、力量与活跃的气氛比以前表现得更加淋漓尽致，不谐和音页逐渐增加。《第九交响曲》是贝多芬最后一部史诗般的辉煌巨著，其中的合唱《欢乐颂》是《第九交响曲》的核心元素。"他的《第九交响曲》通过'欢乐主题'的旋律，向人们传达他的博爱思想和对'欢乐女神'的崇高体验，呼唤全人类成为兄弟亲如一家"。③贝多芬曾经说过："把席勒的《欢乐颂》谱成歌曲，

---

① 约翰·布罗斯、查尔斯·维赞思：《古典音乐》，北京：旅游教育出版社 2012 年，第 3 页。

② 同上书，第 157 页。

③ 孙兰娟：《音乐美学教学论稿》，昆明：云南大学出版社，2010 年 6 月，第 44 页。

是我二十多年的渴望"！席勒在诗中所表达出的对自由、平等生活的渴望，正是一直向往共和的贝多芬的最高理想。把合唱加入到交响乐，贝多芬开创了历史先河。尽管贝多芬听力几乎完全丧失，他仍以超人的意志完成了这部大作。乐曲表现了他对于命运的不甘，奋斗，终曲《欢乐颂》更是他感情的终极爆发。他用"极美旋律"抒发了他仁慈博爱的高尚品德，"在你光辉照耀下面，人们团结称兄弟"席勒的诗歌是贝多芬的愿望和最高理想。更让我们世人敬佩的是《欢乐颂》的曲调完全是一个最自然的音阶上下排列组合。能将它们巧夺天工地编排，用最简单的手法造就最辉煌的效果，也只有有着极其突出个性、伟大心灵和奔驰想象力的乐圣贝多芬，才能够创造出如此不朽的音乐。时势造英雄，贝多芬的少年时代正处于法国大革命、德国启蒙运动高涨蓬勃发展时期，在他13岁那年，法国爆发大革命，当时在欧洲已经发展到完全成熟的资产阶级人道主义思想，对贝多芬的思想和政治信念有着重要的决定性影响。在它的音乐创作中所表现出的博爱主题和人文关怀与启蒙运动思想的人道主义有着密切的关系。贝多芬做人的道德标准是：正直、善良、仁慈、博爱，"他把这种思想道德标准看成是一种至高无上的精神力量"。[①] 贝多芬认为上帝把他派到世界上来，不是来享受的，而是带着使命来的，要为人类带来欢乐。贝多芬把交响曲转变成哲学法典与个人抒怀，进而从理想化的自我层次升华为拥抱全人类。

（本文责任编辑：尹庆红）

「拥抱」全人类的交响曲

---

① 于润洋：《音乐美学史学论稿》，北京：人民音乐出版社，1987 年，转引自孙兰娟：《音乐美学教学论稿》，昆明：云南大学出版社，2010 年 6 月，第 43 页。

肩起马克思主义美学理论的时代使命

——第三届中英马克思主义美学双边论坛会议综述

■ 杨荔斌[*]

（上海交通大学人文学院）

2013 年 4 月 6 日至 8 日，由上海交通大学人文学院和英国曼彻斯特大学艺术、历史与文化学院联合举办的第三届中英马克思主义美学双边论坛在上海交通大学成功举行。本次论坛围绕"马克思主义与未来"这一主题，在马克思主义与中西美学的历史传统与现实境遇的结合点上思考马克思主义在未来社会建设中的作用与地位，以及美学在这种可能性面前面临的问题、挑战与任务。来自伦敦大学、比利时鲁汶大学、美国杜克大学、瑞士欧洲研究院、俄罗斯圣彼得堡大学、澳大利亚莫纳什大学、英国利兹大学、英国曼彻斯特大学等 17 所海外高校及北京大学、复旦大学、浙江大学、吉林大学、厦门大学、武汉大学、山东大学、中国传媒大学等 20 多所国内高校的近百位专家学者参加。会议在上海交通大学闵行校区的人文学院报告厅举行，副校长徐飞教授出席论坛并致辞，他高度评价了双边论坛的学术交流形式对促进马克思主义理论研究和发展的意义，以及促进上海交大国际学术交流的价值。上海交通大学人文学院院长王杰教授在大会的致辞中说，本届论坛的主题是基于对马克思主义，尤其是马克思

---

* 杨荔斌，女，1980 年生，广西玉林市人，上海交通大学人文学院在读博士生，主要研究方向为审美人类学。

The Third
Sino-British Bilateral Forum
on Marxist Aesthetics
2013.4.7—2013.4.8

Marxism
马克思主义与未来
&
Future

第三届 **中英马克思主义美学双边论坛**

时间：2013年4月7日——4月8日　　　地点：上海交通大学闵行校区人文学院楼

主办单位
上海交通大学人文学院，
英国曼彻斯特大学艺术、
历史与文化学院

承办单位
上海交通大学人文学院
美学与文化理论研究所
《马克思主义美学研究》编辑部

真实的美学意义和社会意义
马克思主义与乌托邦思想
当代悲剧观念与马克思主义的阐释
审美资本主义批判

肩起马克思主义美学理论的时代使命

主义美学如何在当代社会生活中发挥积极作用以应对当前深刻的世界危机的考虑而提出的。他指出在全球性的价值危机、伦理危机和社会矛盾复杂化的情况下，马克思主义与未来是一个充满挑战性、也包含着无限理论空间的重大问题。他进一步呼吁，我们正处在比马克思当年更为复杂的世界，但马克思对资本主义的批判和对未来理想社会的展望仍然是 19 世纪留给我们最重要的思想资源，因而全世界的马克思主义者应该加强交流与合作，坚持对社会现实的批判性思考，共同迎接时代的挑战。该论坛的发起人之一、英国曼彻斯特大学教授 David Alderson 在致辞中也提及了以论坛的形式在学者之间展开批判性辩论，有助于我们进一步认清新自由主义所坚持的以主张私有化来反对国家干预的做法，它无法提供解决资本主义社会经济危机的良方，而如何在反思权力系统和市场之间的矛盾关系的过程中找准我们的视角和定位便显得尤为重要，当我们试图不断探索答案之时，实际上也在逐步接近对马克思主义与未来的关系的揭示。会议采取大会主题演讲、分会场讨论与论文交流的形式，就马克思主义与乌托邦、马克思主义与美学的革命、真实问题的美学意义、悲剧观念及其理论意义、审美资本主义批判和中国马克思主义美学与文学批评等若干当代理论的重大问题交流意见和开展讨论，同时对中国作家莫言的小说《酒国》和詹明信的新书《辩证法之价》之关于乌托邦的章节进行了专题性的深入探讨。

一、面向未来之"人"的立足点：西方的"人"与东方的"仁"

来自美国加州大学著名的马克思主义者 Kevin Anderson 教授做了题为《结构主义与后结构主义之后的社会主义人道主义：重构之例》的主题演讲。他认为，人道主义在社会主义人道主义者的意识中遭受了过多的轻视和污蔑，例如阿尔都塞和福柯。诚如恩格斯所认为的黑格尔的人道主义思想是马克思思考人的本质问题的重要思想来源，到了阿尔都塞这里，他却视黑格尔的影响为幽灵，并以结构主义之法对马克思在 1845 年之前（尤其是 1844 年《手稿》）的理论阐释作出了存在着"认识论断裂"的判定之后，宣称马克思主义在理论上是反人道主义的，号召为了捍卫马克思主义的科学性和严密性而以驱魔人的身份将黑格尔的幽灵驱逐出去。他的论争最终由于对人道主义马克思主义的矫枉过正而被戏谑为一种开放的反马克思主义，而在其此路不通之处则预见性地促成了后结构主义对这种简单地视马克思为黑格尔式的人道主义者的做法进行扬弃。Kevin Anderson 因而称阿尔都塞的理论为一条走不通的反人道主义马克思主义道路。而福柯的反人道主义体现在，受其老师阿尔都塞的影响，福柯也一度认为马克思是反人道主义者，而且更强有力地攻击人道主义，他嘲弄人道主义对"人"的执著、对一般人性的执著。在他看来，人类所具有的差异性是人道主义框架所无法捕捉到的，由此他在《词与物》这本书的结尾写道："启蒙使人性得以显现的同时也使人道主义时代接近了它的终结"，"人将被抹去，如同大海边沙地上的一张脸"。同时他对中央集权国家和现代性的敌意也促使他不加批判地包容了类似伊朗伊斯兰教主义运动那样的宗教内容。他的反马克思主义则体现在，福柯不仅在选取批判的切入点与马克思有所不同，即偏重于选取偏离中心的权力机构为批判对象，而不再以商品为中心，而且当他把一般人性连根拔掉，也导致了阶级性的荡然无存，福柯眼中的工人阶级已是被整合进了资本主义体系的一部分，能对权力进行抵抗的群体只有那些被边缘化了的人，如精神病患者、囚犯、性欲者、宗教的原教旨主义者。他对权力的抵抗所展现出的宽泛视野也是与阿尔都塞、布尔迪厄所不同的，而且他对宗教的怀旧也有别于阿尔都塞对宗教的鄙视。于是，当不少人提倡回归黑格尔及其辩证法之时，Kevin Anderson 提出了回归马克思主义人道主义的呼吁——不仅要回归见于 1844 年《手稿》、《政治经济学批判大纲》、《资本论》之中的马克思的人道主义，而且要回归第二次世界大战之后西方社会主义人道主义者的著作，如萨特、弗洛姆和杜娜叶夫斯卡娅；东欧持不同观点的马克思主义人道主义者，如科西克；以及非洲社会主义人道主义者，如法农。而在这些人的理论中，Kevin Anderson 尤为看重法农和杜娜叶夫斯卡娅的理论观点。他认为当多数社会主义和马克思主义的人道主义总是停留在对抽象的普遍价值的探索之时，只有法农和杜娜叶夫斯卡娅在发展社会主义人道主义的形式方面取得了成功，他们的成功在于接受了诸如种族主义和殖民主义的论述，以同时兼顾实现普遍化和认知差异性来实现对现实的回归。而所有这些马克思主义人道主义的左派则开启了某种挑战 1968 年之后以反马克思主义（特别是人道主义阵营中的马克思主义）为征貌的福柯主义和后结构主义的类型。值得强调的是，尽管这一反拨的形势日益强劲，我们仍需对像杜娜叶夫斯卡娅、法农、科西克他们所建构的以显示差异性为目的的整体性进行深刻的理解，同时，也需要从近几十年来后结构主义社会批判中关涉语言、监狱、帝国主义的文化遗留问题，乃至性别和性的论述中吸取合理的成分，从而形成 21 世纪马克思人道主义的深刻洞见。

与 Kevin Anderson 立足于西方社会的"人"进行阐述截然不同，来自北京大学高等人文研究院的杜维明教授则从儒家思想出发、以题为《修身、社会实践与信赖社群》的主题演讲论述了东方社会的"仁"。杜教授指出，作为东方社会思想典型代表的儒家学说要在新的历史环境中获得进一步发展，必须接受三种重要的西方思想的考验：以犹太教和基督教为代表的一元教的形而上学思想，以社会主义（特别是马克思主义）为代表的着重社会层面的理论思想，以弗洛伊德、弗洛姆等为代表的深度心理学思想。他认为，关注儒家思想与马克思主义之间的辩难和对话一直是当代儒学研究的主调，且至今仍是自身努力的方向。他具体从五个方面进行了论述。（一）对启蒙心态的批判。他指出，现代西方启蒙运动因孕育了社会主义、资本主义并结出现代社会价值和结构之硕果而成为人类历史上最大的意识形态，但同时也具有强烈的人类中心主义、工具理性、浮士德式宰制欲、男性中心主义、极端个人主义、欧洲主义等弊端。（二）儒家人道主义的再现。儒家人道主义作为精神性人道主义的复兴，在东亚创造了不同于现代西方的生活方式和思想方式。现代化传统及过程预设了多元文化形态，日本、亚洲四小龙、越南、中国大陆可为代表。儒家民主可想见、可实践，多元现代化而非现代化多侧面是未来的潮流，文明间真正的对话即将来临。（三）人类繁荣与修身。精神性转向与哲学上的认知论、语言学转向有着同等的重要性。在诸如印度教、中国哲学的非西方哲学传统中，将智慧、精神放在与知识同等的高度。因而轴心文明间的比较，科学与宗教、理由与信仰之间对话不可避免且令人期待。（四）培育文明间对话的社会实践。从"历史的终结"、"文明冲突"到文明间的对话等，对话成为了新的双边社会实践，在国际关系中，国与国间真正意义上的对话仍极少得到实践。以在多元伦理、文化、宗教团体间的交流所具有的深远意义而言，对话涉及在行动、态度、信念方面培养宽容的态度，应广泛认识到作为社会实践形式的对话在提升聆听、扩大知识视野、拓展、深化自我意识方面的作用。（五）精神性人道主义的文明对话。"亲如兄弟"是马克思主义者对人道主义的理解，它意识到我们同住"地球村"或同居"地球船"。在现实政治关系中，全球公民理念却仍是一个乌托邦。儒家人道主义所认同的生态自然不是客体的集合而是交流的主体。公众知识分子应肩负着伦理的责任，去想象和实践在我们日常生活中一个包涵一切"我们"的存在。

对中国传统哲学特别关注的比利时根特大学的 Bart Dessein 教授作了题为《马克思主义与新儒教的崛起》的发言，对马克思主义与中国传统哲学的关系进行了阐述。他用了马克斯·韦伯关于民族—国家的理论来看待传统中国是如何变成现代中国的，他指出在中国的现代化进程中，中国知识分子对儒家思想的质疑自受到欧洲帝国主义的欺凌始一直延续至新中国成立。忠实于家族社群的儒家思想如何与强调阶级斗争的马克思主义思想获得协调与融合？这不仅是中国面对由改革开放带动经济飞跃发展而引发一系列社会不平等的矛盾所应该深入思考的问题，也是面对如何抗争现代性所要作出的回应。

二、导向未来之基：现实的种种发问

与会学者们对未来的关注，既有对马克思主义理论本身的思考，也有对现实社会问题的反思。

对马克思主义理论本身的思考主要聚焦在马克思主义何去何从的问题之上。比利时鲁汶大学的 Ortwin de Graef 教授倾向于以语言学家的身份而不是作为哲学家或者政治科学家去探讨这样的问题。德里达于 20 世纪 90 年代初所作的题为《马克思的幽灵》的报告被视为一个在纪念马克思主义的出现方面前所未有的事件，Ortwin de Graef 认为应该继承德里达的做法，在他的题为《幽灵无序：神经马克思主义和灵魂之国》的发言中，他在解读诸如雪莱诗歌的文学文本以及这些文学文本所继承和传递的历史的基础上，对集体主义式的代理的表征和同情的意识形态进行了说明。他的结论是，马克思曾经宣称通过用一种非宗教的、彻底的国际主义的哲学科学方式对人类的具体存在进行阐释来建构国家，这近似于所谓的正义。马克思的精神之一是寻找这个世界所期待的，以及描绘出助长人类非人性特征出现的异化力量。另一点则是，以对人类特性观念和使用价值的适用性的质疑形成对 21 世纪人类生存的挑战。这种质疑虽认同神经科学对人类特性的发现，却没有将其视为解决问题的途径，而是作为由于人类没有履行移情规则而产生的问题呈现。他因而呼吁让神经马克思主义成为这种科学研究的代名词。上海社会科学院许明研究员从比较视野对当代马克思主义研究的话题进行了审视和反思。他认为，中国当代马克思主义研究经过三十多年的努力，已基本了解和掌握了西方马克思主义者研究的思路、思考的问题和见解。这更使我们看清，我们通常研究的马克思主义，似乎只是西方马克思主义研究者的话题的翻版，如存在主义、虚无、主体间性、异化、东方主义等等。其实中国还存在一种不被译介、不被知识界认同的，实践着的马克思主义，其话题之前沿、务实、新颖，是西方学者所不得不关注，并与之对话的。马克思主义的活的生命力就在于解释实践而不是别的。吉林大学文学院李志宏教授的发言，以《马克思主义美学的科学化维度——"知觉模式说"概论》为题，他主张在马克思主义世界观和方法论的基础上借助现代科学成果来重新解释事物的审美属性及审美价值，与 Ortwin de Graef 不约而同地对科学维度在马克思主义理论中的介入充满了期待。

在对现实问题的反思方面主要集中于对生产主义、性别身份意识和文化研究的关注。中国社会科学院文学研究所高建平教授的主题发言是"消费主义时代的生产主义"。他认为谈"生产主义"要从"时间"谈起。大规模机器生产模式的出现使工作时间成为人生必须忍受的时间，业余时间才是人作为人对时间的享受。随着生产水平的快速提高，物质财富不断增长，刺激消费便成为了化解物质财富充分涌流所带来的经济危机的常用办法。于是，消费成了人的新的存在方式，并且出现了为消费而消费的泛滥趋势。这一趋势虽然使原本基于机器和资本以及由此而形成的大规模生产造成生产、创造和审美三者分离而催生的审美无利害观念与区别于手工业生产的艺术生产逐渐消除了与日常生活的距离，带来了日常生活审美化，然而，却也迫使艺术放弃了对审美的追求，而沦落为以产业化的形式成为医治社会问题的解毒剂。在此过度消费的背景下提出回到对生产和劳动本身所具有的意义的关注，便成为了"生产主义"的重要生成来源和价值导向。英国曼彻斯特大学 David Alderson 教授则以《真人秀节目，性别自我意识和资本形式》的主题发言，从电视真人秀节目中涌现出的对男同性恋者不涉及女性化性征描述的创新表达，追溯了其中关涉日益增长的性别的社会自我意识所具有的重要意义，这种重要意义不仅在于体现了对传统保守社会需要树立多种衡量标准的诉求，在某些方面还可能是被新自由主义所推动的对后现代性别意识类别的批判。而针对文化研究，来自澳大利亚莫纳什大学的Justin O'Connor 教授作了《什么样的唯物主义是新的唯物主义，或者新自由资本主义的文化逻辑》的发言。他通过对文化研究中的物质性转向及其对某种进步政治的含蓄表达的思考，试图解答这种转变所产生的问题。文化研究中的物质转向是指由原来被英国文化研究奉为基本信条的物质实践回归到物质或唯物主义。这种回归在 Justin O'Connor 看来，意味着在全球经济、环境和文化流动的背景下，在解释物质和物质性、人与非人性方面出现了多种不同以往的方式，但基于物质性的研究方法的有用性却仍未得到很好的证明，由此他认为，新唯物主义所体现的只是其自身的存在性，失去了对如何获得历史意义的解说能力，因而是反历史的。而这样一种阐释路径恰恰暗合了全球资本主义运作方式下那种不需要理想就可以生存的现状。华南师范大学文学院的段吉方教授，则以《文化研究与文化领导权：20 世纪英国文化研究中的"葛兰西转向"问题》为题对"葛兰西式的文化研究模式"作了深刻探讨。他认为"葛兰西转向"是 20 世纪英国文化研究与葛兰西思想发生深刻的理论融通的结果，具有重要的理论启发。"葛兰西转向"产生了一种"葛兰西式的文化研究"，它既是一种理论范式的转折，又是一个重要的理论问题，体现了不同理论模式间的丰富的思想张力和实践影响，是英国文化研究理论在新的文化语境中的更新与重生。有别于Justin O'Connor 教授和段吉方教授在文化研究理论上的探讨，复旦大学中文系的陆扬教授以"大众文化的另一种解读"为题的发言，侧重于对大众文化的历史及定义范畴的重新划归。他通过对坎托和沃思曼主编的《大众文化史》的研究和解读，认为该书以古希腊为起点，对诸如希腊奥运会和 19 世纪小说的黄金时代所蕴藏着的大众文化底蕴进行了清晰可辨的揭示，这使我们有理由相信，大众文化是有可能被定义为自下而上名至实归的大众的文化，而不仅仅局限于被视为工业社会大批量制作的低质量文化产品。

三、走向未来的跨越：政治与艺术的关系

政治与艺术的关系自古以来就是人们争论不休的话题。无论是认同艺术是政治的附属品，还是坚持艺术的完全独立以规避任何的政治影响，都符合传统马克思主义对两者关系的判断——政治与艺术由于同为建立在经济基础之上的上层建筑，且对人同样具有重大影响，因而不可阻隔地具有密切的联系。对两者关系的考虑是否能对以往的观点有所突破？这无疑是对构想未来的一种跨越式努力。

世界美学学会前任主席、斯洛文尼亚科学与艺术研究院的阿列西教授以题为"单刀直入：红锤破白岛"的主题发言，从法国大革命之后的艺术运动，尤其是先锋派艺术剖析了政治与艺术的关系。他认为，像19世纪巴黎公社时期的艺术家库尔贝那样，其画作的风格和技巧都不能显示先锋派艺术所彰显的独立自主的特点，因而不具有真正艺术意义上的革命色彩，换言之，他只是一个表现为艺术与政治交叠的艺术家兼革命家的典型代表。因此，对"先锋派"的界定便成为了处理政治与艺术的关系的一个富有代表性的领域。在大多数西方的美学先锋派看来，要判定一位艺术家是否属于先锋派，就要看其作品是否显示了人性走向何方以及人的命运究竟为何的命题。这就意味着以是否赋予了艺术作品以理论、哲学、意识形态以及世界观等精神烙印为条件来判定艺术家是否在政治意义上具有进步倾向、革命倾向或先锋派倾向。这样，对于未来的印象而言，不管是天堂的印象，还是共产主义的印象，或者永远革命的印象，每一种意识形态都是基于市场的商品和政治宣传之间的本质差异来对未来进行描摹的。前者是指市场本身的意向性透过隐匿于传播过程中的暗中操作性而存在，后者则以权力的意识形态最终也总是一种视野的权力来决定艺术只要服务于任何一个政治或宗教的意识形态，也终将服务于艺术自身。但是尽管如此，阿列西认为这样的观点也仅仅适用于西方世界的艺术事件。以俄罗斯的建构主义为例，大多数西方学者认为，建构主义已经成为十月革命历史中不可或缺的一部分，而且是被作为一种新的政治秩序成果来欣赏。这样的结论似乎印证了建构主义艺术家将消除艺术的地位视为对人类历史上过时的资产阶级社会的抛弃和终结，因为艺术作为资本主义的一种发明创造的痕迹不是革命共产主义社会所需要的表达手段。同时也似乎印证了，在完全弥漫着政治意识形态思潮的20世纪20年代的俄罗斯社会，不存在艺术市场，而艺术要在政治上起作用只在那种超越了艺术市场范围之外的政治宣传语境之下才得以具备，且艺术成为一种政治宣传手段的同时也树立了一种新的艺术范式，这种艺术范式不可避免地与政治目的相联系。这样的艺术在原苏联国家不断地被加以复制。然而阿列西通过红锤破白岛的典型意象说明了，俄罗斯先锋派艺术家们的实际意图是要实现或积极参与双重革命，通过重新定义革命艺术实践，从而成为革命社会实践。艺术社会先锋派的雄心壮志是要弥合那些产生于假想与实践的接壤之处的分散行为之间的鸿沟。正是基于对蕴含在先锋派艺术中的政治与艺术的关系的解读，阿列西也向我们展示出了东西方在理解现代主义上所存在的巨大分歧。

伦敦大学戈德斯密斯学院 David Margolies 教授作了题为《辩证批判与具体分析》的主题发言。发言以英国在20世纪30年代和60年代末两个阶段，对马克思理论与实践、抽象与具体辩证统一观点的严重扭曲并产生了不良后果为背景，主要体现在：前一阶段恰如考德威尔所宣称的文学鼓励改变的力量来源于情感的重构而不是理性的政治争论所展现的，受西班牙内战影响，先是把对法西斯或支持、或反对的理性政治态度作为评价标准应用于各个领域，继而促成了左翼批评者直接将外在的政治视角作为首要的批评标准，原因在于法西斯主义在欧洲的崛起使人们开始看重共产主义整体的政治和文化观，同时共产党人还保留了强烈的阶级对抗态度，然而却最终导致了对美学、文学情感内涵的低估。但30年代英国激进派的批评视野所遭受的抽象之苦不如1968年以后那么明显。"五月风暴"之后，建立在语言学和电影研究基础上的法国理论以一种有关人类互动的复杂视角提供了一种无关乎苏维埃的马克思主义，并展示出令人瞩目的与英语传统相背离的勇气，这对英国的学院产生了巨大的影响。新的激进学者们认为，意识形态在其最狭隘的意义上是虚假的意识，而学生群体的情绪也被煽动起来，例如文学专业的学生就感觉自己被欺骗了，迫使他们要向假的道德低头，而且要对文学所具有的批判功能保持持续的忽略。文学不再被当作一种礼貌的愉悦，而成为了学者兑现自身使命感的工具和实现社会目的的载体。这样，1968年激进的一代所得出的结论是，对文学文本的教授，从根本上来讲是错误的，对文学的学习也是具有腐蚀性的。这种影响促使了对文学的研究和教学于1968年以后完全转向了理论。毕竟理论不存在文本的危险，相反从理论本身而言又具有对文本的纠正性，而且通过理论的解构作用还能达到解除资本主义意识形态武装威胁的目的。为了达到此次发言的主旨，即以实际的文学文本分析来说明如何使马克思主义原理从抽象到具体化的实践，David Margolies通过对两组无产阶级小说的分析——刘易斯·琼斯的《金丝雀》、《我们生活》和沃尔特·布赖尔利的《手段测试人》、《夹心人》，充分说明了理性与情感、具体与抽象之间的区别，揭露了深藏在英国教育体制当中对抽象的成见是与根深蒂固的阶级态度相联系的，重申了他对马克思主义理论的理解：马克思在《政治经济学批判导言》中提出的社会存在决定社会意识，为马克思主义改变世界提供了解释的语境和维度，是马克思主义者理解文化的基础。但是曾经的解释历史文化的典型并不等同于永恒不变的公式。在现实世界中对变化的要求显示了，对文化产品的批判不能只关注客体的政治联盟之事实，还应关注主体和情感的建构。忽视这种复杂的建构过程而对文学进行政治性要求，只能使最终的结果逐渐流于粗俗化。

在对诺贝尔文学奖获得者、中国作家莫言的长篇小说《酒国》所进行的专题讨论中，与会学者们再次就具体的文学文本探讨了政治与文学的关系。上海交通大学人文学院的何言宏教授指出，在马克思主义、未来与中国梦三者相关联的当下语境中解读莫言的《酒国》具有重要的时代意义。他的解读主要有三个方面：第一，关于"他的国"，即莫言的"国"。对"国"的想象和叙述是晚清以来现代文学的基本主题，莫言的《酒国》就将五四时期的启蒙主义和鲁迅的基本主题（例如"吃人"），融入到了对"国"的阐释和描绘之中，使作品渗透着对国民的理解，继承了五四以来的批判传统。第二，关于"国民"。莫言对国民的吃人本性及强大的同化力所进行的批判性书写，呈现了莫言对五四以来批判吃人之国民性的主题的继续，且表现了更加强烈的忧愤意识。第三，关于"国民文学"。文本中的互文和对话具有互相辩驳反讽的关系，莫言以此呼吁对五四以来的自我审判的继承。在以上三方面认识的基础上，他认为《酒国》的叙述可以为对马克思主义、未来与中国梦的理解提供某些经验和精神资源，即如何在对未来的规划中寻找自身的精神传统和精神起点。中国社会科学院文学研究所的吴子林教授发言的题目是《"重回叙拉古?"——论文学"超轶政治"之可能》。他借助柏拉图三赴西西里的叙拉古城邦，规劝其僭主戴奥尼素父子用哲学和正义治国，结果铩羽而归的典故，以莫言小说创作中对政治事件和尺度的把握来谈论文学与政治的关系，以及对知识分子如何批评与介入政治进行某种可能性的设想。他的结论是，莫言的文学选择不是"规避政治"，而是"超轶政治"，在既努力维护文学的自主性，又不至于妄图根据文学或审美的逻辑来塑造政治的创作中保持一种正确对待政治要求的心态和胸怀。上海交通大学人文学院博士研究生杨荔斌的题为《〈酒国〉之"酒"的叙事原点》的发言，则将对《酒国》的讽喻实质纳入了中国传统文化的视域中进行深入剖析，从小说的叙事场景、人物性征、叙事事件三方面展开了对小说叙事原点的解答。

四、建构未来之纬：关于乌托邦

英国伦敦大学 Matthew Beaumont 教授作了题为《乌托邦的幽灵》的发言。他认为将乌托邦比喻为鬼魂是恰当的，因为乌托邦主义如同鬼魂一般具有某种揭露社会不和谐因素的合理性，以及对消除各种不公正现象的希冀，这也深深触动了现代主义的神经。尤其在与过度消费相联系之时将乌托邦比喻成鬼魂，这实则有助于我们形象地理解乌托邦。鬼魂的使用一方面突出了辩证法之模棱两可的特性，另一方面则突出了乌托邦介于理想与真实之间、物质与精神之间的特质。假如鬼魂能够侵入被历史局限性和意识形态所压抑的现实，那么乌托邦则能够侵入因受压抑而导致缺失所指示的未来。乌托邦的闹鬼行为实际上借鉴了德里达《马克思的幽灵》一文中的阐释，展示一种存在于不存在之中的中间状态，但仍可见出乌托邦成为某种参与性政治的意义。因而未来社会的轮廓总是可以从现代获得，或者说未来可以从现代的内部进行建构。然而，基于审视现代社会所形成的"花瓶效应"，并由此产生对乌托邦的期待，使现代变得异化而出现了诸多不稳定的现象，这究竟是社会主义还是野蛮主义? 对此仍然是值得探讨的。

北京师范大学文学院姚建彬副教授作了题为《马克思主义同乌托邦究竟是什么关系?——关于'空想社会主义'译名的检讨及其他》的发言。他认为国内对于涉及马克思主义思想三大来源之一的"空想社会主义"的认识和理解仍然存在不能忽视的误区，主要表现在：为了强调马克思主义体系中的社会主义思想的科学性、正统性和权威性，自五四以来以对民主和科学的偏重造成了对乌托邦等重要外来思想范畴的轻视，甚至无视马克思对于乌托邦所做的具体而具有直接针对性的批评，将所有乌托邦思想都予以了批判和否定。这就形成了马克思主义等同于科学，而不可能同乌托邦有任何关系的有失偏颇之论。这显然违背了马克思主义的原旨，因为马克思恩格斯为人类所描绘的共产主义远景就具有经典乌托邦的诸多特征。因此，必须正视马克思主义与乌托邦之间的关系。

香港科技大学人文学部陈建华教授作了题为《1920 年代上海/海上的反/乌托邦小说——文学城市空间的'情感结构'及辩证诠释》的发言。这是他读了詹明信关于"乌托邦"作为"方法的"的论说之后所产生的想法。主要是回顾晚清至 1920 年代上海这一"冒险家的乐园"所产生的乌托邦与反乌托邦的文学建构，以两篇短篇小说——周瘦鹃 1921 年《留声机片》和茅盾 1929 年《创造》——为例。在解读城市与乌托邦不同空间交互作用的文学表现时，试图运用雷蒙·威廉斯所说的"情感结构"（the structure of feeling）的理论，旨在揭示政治现实、社会机制与意识形态如何透过文学语言、风格及美学程式显示特定时代、集体与个人经验的印记。这一文学乌托邦的历史经验或许能在当下全球境遇中提供某种资源。

上海政法学院应用社会科学研究院祁志祥教授作了题为《从空想共产主义到马克思的共产主义》的发言。他回顾了历史上各种空想共产主义学说，由此剖析了马克思描绘的共产主义社会的基本特征以及中国改革开放新时期以来对它的变革与发展，以此呼吁对空想共产主义与马克思的共产主义两者的异同要有客观认识，并用科学的实事求是的态度对待马克思的共产主义学说。

五、探讨未来的中国话语：美学与文学

在对未来的探讨中发出中国话语的声音，这是马克思主义中国化努力的方向。与会的多位中国学者对此提出了许多富有创见性的见解。

在美学理论方面，上海交通大学人文学院王杰教授作了题为《中国悲剧观念：马克思主义美学与未来》的发言。他认为马克思主义美学要想重返公共话语空间，就要在历史悲剧的理论框架下对现代性悲剧存在作出反思。作为一种外来的理论模式，马克思主义悲剧美学必须在中国文化传统和现实审美经验之间找到内在的精神契合点。中国文化的悲剧观念和马克思主义美学的关于"日常生活悲剧"的理论以及当代艺术中"尘世的崇高"等美学特征是相通的。作为中国文化传统与中国现代化过程中的悲剧性现象相结合的结果，中国悲剧观念已成为中国式审美现代性的核心概念之一。在审美现代性、悲剧观念、世俗性崇高等成为全球性现象和全球性问题的条件下，马克思主义美学有可能对这种陷于深刻伦理危机和价值危机的现象作出理论的阐释，并将获得自身理论的进一步发展。复旦大学中文系朱立元教授作了题为《马克思实践的唯物主义与现代美学革命》的发言。他认为马克思实践的唯物主义是绝对唯心主义和直观唯物主义的双重扬弃和超越。它颠覆了近代西方形而上学的传统，在哲学史上掀起了一场革命：确立了现代存在论的根基，超越了主客二分的认识思维模式；打破了形而上学的现成论，形成了动态生成的世界观；在"实践"的基础上建立了新的人本主义思想，关注人的本质的全面实现。这场深刻的哲学革命也为现代美学带来了革命性的转变，启发了现代美学在研究对象、研究内容和研究方式等方面进行学科建构的变革，同时也为当代中国美学走向中西融合、古今传承的历史性发展提供了多种可能。上海交通大学人文学院夏锦乾教授作了题为《反思 20 世纪马克思主义美学的"主流现象"——兼论马克思主义美学与中国传统美学精神的关系》的发言。他指出，反思马克思主义美学成为中国现代美学的主流需要对两大问题进行拷问：其一，为什么马克思主义美学不同于其他美学思潮，有如此强盛的生命力？其二，新世纪中国美学仍然会这样"主流"下去吗？对于第一个问题，除了政治原因和马克思主义美学本身的开放性特征外，还有中国传统美学精神的作用因素，即被视为中国传统美学精神之根本理念的巫术的能动性创造观念是与马克思主义美学思想相交流、相契合的基本点，因而能够在历史的进程中不断地与中国作家取得深层次的共鸣，继而占据主流地位。对于第二个问题，则需要站在时代的高度对马克思主义美学中的"人"和中国美学中的"人"加以阐释上的清理，由此重读马克思主义美学，重建中国美学。此外，华东师范大学中文系的朱志荣教授提出了对中国美学研究的当下性的认识，云南大学文学院的向丽副教授提出了对马克思的人类学思想及其美学意义的探讨，湖北黄冈师范学院文学院舒开智副教授从审美自由的维度展开了浪漫主义与马克思主义的比较研究。同时，还有对宗白华、朱光潜等人的美学思想的研究。

在文学研究与文艺理论方面，浙江大学中文系王元骧教授作了题为《对我国马克思主义文艺理论研究的哲学反思》的发言。他就以往我国马克思主义文艺理论研究中所存在的直观论、纯认识论和教条主义倾向作了简略的评论，并认为造成这些倾向的思想根源从哲学上来看，是由于把"思维与存在的关系"混同于"精神与物质的关系"，因而简单地以唯心和唯物来划分马克思主义与非马克思主义之故。上海交通大学人文学院叶舒宪教授则在题为《玉石之路：河西走廊与华夏文明的资源依赖》的发言中，通过对河西走廊之文明史意义的深刻发掘，以生动的个案示例了如何通过人类的历史经验去找出驱动一个文明的核心动力要素，如何实证性地说明马克思主义所认同的物质与精神的相互作用。华中师范大学文学院孙文宪教授的发言题目是《马克思主义批判对文学思想内涵的诉求》。他指出反思和批判"资本现代性"对文学活动、审美活动乃至整个精神生产的影响，构成了马克思文学批评的思想基础和主要对象，并由此形成了马克思主义文学批评的"问题域"，形成了不同于一般文学理论的、马克思主义文学批评范式特有的问题意识、研究对象和理论范畴，这些内在规定，最终决定了马克思主义批评对文学思想内涵的诉求。上海交通大学人文学院张蕴艳博士作了题为《二十世纪中国的民族主义、世界主义及共同体价值——未来中国马克思主义文艺理论建设的一种视角》的发言。她认为，20世纪中国文学理论在文化与政治双重方向上思考民族主义、世界主义与马克思主义的关系问题，为马克思主义文学理论中国化提供了深刻的启示与教训。因此，在民族主义与世界主义的论域里构想未来中国的文学理论建设，必须考虑包括民族主义在内的政治文化共同体的价值，以期实现世界主义的某种乌托邦理想。此外，华东师范大学王峰教授对作为文学的伴随因素的"真实"作了论述，湘潭大学刘中望副教授以思想资源与政治语境的对接为切入对瞿秋白与列宁文艺理论的关系进行了阐述，河北大学文学院刘洁则对李长之在中国文艺美学的现代建构上开展的许多开拓性工作及其文艺美学思想进行了评述。

（本文责任编辑：任天）

"中西知识论与诠释学：理论与实践"国际学术研讨会综述

■ 张玉梅①

（上海交通大学人文学院）

2012 年下半年，"中西知识论与诠释学：理论与实践"国际研讨会在上海交通大学徐汇校区如期召开。此次会议由上海交通大学人文学院、上海交通大学人文艺术研究院及英文《中国哲学季刊》共同主办，由华东师范大学哲学系、武汉大学哲学学院协办。50 余位与会学者分别来自美国、法国、波兰、西班牙、新加坡、中国台湾地区以及上海交通大学、复旦大学、浙江大学、华东师范大学、上海师范大学、中国社会科学院、上海社会科学院、高校文科学术文摘杂志社、上海三联书店等各大高校和科研院所。

大会进行了六个时段的代表发言和讨论，主要围绕着这样几个议题展开：本体论诠释学、诠释学、知识论、诠释学与知识论、中国传统训诂学与古典诠释学、中西方知识论的比较和影响研究、佛教因明学与知识论研究，《易》学诠释学、康德与伽达默尔的反思判断力研究等。

大会主席成中英教授向大会提交了两篇论文，力求深入浅出地阐释他所提出的本体诠释学理论：本体诠释学是在中西哲学的对立互释中发展而来。中西哲学史上有各自的本体论概念。本体诠释学的本体是对二者的创造性整合，形成兼具二者的洞见而又互补的本体。本体诠释学的本体可以翻译为 generative

---

① 张玉梅，女，文字学、训诂学博士，副教授，现任上海交通大学人文学院古典文学、语言学教研室主任，中欧文化研究中心副主任。

being，而不是一般意义的存有，乃是存有的发生。离开存有的发生不能有存有。本，乃根源，是一种动态的力量，并在动态的过程得出结果：体。体，是一种目的。体，是本发展的结果，可以分为物体（physical object）和身体（人和动物的 body）。本、体两个字合在一起得出了本体，就有了丰富的意思。本体诠释学，是以本体为基础发出来的。本体不是以本为主，而是以体为主体，以已经实现出来了的体的状态作为本与体的载体。本体，强调由本到体的过程，动态的状态，即 onto－generativity。

通过界定本体诠释学的本体和追溯中西的 logos 与道，归纳出本体诠释学的主体内容有四个核心范畴：外在性、内在性、外在超越性、内在超越性。本体诠释学的重要目标在于说明本体是从人对宇宙和自我的深切经验中展现出来的一种真实存在。因而我们可以总结式的提出五个本体诠释学的基本命题：1）人是本体的存在。2）人的本体的存在是一个开放的体系。3）语言的出现是沟通的需要也是理解与诠释的需要。4）知识是可能的、客观的，但是知识不应该看做是独立于存在或者本体之外的一个范畴，或者被看做是一个不加诠释的绝对信念或理性。5）针对当前人类的问题而言，在"哲学的诠释学"（伽达默尔）探索真理的共识与生活智慧的实践与应用的基础之上，基于我所阐释的对本体的认识，人的本体包含了人文（道德）和科技（知识）两个向面，也就是内在性与外在性两个向面，并在超越层面上导向终极价值中真理与智慧的统一。从本体诠释学的本体、四个核心范畴以及五个命题出发，我们可以面对中西本体学的发展；更进一步的是，面对人自身的健全的本体的发展，从"对本体"与"自本体"的进路，形成一个"本体诠释圆环"的理解。人的存在不只是一个科学理性的存在，也不是被抛的存在，也不是仅仅局限于内在根源性的存在，而是在超融的本体诠释的框架下多元地体现他创造性的自身。

关于本体诠释学，赖贤宗教授《本体诠释学与创造性诠释学的知识建构过程》梳理了成中英本体诠释学与傅伟勋创造诠释学的历史构建过程。苟小泉教授发表《论中国哲学本体诠释学的特征、方法和目的》比较中国本体诠释学与西方哲学的不同。发表本体诠释学论文的还有杨宏声教授《哲学的本体知识论转向》、奚刘琴教授《成中英对儒学知识论的现代诠释》、王学海教授《思想不灭的本体诠释及旨趣新向》、黄建波教授《本体知识论：反观哲学史》。

关于知识论或知识，陈卫平教授《现代哲学的默会知识论与传统儒家的理想人格论》认为：我们的学术研究提出很多问题，就对中国传统哲学的研究而言，如何恰当地用现代哲学的理论予以诠释，是一个值得探索与争鸣的问题。近些年来，关于"中国哲学合法性"的讨论，就与此有关。我认为这种诠释工作主要是开掘传统哲学文本所具有的理论潜力。哈贝马斯在《论历史唯物论之重建》指出，所谓重建是把一套理论拆解，再以新的形式将它重新组合起来，以便更妥善地达成它所设定的目标；对于一套在若干方面需要修正，但其推动潜力始终没有枯竭的理论来说，这是正常的处理方式。就总体而言，当代新儒家正是以如此的处理方式来诠释传统儒学的。郁振华教授《知识经验和形上智慧：二分的还是连续的》指出：科玄论战以后，在中国现代哲学中，存在着一套关于形上智慧之可能性的话语。这套话语有一些基本预设，如科学是纯粹的知识事业，而形上学则是生命的学问；知识经验属于名言之域，而形上智慧则属于超名言之域；科学超国界，形上学则有鲜明的民族特色，和地域性的传统相牵连；形下重分，形上重合，等等。对于这些预设，本人认为，由于受实证主义的影响，中国现代哲学对科学和知识经验的理解是不充分的。一旦克服了它在知识观和科学观上的缺陷，科学和玄学、知识经验和形上智慧之间的截然二分也许就会被连续性所替代。此外，为了使中国现代哲学关于形上智慧的深刻洞见得到发扬，必须对"形上重合"即形而上学的整体性概念作一番转化。李元教授《关于普遍知识论与非普遍知识论》中说：凡是知识都是普遍的观点是一种误解。读过康德《纯粹理性批判》一书我们可知，具有普遍性的知识其实并不多，大量的知识反倒是非普遍性的知识。不区分两种知识往往导致以对待普遍知识的方法对待一切知识，其结果反而不能获得恰当的知识；区分了两种知识而以普遍知识贬低、排斥非普遍知识也是不对的，因为那会限制人类获取各种知识的途径，归根结底是对人全面发展的限制。

关于中国哲学，孔令宏教授《诠释学方法与其它方法的配合——论中国哲学的研究方法》认为：有关中国哲学存在的合理性与合法性问题从上一世纪以来一再被提出来加以讨论。其中一个重要原因是对中国哲学的研究方法尚未上升到自觉的程度。因此基于哲学研究的过程，可以讨论理解和解释与先见的关系，从而说明中国哲学史与中国哲学的关系，进一步说明中国哲学理论体系的形式要素。在此基础上还可以对中国哲学的研究方法做些探讨。陆建猷教授《诠释开新：中国哲学的新机之路》认为：社会历史的时移世变促动着语言文字表述形式的变革，近现代的横断性事变促使中国社会纵向发生时段差异。置身于这一历史链条上的观念文化要域的中国哲学，其自身就背负了传统与现代相差异的问题。哲学的传统如何焕发现代新机？现实创新的诠释是接通今昔间距的转换纽带。现实诠释开新需有下述应当性的识见：诠释经典原理以立其本，是创新的基本立场；诠释子学思想以归其域，是创新的理论要务；接续"义理发挥"以开其新，是创新的方法理路。

关于西方哲学及其与中国哲学的关系，何卫平教授《伽达默尔与康德的反思判断力》提出，康德在一般判断力下区分了规定的判断力和反思的判断力，然而，受黑格尔的影响，伽达默尔认为，在现实的认识活动中，二者是很难分开的。伽达默尔不仅意识到了这一点，而且将判断力（尤其是反思的判断力）与西方实践智慧的传统联系起来了，这既具有解释学的意义，也具有一般哲学的意义。它可视为伽达默尔对哲学的一个重要贡献。拉法尔教授《概念图式之

于中国哲学：认知论取向及其全球哲学意义》、麻尧宾教授《从先秦而至宋明
——中国哲学之惯有的具体表达式：吾人与工夫的肌理之分辨》、何金俐教授
《王国维对康德哲学的诠释与运用》、丁来先教授《知识论与诠释学：导向差异
对精神体验的影响》等论文也探讨了这一领域的问题。

关于诠释学与语言学史、哲学史及相关问题，王论跃教授《思想史研究中
的诠释学方法——兼评〈中国经学思想史〉》认为：近几年来，中国思想史方面
的研究很活跃，成果很多，方法也有更新。姜广辉先生主编的《中国经学思想
史》以及葛兆光先生的《中国思想史》在范式上有新见。前者关注经典文本，
后者偏重一般知识与信仰。《中国经学思想史》在传统经学与经学史研究的基础
上，注意应用诠释学方法，强调经典的意义与价值。可以探讨诠释学的"理解"
与"解释"方法在这些研究中的应用，并就这种方法的可行性与局限性提出一
些看法。张玉梅教授《中西会通：传统训诂学与古代诠释学》认为：以中西会
通的视角看传统训诂学与古代诠释学，二者有诸多相类之处：训诂与诠释是近
义词；学科定位相似，发展阶段和内容相类，均属于前科学，均注重应用性。
相类的原因：二者均服务于当时的社会政治秩序，均有引领人们信仰的作用；
清代繁荣的训诂学与作为语文学的诠释学相类似，与当时西方自然科学发达、
科技进步有直接关联。二者之异：训诂与诠释内涵有异；训诂方法与诠释方法
不同；学科内容和任务有异；发展、现状不同。训诂学将借鉴诠释学的经验，
中西会通，走向国际化。陈祥勤教授《中国古代"象"思维的语言性——基于
本雅明的语言本体论的分析》从语言学的角度对诠释学及其方法进行了论述。
刘康德教授《"浑沌"三性之诠释——庄子要义之一》、孙斌教授《掀起塞斯女
神的面纱——对诺瓦利斯笔下伊希斯形象的一个诠释学解读》、崔勇教授《易经
圣经诠释的嫉妒》、陈常燊《信念的三个维度及两个模型》等论文在使用诠释学
具体方法的层面做出了尝试。

关于诠释学与《易》学，李咏吟教授提交论文《周易解释与本体诠释学的
正义论导向》认为：《周易》由《易经》与《易传》组成，从解释学意义上说，
它代表了周易解释的两面，体现了"经传合流"的价值所在，但是，在周易解
释的哲学化与民俗化过程中，易传与易经解释具有显著的对立倾向。重新理解
经传合流的相互创造性，重新理解经传解释的相对独立性，以乾坤大德为基础，
将政治正义论引入周易本体诠释学，建构周易哲学的法治理论基础，无疑能够
扩展周易解释的现代价值。从《易》学范畴讨论诠释学问题的还有王俊龙教授
《太极阴阳思想的现代诠释》等。

关于佛教阐释知识论或诠释学，有庄朝晖教授《西方知识论与佛教知识论
的比较研究》、茅宇凡《〈成唯识论〉与安慧释对"识转变"概念理解之异同》、
王俊淇《〈因明正理门论〉"似现量"之研究》等。

本次会议的特点：1、主题具有连续性。本次会议是继 2011 年 6 月召开的

"中国哲学与世界哲学：现代与后现代国际学术研讨会"之后召开的具有连续性的会议。上海交通大学人文艺术研究院讲席教授、人文学院哲学系荣誉系主任、《中国哲学季刊》主编、也是本次大会的主席成中英教授为上海交通大学的哲学学科发展精心制定了五年规划，预计2011—2015年每年一会，会议主题包括从全球化的眼光而对中西哲学的诠释学、知识论、伦理学、宗教哲学、美学等范畴的问题探讨。通过已经召开的两次高水准的国际学术会议，我们有理由期待后面的三场更精彩，交大的哲学学科发展也将因此走入一个新的时代。2、给青年学者提供学习和展示的舞台。这次国际会议在注重学术规格高的同时，也兼顾对后生学者的提携，让论文撰写优秀的青年学者参会并宣读论文，极大地鼓舞了他们的积极性。3、既紧张严肃，又轻松活泼。这一点主要表现在8月4日晚上，会议为代表们安排了一场别开生面、格调高雅的吉他演奏会。演奏者是青年学者、西班牙塞尔维亚音乐学院的研究生，为会议画上了轻松活泼的一笔。4、现实意义明确。正如大会主席在闭幕式上所说，这次大会的现实意义在于：面对当今世界和宇宙，我们该如何去认识真实的世界和真实的自己？希望大会所倡议的对中西哲学的研究与思考能开启我们的思路，并对世界哲学有所贡献。

（本文责任编辑：任天）

第四届中英马克思主义美学
双边论坛通告（第1号）

　　由上海交通大学人文学院与英国曼彻斯特大学艺术、语言与文化学院联合主办的"第四届中英马克思主义美学双边论坛"将于 2014 年 4 月 21 日至 23 日在美丽的英国切斯特市切斯特大学举行。本次论坛的主题是"宗教与现代美学"，论坛将着重从宗教、后殖民和创意文化三个角度设立论坛分议题，具体如下：

1）现代视野中的"传统"；

2）"真实"在传统阐释中的作用方式；

3）中国和英国"现代悲剧"的差异；

4）世界文学时代的"民族传统"呈现；

5）审美乌托邦与中国梦；

　　本次论坛将围绕上述议题，邀请国际著名学者作主题演讲、主题对话，与会者就感兴趣的问题展开深入的讨论。欢迎国际和国内学者提交论文参加会议，请于 2013 年 12 月 10 日前将论文中文稿提交论坛组委会。论坛组委会将挑选出优秀论文并在 2013 年底前发出正式邀请函，国内学者凭正式邀请函办理赴英国参加会议的手续。

上海交通大学人文学院美学与文化理论研究所

《马克思主义美学研究》编辑部

联系电话：021－34204548

联系邮箱：mas@sjtu.edu.cn

2013 年 8 月

Contents

Foreword 1

The Third Sino—British Forum on Marxist Aesthetics
Marxist Aesthetics and Theories of Literature and Arts

  Wang Jie, Xie Zhuoting:

    The Chinese Conception of Tragedy: Marxist Aesthetics and Its Future

    1

  Wang Yuanxiang:

    A Philosophic Reflection on the Chinese Research in Marxist Literary
    and Artistic Theories 14

  Qi Zhixiang:

    A Reflection on the Primary Category of Practical Aesthetics 22

  Hu Junfei:

    Critique of the Termination—Transformation of Art from the Perspective
    of Marxism 33

  Fu Qilin:

    On the Eastern European Neo-Marxist Critique of Reflective Aesthetics
    Paradigm 44

Wu Shihong:

The Development of Practical Aesthetics and the Construction of Life

Aesthetics   56

Lu Yang:

Another Interpretation of Mass Culture   70

Yang Jiansheng, Lv Zai:

On the Realistic Representations of Spiritual Consumption   79

Research on Marxist Aesthetics in China

Wang Hongchao:

The Ideological Basis and Early Stage of the Introduction of Socialist

Thoughts into China via Translation   84

Du Jigang, Zhou Pingyuan:

The Translation of Marxist Literary Theories in China during the

Anti-Japanese War   101

Liu Zhongwang:

The Docking of Thought Resources and Political Context: The Connection

between Qu Qiubai and Lenin Literary and Artistic Theories   113

Dong Hong, Sun Libo:

The Sensibility of Natural Being and the Embarrassment of Natural

Beauty: Cai Yi's Theory of Natural Beauty   124

Liu Jie:

Li Changzhi and "Modern" Construction of Chinese Aesthetics of

Literature and Arts   133

Hu Jun:

The Integration of Marxist Literary and Artistic Theories with Chinese

National Culture   151

Overseas Contributions

Tony Pinkney:

William Morris, Fredric Jameson and the Issue of Utopia (trans. Wang

Bin)   162

Michael Sanders:

Constellating Chartist Poetry: Gerald Massey, Walter Benjamin and the

Uses of Messianism (trans. Yao Jianbin)   170

Slavoj Žižek:

Welcome to the Desert of the Real (trans. Yu Qi)   191

Werner Wolf:

A Special Case of Musical—Literary Intermediality:

Introduction to The Musicalization of Fiction:

Theory of Intermediality and Research in History (trans. Li Xuemei)

196

Scholastic Interviews

Jia Jie:

Being a Public Intellectual: Liu Kang Interviewed   204

Julia Kristeva:

About Mikhail Bakhtin (trans. Zhou Qichao)   214

Research in Contemporary Western Aesthetics

Yang Xiangrong:

The Multidimensional Dimensions of Simmel's "Distance"   225

Sha Jiaqiang:

Negating and Resisting Identity: An Explication of Theodor Adorno's

Critical Theory on Existence   235

Marxism and Contemporary Aesthetic Criticism

Chen Jianhua:

Anti-/Utopia Novels in Shanghai in the 1920s: A Dialectical Interpretation

of "The Structure of Feeling" of the Urban Space in Literature   246

Fan Yongkang:

The Evil on the Tip of Tongue: An Ecological Criticism of *The*

Republic of Wine   263

Wang Bin :

Blood Relationship and Tragedy: A Case Study of The Sacrifice   269

Pan Weiguo:

Symphonies That Embrace the Humanity: On Beethoven's

Symphony No. 3, 5 and 9   277

303

Contents

Jinhui Forum and Others

Yang Libin:

Undertaking An Epochal Mission of Fostering Marxist Aesthetic Theory:
An Overview of the Third Sino—British Forum on Marxist Aesthetics

282

Zhang Yumei:

An Overview of the International Conference on "Chinese and Western
Epistemology and Hermeneutics: Theory and Practice"   295

The Announcement of the Fourth Sino-British Bilateral Forum on
Marxish Aesthetices (No. 1)   300

马克思主义美学研究

English Abstracts

The Chinese Conception of Tragedy:
Marxist Aesthetics and Its Future

■ Wang Jie   Xie Zhuoting

(School of Humanities, Shanghai Jiao Tong University)

Abstract:

The most important thing for Marxist aesthetics to return to the public discourse space is the critical reflection on the tragedy of modernity within the theoretical framework of historical tragedy. Although Marxist aesthetics of tragedy is one of the foreign theories, it has been internally integrated with the Chinese cultural tradition and the reality of aesthetic experience. idea Ideas of tragedy in Chinese culture are in close correspondence with Marxist modern aesthetic views s of tragedy like "tragedy of revolution", "tragedy of daily life" and "the sublime of the mortal". As a result of the blending of the tragic phenomena in Chinese cultural tradition with those in the process of China's modernization, the concept of tragedy has become one of the corn concepts about the modernity of Chinese aesthetics. Now that aesthetic modernity, the concept of tragedy and the sublime of the mortal have become global phenomena and problems, Marxist aesthetics is most likely to work out a theoretical interpretation of the severe crises of values and ethics, and achieve a theoretical development of itself at the same time.

Key Words:

Marxist aesthetics, historical tragedy, Chinese conception of tragedy, aesthetic modernity, public discourse

A Philosophic Reflection on the Chinese Research in
Marxist Literary and Artistic Theories

■ Wang Yuanxiang

(Zhejiang University)

Abstract:

On the basis of criticising some of the defects in the past practice of China's Marxist literary theory research like intuitivism, pure epistemology and dogmatism, the author points out that, for the philosophical point of view, the ideological roots of these tendencies are equating the relationship between thinking and existence with the relationship between spirit and matter, and distinguishing Marxism from Non—Marxism simply by the standard of idealism—materialism

Key Words:

intuitivism, pure epistemology, dogmatism

A Reflection on the Primary Category of Practical Aesthetics

■ Qi Zhixiang

(Shanghai Institute of Politics and Law)

Abstract:

Practice is the primary category of practical aesthetics. Practice is closely related to labor, or even integrated with the latter. Labor was once defined as the fundamental quality that divides human beings from animals. Practice takes place and reflect social relationships; therefore, human characteristics and human nature are also considered to be the sum total of social relationships. Are these two ideas reliable? How to exactly comprehend the relation between the two? By giving these questions a research, this paper aims to provide a constructive inspiration for the cognition of the logicality of practice, primary category that supports practical aesthetics.

Key Words:

practice, labor, social relationships, practical aesthetics, logicality

Critique of the Termination—Transformation of Art from the Perspective of Marxism

■ Hu Junfei

(School of Chinese Language and Literature, Central China Normal University)

Abstract:

Over the two hundred years since the times of Hegel, announcements of the death of art have never ceased to update. Different versions of termination — transformation of art, against different historical contexts and from different theoretical standpoints, look for their respective locus. From the perspective of Marxism, this paper analyzes Hegel's, Jameson's and Eagleton's opinions of the termination—transformation of art by comparing and relating them in a network, and intends to discover each opinion's values and limitations.

Key Words:

termination—transformation of art, Marxism, critique, Hegel, Jameson, Eagleton

On the Eastern European Neo—Marxist Critique of Reflective Aesthetics Paradigm

■ Fu Qilin

(Chinese Department, Sichuan University)

Abstract:

Eastern European Neo-Marxists reflect on the traditional Marxist philosophy and aesthetics, and attempt to transform epistemological aesthetics into constructivist aesthetics on the basis of mode of knowledge of phenomenology and existentialism. One important dimension of this transformation is the critique and transcendence of reflective aesthetics, and the new identification of the humanist significance of literature and arts, a great inspiration to the enrichment and advancement of Chinese research in Marxist reflective aesthetics of literature and arts.

Key Words:

Eastern European Neo-Marxism, theory of reflection, aesthetics

The Development of Practical Aesthetics and the Construction of Life Aesthetics

■ Wu Shihong

(School of Humanities, Zhejiang University of Finance & Economics)

Abstract:

A primary question current aesthetic research must consider and confront is how to inherit the essence of the theory of "Practical Aesthetics" and the excellence of Western and Chinese aesthetics, and to build up contemporary Chinese Aesthetics that is in the right model of dialogue with the outside world. Life Aesthetics proposed by some Chinese scholars is certainly worthy of our attention and consideration. Heartily in consent with and readily in light of the spirit of "Life Aesthetics", this article attempts to investigate on the ideological premises, basic concepts, and theoretical goals that Life Aesthetics aims to construct, in the hope of contributing to the Chinalization of Marxist aesthetics and the furthering of research in "Life Aesthetics" .

Key Words:

Practical Aesthetics, Life Aesthetics, Chinalization of Marxist aesthetics

Another Interpretation of Mass Culture

■ Lu Yang

(Department of Chinese Language and Literature, Fudan University)

Abstract:

Mass culture has long been regarded as a cultural product of poor quality massively produced in industrial society. But could it be defined as a real bottom —up processed culture of the masses? The mode and trend of popularity of mass culture are subject to restraint of the society and the times, but its public social base is constantly developing fashions of the times. Encyclopedia of Popular Culture, which was written by Cantor and Werthman, departs at the culture of ancient Greece, and is, therefore, worth our attention. Both the Greek Olympic Games and the golden epoch of novels of the 19th century are vivid reflections of the profound mass culture

Key Words:

Encyclopedia of Popular Culture, Cantor, Werthman, Greek Olympic Games, novel

On the Realistic Representations of Spiritual Consumption

■ Yang Jiansheng   Lv Zai

(Department of Humanities and Social Sciences, Changzhou Institute of
Technology; Changzhou College of Information Technology)

Abstract:

The age of spiritual consumption has dawned. Actually, the value of spiritual consumption has been widely represented in all material and spiritual products. The three major challenges that confront spiritual consumption are how to deal with the negative and positive transformation of spiritual resources, how to construct the channels by which spiritual resources transform into consumptional resources, and how to measure and realize the value of spiritual consumption. The production and realization of spirit consumption is determined by the level and condition of human technology. Science not only enables people to come to understand the composition of the human spiritual world, but also bring about the existence of visual symbols for the abstract human spirit. Nearly all kinds of spiritual culture have been translated into worldly consumptional resources, thus expanded the subsistence and development of humanity.

Key Words:

spiritual consumption, realistic, technology, science, transform, humanity

The Ideological Basis and Early Stage of the Introduction of Socialist Thoughts into China via Translation

■ Wang Hongchao

(School of Humanities and Communication, Shanghai Normal University)

Abstract:

Many versions of socialism were active in China during the pre—Marxism period. A consensus gradually developed among modern Chinese intellectuals, that is, the advancement of human society follows some universal law, socialist society is an inevitable stage of social advancement, and the gap between China and the West is that China lags behind the West. The most conducive environment for the circulation of socialism in China was the Chinese notion of Great Harmony(Datong). In addition to that, journalistic reports about Paris Commune, Wang Tao's The War Between Prussia and France (Pu Fa Zhan Ji) and the Utopian novel Looking Backward contributed to the popularity of socialism in the Chinese people.

Key Words:

socialism, Great Harmony, Wang Tao, Looking Backward

The Translation of Marxist Literary Theories in China during the Anti-Japanese War

■ Du Jigang   Zhou Pingyuan

(Chinese Department, Nanchang University)

Abstract:

During the Anti-Japanese War, the translation of Marxist literary theories in China acquired gradually subjective consciousness by refusing to follow the Leftist world literary conventions, particular the Russian literary conventions, of controversial revolutionary literature and the League of Leftist Writers. Chinese intellectuals chose to translate and introduce Marxist literary theories to serve the needs of their own construction of literary theories rather than to follow blindly the trends of World

Leftist Writers. This fundamental and principle shift in the Chinese translation of Marxist literary theories symbolized the maturation of constructive campaign of sinicizing Marxist literary theories in China.

Key Words:

Anti-Japanese War, sinicization, Marxist literary theories, subjective consciousness

The Docking of Thought Resources and Political Context:
The Connection between Qu Qiubai and Lenin Literary and Artistic Theories

■ Liu Zhongwang

(School of Literature and Journalism, Xiangtan University)

马克思主义美学研究

Abstract:

The Leninist literary theories that Qu Qiubai fully accepted consist of reflective theory of literary nature, class theory of literary property, and mass theory of literary orientation. Qu Qiubai extensively applied Leninist literary theories to reviewing classical writers like Tolstoy and Gorky, criticizing Plekhanov's literary theories, and debating with "free people" and "The third person". Qu Qiubai fully accepted and extensively applied Leninist literary theories to varied effects. Some are positive and others negative. The coexistence of positive and negative effects of Leninist literary theories indicates the complex relationship between literature and politics.

Key Words:

Qu Qiubai, Lenin, literary theory, literature, politics

The Sensibility of Natural Being and the Embarrassment of Natural Beauty:
Cai Yi's Theory of Natural Beauty

■ Dong Hong   Sun Libo

(School of International Education, Inner Mongolia University; School of Arts, Hebei United University)

Abstract:

Environmental problem is one of the most serious problems that human beings are confronted with. Cai Yi's thoughts on natural beauty are related to the issue of environment. However, Cai Yi's idea that nature is beautiful in itself is defective. Environmental aestheticists of the former Soviet Union and Canada see eye to eye with Cai. I view the matter otherwise. Environmental problems can not be solved by nature itself, but must be coped with by human beings in cooperation with nature.

Key Words:

Cai Yi, natural beauty, environmental aesthetics, environmental problem, harmony between man and nature

Li Changzhi and "Modern" Construction of Chinese Aesthetics of Literature and Arts

■ Liu Jie

(College of Literature, Hebei University)

Abstract:

The article reviews Li Changzhi's thoughts on literary and artistic aesthetics in four aspects: First, he was the first aestheticist who came up with the term "Literary and Artistic Aesthetics" and defined its research objective, research method, disciplinary properties, and systematic structure. Second, he regarded literary and artistic aesthetics as the basic knowledge for any scholar of literary studies, and he confirmed that literary studies should be a sound system, of which aesthetic studies are a part. Third, he proposed to develop the artistic theory of literary principles, believing that the ideal literature should be an art of personality and should maintain perpetual aesthetic value, and that type of emotion is the core category of the artistic theory of literary principles. Fourth, he made an updated renovation of the aesthetics of ancient Chinese Confucianism and integrated the construction of literary and artistic aesthetics with the rejuvenation of national culture, making his theory unique.

Key Words:

literary and artistic aesthetics, type of emotion, literary criticism, construction, rejuvenation

The Integration of Marxist Literary and Artistic Theories with Chinese National Culture

■ Wu Jun

(Research Center of Ideological Culture, Shanghai Academy of Social Sciences)

Abstract:

Marxist literary and artistic theories bear some internal connections with traditional Chinese literary theories; therefore, ever since its introduction into China, it satisfied the realistic needs of the development of Chinese literature and arts, and resolved many predicaments, contradictions and problems. The one hundred years of the development of Chinese literature and arts prove that the Sinicization of Marxist theories of literature and arts is an open, continuous process of combining with Chinese traditional culture, contains an underlying framework of rigorous logic, and has achieved important practical results. The task of developing theories of socialist literature and arts with Chinese characteristics demands that Marxist literary and artistic theories and Chinese culture integrate in four dimensions.

Key Words:

Sinicization, Marxist theories of literature and arts, traditional Chinese literary theories, framework, actual results, Chinese culture

William Morris, Fredric Jameson and the Issue of Utopia

■ Tony Pinkney

(Lancaster University)

Abstract:

By associating News from Nowhere, William Morris's book on socialist utopia with the works of Fredric Jameson, American Marxist cultural critic, Tony Pinkney intends to isolate the first full—scale theoretic encounter between Morris and Jameson. The author discovers that Utopia failed, but in so failing it generated the extraordinary figure of Ellen, who in turn generated Jamesonian Utopian theory. Telling an open—ended story around this figure will provide a speculative analogy to the era to come.

Key Words:

Utopia, News from Nowhere, William Morris, Fredric Jameson

Constellating Chartist Poetry: Gerald Massey, Walter Benjamin and the Uses of Messianism

■ Michael Sanders

(School of Arts, Languages and Cultures, University of Manchester)

Abstract:

By constellating Chartist poet, Gerald Massey's poems and Walter Benjamin's works, the author discovers that Massey's messianic vision of history anticipates many aspects of Benjamin's own messianism. As a poet, his task is to make a "constellation," a meaningful temporal alignment (of past and present), which allows those scattered "chips of Messianic time" to be gathered together, thereby endowing the present with sufficient power "to blast open the continuum of history" and usher in a new, just, social order. To Massey and Benjamin, faith in revolutionary messianism and faith in human power are compatible. They are both seeking an acceptable temporary mode of expression. This expression can save the present and the past. It can only establish itself by denying the "homogeneous, empty time". The two writers both stress the necessity of collective human power. In terms of absolute rupture, they both believe in messianic reform. In both of their writings, the soul of millennialism persists. The messianic impulse in Massey's poems symbolize the prospectus of revolution, while the image of millennium provides Massey with a comfort to his confrontation with historical failure by postposing the prospectus to some indefinite future.

Key Words:

Chartist poetry, constellation, Gerald Massey, Walter Benjamin, Messianism, millennialism

Welcome to the Desert of the Real

■ Slavoj Žižek

(Birkbeck College, University Of London)

Abstract:

One of the great impacts of September 11th bombing is that people began to realize that the disasters Hollywood oHHomovies present are real. And its real revelation is that America's peace has been guaranteed by catastrophes of other countries. If America wants to shake off the shadow of terror, it must stop its practice of global segregation and wake up from its fantasy of external segregation. It must place itself in a real world and replace the notion "This kind of events should never happen again in this place" with the notion "This kind of events should never happen again in any place".

Key Words:

September 11th bombing, real, fantasy, real world

A Special Case of Musical—Literary Intermediality:
Introduction to The Musicalization of Fiction:

Theory of Intermediality and Research in History

■ Werner Wolf

(University of Graz, Austria)

Abstract:

The present article is the introduction to Werner Wolf's monograph The Musicalization of Fiction: A Study of the Theory and History of Intermediality. Intermediality is a key word in contemporary literary and cultural criticism. As a part of intermediality, the musicalization of fiction has long been neglected. Based on the study of C. S. Brown and S. P. Scher, Wolf reviews and redefines some of the related concepts, puts forward some theories and methods generally applicable to the research in musical — literary intermediality. Taking English literature for example, Wolf discusses the cultural and aesthetic functions of fictional musicalization.

Key Words:

Fiction, musicalization, intermediality, literary, cultural, aesthetic

Being a Public Intellectual: Liu Kang Interviewed

■ Jia Jie

(School of Humanities, Shanghai Jiao Tong University)

Abstract:

This review revolves around Professor Liu Kang's major academic domains: "contemporary Chinese media and culture", "national image construction", and "Marxist aesthetics". It mainly discusses how to be a motivated public intellectual in the context of contemporary China.

Key Words:

public intellectual, Liu Kang, contemporary media, contemporary culture, contemporary China

About Mikhail Bakhtin

■ Julia Kristeva

(No. 7 University of Paris)

Abstract:

Delegating the Editorial Department of the journal "Dialogue Carnival Chronotope", Camille Ally Mulally interviewed Julia Kristeva in Paris. Talk covers the topics like the origins of Kristeva's accepting and spreading Bakhtin's thoughts in France, Bakhtin's influence on her, and her evaluation of Bakhtin's academic value and practical significance. She thinks that Bakhtin started a real revolution in Europe. At the same time of studying and introducing Bakhtin, she also "writes" Bakhtin into the context of her own thinking. Bakhtin's concepts like dialogue, dialogism, intertextuality, the other, and the unconscious have been influential. Bakhtin is not only a scholar, but also a great creator full of inspiration and attraction. Bakhtin serves as the source of two important dimensions in literary scholarship: Firstly, the dimension of "the other"; Secondly, the dimension of the history and evolution of genre. Bakhtin leaves with us two pieces of heritage: the heritage of culturology and semiology and the heritage of literary scholarship in its narrow sense, that is, the heritage that is centered on dialogism and its variant, intertextuality.

Key Words:

Bakhtin, Julia Kristeva, the other, heritage, intertextuality

The Multiple Dimensions of Simmel's "Distance"

■ Yang Xiangrong

(School of Arts, Xiangtan University)

Abstract:

In Simmel's aesthetics of modernity, "distance" is a very important and crucial concept. As a modern issue, Distance not matters in sociology but also in aesthetics. In the real — life experience of distance, modern people realize the critique of materialized existence and aesthetic salvation.

Key Words:

distance, modernity, sociology, aesthetics

Negating and Resisting Identity: An Explication of Theodor Adorno's Critical Theory on Existence

■ Sha Jiaqiang

(Henan University Of Econormics And Law, School of culture and communication)

Abstract:

Adorno's critical theory truly concerns the existence of contemporary man. Through absolute critic, he hopes to build a society with no restrain and control over individuality. This is a typical philosophy of existence, that is, critical theory of existence. The spirit of identity permeates Adorno's criticism on ideology, reasonable functionality, industrial culture and Heidegger's ontology. Identity functions as an invisible threat to individual existence. Identity incurs Adorno's ruthless denunciation and opposition. Adorno has been building up his philosophy of existence around the axis of criticism on identity, and that is the philosophy of Non—Identical existence. This philosophy is the concrete negative reflection on any form of identity. It advocates the model of Constellation—a multiple, co—existence living model in hope of creating the most comprehensive possible model of human existence and liberating and advancing modern society. Undoubtedly, resistance to identity is the focal point in Theodor Adorno's thinking. Its cutting criticism causes a great stir in traditional philosophy and generates a strong sense of sublimity.

Key Words:

identity, non—identity, criticism, existence

Anti-/Utopia Novels in Shanghai in the 1920s: A Dialectical Interpretation of "The Structure of Feeling" of the Urban Space in Literature

■ Chen Jianhua

(Division of Humanities, The Hong Kong University of Science and Technology)

Abstract:

This paper is inspired by James's opinion that "Utopia" could be a "method". It mainly reviews the formative process of the literature in Shanghai from late Qing dynasty to the 1920s, the literature of utopia and anti-utopia, for example, Zhou Shoujuan's A Gramophone Record (1921) and Mao Dun's Creation (1929). The author applies Raymond Williams' idea of the structure of feeling to the analysis of the interaction between city and utopia in literature. It aims to uncover how politics, social institutions and ideology reveal the characteristics of collective and individual life of particular times by means of literary language, style and aesthetic formula. This perhaps could serve as certain inspirational resource in the contemporary context of globalization.

Key Words:

Utopia, anti-utopia, structure of feeling

The Evil on the Tip of Tongue: An Ecological Criticism of *The Republic of Wine*

■ Fan Yongkang

(School of Humanities, Qujing Normal University)

Abstract:

The Republic of Wine is not just an anti—corruption novel, it also conveys a distinctive ecological awareness and ecological concern. It extensively describes human slaughter and consumption animals, exposes the killers' gluttonous greed and general numbness. It denounces, from the particular angle of 'food culture', the human humiliation of animals and destruction of nature, and reflects on the dangers of human carnalism, hedonism, egoism, and materialism in life and consumption, so, being significant as a unique ecological warning.

Key Words:

The Republic of Wine, human, animals, consumption, ecological warning

Blood Relationship and Tragedy: A Case Study of The Sacrifice

■ Wang Bin

(Nanjing University)

Abstract:

Chen Kaige's movie The Sacrifice is a tragedy concerns blood relationship. In China, there are two types of blood relationship: the natural blood relationship and the symbolic one. When they come into collision, the natural one enjoys priority. But in the movie, Cheng Ying reversed the order of priority of the two blood relationships. He sacrificed his son to protect the orphan, which not only resulted in his personal tragedy but also a typical Chinese tragic genre. At the beginning and middle of the movie, it attempts to absorb the Western notion of philanthropy and mercy to weaken the Chinese concept of inherited hatred. But this intention was not accepted by the audience. As a result, the movie returns in the end to the traditional Chinese tragic pattern: revenge. This reversal not only produces the tragedy of the movie itself but also symbolizes the hesitant advancement of Chinese culture.

Key Words:

tragedy, blood relationship, Western, Chinese, symbol

Symphonies That Embrace the Humanity: On Beethoven's Symphony No. 3, 5 and 9

■ Pan Weiguo

(School of humanities, Shanghai Jiao Tong University)

Abstract:

Beethoven's achievement in musical composition is one of his important contribution to Western civilization. Beethoven composed his music at the impulse of his inner struggle, and each time his music invites the audience to elevate their capacity of understanding. The best approach to understand Beethoven's music is to listen to his nine symphonies, which reflect his path of life throughout. This paper takes Beethoven's symphony no. 3, 4 and 9 for example and analyses the noble qualities like honesty, kindness, benevolence and fraternity his music represent. Beethoven turns symphony into philosophical codes and personal expressions, and thus promotes his individual ideals to the desire to embrace the whole humanity.

Key Words:

Beethoven, Symphony 3, Symphony 5, Symphony 9, noble, humanity

马克思主义美学研究

《马克思主义美学研究》投稿须知

本刊热诚欢迎海内外作者投寄稿件或推荐优秀作品。为保证学术研究成果的原创性和严谨性，倡导良好的学术风气，推进学术规范建设，请作者赐稿时务必遵照本刊如下规定：

第一，所投稿件须系作者独立研究完成之作品，对他人知识产权有充分尊重，无任何违法、违纪和违反学术道德等内容。按学术研究规范和《马克思主义美学研究》编辑部的有关规定，认真核对引文、注释和文中使用的其他资料，确保引文、注释和相关资料准确无误。如使用转引资料，应实事求是注明转引出处。本刊采用页下注（脚注）方式，引文出处请遵照《〈马克思主义美学研究〉投稿格式》关于引文注释的规定。

第二，凡向本刊投稿，须同时承诺该文未一稿两投或多投，包括未局部改动后投寄其他报刊，并保证不会将该文主要观点或基本内容先于《马克思主义美学研究》在其他公开或内部出版物（包括期刊、报纸、专著、论文集、学术网站等）上发表。如未注明非专有许可，视为专有许可。

第三，所投稿件应遵守国家相关标准和出版物法规，如关于标点符号和数字使用的规范等。

第四，本刊整体版权属《马克思主义美学研究》杂志社所有，未经许可，不得以任何方式复制、选编。经我社许可需在其他出版物上发表或转载的，须特别注明"本文首发于《马克思主义美学研究》"字样。

第五，本刊实施专职编辑三级审稿与社外专家匿名审稿相结合的审稿制度。

第六，来稿论文要求格式规范，项目齐全，包括：文题（含英译）、作者姓名、工作单位、关键词、正文、页下注；在篇首页地脚标注作者简介，按顺序包括：姓名，工作单位，专业学位，联系方式（含邮编），电子信箱；研究论文需有200—300字的中英文摘要和3—5个中英文关键词。

第七，文稿请参照刊物版式。内文为简体横排，论文为5号宋体通栏，41字40行；注释采取页下注，注文排小5号宋体。

第八，本社有权对来稿做文字修改。

第九，本刊已加入"中国知网"（光盘版）电子期刊出版系统，作者的著作权使用费与本刊稿费将一次性给付，如作者不同意编入该数据库，请提交论文时向本刊说明。凡在投稿时未作特别声明的，本刊将视同作者已认可其论文入编有关电子出版物。

第十，稿件一经采用，即付稿酬并寄样刊 2 册。

如违背上述规定，给《马克思主义美学研究》造成任何不良影响，作者自行承担全部责任，并接受编辑部所采取的相应措施予以警示，如：停发或追回稿费、书面批评、载名通报、禁止其作品在《马克思主义美学研究》上发表等。

投稿咨询电话：（021）34204548

《马克思主义美学研究》投稿格式

为了进一步促进学术交流，便于和国际出版物接轨，积极推进本社期刊编辑工作的规范化，本刊决定从 2011 年第 14 卷第 2 期开始采用新的投稿格式。在采用通用的人文社会科学学术期刊注释规则的基础上，本刊特制定如下规定。

一、注释体例及标注位置

文献引证方式采用注释体例。

注释放置于当页下（脚注）。注释序号用①，②，③……标识，每页单独排序。正文中的注释序号统一置于包含引文的句子（有时候也可能是词或词组）或段落标点符号之后。

二 、注释的标注格式

（一）非连续出版物

1. 著作

标注顺序：责任者与责任方式/文献题名/出版地点/出版者/出版时间/页码。

责任方式为著时，"著"可省略，其他责任方式不可省略。

引用翻译著作时，将译者作为第二责任者置于文献题名之后。

引用《马克思恩格斯全集》、《列宁全集》等经典著作应使用最新版本。

示例：

赵景深：《文坛忆旧》，上海：北新书局，1948 年，第 43 页。

谢兴尧整理：《荣庆日记》，西安：西北大学出版社，1986 年，第 175 页。

蒋大兴：《公司法的展开与评判——方法·判例·制度》，北京：法律出版社，2001 年，第 3 页。

任继愈主编：《中国哲学发展史（先秦卷）》，北京：人民出版社，1983 年，第 25 页。

实藤惠秀：《中国人留学日本史》，谭汝谦、林启彦译，香港：中文大学出版社，1982 年，第 11—12 页。

金冲及主编：《周恩来传》，北京：人民出版社、中央文献出版社，1989 年，第 9 页。

佚名：《晚清洋务运动事类汇钞五十七种》上册，北京：全国图书馆文献缩微复制中心，1998 年，第 56 页。

狄葆贤：《平等阁笔记》，上海：有正书局，［出版时间不详］，第8页。

《马克思恩格斯全集》第31卷，北京：人民出版社，1998年，第46页。

2. 析出文献

标注顺序：责任者/析出文献题名/文集责任者与责任方式/文集题名/出版地点/出版者/出版时间/页码。

文集责任者与析出文献责任者相同时，可省去文集责任者。

示例：

杜威·佛克马：《走向新世界主义》，王宁、薛晓源编：《全球化与后殖民批评》，北京：中央编译出版社，1999年，第247－266页。

鲁迅：《中国小说的历史的变迁》，《鲁迅全集》第9册，北京：人民文学出版社，1981年，第325页。

唐振常：《师承与变法》，《识史集》，上海：上海古籍出版社，1997年，第65页。

3. 著作、文集的序言、引论、前言、后记

（1）序言、前言作者与著作、文集责任者相同。

示例：

李鹏程：《当代文化哲学沉思》，北京：人民出版社，1994年，"序言"，第1页。

（2）序言有单独的标题，可作为析出文献来标注。

示例：

楼适夷：《读家书，想傅雷（代序）》，傅敏编：《傅雷家书》（增补本），北京：三联书店，1988年，第2页。

黄仁宇：《为什么称为"中国大历史"？——中文版自序》，《中国大历史》，北京：三联书店，1997年，第2页。

（3）责任者层次关系复杂时，可以通过叙述表明对序言的引证。为了表述紧凑和语气连贯，责任者与文献题名之间的冒号可省去，出版信息可括注起来。

示例：

见戴逸为北京市宣武区档案馆编、王灿炽纂《北京安徽会馆志稿》（北京：北京燕山出版社，2001年）所作的序，第2页。

4. 古籍

（1）刻本

标注顺序：责任者与责任方式/文献题名（卷次、篇名、部类）（选项）/版本、页码。

部类名及篇名用书名号表示，其中不同层次可用中圆点隔开，原序号仍用汉字数字，下同。页码应注明a、b面。

示例：

姚际恒：《古今伪书考》卷 3，光绪三年苏州文学山房活字本，第 9 页 a。

（2）点校本、整理本

标注顺序：责任者与责任方式/文献题名/卷次、篇名、部类（选项）/出版地点/出版者/出版时间/页码。可在出版时间后注明"标点本""整理本"。

示例：

毛祥麟：《墨余录》，上海：上海古籍出版社，1985 年，第 35 页。

（3）影印本

标注顺序：责任者与责任方式/文献题名/卷次、篇名、部类（选项）/出版地点/出版者/出版时间/（影印）页码。可在出版时间后注明"影印本"。为便于读者查找，缩印的古籍，引用页码还可标明上、中、下栏（选项）。

示例：

杨钟羲：《雪桥诗话续集》卷 5，沈阳：辽沈书社，1991 年影印本，上册，第 461 页下栏。

《太平御览》卷 690《服章部七》引《魏台访议》，北京：中华书局，1985 年影印本，第 3 册，第 3080 页下栏。

（4）析出文献

标注顺序：责任者/析出文献题名/文集责任者与责任方式/文集题名/卷次/丛书项（选项，丛书名用书名号）/版本或出版信息/页码。

示例：

管志道：《答屠仪部赤水丈书》，《续问辨牍》卷 2，《四库全书存目丛书》，济南：齐鲁书社，1997 年影印本，子部，第 88 册，第 73 页。

（5）地方志

唐宋时期的地方志多系私人著作，可标注作者；明清以后的地方志一般不标注作者，书名其前冠以修纂成书时的年代（年号）；民国地方志，在书名前冠加"民国"二字。新影印（缩印）的地方志可采用新页码。

示例：

乾隆《嘉定县志》卷 12《风俗》，第 7 页 b。

民国《上海县续志》卷 1《疆域》，第 10 页 b。

万历《广东通志》卷 15《郡县志二·广州府·城池》，《稀见中国地方志汇刊》，北京：中国书店，1992 年影印本，第 42 册，第 367 页。

（6）常用基本典籍，官修大型典籍以及书名中含有作者姓名的文集可不标注作者，如《论语》、二十四史、《资治通鉴》、《全唐文》、《册府元龟》、《清实录》、《四库全书总目提要》、《陶渊明集》等。

示例：

《旧唐书》卷 9《玄宗纪下》，北京：中华书局，1975 年标点本，第 233 页。

《方苞集》卷 6《答程夔州书》，上海：上海古籍出版社，1983 年标点本，上册，第 166 页。

（7）编年体典籍，如需要，可注出文字所属之年月甲子（日）。

示例：

《清德宗实录》卷 435，光绪二十四年十二月上，北京：中华书局，1987 年影印本，第 6 册，第 727 页。

（二）连续出版物

1. 期刊

标注顺序：责任者/文献题名/期刊名/年期（或卷期，出版年月）。

刊名与其他期刊相同，也可括注出版地点，附于刊名后，以示区别；同一种期刊有两个以上的版别时，引用时须注明版别。

示例：

何龄修：《读顾诚〈南明史〉》，《中国史研究》1998 年第 3 期。

汪疑今：《江苏的小农及其副业》，《中国经济》第 4 卷第 6 期，1936 年 6 月 15 日。

魏丽英：《论近代西北人口波动的主要原因》，《社会科学》（兰州）1990 年第 6 期。

费成康：《葡萄牙人如何进入澳门问题辨证》，《社会科学》（上海）1999 年第 9 期。

董一沙：《回忆父亲董希文》，《传记文学》（北京）2001 年第 3 期。

李济：《创办史语所与支持安阳考古工作的贡献》，《传记文学》（台北）第 28 卷第 1 期，1976 年 1 月。

黄义豪：《评黄龟年四劾秦桧》，《福建论坛》（文史哲版）1997 年第 3 期。

苏振芳：《新加坡推行儒家伦理道德教育的社会学思考》，《福建论坛》（经济社会版）1996 年第 3 期。

叶明勇：《英国议会圈地及其影响》，《武汉大学学报》（人文科学版）2001 年第 2 期。

倪素香：《德育学科的比较研究与理论探索》，《武汉大学学报》（社会科学版）2002 年第 4 期。

2. 报纸

标注顺序：责任者/篇名/报纸名称/出版年月日/版次。

早期中文报纸无版次，可标识卷册、时间或栏目及页码（选注项）。同名报纸应标示出版地点以示区别。

示例：

李眉：《李劼人轶事》，《四川工人日报》1986 年 8 月 22 日，第 2 版。

伤心人（麦孟华）：《说奴隶》，《清议报》第 69 册，光绪二十六年十一月二十一日，第 1 页。

《四川会议厅暂行章程》，《广益丛报》第 8 年第 19 期，1910 年 9 月 3 日，"新章"，第 1—2 页。

《上海各路商界总联合会致外交部电》，《民国日报》（上海）1925 年 8 月 14 日，第 4 版。

《西南中委反对在宁召开五全会》，《民国日报》（广州）1933 年 8 月 11 日，第 1 张第 4 版。

（三）未刊文献

1. 学位论文、会议论文等

标注顺序：责任者/文献标题/论文性质/地点或学校/文献形成时间/页码。

示例：

方明东：《罗隆基政治思想研究（1913—1949)》，博士学位论文，北京师范大学历史系，2000 年，第 67 页。

任东来：《对国际体制和国际制度的理解和翻译》，全球化与亚太区域化国际研讨会论文，天津，2000 年 6 月，第 9 页。

2. 手稿、档案文献

标注顺序：文献标题/文献形成时间/卷宗号或其他编号/藏所。

示例：

《傅良佐致国务院电》，1917 年 9 月 15 日，北洋档案 1011—5961，中国第二历史档案馆藏。

《党外人士座谈会记录》，1950 年 7 月，李劼人档案，中共四川省委统战部档案室藏。

（四）转引文献

无法直接引用的文献，转引自他人著作时，须标明。标注顺序：责任者/原文献题名/原文献版本信息/原页码（或卷期）/转引文献责任者/转引文献题名/版本信息/页码。

示例：

章太炎：《在长沙晨光学校演说》，1925 年 10 月，转引自汤志钧：《章太炎年谱长编》下册，北京：中华书局，1979 年，第 823 页。

（五）电子文献

电子文献包括以数码方式记录的所有文献（含以胶片、磁带等介质记录的电影、录影、录音等音像文献）。

标注项目与顺序：责任者/电子文献题名/更新或修改日期/获取和访问路径/引用日期。

示例：

王明亮：《关于中国学术期刊标准化数据库系统工程的进展》，1998 年 8 月 16 日，http：//www.cajcd.cn/pub/wml.txt/980810—2.html，1998 年 10 月

4 日。

扬之水：《两宋茶诗与茶事》，《文学遗产通讯》（网络版试刊）2006 年第 1 期，http：//www. literature. org. cn /Article. asp？ID ＝ 199，2007 年 9 月 13 日。

（六）外文文献

1. 引证外文文献，原则上使用该语种通行的引证标注方式。

2. 本规范仅列举英文文献的标注方式如下：

（1）专著

标注顺序：责任者与责任方式/文献题名/出版地点/出版者/出版时间/页码。文献题名用斜体，出版地点后用英文冒号，其余各标注项目之间，用英文逗点隔开，下同。

示例

Peter Brooks, *Troubling Confessions：Speaking Guilt in Law and Literature*, Chicago：University of Chicago Press，2000，p. 48.

Randolph Starn and Loren Partridge, *The Arts of Power：Three Halls of State in Italy*，1300 － 1600，Berkeley：California University Press，1992，pp. 19－28.

（2）译著

标注顺序：责任者/文献题名/译者/出版地点/出版者/出版时间/页码。

示例：

M. Polo, *The Travels of Marco Polo*，trans. by William Marsden，Hertfordshire：Cumberland House，1997，pp. 55，88.

（3）期刊析出文献

标注顺序：责任者/析出文献题名/期刊名/卷册及出版时间/页码。析出文献题名用英文引号标识，期刊名用斜体，下同。

示例：

Heath B. Chamberlain，"On the Search for Civil Society in China," *Modern China*，vol. 19，no. 2（April 1993），pp. 199－215.

（4）文集析出文献

标注顺序：责任者/析出文献题名/文集题名/编者/出版地点/出版者/出版时间/页码。

示例：

R. S. Schfield，"The Impact of Scarcity and Plenty on Population Change in England," in R. I. Rotberg and T. K. Rabb，eds. ，*Hunger and History：The Impact of Changing Food Production and Consumption Pattern on Society*，Cambridge，Mass：Cambridge University Press，1983，p. 79.

（5）档案文献

标注顺序：文献标题/文献形成时间/卷宗号或其他编号/藏所。

Nixon to Kissinger，February 1，1969，Box 1032，NSC Files，Nixon Presidential Material Project（NPMP），National Archives II，College Park，MD.

三、其他

（一）再次引证时的项目简化

同一文献再次引证时只需标注责任者、题名、页码，出版信息可以省略。

示例：

赵景深：《文坛忆旧》，第 24 页。

鲁迅：《中国小说的历史的变迁》，《鲁迅全集》第 9 册，第 326 页。

（二）间接引文的标注

间接引文通常以"参见"或"详见"等引领词引导，反映出与正文行文的呼应，标注时应注出具体参考引证的起止页码或章节。标注项目、顺序与格式同直接引文。

示例：

参见邱陵编著：《书籍装帧艺术简史》，哈尔滨：黑龙江人民出版社，1984 年，第 28－29 页。

详见张树年主编：《张元济年谱》，北京：商务印书馆，1991 年，第 6 章。

（三）引用先秦诸子等常用经典古籍，可使用夹注，夹注应使用不同于正文的字体。

示例 1：

庄子说惠子非常博学，"惠施多方，其书五车。"（《庄子·天下》）

示例 2：

天神所具有道德，也就是"保民"、"裕民"的道德；天神所具有的道德意志，代表的是人民的意志。这也就是所谓"天聪明自我民聪明，天明畏自我民明畏"（《尚书·皋陶谟》），"民之所欲，天必从之"（《尚书·泰誓》）。

图书在版编目(CIP)数据

马克思主义美学研究. 第 16 卷. 第 1 期/王杰主编.
—北京:中央编译出版社,2013.9
ISBN 978 - 7 - 5117 - 1773 - 3

Ⅰ.①马…

Ⅱ.①王…

Ⅲ.①马克思主义美学 - 文集

Ⅳ.①B83 - 53

中国版本图书馆 CIP 数据核字(2013)第 214381 号

马克思主义美学研究. 第 16 卷. 第 1 期

出 版 人	刘明清
出版统筹	薛晓源
责任编辑	王忠波
责任印制	尹 珺
出版发行	中央编译出版社
地 址	北京西城区车公庄大街乙 5 号鸿儒大厦 B 座(100044)
电 话	(010)52612345(总编室) (010)52612339(编辑室)
	(010)66161011(团购部) (010)52612332(网络销售)
	(010)66130345(发行部) (010)66509618(读者服务部)
网 址	www.cctphome.com
经 销	全国新华书店
印 刷	北京瑞哲印刷厂
开 本	787 毫米 × 1092 毫米 1/16
字 数	411 千字
印 张	21.25
版 次	2013 年 9 月第 1 版第 1 次印刷
定 价	72.00 元

本社常年法律顾问:北京市吴栾赵阎律师事务所律师 闫军 梁勤
凡有印装质量问题,本社负责调换,电话:(010)66509618